美国航母打击群作战协同

Operational Coordination of
U.S. Aircraft Carrier Strike Group

张修社 范文新 徐金洲 编著

国防工业出版社
·北京·

内 容 简 介

本书从装备及体系构成分析入手,结合反潜、防空、反舰、对陆攻击等方面,介绍了美国航母打击群各类装备在作战时的协同运用;以两类装备的协同作战为基础,展现了美国航母打击群在各种作战行动中的作战指导思想、兵力运用原则、协同样式,以及航母的后勤保障、装备维修等。

本书可为军队指战员、装备科研人员和广大军事爱好者了解美国航母打击群提供参考。

图书在版编目（CIP）数据

美国航母打击群作战协同 / 张修社,范文新,徐金洲编著. —北京：国防工业出版社,2024.8 重印
ISBN 978-7-118-12232-9

Ⅰ.①美… Ⅱ.①张… ②范… ③徐… Ⅲ.①航空母舰－协同作战－美国 Ⅳ.①E925.671

中国版本图书馆 CIP 数据核字（2020）第 230596 号

※

国防工业出版社出版发行
（北京市海淀区紫竹院南路 23 号　邮政编码 100048）
北京虎彩文化传播有限公司印刷
新华书店经售

*

开本 710×1000　1/16　印张 27½　字数 508 千字
2024 年 8 月第 1 版第 5 次印刷　印数 4301—5100 册　定价 156.00 元

（本书如有印装错误，我社负责调换）

国防书店：(010)88540777　　　书店传真：(010)88540776
发行业务：(010)88540717　　　发行传真：(010)88540762

序

《孙子兵法·谋攻篇》云："知彼知己，百战不殆；不知彼而知己，一胜一负；不知彼不知己，每战必殆。"孙子这句名言道出无论古今中外纵横捭阖的兵法大家，还是实施具体作战行动的指挥员，乃至每一位参战人员，在战争之前及战争过程中，都必须先强调知彼，即首先需要了解敌人的武器装备，了解敌人的兵力部署，了解敌人可能采用的作战样式，以及是否会得到己方其他兵力的支援等。唯有全面、准确、深入地了解和掌握敌人的兵员与武备情况，敌人兵力的部署与运用方式，敌人的作战优势与存在不足，战场的天时地利，才能做出正确的战略部署和战术运用，才能做到有的放矢、对症下药，才能采用最有效的武器装备并实施最可靠的打击手段，才能最终得以克敌制胜。倘若仅凭己方的一厢情愿，而对敌情茫然不知，或知之甚少，必然会导致战损失利，甚至一败涂地，全军覆没。

美国航母既是其军队中最庞大、最先进的武器装备，也是其最为倚重的军事力量和最重要的的海上作战平台。时至今日，美国不仅是世界上拥有航母数量最多的国家，而且其航母在个头吨位、载机数量、现代化程度、作战威力等诸多方面均令其他国家海军只能望其项背。

自1922年美国第一艘"兰利"号航母加入海军现役以来，到2017年7月美国最新一艘航母"福特"号入役，美国海军名义上共建成服役了78艘航母（而正式加入战斗序列的为67艘）。此外，整个第二次世界大战期间，美国还加速建造并服役了135艘轻型和护航航母，其中轻型航母11艘、护航航母124艘。第二次世界大战之后，美国海军不仅继续坚定地在世界各大海域加力运用航母，而且继续采用最新技术和武器装备研制与发展更新、更大的航母，并始终秉持一个理念：要把当今现实对手航母乃至今后潜在航母对手在战技术性能水平上，至少拉开"一代以上"的差距，且在数量和吨位上也力图保持数倍优势。

2017年1月9日,美国海军水面部队司令部发布《水面部队战略——重回制海》的战略文件,以官方文件的形式明确了"分布式杀伤"作战概念。这种作战概念是指"使更多的水面舰船,具备更强的中远程火力打击能力,并让它们以分散部署的形式、更为独立的作战,以增强敌方的应对难度,并提高己方的战场生存性"。

美国航母打击群是一个装备有多种舰载固定翼飞机、直升机与无人机,以及配置有巡洋舰、驱逐舰、攻击型核潜艇及综合补给舰(或快速支援舰)为其"保驾护航",能够执行海空域多种作战任务,具备多种用途、攻防兼备、庞大的海上堡垒群。航母打击群既可以执行反舰作战、反潜作战、对空作战、反导作战等作战任务,也可担负对陆作战、两栖作战等更为特殊的作战任务;其在执行和担负任何一种或多种作战中,无不存在着各种武器装备的选择、作战中多种武器装备的运用,以及与其他军兵种、舰机的密切协同作战等。美国战后数十年根据大量的海战与海上冲突所得出的经验与教训,应该是目前世界上其他国家所无法得出的。为此,对美国航母打击群作战协同全面、系统、深入、透彻地了解、研究和分析意义重大。

《美国航母打击群作战协同》恰恰就是一本详尽、系统、全面、深入介绍与阐述美国航母装备发展、运用,以及航母打击群在各个领域协同作战的著述。该书从剖析第二次世界大战后美国航母打击群参战的情况入手,展示美国航母打击群的作战运用及发展历程,从而得出美国航母打击群在现代条件下的作战优势和劣势。本书在系统、全面、深入的梳理、研究与分析美国打击群的基础上,认真总结撰写出《美国航母打击群作战协同》一书。该书既内容翔实、客观公正,又分析透彻、图文并茂。应该说,这是一本非常有价值的专著,更是做了一件非常有意义的事!

2020年10月

张序三:军事科学院原政治委员。

前言

航母是战争经验与技术进步有机结合的产物,因其特有的威慑作用、危机快速反应和机动灵活的部署能力,以及对陆、制海、制空和反潜的综合作战实力,在危机爆发前可快速部署、夺取制海权、控制关键水域和航道,战时可在敌国濒海地区发起持久、精确的火力打击。在陆上基地不可用或不够用时,航母作为海上机动基地是遂行战争的基本保障。

航母在第二次世界大战中发挥了巨大作用,逐步取代战列舰成为新一代海上霸主,在战后的局部战争中,同样对海外远征作战起到了支撑作用。美国海军始终坚持发展大型航母,紧扣战略需求持续改进,随着技术的进步、武器系统更新、部队编制改革,其作战能力稳步提升,作为海上浮动的航空平台,在历次局部战争中证明了其存在的价值。

航母平台自身并不具备打击能力,通常由多种作战平台组成编队协同作战。航母打击群的攻防作战能力很大程度上取决于编队中的水面舰艇、潜艇、舰载机的进攻和防御能力,而其中更重要的是如何组织、运用这些兵力,使之能够充分发挥各自的效能。因此,衡量一国航母的性能,不但要看其航母自身的性能、对舰载机作战提供的支撑,以及组织、指控能力,更应分析其编队中其他作战平台的各种能力。

当前,国外航母编队基本采取精干的编成,考虑到作战需要和费用支持等因素,作战舰艇和舰载机的编配应该说是历史上最精简的,其中一个原因是各种平台的性能远非几十年前的装备可比拟的。以美国航母打击群为例,机型和数量较冷战期间大幅减少,但所有作战飞机都可以发射精确制导武器,具备打击各类目标的能力,综合作战能力随着机型的更新不断增强,所执行的任务越来越多。美国海军的航母已"全核化",编队中护航的水面战斗舰艇全部实现了"宙斯盾"化,导弹垂直发射,均可装备和发射"战斧"巡航导弹实施对陆攻击,部分舰艇还可执行弹道导弹防御任务。攻击型核潜艇搭载的"战斧"巡航导弹数量也在稳步增加。

平台的精简并不意味着能力的降低,如今的装备性能提升主要得益于信息技术的进步和应用。随着信息技术、网络技术的发展,航母打击群中的各作战平台通过更新 C^4ISR 系统、加装 CEC、NIFC-CA 等系统,体系作战能力进一步加强。信息力超越火力和机动力,成为提升作战能力首要关注因素,各平台成为作战网络中的重要节点和陆海空天电一体化作战力量的中坚,平台的作战已不再是单纯的火力打击,而是体系能量的集中释放。作战样式、作战行动也随之变得更多样化,航母打击群所能承担的任务领域也越来越广泛。

本书从作战装备入手,分析各种装备间的协同关系,进而揭示美国航母打击群战役战术级的协同作战,为便于清晰了解美国海军航母作战兵力的战术协同运用,首先全面分析了各类作战装备的体系构成、运用方式,以两类装备间的协同为基础,展现航母在各方面战中的兵力运用、作战使用情况。

进入 21 世纪,美国海军根据新形势、新需求,为航母打击群先后研制了多型新的装备和新的信息系统,使其作战能力再次大幅提升。尤其是自美国海军转型以来,各种作战理论、作战概念层出不穷,对航母打击群的作战运用和今后的装备发展发挥了巨大的牵引作用,导致航母打击群在诸多方面发生了巨大变化。

全书共分为 10 章,首先分析了美国航母编队的发展和作战指挥,然后从装备体系构成、装备运用、指挥控制、作战程序、协同作战等角度,剖析了美国海军航母打击群的对陆攻击、反舰、反潜、防空作战等方面战的作战运用。最后为多角度了解航母,分析了支撑航母打击群作战的后勤保障、装备维修、部署能力、人员训练等情况。

即将付梓之际,对在本书撰写过程中提供很大帮助和支持的李杰、侯建军、沈阳、黎晓川、万克、杨文韬、李创业、陈琨、黄夫祥、赵玉洁、赵捷、王龙军、张增亮、王煜、高烨、李震、黄迎馨、郑文海、邓程华、孔浙阳、闻滔、范晨晨、李蓬勃、王保保、王亚宏、林鹏博、欧阳红军、王世忠等表示感谢,并对来自互联网的文献和图片作者，一并表达谢意。

  航母是一个复杂的巨系统，其作战协同涉及的问题非常多。受限于编者水平和编写时间，许多问题未写入本书，有些地方还有待深入研究，对书中不当之处和错误，敬请指正。

编者

2020 年 10 月

目录

第一章　美国航母打击群发展综述 ················· 1
第一节　美国海军作战概念对航母作战的影响 ············· 1
第二节　战后航母打击群参战情况 ················· 4
第三节　美国航母打击群的发展历程 ················ 11
第四节　美国航母编队的作战运用 ················· 12
第五节　美国航母在现代条件下的作战优势和劣势 ·········· 14
　　一、作战优势 ························ 14
　　二、作战劣势 ························ 16

第二章　美国航母打击群作战指挥 ················· 19
第一节　美国海军指挥序列 ···················· 19
第二节　美国航母打击群的编成 ·················· 20
第三节　美国航母打击群的部门设置 ················ 23
第四节　美国航母打击群的作战指挥 ················ 27
第五节　美国航母打击群的信息系统 ················ 28

第三章　美国航母打击群对陆攻击协同 ··············· 32
第一节　对陆攻击武器装备 ···················· 32
　　一、对陆攻击装备体系 ···················· 33
　　二、空中打击装备 ······················ 35
　　三、水面水下打击平台 ···················· 42
　　四、远程对陆打击武器 ···················· 43
　　五、对陆攻击装备的优势 ··················· 47
第二节　对陆攻击装备运用 ···················· 48
　　一、对陆攻击作战指挥 ···················· 48

二、对陆攻击作战指导思想 …………………………………… 49
　　　三、对陆攻击兵力运用 ……………………………………… 50
　　　四、舰载机对陆作战程序 …………………………………… 54
　第三节　对陆攻击中的协同 ……………………………………… 56
　　　一、巡航导弹与舰载机的协同 ……………………………… 57
　　　二、电子战飞机与战斗攻击机的协同 ……………………… 59
　　　三、舰炮与导弹的协同 ……………………………………… 63
　　　四、美国海军与空军的协同作战 …………………………… 67
　　　五、舰载机与地面部队的协同作战 ………………………… 69

第四章　美国航母打击群反舰作战协同 ……………………………… 71
　第一节　反舰作战武器装备 ……………………………………… 71
　　　一、反舰作战装备体系 ……………………………………… 72
　　　二、航空反舰装备 …………………………………………… 73
　　　三、水面对海打击装备 ……………………………………… 75
　　　四、水下对舰攻击装备 ……………………………………… 78
　　　五、对海打击武器 …………………………………………… 79
　　　六、对海打击装备特点 ……………………………………… 84
　第二节　反舰作战装备运用 ……………………………………… 86
　　　一、反舰作战指挥 …………………………………………… 86
　　　二、反舰作战指导思想 ……………………………………… 87
　　　三、反舰作战兵力运用 ……………………………………… 88
　　　四、反舰作战基本流程 ……………………………………… 90
　第三节　反舰作战中的协同 ……………………………………… 94
　　　一、航母打击群与猎-杀水面行动小队 …………………… 94
　　　二、水面战斗舰艇与舰载机的协同 ………………………… 95
　　　三、水面战斗舰艇与攻击型核潜艇的协同 ………………… 96
　　　四、舰炮与反舰导弹的协同 ………………………………… 97

第五章　美国航母打击群反潜作战协同 ……………………………… 99
　第一节　反潜作战武器装备 ……………………………………… 99
　　　一、反潜装备体系 …………………………………………… 99
　　　二、航母打击群反潜作战支援装备 ………………………… 100

三、航母打击群的反潜装备 ···118
　　　四、反潜作战装备特点 ···128
　第二节　反潜作战装备运用 ···130
　　　一、反潜作战指挥控制 ···130
　　　二、反潜作战指导思想 ···132
　　　三、反潜作战兵力运用 ···133
　第三节　反潜作战中的协同 ···138
　　　一、水面战斗舰艇与直升机的协同 ·································138
　　　二、水面战斗舰艇与攻击型核潜艇的协同 ·····················139
　　　三、反潜巡逻机与水面舰艇的协同 ·································141
　　　四、无人机与无人潜航器的协同 ·····································142
　　　五、水下侦听装备与作战平台的协同 ·····························146

第六章　美国航母打击群对空作战协同 ···148
　第一节　对空作战武器装备 ···148
　　　一、对空作战装备体系 ···149
　　　二、舰载战斗机 ···151
　　　三、水面战斗舰艇 ···158
　　　四、舰载防空系统的优劣 ···163
　第二节　对空作战装备运用 ···166
　　　一、对空作战指挥控制 ···167
　　　二、对空作战指导思想 ···167
　　　三、对空作战兵力部署 ···168
　第三节　对空作战中的协同 ···172
　　　一、舰空导弹与预警机的协同 ···172
　　　二、战斗攻击机与舰空导弹的协同 ·································175
　　　三、舰载机与水面战斗舰艇的协同 ·································176
　　　四、舰空导弹与近防武器系统的协同 ·····························177
　　　五、硬杀伤与软杀伤武器的协同 ·····································184
　　　六、导弹防御与防空作战的协同 ·····································187

第七章　美国航母打击群两栖作战协同 ···191
　第一节　两栖作战支援装备 ···191
　　　一、两栖作战装备体系 ···192

         二、两栖投送装备 193
         三、两栖作战支援装备 202
         四、两栖作战装备特点 204
   第二节 两栖支援作战装备运用 206
         一、两栖作战指挥 206
         二、两栖支援作战指导思想 209
         三、两栖作战及支援兵力运用 209
         四、两栖登陆舰作战基本程序 215
   第三节 两栖支援作战中的协同 216
         一、美国海军与海军陆战队的协同作战 216
         二、航母与两栖战舰艇的协同 226
         三、制海与兵力投送 230
         四、纵深打击与舰到目标机动 233

第八章 美国航母打击群训练与培训 235
   第一节 航母交付后试验与训练 235
         一、交付后的海上试验 235
         二、部署前的集训 241
   第二节 军官的晋升 245
         一、编队最高指挥官 245
         二、航母舰长的成长 247
         三、航空联队长 248
   第三节 飞行员培训 248
         一、飞行员选拔 249
         二、飞行员的训练 251
         三、舰上训练 254

第九章 美国航母打击群的支援保障 258
   第一节 美国海军的后勤保障体系 258
         一、后勤保障组织指挥体制 258
         二、后勤保障力量及设施 261
   第二节 航母的维修保障 263
         一、军方的维修管理体系 264

		二、航母使用和维修规章 ………………………………………… 265
		三、航母的三级维修保障体系 …………………………………… 265
		四、航母的维修保障设施 ………………………………………… 270
	第三节　航母的驻泊基地 …………………………………………… 272
		一、航母的母港 …………………………………………………… 272
		二、海军航空站 …………………………………………………… 278
		三、航母驻泊情况 ………………………………………………… 280
	第四节　航母编队的补给 …………………………………………… 281
		一、航母的岸基后勤保障 ………………………………………… 281
		二、海上机动保障和装备 ………………………………………… 282
	第五节　航母作战部署能力 ………………………………………… 291
		一、航母的部署能力 ……………………………………………… 292
		二、航母的部署训练周期 ………………………………………… 294

第十章　航母打击群主要作战平台 …………………………………… 301
	第一节　"福特"号核动力航母 ……………………………………… 301
		一、发展背景 ……………………………………………………… 302
		二、能力要求 ……………………………………………………… 304
		三、技术特点 ……………………………………………………… 305
		四、对作战的影响 ………………………………………………… 312
	第二节　"尼米兹"级核动力航母 …………………………………… 314
		一、发展背景 ……………………………………………………… 315
		二、技术特点 ……………………………………………………… 316
		三、对作战的影响 ………………………………………………… 319
	第三节　"提康德罗加"级巡洋舰 …………………………………… 323
		一、发展背景 ……………………………………………………… 325
		二、技术特点 ……………………………………………………… 326
		三、改装情况 ……………………………………………………… 330
		四、对作战的影响 ………………………………………………… 331
	第四节　"阿利·伯克级"驱逐舰 …………………………………… 333
		一、发展背景 ……………………………………………………… 334
		二、技术特点 ……………………………………………………… 338
		三、改装情况 ……………………………………………………… 341

四、对作战的影响…………………………………………………342

第五节　"洛杉矶"级攻击型核潜艇………………………………346
　　一、发展背景………………………………………………………346
　　二、技术特点………………………………………………………351
　　三、改装情况………………………………………………………355
　　四、对作战的影响…………………………………………………358

第六节　"弗吉尼亚"级攻击核潜艇………………………………360
　　一、发展背景………………………………………………………360
　　二、技术特点………………………………………………………363
　　三、对作战的影响…………………………………………………368

第七节　F/A-8E/F"超大黄蜂"战斗攻击机………………………371
　　一、发展背景………………………………………………………371
　　二、主要改进情况…………………………………………………373
　　三、对作战的影响…………………………………………………377

第八节　EA-18G"咆哮者"电子战飞机……………………………380
　　一、发展背景………………………………………………………380
　　二、主要改进情况…………………………………………………382
　　三、主要技术特点…………………………………………………386

第九节　E-2D"先进鹰眼"舰载预警机……………………………388
　　一、发展背景………………………………………………………388
　　二、技术特点………………………………………………………397

第十节　F-35C"闪电"Ⅱ战斗机……………………………………401
　　一、发展背景………………………………………………………401
　　二、发展过程………………………………………………………405
　　三、主要技术特点…………………………………………………409
　　四、对作战的影响…………………………………………………412

第十一节　MH-60R/S舰载直升机…………………………………416
　　一、发展背景………………………………………………………416
　　二、改装情况………………………………………………………417
　　三、技术特点………………………………………………………420
　　四、对作战的影响…………………………………………………422

参考文献…………………………………………………………………426

第一章 美国航母打击群发展综述

第一节 美国海军作战概念对航母作战的影响

从海军发展历程来看，美国海军任何一个作战概念的提出，都是经历了相当一段时间的认真研究和深入思考后做出的。

自冷战结束、苏联解体之后，美国与苏联之间大规模的"海上决战"便不复存在。而作为苏联海军遗产的主要继承者——俄罗斯海军，尽管接收与继承了苏联海军的绝大多数舰艇和飞机，但由于其后不断地受到美国及欧洲国家的封锁与制裁，加之其国内资源和产业门类比较单一，国家经济长期下滑，综合国力急剧下降，军费大幅减少，各军种长期得不到新型舰艇、飞机、导弹等服役补充；其新型大中型舰艇更是近20年几乎无一艘入役（只是近两年才有了满载排水量5000余吨的"戈尔什科夫海军元帅"号护卫舰入役），从而导致战斗力明显低下。另外，早在20世纪80年代美国就提出了要控制全球16个海上咽喉要道，后来又提出了要控制8块世界重要海上区域，美国对世界海洋及战略通道掌控力度不断加大。实力骤增的美国海军曾一度认为：今后海上方向不会再有能与之对抗的强劲对手，更不会再出现哪个国家能对其产生战略性的威胁。

针对作战环境开始由远洋转变为近海乃至近岸海域，以及海上方向威胁也越来越多地由传统安全威胁转变为包括非传统安全威胁在内的综合安全威胁，于是1992年9月，美国海军部长、海军作战部长和海军陆战队司令共同批准并颁布了《由海向陆——为美国海军进入21世纪做准备》的战略白皮书，并明确提出：将以支援近岸和陆上作战作为自己的主要使命，从而使得美国海军长期以来以夺取制海权为中心的马汉理论，"似乎在一夜之间"转变为以力量投送和对陆打击为重点的科贝特传统。为此，美军的海上战略重点逐渐从大洋上的海洋控制争夺开始转向近海地区的力量投送，特别是力量结构主要以水面舰艇为组成结构，加以围绕航母打击群和远征打击大队进行集中组建，逐渐形成一个强大的海上堡垒（图 1-1）。无疑，"由海向陆"的海上战略使得相当长的一段时间内，美国海军航母无论是大洋还是近海作战，大都"习惯"肆意横行，基本上不用考虑他国的威胁；因为当时各国军事力量确实没有太多的针对航母的武器和手段，更谈不上对其产生威胁和打击。

图 1-1　美国海军出动三航母编队举行海空军联合军演

继"平台中心战"理论之后，美国海军于 1997 年 4 月提出了"网络中心战"理论。该理论是通过战场网络化，使分散配置的所有部队及各种兵力兵器共同感知战场态势，从而采取协调一致的行动。对于航母打击群来说，要求其不仅能够打败近海防御之敌，能够控制距海岸外数百千米的海域及其陆上纵深数百千米的地域及整个空间，而且要求航母打击群中的各舰艇和飞机等作战平台作为整个网络中的一个节点；通过传感器网、交战网和信息网把战场各作战单元组成网络化，使分散配置的部队及各作战平台共同感知战场态势，并采取协调一致的行动，把信息优势变为作战行动优势，从而使作战行动发挥出最大的作战效能。比起"由海向陆"战略指导下的海上行动，美国航母打击群运用"网络中心战"理论之后，虽然依然肆无忌惮地横行于他国近海海域，并控制其陆上纵深数百千米的战场空间，但是在该阶段航母打击群不再只是仅依靠本编队内各种兵力兵器之间的相互配合行动。针对他国的威胁与行动，航母打击群可以协调、配合整个区域内的美军陆、海、空、海军陆战队四个军种所有的兵力兵器及探测搜寻设备，互联互通，互为节点，采取统一、协调的作战行动，达成作战效果的最优化、最大化。

"空海一体战"是美军，主要是美国海军和空军于 1992 年提出的一种作战概念。但此后 10 年，由于美国陆军和海军陆战队的极力反对，以及美国军事力量过多地深陷反恐战争等种种原因，使得这一作战概念一直未得以深化发展与运用。直到2009年7月，时任美国国防部长盖茨再次指定空军和海军研究这个概念；2009年9月，美国空军参谋长诺顿·施瓦茨上将和美国海军作战部长加里·拉夫黑德上将共同签署了一份机密性备忘录，决定空军、海军共同努力开发"空海一体战"作战概念。2011年夏天，新任国防部部长利昂·帕内塔下令将这一新的作战概念作为作战理论的核心准则，并予以全面贯彻实施。2011年8月12日，美国国防部成立"空海一体战"办公室，主要职责是监督和管理"空海一体战"作战理论的贯彻执行，由此"空海一体战"由智库理念正式转化为军方的作战概念政策（图1-2），而且机制化、组织化。之后，随着美国陆军与海军陆战队的正式支持和加入，美军新世纪的"空海一体战"作战概念逐渐演化为"联合作战介入"作战概念。就其核心思想而言，两个概念是一致的，后者是前者的升级版。

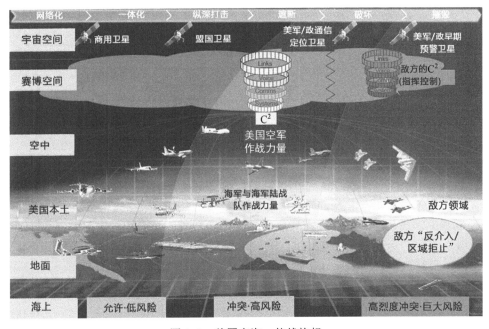

图1-2　美国空海一体战构想

不过，"空海一体战"作战概念太过聚焦于海军和空军所扮演的角色，且要强行进入他国领土领空对其内陆目标实施所谓的"致盲"打击。实际上，"空海一体战"的核心兵器是航母打击群、战略轰炸机、太空监视系统、航空监视系统，以及情报处理和指挥中枢等，以形成一张"空海一体战"网络。这样，一旦发生战争或冲突，美国及盟军"宙斯盾"舰将会进入预先指定的弹道导弹防御阵位；美国航母打击群中的其余作战舰艇将撤离"反介入/区域拒止"（A2/AD）

威胁区，或保持在该海域的存在，但要做好防御和攻击的准备。此外，如果上述计划达到预期目的，航母舰载机也会作为弹道导弹防御体系的一部分进行部署。相比之下，"联合作战介入"作战概念则要求航母打击群把活动海域撤离至公海海域，以拥有更大的安全性与机动性。

2017年1月9日，美国海军水面部队司令部发布《水面部队战略——重回制海》的战略文件，以官方文件的形式明确了"分布式杀伤"作战概念。这种作战概念是指"使更多的水面舰船，具备更强的中远程火力打击能力，并让它们以分散部署的形式更为独立地作战，以增强敌方的应对难度，并提高己方的战场生存性"。

第二节　战后航母打击群参战情况

1950年6月朝鲜战争爆发，当时距离朝鲜半岛最近的美国航母是靠泊于香港的"福吉谷"号（CV-45）。"福吉谷"号是美国海军航母史上的23号舰；1944年9月7日在费城造船厂开始建造，1946年11月3日正式服役。该航母的标准排水量为27500t、满载排水量36380t；最大航速33kn。典型的"埃塞克斯"级航母上的舰载机包括1个战斗机中队（36架或37架）、1个战斗轰炸机中队（36架或37架）、1个俯冲轰炸机中队（15架）和1个鱼雷机中队（15架），另配若干架直升机，总数超过100架。朝鲜战争期间，"福吉谷"号被重新编为攻击航母。朝鲜战争爆发后，该航母接到命令后便急忙赶赴朝鲜半岛海域，成为第一艘投入战斗的美国航母。不久，它又与英国的"胜利"号航母组成一支TF77特混编队，为美军及南朝鲜的地面部队提供了最初的空中掩护。到了1950年8月初，美国海军又派出"西西里"号（CVE-118）和"培登海峡"号（CVE-116）2艘护航航母赶赴朝鲜半岛近海海域。

1950年9月15日，麦克阿瑟实施了仁川登陆作战。在海上方向，除配置有"福吉谷"号航母外，还有"菲律宾海"号（CV-47）和"拳师"号（CV-21）2艘航母一同参战。此外，美军还动用了"培登海峡"号和"西西里"号2艘护航航母。9月15日上午，从"福吉谷"号、"菲律宾海"号和"拳师"号3艘航母上起飞了各型战斗机、轰炸机和攻击机，开始对仁川港及其周围阵地进行直接的航空火力打击；这种火力打击和支援对地面部队的行动起到了十分重要的作用。

1964年8月初，美军第七舰队的大批舰艇浩浩荡荡开进越南的北部湾，大批舰艇中包括"星座"号和"提康德罗加"号航母。后来，美国还出动了当时最新型的"福莱斯特"级航母，最多时航母数量达到4艘，舰载战斗机达到200多架。

"星座"号航母是美国海军"小鹰"级航母的 2 号舰（图 1-3），也是世界上最大的常规动力航母。满载排水量 82583t，最大航速 32kn；该舰最多可搭载各型舰载机 82 架，后期更换的舰载机种类和数量包括 F-14A "雄猫"战斗机 20 架、F/A-18C "大黄蜂"战斗/攻击队 24 架、A-6E "入侵者"攻击机 16 架（包括 KA-6D 加油机）、E-2C "鹰眼"预警机 4 架、EA-6B "徘徊者"电子战机 4 架、S-3B "北欧海盗"反潜机 6 架、SH-60F "海鹰"反潜直升机 6 架、HH-60H "黑鹰"救援直升机 2 架。"星座"号 1961 年服役，参加越南战争时，还算是一艘非常"年轻"的航母。"提康德罗加"号航母则是 1944 年服役的老旧航母，曾参加过太平洋战争，战后一度曾退役，停泊搁置，后改装重新使用。

图 1-3　美国海军"星座"号 CV-64 常规动力航母

从1964年8月5日起,"星座"号航母和"提康德罗加"号航母上的攻击机,陆续对越南海军鱼雷艇及基地进行了攻击;随后又轰炸了越南北方的义安、鸿基和清化等地区,制造了震惊世界的"北部湾事件"。由于越南战争是以陆上作战为主,美国航母的作用主要是对越南北方的军事、经济和交通设施等进行纵深打击,并封锁南北海陆交通运输,以保障B-52战略轰炸机的轰炸行动。

1965年4月3日,从"珊瑚海"号航母和"汉科克"号航母上起飞的舰载机,在轰炸河内以南65km处的清化桥时,第一次遭到北越米格-17战斗机的迎击,从而拉开了越南战争的空战序幕。1965年6月,"中途岛"号航母上的2架F-4B"鬼怪"式飞机用"麻雀"导弹击落了2架北越米格-17飞机。

越南战争期间,美国海军先后出动5艘航母参战,但"星座"号和"提康德罗加"号航母则是主力。在越南沿海,美国航母战斗群主要在两个区域活动:一个是越南北方的"杨基站",另一个是越南南方"迪克西站"。"迪克西站"主要负责对于新到达的飞行联队及飞行员进行综合训练。从1964年"北部湾事件"到1973年战争结束的10年侵越中,由于美国多艘航母参与,使得海军舰载机始终处于饱和状态。

1983年10月21日,当时的美国总统里根下令:美国海军"独立"号航母战斗群直扑加勒比海;同时出动的还有1艘两栖攻击舰、1艘导弹巡洋舰、3艘驱逐舰、4艘两栖舰船,以及7300人的部队;而格林纳达这个岛国的全部兵力也就2000人,而美军仅地面部队人数就是其3倍多。当时,美国的借口非常简单:营救在格林纳达的1000名美国人,代号称为"满腔怒火"。10月25日,美国海军陆战队和第75游骑兵团,在"独立"号航母上的舰载攻击机的火力支援下,开始对格林纳达发起进攻,后续美军第82空降师也都参与进攻行动。到11月2日,这场历时8天的战斗基本结束,美军获得了"最终"胜利。

1981年8月,以"尼米兹"号航母战斗群为首的美军第六舰队,按计划开进被利比亚卡扎菲宣布为"死亡线"的锡德拉湾,开始举行每年一次的"例行演习"。参加这次演习美军共派出20余艘舰艇,其中包括2艘航母。8月18日,即演习第一天,利比亚先后派出米格-23、米格-25等战斗机,共75架次到美军演习区附近进行侦察与监视;美军则针锋相对,也派出数十架舰载机进行警戒、拦阻和驱赶。几天后,利比亚升空的2架苏-22战斗机,突然向美国"尼米兹"号航母上起飞的2架F-14"雄猫"战斗机发动攻击,结果被F-14战斗机回敬的"响尾蛇"红外制导导弹所击中,2架苏-22战斗机双双坠入海中。

1986年1月底,美国总统里根批准了一项名为"草原之火"的打击利比亚卡扎菲的作战计划。随即,美国海军"珊瑚海"号、"萨拉托加"号和"美国"号3艘航母战斗群便浩浩荡荡开进地中海海域。这支由3艘航母组成庞大的特混编队共拥有各型作战舰艇34艘、各型飞机250余架，总兵力超过2万人。

1986年3月23日，美军第六舰队司令凯尔索中将下令：特混编队越过卡扎菲宣布的"死亡线"，进入锡德拉湾。由航母上起飞的舰载E-2C"鹰眼"式预警机首先升空，对行动实施指挥与控制；EA-6B"徘徊者"电子战飞机则对利军雷达和通信系统实施电子干扰；舰载F-14"雄猫"战斗机和F/A-18"大黄蜂"战斗机直逼锡德拉湾上空。与此同时，安装在"约克敦"号和"提康德罗加"号巡洋舰上的"宙斯盾"对空防御系统也全部开动。

3月24日13时，"死亡线"内空域已有100多架美军战机，与此同时进入海域的还有"提康德罗加"号导弹巡洋舰，以及"斯科特"号、"卡伦"号驱逐舰等多艘战舰。24日14时52分，利军从锡德拉镇导弹基地向美军2架侦察机发射2枚"萨姆"-5地空导弹，在美国航母EA-6B电子战飞机的干扰下，导弹偏离目标1.5km后坠海爆炸。24日19时45分至8时14分，利军先后又向美机发射4枚"萨姆"-5导弹，但在美国EA-6B电子战飞机的干扰下，仍无一命中。

24日21时26分，利军1艘法制"战士"Ⅱ导弹巡逻艇从锡德拉湾驶出，高速接近美舰，企图偷袭它；此时，只见从"美国"号航母上起飞了1架A-6E战斗机，随即发射"鱼叉"导弹和"石眼"集束炸弹迅速将该艇击沉。22时06分，2架A-7"海盗"攻击机从"萨拉托加"号航母上起飞，在EA-6B电子战飞机的引导下，向海湾东部锡德拉镇地空导弹阵地发射了2枚"哈姆"高速反辐射导弹，立即将其炸毁。23时15分，利海军1艘"纳努契卡"Ⅱ级导弹艇从班加西港驶出，企图攻击美舰，美军立即从"珊瑚海"号航母起飞2架A-6E攻击机，并迅速发射空舰导弹又将其击伤；10h之后，已修复的利军导弹艇再次受到美军"萨拉托加"号航母上起飞的A-6E攻击机的导弹攻击，最后终于沉没。

25日凌晨1时54分，美军航母指挥控制系统接收到利军锡德拉湾导弹基地的雷达辐射信号，随即断定：利军数小时前被炸毁的雷达设施已经修复并恢复工作。于是，美军航母又派出了2架A-7E攻击机，再次发射反辐射"哈姆"导弹将其击沉。25日，太阳升起后，美军又从航母上起飞了一架舰载机，向利军一艘导弹护卫舰发射了导弹，将其重创。

至此之后，利军再也没有向美军主动发起攻击。美军第六舰队司令凯尔索见状，下令收兵，撤出锡德拉湾。这次作战是美国海军航母战斗群及其舰载机的一次成功作战，美军起飞各型舰载机1500多架次，先后发射了"哈姆"反辐射导弹、"鱼叉"空舰导弹及激光制导导弹和集束炸弹等多种武器，共击沉、击伤利军5艘导弹巡逻艇，击毙击伤利军150多人，而利军虽也发射了"萨姆"-5和"萨姆"-2等多枚导弹，但无一命中，美军无一伤亡。

1986年4月15日,美国又对利比亚展开了一场代号为"黄金峡谷"的打击行动。15日凌晨,"美国"号和"珊瑚海"号2艘航母驶向利比亚沿海。15日0时20分,第六舰队司令凯尔索中将下令:2艘航母上的有关舰载机立即升空,不久它们就与从英国拉肯希思和上里福德基地起飞的24架F-111战斗机(图1-4)6架EF-111电子干扰机,以及30架KC-10和KC-135空中加油机在地中海上空会合;随之按照原先制定的预案,分头扑向的黎波里和班加西两地。根据事先制定的预案,这些航母舰载机和空军飞机向利比亚境内5个重要目标,分别投下了约2000lb(1lb=0.454kg)激光制导炸弹、500磅集束炸弹和"鱼叉"式空对地导弹,这些目标很快就淹没在熊熊火海之中。这次空袭主要重创利军这5个目标,摧毁其5座雷达站、14架各型飞机,炸死100余人,伤600多人。美国空军只有1架F-111战斗机被利军苏制4管高射炮击中,后坠毁海中;其余F-111战斗机安全返回航母10000km,"美国"号和"珊瑚海"号2艘航母的舰载机全部收回。

图1-4 美军F-111战斗机

1990年8月2日,伊拉克入侵科威特当天晚上,美军参联会主席鲍威尔在五角大楼下令,让当时正在印度洋活动的"独立"号航母战斗群立即赶赴海湾地区。两天之后,"独立"号航母战斗群就驶抵阿拉伯海。8月7日,在地中海活动的"艾森豪威尔"号航母战斗群也迅速通过苏伊士运河,进入红海;并与

"独立"号航母战斗群一起形成对伊拉克的东西两面钳形攻势。到 8 月中下旬，"萨拉托加"号和"肯尼迪"号 2 艘航母也分别进入了红海。到 1990 年的 11 月底，美国 6 艘航母，分别组成 3 个"双航母"战斗群，从东、西、南三个方向牢牢地围困，封锁住了伊拉克。其中，"独立"号和"中途岛"号航母战斗群位于阿拉伯海北部，"萨拉托加"号和"肯尼迪"号航母战斗群位于红海，而"美国"号和"罗斯福"号航母战斗群则位于地中海。在整个封锁期间，以航母为核心的美国海军舰艇共拦截和检查了过往海湾地区的各类船舶约 7000 艘，极大地限制了伊拉克所需物资的运输与补给。

海湾战争爆发后，美军及其他国家又增派了"福莱斯特"号等多艘航母前往海湾地区，使动用的航母数量增至 9 艘。可以说，在整个海湾战争中，以美国为首的多国航母战斗群充分发挥了机动性突出、打击威力猛、综合能力强等特点，参与了多项作战任务，除了突出表现在危机阶段发挥了重大作用，以及舰载机参与有效地夺取制空权和对陆上目标的猛烈打击外，航母的迅速部署及所显现出的强大威力均给对方造成极大的精神震撼和威慑。

1999 年 3 月 24 日，在以美国为首的北约的推动下，一场由科索沃的民族矛盾直接引发的科索沃战争爆发。北约动用的海上打击力量主体是美国"罗斯福"号航母战斗群（群内包括 1 艘导弹巡洋舰、3 艘导弹驱逐舰及 2 艘攻击型核潜艇）以及英国"无敌"号航母（载有 7 架"鹞"式战斗机和 9 架"海鹰"直升机）和法国"福煦"号航母（载有 16 架"超军旗"攻击机（图 1-5）、4 架"军旗"侦察机及数架直升机）。随着战争的逐步升级，各国派出的航母先后参与了对南联盟的空袭行动；其中，无论是新赶来的"罗斯福"号航母，还是已在海上漂泊了半年之久的"企业"号航母，均保持了较高的舰载机出动架次。此外，战争期间各国的航母战斗群还担负了其他多种作战任务。

图 1-5　法国"超军旗"攻击机

2001年9月11日，阿富汗基地组织的恐怖分子劫持了多架美国的民航飞机，对美国本土发动了前所未有的攻击，象征美国经济实力的纽约世界贸易中心一号楼和二号楼轰然间倒塌，世界贸易中心其余5座建筑物也受震动而坍塌损毁；掌控美国军事力量中枢的五角大楼也遭到损毁，美国决议开展反恐作战。实际上，就在恐怖袭击发生之后不久，美国海军部署在各地的海上航母和其他舰艇都迅速接到命令，进入最高等级战备状态。随即，美国海军12艘航母中的5艘同时都处于前往中央司令部任务区的途中，不久上述航母齐聚阿拉伯海。

2001年10月7日，美国总统乔治·布什宣布开始对阿富汗发动军事进攻。战争期间，美军共在阿拉伯海部署了4个航母打击群："企业"号航母战斗群，共编有舰艇7艘，舰载机78架；"卡尔·文森"号航母战斗群，共编有舰艇7艘，舰载机78架；"罗斯福"号航母战斗群，共编有舰艇11艘，舰载机80架；"小鹰"号航母战斗群，共编有舰艇6艘，舰载机30余架。其后，"斯坦尼斯"号航母战斗群也前往阿拉伯海，接替"卡尔·文森"号航母战斗群。

从2001年10月作战行动开始到2002年3月中旬大规模作战结束，美国海军共动用6艘航母参加了代号为"持久自由"的作战行动。而在整个战争期间，美国海军在阿拉伯海北部始终至少保持有2艘航母的存在。可以说，航母舰载机全程参与了整个作战行动，并与空军战斗机在联合空战中心的指挥下协同作战；这次作战行动，航母舰载机出动架次超过了空军，达到了1.2万次，约占总飞行架次的72%。

航母舰载机通过计划空袭，对计划目标实施打击，空中游弋待战，打击时间敏感目标，地面引导攻击，支援地面部队作战等，夺取了阿富汗战场的制空权，极大地削弱了塔利班及"基地组织"的武装力量，有力地支援了地面部队推进，为最终推翻塔利班统治发挥了重要作用。

阿富汗战争结束后不久，美军又迅即集结兵力准备攻打伊拉克。当时，为什么要对伊拉克实施打击？美国人的理由非常简单明确：伊拉克存在暗中发展的大规模杀伤性武器，以及支持恐怖主义等一大堆莫须有的罪名。从2003年2月4日起，在不长的时间内，美国海军接连向海湾地区部署了"林肯"号、"星座"号、"小鹰"号、"罗斯福"号和"杜鲁门"号5支航母战斗群，共搭载有各型舰载机380架。其中，"林肯"号、"星座"号和"小鹰"号3支航母战斗群部署在波斯湾，"罗斯福"号和"杜鲁门"号2支航母战斗群则部署于地中海。"尼米兹"号航母战斗群也在开往海湾的途中，不久也投入支援作战行动。此外，"艾森豪威尔"号航母战斗群也处于临战部署状态，一旦需要便即刻开往战区；而"卡尔·文森"号航母战斗群则位于西太平洋地区遂行监控任务。实际上，伊拉克战争前，美国可用于作战使用的航母共达到8艘，占美国当时航母总数

12艘的2/3，表明美国海军的反应能力和航母出动率是相当高的。

2003年3月20日，代号为"自由伊拉克"行动的伊拉克战争打响，到5月1日主要作战行动结束，历时43天。美国海军此次参战的6支航母打击群（从2003年开始，美国海军将"航母战斗群"更名为"航母打击群"）上的全部舰载机，与空军战斗机一起组成联合空中力量，参与实施了"斩首"行动、"震慑"行动、"切断蛇头"等多项行动，以及支援地面部队作战等行动，对伊拉克军政首脑、指挥中枢、武器阵地、弹药仓库等重要目标实施有效的打击，为联军占领巴格达，推翻萨达姆统治立下了汗马功劳。可以说，"自由伊拉克"行动是一次真正意义上的联合作战行动，美国各军种力量特别是航母及其舰载机在其中发挥了十分重要的作用。

第三节 美国航母打击群的发展历程

在第二次世界大战之前航母并没有受到当时主要强国或大国海军的重视，包括美国、英国及日本当时一直把航母作为战列舰的配角和帮手。直到第二次世界大战的中后期，航母的作用和威力才渐崭露头角，并开始受到各国海军的高度重视。为了确保航母在作战中能发挥更大的效能，可靠地保卫其自身安全就成为各海军强国和海军大国的共识，由此纷纷给航母配备各种大中型战舰等为其"保驾护航"。

在第二次世界大战后期的几场大规模海上战役中，几乎都能看到航母战斗群的身影。在战争期间，航母战斗群的基本形式，通常由航母（包括舰载机）和大中型水面舰艇组成；如实施两栖登陆作战任务时，航母战斗群中还编配有登陆舰和运输舰。例如，在中途岛海战中，美国海军第16特混舰队编有2艘航母、6艘巡洋舰、9艘驱逐舰等，第17特混舰队编有1艘航母、2艘巡洋舰、5艘驱逐舰等。

1956年，美国海军首先出现以1艘航母为核心的战斗群编成，而且编入战斗群的舰艇数量和种类也日渐增多、齐全。特别是核潜艇的出现与使用，在很大程度上改变了常规潜艇速度太低和续航力不足等关键问题，加之对潜通信也取得了较大进步，所以使得攻击型核潜艇与航母、大中型水面战舰、补给舰船等共同成为航母战斗群的基本要素，如今航母的编成越来越规范和标准。以美国现役"尼米兹"级单航母打击群为例，通常其编成为1艘航母、2艘导弹巡洋舰、2艘或3艘防空/反潜驱逐舰、1艘或2艘反潜护卫舰、1艘或2艘攻击型核潜艇，以及1艘或2艘补给舰。

自冷战结束迄今，美国航母战斗群（从 2003 年开始，美国海军将"航母战斗群"更名为"航母打击群"。其含义是从海上战斗转为对陆打击）几乎每年都没有停止过海上作战行动，大量的海外部署与海上行动的具体实践，特别是各种水面战舰和核潜艇战术技术性能的飞速提升，如今的美国航母打击群的编成规模已呈明显缩小态势，基本保持在 5～7 艘。特别是由于冷战的结束，原先其大洋上作战对手——苏联的威胁不复存在，加之武器高技术含量的日益增加，以及装备平台费用的大幅提升，美国海军先后经历了一系列转型与变革，从而也深深影响到海军海上作战力量的核心——航母战斗群（图 1-6）。根据美国海军作战部"海军作战指令 C3501.65D"的规定，自 2003 年 3 月开始，航母战斗群（CVBG）不再作为海军海上作战的标准兵力编组，而被航母打击群（CSG）所取代。

图 1-6　航母编队航渡

第四节　美国航母编队的作战运用

每当世界某地区或某海域发生了严重危机或即将爆发局部战争，美国总统第一时间准会询问"我们的航母部署在哪里？最近的航母距离出事地点有多远？"并会根据形势和战争的需要，随即下令动用距离出事地点最近的航母迅速前往。而此时，直接服务于五角大楼的国防部及参谋长联席会议的联合作战指挥中心，便会立即根据总统及国防部长和参联会主席的指令，给海军作战指挥系统（NCCS）下达进一步的指令。

收到指令的海军战区司令由此开始负责指挥具体海上作战，但对于一些被攻击国的重要设施和战略目标的打击决策权，却依然要由最高当局拍板决定，海军战区司令则无权决定。例如，1991年海湾战争中，美军第七舰队司令虽然负责伊拉克周边海湾地区海域的整个海上作战指挥，但是他何时获得对于伊拉克境内的政府部门、指挥机构和武器阵地等的打击权限，却要由当时美国总统老布什为首的美国国家安全决策班子来决定。

目前，美国海军现役航母11艘，全都为核动力航母。在一般情况下，美国海军会把1/3以上的航母打击群，以"前沿部署"或"前沿存在"方式部署在世界上的重点、热点或危机海域。一旦冲突发生或战争爆发，位于上述海域的美军航母打击群就会及时赶赴上述海域，并能迅速地把舰载机等兵力投入该海域的作战行动。1990年8月2日，伊拉克入侵科威特，第一时间接到美军参联会主席鲍威尔指令的"独立"号航母战斗群和"艾森豪威尔"号航母战斗群，分别由印度洋和地中海驶往红海和阿曼湾完成战斗部署。此后，处于执勤状态的这2艘航母，又奉命可在6min内起飞12架舰载机；且这些飞机可在20min内飞抵200nmile外的作战空域，以有效地遏制住伊拉克军队可能的进一步军事行动。

美国海军依然是当今唯一具有全球部署能力的海上力量，其11艘航母可根据任务区域的不同分别部署于全球不同地区。美国11艘航母分别为CVN-68"尼米兹"号、CVN-69"艾森豪威尔"号、CVN70"卡尔文森"号、CVN-71"罗斯福"号、CVN-72"林肯"号、CVN-73"华盛顿"号、CVN-74"斯坦尼斯"号、CVN-75"杜鲁门"号、CVN-76"里根"号、CVN-77"布什"号以及CVN-78"福特"号航母。

按照2019年美国海军的兵力部署要求，其现役11艘航母的部署情况：CVN-68"尼米兹"号航母部署在太平洋地区；CVN-69"艾森豪威尔"号航母部署在海湾地区；CVN-70"卡尔文森"号航母部署在西太平洋地区；CVN-71"罗斯福"号航母部署在海湾地区；CVN-72"林肯"号航母部署在西太平洋地区；CVN-73"华盛顿"号航母部署在西太平洋地区或海湾地区；CVN-74"斯坦尼斯"号航母部署在太平洋地区；CVN-75"杜鲁门"号航母部署在大西洋地区；CVN-76"里根"号航母部署在西太平洋地区；CVN-77"布什"号航母部署在大西洋地区；由于CVN-78"福特"号航母2017年才加入美国海军，尚未真正形成战斗力，为此目前部署在大西洋地区。

从部署区域范围来看，太平洋地区部署5艘，大西洋地区部署4艘，海湾地区部署2艘。由此不难看出：当前美国的战略部署重点在太平洋地区，上述只是美国11艘航母一般情况下的部署；在特殊情况下，美国五角大楼和美国海军可以调集不同地区的航母共同执行任务。

现在,除了现役 11 艘航母之外,美国海军还有 10 艘两栖攻击舰,其中"黄蜂"级 8 艘,"美国"级 2 艘(图 1-7);根据适当改装,这两级舰均可搭载 12 架左右 F-35B "闪电" Ⅱ 固定翼战斗机,成为真正意义上的轻型航母,作为所谓的"闪电"航母参与作战行动。此外,美国还封存了大量的包括已经退役的"小鹰"级、"中途岛"级等大型常规动力航母;一旦今后大规模战争需要,通过适当改装维修后,即可快速投入海上战场使用。

图 1-7 搭载 F-35B 战斗机的"美国"级两栖攻击机

第五节 美国航母在现代条件下的作战优势和劣势

一、作战优势

美国海军航母打击群是目前作战能力最强的海上作战编队,其优势主要体现在以下几个方面。

海空潜一体化,有助于发挥海军兵力的整体优势。美国航母打击群技术密集、装备复杂、武器众多,既有包括航母在内的大中型水面战舰、攻击型核潜艇,也有各种性能不同的舰载机及机舰上各种武器,可以遂行防空、反潜、反舰、反导、对岸打击、电子战等多种作战样式,是海上多种作战力量以集中方式形成作战优势的典型。在信息化战争时代,美国航母打击群对于信息的获取、信息的传递、信息的分析、信息的融合等需求明显重视,不断加强;而随着智能化战争逐步走上历史舞台,围绕智能化战争的感知、决策、控制、打击、保障等关键需求,使得航母打击群的智能化、网络化的能力有所提升,海空潜一体化整体优势也进一步增强。

能够迅速集中兵力,具备快速机动能力(图1-8)。美国海军不仅航母数量多,而且其攻防兼备、火力强大,特别是母舰上的舰载战斗机作战半径可达1000km以上,有着很强的纵深打击能力。2艘或2艘以上航母的集中,就可形成相对庞大的兵力兵器集结,火力打击和纵深打击的明显优势,有助于速战速决,掌握战争的主动权。海湾战争期间,美国海军先后调动了8艘航母,加上盟军的航母,从而确保了围绕伊拉克东、西、南三个方向始终保持6艘航母的逼压态势。即便某个方向上出现暂时的空档,也会在很短的时间快速地予以补充。因为美国"尼米兹"级航母打击群每昼夜运动距离可以达到1000km(而且可以保持高速持续),它的快速机动性、迅捷的反应能力,使之能够适应现代海战突发性的要求。1998年2月初,为了实施对伊拉克的军事打击,美军进行了紧张的部署,短短几天,就向海湾地区部署包括"尼米兹"号、"华盛顿"号和"独立"号3艘航母在内的30余艘舰艇,340余架各种飞机,初步形成了对伊拉克的合围逼压态势。

图1-8 迅速奔赴战区的美国海军航母打击群

达成海空天一体，实施多军兵种的联合作战。在信息化战争迈向智能化战争的进程中，航母打击群不仅内部各作战平台、各打击武器等，均通过网络中心战形式，共享统一的作战态势，更加高度协调作战行动，而且它与外部的其他军兵种兵力兵器、作战体系也保持着密切、快捷、高效的协同关系，即通过更高层次的网络结构，迅速达成海空天一体，实施真正的多军兵种的联合作战。随着信息化技术的高速发展，美国航母打击群在对外的作战行动中，对外部信息资源的获取和依赖程度也与日俱增，特别是对天基信息资源的获取和依赖更为迫切。从20世纪90年代以来的多场局部战争来看，美军航母战斗群（2003年后为航母打击群）在天基信息的有力支援下，较好地完成了对制空权、制海权的争夺，对海上、陆上目标的远程袭击，全球定位系统（GPS）卫星直接为航母战斗群发射的巡航导弹和舰载机投射的制导炸弹导航，照相侦察卫星将所获取的侦察图像服务于航母战斗群作战决策及战场打击效果评估，通信卫星为航母战斗群与战区总部之间架起沟通的桥梁。1999年科索沃战争中，美国与欧盟共使用20种不同类型的卫星50余颗，获取了庞大的天基信息资料与侦察图像，为美国及北约出动的3艘航母战斗群的作战使用提供了有力的保障。由此可见，信息化条件下美国航母战斗群作战已离不开各类卫星的支援保障，海空天一体联合作战将是必然的选择。

二、作战劣势

尺有所短，寸有所长。虽然美国海军航母打击群拥有超强的综合作战能力，但也非无懈可击，同样存在弱点。

现役舰载机多是多用途的，可以承担多种作战任务，但一般而言，单项能力不如专用机，如对地攻击能力低于岸基飞机。现在航母上的主力作战飞机是F/A-18E/F"超大黄蜂"战斗攻击机（图1-9），该机为多用途战斗机，既可以执行空战任务，又可执行对地攻击任务等；但是在每次执行新任务出发前，都要由于任务需要而改变它的武器配置，其实无论是空战型改为攻击型，还是攻击型改为空战型，武器转换均需要很长时间（至少需要0.5~1h）。然而，在战机稍纵即逝、变化莫测的海上战场中，航母及其舰载机将会遇到不同的作战任务，如果舰载机不能适应战场的变化而随机应变，就将会给航母的作战使用带来很不利的影响。从携挂的武器到综合性能，航母舰载机适宜于对空和对海作战，而不适宜于对地作战。在历次局部战争中，美国航母的作战实践表明，舰载机对地攻击能力不强，出动架次率和能战率均低于岸基飞机。

图 1-9　士兵在为"超大黄蜂"战斗攻击机挂载空空导弹

建立并保持一支人员数量较多、素质较高的舰载机飞行员队伍难度较大。舰载机飞行员不仅培训阶段多、培训时间长，而且对心理素质要求高，同时又需要承受飞机弹射起飞和拦阻降落时所带来的极大冲击力加速度，因此舰载机飞行员的服役时间往往很短。尤其是战争时期，飞机损失数量多，飞行员伤亡率较高，此时要想补入训练合格的舰载机飞行员相当困难。例如，第二次世界大战后期，日美几次大的海战，日本几乎丧失全部训练有素、富有作战经验的舰载机飞行员，因此也就逐渐丧失制空制海权，最终逐渐失去战场的主动权。对于舰载机飞行员，还有一些严格的要求，如每 3 天飞行员就必须着舰一次，以保持他们始终拥有着舰的最佳状态。事实上，即便像美国这样拥有 11 艘大型航母，占世界航母总数超过 50%的国家，且训练相当严格的航母舰载机飞行员，具备夜间飞行能力的也只有 50%～60%。因此，长期以来美军都在竭力保持一支人员素质高、飞行技术好，且具备全天候作战能力的舰载飞行员队伍。

相对防空作战而言，航母的搜攻潜能力和反水雷能力较差。美国航母实施空中作战，既有预警机、电子战飞机，又有相当数量的制空作战飞机，舰上还装有速射炮和防空导弹，加之编队中还有一定数量装设"宙斯盾"系统的巡洋舰、驱逐舰等护航舰只（这些战舰的防空能力都不错），所以整个航母打击群的防空能力是比较出色的。但是，由于航母本身探测搜寻潜艇的手段并不多，可担任空中反潜任务的只有 SH-60 反潜直升机，其他护航舰只的反潜能力均比较一般。为了躲避潜艇的攻击，航母主要采用曲折航行方式进行规避，如此一来又将影响反潜直升机的起飞与降落，从而直接影响航母的反潜作战。不仅如此，美军航母的反水雷作战能力也十分低下，特别是在他国近海海域，水雷常常就是航母的克星。

航母的体积庞大，楼层高，甲板形状特殊且面积大，容易被对方卫星、预警机、侦察机、无人机乃至舰艇等发现。尽管如此，航母已纷纷采用取多种隐身措施，但限于其自身的雷达反射截面积过大，采用现有手段要想实现实质性的减少，恐怕难度极大。其实，航母的其他各种物理场，如雷达辐射波、通信电波、水下噪声、红外辐射值等，同时叠加在它一个平台上，使之成为一个巨大、多元、复杂的物理场源，对方综合运用各种各样的探测器材和手段实施探测、搜寻，它便难以遁形。

航母相比其他战舰内部空间大，但由于舰上多种武器、设备混杂，特别是美国"尼米兹"级各航母上均有5000～6000人，使得空间被这么多武器、设备和人员一分配，又变得十分狭窄，加之堆放物资、器材较多且凌乱，因此一旦发生火灾等事故，即使有喷淋、消防等系统，但若损管不力，将会造成重大损失。2020年7月12日到20日，短短9天美军舰艇连"烧"3艘航母，包括2艘准航母、1艘在建航母，足见美国航母的脆弱性。

第二章　美国航母打击群作战指挥

第一节　美国海军指挥序列

美国海军作战指挥系统是一个典型的分布式全球作战指挥系统，实际上它由全球指挥控制中心、海军指挥控制中心和武器、传感器指挥控制中心三个层次组成。

通常，美国航母打击群的作战指挥体系也由三个层次构成：国家最高指挥当局或舰队司令为航母打击群的最高指挥决策层，主要实施战略、战役决策；中间层由航母打击群司令及其参谋人员构成，主要实施航母编队的整体作战指挥；最基层为航母打击群内各群指挥官、协调官，具体实施作战指挥。

冷战时期，由国家最高指挥当局或舰队对航母战斗群实施直接指挥。冷战结束之后，对于美国航母打击群的作战指挥逐渐转由各战区指挥官实施指挥。例如，海湾战争中，美国海军从三个方向在伊拉克周边海域部署了6个航母打击群在内的各种海上兵力，并开设了三级指挥体系。其中，对航母打击群的战役指挥由海湾特遣舰队司令直接负责，而航母舰载机的对岸空中作战则由战区中央总部空军司令部统一负责。

航母打击群作战指挥系统处于海军指挥控制中心和武器、传感器指挥控制中心之间，是海军指挥控制中心的重要组成部分。而海军指挥控制中心又可分为岸基和舰载两大部分。岸上有舰队指挥中心，分别设在美国本土哥伦比亚特区的海军指挥中心、弗吉尼亚州诺福克的大西洋舰队指挥中心和夏威夷珍珠港的太平洋舰队指挥中心，以及设在英国伦敦的美驻欧海军司令部指挥中心。海上部分主要是其战术旗舰指挥中心，通常装备在可承担旗舰职能的航母或指挥舰上。美国航母战斗群作战指挥系统，主要作为美军海上作战指挥体系中的海上节点而存在，是美国海军作战指挥系统海上节点的关键支柱。

一般来说，美国航母打击群指挥层设在打击群中的航母上，由打击群司令担任指挥官，他也是海上作战的最高指挥官，并由舰上10余名参谋人员协助，构成海上作战指挥层。海上作战机构比较精干，通常驻扎在航母上，并下辖有数个方向的指挥官和协调官。他们的作战指挥职责是：评估航母打击群的作战环境，担负打击群的武器射击的作战指挥，负责连续观测和反复评估战术环境，以及根据需要改变任务分配从而重新明确作战顺序。

指挥官的主要任务是：贯彻实施最高决策层的战略意图，为完成战役任务制定作战方案；并负责具体作战任务的指挥和整个打击群范围内的情报保障。同时，还负责协调担任警戒任务的舰艇和飞机的指挥行动。

至于编队内的各群指挥层多设置在具有遂行相应任务能力的舰艇或飞机上，他的任务是在打击群司令的统一指挥下，统筹打击群内各种武器系统，具体负责各种战术行动的合同指挥，包括对空、对海防御指挥、空中作战指挥和对海或对岸进攻作战指挥等。美国航母打击群从侦察预警、空中打击到攻击掩护均已实现了空舰一体、攻防兼备、密切协调的攻防配系，具有攻防纵深大、层次多和火力强等特点。在一般情况下，航母打击群根据攻防距离，把作战区域分为外防区、中防区和内防区三个层次，并按照区域实施分区指挥控制。

第二节　美国航母打击群的编成

美国航母打击群的编制不是固定的，打击群内舰艇编制和数量一般随着任务不同而有所变化，既可以扩大也可以缩小。通常，美国 1 个航母打击群编成如下：1 艘航母，1 艘或 2 艘导弹巡洋舰，1 个驱逐舰中队（下属 2～5 艘导弹驱逐舰），1 艘或 2 艘攻击型核潜艇，1 艘战斗支援舰，以及 1 支舰载机联队。

航母打击群中拥有的 1 艘或 2 艘导弹巡洋舰，目前全部为"提康德罗加"级。"提康德罗加"级导弹巡洋舰舰长为海军上校，副舰长为海军中校，军士长为特级军士长。尽管"提康德罗加"级导弹巡洋舰虽然与"阿利·伯克"级导弹驱逐舰在吨位上相差不大，但它仍然是航母打击群中不可取代的，因为导弹巡洋舰要承担编队防空指挥任务，舰上作战情报中心（CIC）的核心就是防空作战区。

"阿利·伯克"级驱逐舰舰长是中校，比"提康德罗加"巡洋舰舰长要低一级。目前，驱逐舰中队全部都是"阿利·伯克"级导弹驱逐舰，驱逐舰中队指挥机构驻航母，驱逐舰中队指挥官为海军上校，军士长为特级军士长。美国海军的驱逐舰中队一般有 6 艘或 7 艘驱逐舰，但很多情况下不一定都要跟着航母打击群出海执行任务，根据任务不同，通常有 2～5 艘驱逐舰跟随航母一起行动。"阿利·伯克"级导弹驱逐舰舰长为海军中校，副舰长为海军中校，军士长为特级军士长。

航母打击群编制 1 艘或 2 艘攻击型核潜艇，执行反潜、先期侦察和警戒任务，通常会前出编队 50nmile 以上。目前，现役的攻击型核潜艇主要是"洛杉矶"级和"弗吉尼亚"级，核潜艇艇长为海军中校，军士长为特级军士长。

快速战斗支援舰是为航母打击群内提供油料、弹药、淡水等干货液货物资，其航速必须可以跟随整个打击群快速行动，一般在 25kn 以上。不过，快速战斗支援舰并不是航母打击群必须配备舰艇，通常为 1 艘。目前，现役"供应"级快速战斗支援舰满载排水量约 49600t（图 2-1）。

图 2-1 美国海军"供应"级快速战斗支援舰为航母进行补给

舰载机联队是航母打击群的主要打击单位，为独立作战单位，拥有完善的组织构架。舰载机联队联队长同时兼任航母打击群的打击指挥官，联队长军衔为海军上校，副联队长为海军上校，军士长为特级军士长。舰载机联队指挥机构编制 41 人，下设指挥官包括舰载机联队联队长、舰载机联队副联队长、联队作战军官、联队反潜作战军官、联队航空情报军官、联队维修军官、联队武器军官、着陆信号管、航医、联队情报团队，以及各飞行中队中队长。

伊拉克战争中，美国海军部署舰载机和直升机总数约 504 架，占战区部署飞机总数（大约 1100 架）的 46%。舰载机联队的标准编配是 3 个 F/A-18 型战斗攻击机中队（36 架）、1 个 F-14 中队（10 架）、1 个 S-3B 型反潜/加油机和 EP-3 型侦察机中队、1 个 SH-60 型反潜直升机中队、1 个 EA-6B 型电子战飞机中队（4 架）、1 个 E-2C 型空中预警机中队（4 架）和 1 个 C-2 型支援飞机中队（2 架）。

美国海军参战 6 艘航母的舰载机联队的编配情况如下：

"星座"号航母上搭载第 2 航母舰载机联队，下辖 9 个飞行中队，装备 10 架 F-14D 战斗机、36 架 F/A-18 战斗/攻击机、4 架 E-2C 预警机、4 架 EA-6B 电子战飞机、8 架 S-3B 反潜/加油机、2 架 C-2A 运输机、6 架 SH-60F 直升机。

"杜鲁门"号航母上搭载第 3 航母舰载机联队，下辖 8 个飞行中队，装备 10 架 F-14B 战斗机、36 架 F/A-18 战斗/攻击机、4 架 E-2C 预警机、4 架 EA-6B 电子战飞机、8 架 S-3B 反潜/加油机、6 架 SH-60F 直升机。

"林肯"号航母上搭载第 14 航母舰载机联队，下辖 9 个飞行中队，装备 10 架 F-14D 战斗机、36 架 F/A-18（其中 12 架是 E/F 型）战斗/攻击机、4 架 E-2C 预警机、4 架 EA-6B 电子战飞机、8 架 S-3B 反潜/加油机、2 架 C-2A 运输机、6 架 SH-60F 直升机。

"罗斯福"号航母上搭载第 8 航母舰载机联队，下辖 8 个飞行中队，装备 10 架 F-14D 战斗机、48 架 F/A-18 战斗/攻击机、4 架 E-2C 预警机、4 架 EA-6B 电子战飞机、8 架 S-3B 反潜/加油机。

"小鹰"号航母上搭载第 5 航母舰载机联队，下辖 9 个飞行中队，装备 10 架 F-14B 战斗机、36 架 F/A-18 战斗/攻击机、4 架 E-2C 预警机、4 架 EA-6B 电子战飞机、8 架 S-3B 反潜/加油机、2 架 C-2A 运输机、4 架 SH-60F 直升机、2 架 HH-60H 直升机。

"尼米兹"号航母上搭载第 11 航母舰载机联队，下辖 9 个飞行中队，装备 24 架 F/A-18E、12 架 F/A-18A、12 架 F/A-18C 战斗/攻击机、4 架 E-2C 预警机、4 架 EA-6B 电子战飞机、8 架 S-3B 反潜/加油机、2 架 C-2A 运输机、4 架 SH-60F 和 2 架 HH-60H 直升机。

目前，美国航母打击群的舰载机联队与之前相比，机种进行了精简，数量进行了压缩。现以 2018 年编制的第 11 舰载机联队为例，包括：战斗/攻击机中队 VFA-147，中队长为中校军衔，编制 202 人，12 架 F-35C "闪电"；战斗/攻击机中队 VFA-156，中队长为中校军衔，编制 186 人，12 架 F/A-18E "超级大黄蜂"；战斗/攻击机中队 VFA-154，中队长为中校军衔，编制 207 人，12 架 F/A-18F "超级大黄蜂"；陆战队战斗/攻击机中队 VMAF-323，中队长为中校军衔，编制 214 人，12 架 F/A-18C "大黄蜂"；舰载预警机中队 VAW-115，中队长为中校军衔，编制 142 人，5 架 E-2C "鹰眼"；电子攻击机中队 VQA-142，中队长为中校军衔，编制 154 人，5 架 EA-18G "咆哮者"；海上打击直升机中队 HSM-75，中队长为中校军衔，编制 154 人，11 架 MH-60R（有 3～5 架驻其他舰艇）；海上战斗直升机中队 HCS-8，少校军衔，编制 179 人，8 架 MH-60S。

美国航母打击群中编配的舰艇，尽管各自在打击群中都有一定的任务分工，但其大都具有较强的综合作战能力，如侧重防空作战、反潜作战等。但在任务需要时，各舰艇也可与航母协同执行特定的作战任务，如执行对岸攻击任务时，编队中的水面舰艇、攻击型核潜艇就可运用各自舰艇上装设的巡航导弹与航母舰载机共同实施对敌岸上目标的打击，此时的水面舰艇、攻击型核潜艇与航母之间就成为了一种协同作战关系。

但是，针对不同的威胁与不同性质的任务，美国海军航母打击群的编成一般有以下三种：

一是实施低强度作战和在低威胁区采取行动时，美国航母编队编成为1艘航母、1艘导弹巡洋舰、1艘（最多5艘）潜驱逐舰、1艘攻击型核潜艇及1艘综合补给舰或快速支援舰。

二是实施中强度作战和在中威胁区采取行动时，美国航母打击群的编成为2艘航母、2～4艘导弹巡洋舰、4艘或5艘驱逐舰、2艘或3艘攻击型核潜艇及2艘或3艘综合补给舰或快速支援舰。

三是实施高强度作战和在高威胁区采取行动时，美国航母打击群的编成为3艘航母、3～6艘导弹巡洋舰、3～9艘驱逐舰、3～5艘攻击型核潜艇及3艘或4艘综合补给舰或快速支援舰。

总之，每次作战行动或海上执勤时，美国海军航母打击群的编成是根据不同强度和不同威胁状况来制定的，具体的编成通常还要根据作战行动和活动海域的实际情况、周边敌兵力兵器的部署与配置、该打击群所担负的任务及双方损伤的战况来调整决定。

第三节 美国航母打击群的部门设置

航空母舰是整个航母打击群的核心战舰，航母打击群司令部和舰载机联队大部都驻扎在航空母舰上。目前，美国海军拥有的11艘核动力航空母舰，分属11个航空母舰打击群并担任旗舰。航空母舰打击群司令部是整个航母打击群的指挥中枢，驻在航空母舰上。

打击群司令部指挥官为海军少将，参谋长为海军上校，军士长为海军特级军士长，司令部编制70～100人，下设各种指挥官：打击指挥官，由舰载机联队联队长兼任，驻航空母舰，上校；防空作战指挥官，由导弹巡洋舰舰长兼任，驻导弹巡洋舰，上校军衔；水面战指挥官（AS），由航空母舰舰长兼任，驻航空母舰，上校军衔；水下战指挥官，由驱逐舰中队中队长兼任，驻航空母舰，上校军衔；指挥与控制战指挥官，驻航空母舰；空中协调官，驻航空母舰；直升机协调官，驻航空母舰；潜艇协调官，驻航空母舰；超视距协调官，驻航空母舰；掩护幕协调官，驻航空母舰。

航空母舰舰长为海军上校，副舰长为海军上校，军士长为特级军士长。现以2013年"尼米兹"号核动力航母为例来看其所设的下属部门：航空母舰指挥机构，上校军衔，编制 3 人；行政部，少校军衔，编制 44 人；机务部，中校军衔，编制 300 人；航空部，中校军衔，编制 551 人；作战系统部，中校军衔，编制 196 人；甲板部，少校军衔，编制 116 人；健康服务部，中校军衔，编制 2 人；牙医部，上校军衔，编制 62 人；工程部，中校军衔，编制 268 人；法务部，少校军衔，编制 5 人；公共事务部，少校军衔，编制 40 人；导航部，中校军衔，编制 19 人；作战部，中校军衔，编制 230 人；宗教事务部，中校军衔，编制 11 人；反应堆部，上校军衔，编制 240 人；培训部，少校军衔，编制 12 人；武器部，少校军衔，编制 227 人。

航母作为一个作战系统，由多个部门组成。航母的组织构成与其他战舰很相似，美国航母舰长职务均由海军上校担任，另有担任副舰长和部门长等职务的 10 多名上校军官。

为了便于训练、作战和管理，航母上设有部门和分队。它与海军其他舰艇不同之处是设有一个航空部门和一个飞机中级保养部门。此外，航母上的航空兵联队也作为一个部门，联队长任部门长。

舰长（图 2-2）负责确定航母运转的指导方针，确保本舰的安全、福利和本舰任务的完成。副舰长是舰长的代理人，其主要职责是主持航母日常工作，负责保持舰上秩序和指挥所的纪律，必要时代理舰长行使指挥航母的职责。为此，作战时副舰长通常位于较安全的战位上。副舰长必须认真执行严格的作战和行政工作计划，使舰上的战备状态、安全、舰员福利及各种物资条件达到并保持在高水平上。副舰长应该是一名有经验的航母飞行员，具有管理大量人力和物力资源的能力。舰长通过副舰长和战斗部门的指挥员实施指挥。

图 2-2 舰长训话

航空部门由航空部门长（俗称"航空老板"）（图 2-3）领导，负责指挥空战和空勤（包括飞机的吊放、加油、装卸、弹射、降落和飞行安全等）任务。"航空老板"的主要助手有航空部门长助理（一般称为"小老板"）、飞行甲板官、飞机弹射官、拦阻官、机库甲板官、航空燃油官、行政助理、飞机装卸官以及训练助理。航空部门设 5 个分队，由各分队长负责指挥。

图 2-3　航空联队长（俗称"航空老板"）

飞机中级保养部门由飞机中级保养部门长领导，负责督促和领导航母的飞机保养工作，使航空兵联队处于良好的战备状态。部门下设 1 个行政分队和 3 个生产分队，均由经验丰富的技术人员组成，其主要任务是检修中队飞机的现代化航空电子设备、飞机机架以及喷气发动机。此外，还负责飞机保障设备的维修和保养。

每个航空联队由多个飞行中队组成。这种混合编队使航母具有搜索、警戒、打击能力，以及为攻击机和航母打击大队本身提供战斗机掩护。现代航空联队的作战能力包括机载预警、电子战、空中加油、照相侦察、反潜及搜索和救援。航母的航空联队由联队长领导。联队长负责领导和管理所属各飞行中队。联队长负责组织训练、协调各中队的活动，负责航空物资的准备，检查通信、情况及联队其他业务工作。

作战部门由作战指挥官任部门长,承担航母的作战任务,是航母的核心部门。其职责是制订作战计划、组织战备训练、完成指定的情报搜集与处理,以及对空中飞机实施作战控制、组织通信保障、实施电子战、提供气象与海浪预报等。作战部门下设9个分队,见表2-1。

表 2-1 作战部门的9个分队及其职责

序号	分队名称	代号	职责
1	战情中心	OI	负责跟踪所有海空目标,根据舰长命令指挥作战行动,是航母的本舰指挥所
2	航管中心	OC	负责监控航母周边空域和飞机,管制空中交通
3	电子战分队	OE	负责组织实施电子战
4	水下作战分队	OX	负责航母水下作战系统和反潜飞机作业,并为编队水下作战提供支援
5	水文气象分队	OA	提供水文气象预报
6	光学侦察分队	OP	为战情中心提供图像情报
7	通信分队	OR	负责无线电通信保障
8	信号分队	OS	负责视距内通信联络
9	保密分队	OZ	负责管理通信密码,实施无线电技术侦察、搜集信号情报

武器部门负责航母上从子弹到炸弹所有军火的装卸、维护和处理(图2-4)。

图 2-4 "布什"号航母航空部门"全家福"

战斗系统部门负责舰载战斗系统（雷达、指挥控制系统、通信系统、武器控制系统等）的技术保障。

供应部门负责采购、接收、储存和发放物品，进行装备统计、零配件储备管理，并向舰员提供后勤保障与个人服务。

机电部门也称为轮机部门或机电部门，常规动力航母与核动力航母区别较大：常规动力航母机电部门主要负责主/辅机、推进系统和供电、供水系统的安全操作与维护，使用和维护舰上机械设备，负责消防损管等广泛工作。核动力航母上的机电部门不负责主机和推进系统，主要负责辅助设备、电力系统的操作和消防损管、舰体维修等工作；此外，核动力航母上设反应堆部门，主要负责核反应堆和蒸汽轮机的安全与维护。

第四节　美国航母打击群的作战指挥

美国航母打击群主要有以下具体三种作战样式的作战指挥：

（1）反水面舰艇作战指挥。航母打击群作战指挥官通常会指定打击群中的1艘"宙斯盾"导弹巡洋舰或导弹驱逐舰担任反水面舰艇作战指挥舰，为此该舰舰长也就成为航母打击群的水面舰艇指挥官。通常，该舰舰长担任整个群的反舰作战协调，统一组织与协调整个战斗群中的舰载机、各导弹巡洋舰、导弹驱逐舰及攻击型核潜艇等，共同遂行对敌方舰艇实施联合打击。

（2）防空作战指挥。通常，航母打击群作战指挥官会指定战斗群中的1艘"宙斯盾"导弹巡洋舰舰长或"宙斯盾"驱逐舰舰长担任防空作战协调官，由他统一组织实施打击群内各舰艇的防空作战。一旦得到敌方来袭的准确情报，防空作战协调官便会指挥打击群内的具备防空作战能力的各舰艇、各战机等，进入紧急防空作战戒备状态；随即指派航母舰载战斗机和各舰艇上的各种舰载防空武器，进行多层次、由远及近、软硬结合的抗击与干扰。

美国航母打击群现役防空作战主要分为三层来实施：最外层（外防区），距离航母为185～400km，主要的参与兵力为舰载机，它们在防空作战协调官的指挥下通过E-2C预警机对空中目标实施探测监视与战术控制；中间层（中防区）距离航母为45～185km，主要参与兵力为舰载"标准"-2和"标准"-3防空导弹，由防空作战协调官组织打击群内各舰的舰载武器实施拦截抗击；最内层（内防区），距离航母45km之内，主要参与兵力为RIM-162改进型"海麻雀"防空导弹及"密集阵"近程速射炮，多由航母打击群内各舰自行指挥。

（3）反潜作战指挥。目前，美国航母战斗群通常会指定1艘"阿利·伯克"

级导弹驱逐舰（具有远、中、近三层反潜防御能力）担任反潜指挥舰，该舰舰长则担任打击群的反潜作战协调官，由他来统一组织该战斗群内各舰艇的反潜作战行动，形成以航母为中心的立体、多层的搜索防御屏障。进入21世纪以来，随着岸基反潜巡逻飞机使用数量的增加及性能的提高，美军又在反潜指挥舰上设立了反潜作战中心，通过把岸基反潜巡逻机和舰载反潜直升机以及各舰艇所搜寻掌握的信息情报，与共享计算机信息库等信息数据加以汇总分析，再通过数据链向执行搜攻潜任务的岸基反潜巡逻机、舰载反潜直升机和水面战舰传送信息数据，以提高整个航母战斗群的反潜作战能力。

第五节 美国航母打击群的信息系统

当前，美国航母打击群的指挥控制系统之所以可以实施有条不紊的指挥控制，与采取以下工作过程与方式有关：首先，注重通过各情报分系统来进行广泛的侦察监视，全面收集各种战场尤其是海战场的态势情报，并使用计算机及其辅助设备进行集中统一的信息处理，形成能客观、准确反映战场情况的感知态势图。其次，指挥分系统把这些感知态势图，通过通信分系统分发到航母打击群中的每一个作战单元，并通过控制分系统来指挥控制每一个成员的作战行动，以及武器装备的使用。通过这个指挥控制系统，航母打击群就能够合理有序、有条不紊地运用信息，高效、全面地指挥控制群内各个阵位与单元，完成好所有的攻击与防御任务。

但是，在1991年海湾战争之前及整个战争期间，美国航母打击群指挥控制系统的建设与运用并不理想，相反却存在着极为严重的缺陷，出现了较多的问题，导致较多的事故发生。当时，美国各军种甚至各兵种之间信息系统的建设与运用都是各自进行，相互独立的，以致造成大量的重复建设，不仅耗资巨大、互不兼容，而且效能低下；既不能互联互通，更不能互操作，非常不适应多军兵种之间的联合作战。例如，海湾战争期间，位于利雅亚的美军联合司令部每次做出对伊拉克空袭的兵力分配决策后，都必须派出专人带上磁盘分乘2架海军飞机，分别飞向波斯湾和红海的航空母舰打击群司令部下发作战命令。如此近乎原始的作战命令下达方式与现代高技术战争极不协调，时常延误战机。这主要是由于当时美国海军的信息系统与美国空军的信息系统没有互联，致使两个军种之间的作战指挥控制系统不能互通而造成的。加之，多国部队之间没有一套完善的、可靠的敌我识别系统，经常敌友不分，乃至在法国"戴高乐"号核动力航母上驾驶"幻影"飞机的法国飞行员每次起飞升空后都非常担心：一旦完成既定的作战任务之后,返航飞回航母时有可能被友军的火力击落,因为当时伊拉克军队也装备了从法国购买的"幻影"战斗机。战后统计数据表明,战争期间美国海军自伤亡达 107 人,占整个海湾战争中美国海军伤亡人数的 17%,即有 1/6 死于自己人的炮火下。即便在海湾战争结束之后的一段时间,美军在伊拉克上空执行禁飞任务时,其 2 架 F-16 战斗机仍击落了己方两架直升机。造成这种自伤失误的主要原因:一是各军种各兵种各自独立建设"烟囱式"的信息系统,从而使得信息不能互联互通互操作;二是情报信息处理不及时,并时常造成误判,而严重贻误战机;三是信息系统不能有效识别敌我或出现识别错误,从而发生多起误伤己方舰机的事故;四是各军种各自的"烟囱"中间,如果某个节点受损,将会导致各军种整个信息系统的瘫痪,并最终导致所有"烟囱式"信息系统均无法完成工作。

这种严重的状况一直持续到 1997 年 4 月,当时美国海军作战部长杰伊·约翰逊海军上将首创"网络中心战"概念,这个概念(后来称为作战理论)把地理上、空间上各战区、各军种分散部署的侦察探测系统、指挥控制系统和火力打击系统等作战智能系统全面高度的集成,使其一体化、信息化、网络化,形成传感器网络、信息网络和处理网络,最终成为一个高效统一的信息网络体系,实现了各级作战人员高度共享所有有用的战场信息,高度共享整个全面的战场态势,使部队开始逐步同步协调,从而确保了高效实施联合作战。

目前,美国航母拥有众多信息系统,有始于 20 世纪 60 年代的"全球指挥控制海军分系统"(GCCS-M)、20 世纪 90 年代的"分布式通用地面站海军分系统"(NCGS-N),以及最新装备的"综合海上网络与企业服务"(CANES)等,主要承担命令收发,以及情报信息搜集、处理预加工、分析再加工、分发与整合等。情报信息的搜集是最广泛、最全面地获取作战空间环境和敌方信息,并将获取的信息提供给情报处理与加工部门的一个闭合过程。在处理和加工过程中,侦测搜集到的原始信息数据将被相互联系起来,并转换为可供信息分析部门进行综合情报生成的信息;其主要包括信号关联、图像加工、图形绘制、密码破译、数据形态与格式的转换,以及向分析与生成单位和决策指挥员报告这些过程的结果。由于处理与加工过程不同于分析与生成过程,即最初处理与加工后的信息还没有进行充分的分析和判断,因此不能作为情报信息成品分发给用户,更无法作为决策依据与其他作战资源进行整合。但是,处理与加工过程的某些事件敏感信息,特别是一些目标定位、威胁预警信息,则可立即通过情报信息传输渠道分发给航母打击群的各分用户,从而为各级指挥官的决策提供可靠的依据。GCCS-M 终端如图 2-5 所示。

图 2-5 设在航母上的全球指挥控制海军分系统（GCCS-M）终端

美国航母打击群中装设有一套"联合战术情报分配系统"，通过将情报信息与作战行动整合起来，就可使航母指挥官和作战人员随时获取最新的信息，即将航空母舰本身、预警机、电子战飞机、各种作战飞机、攻击型核潜艇，以及各护航战舰等各指挥所及各作战平台之间，建立起快捷迅速、可靠安全的情报信息传输联系，并第一时间把各种情报信息传输到各级作战指挥所与各作战单元。综上所述，航母打击群的情报信息分析处理系统是通过各种渠道获取各种原始信息，然后把这些原始信息整合成有用的战场情报，并把这些情报及时、可靠地传输给各级作战部门，为航母打击群的作战及其他行动提供准确有效的情报信息支援。

总之，美国航母打击群利用强大的计算机信息网络、信息传输系统将编队内各种作战平台的探测传感装置、指挥控制中心和武器系统集结成一个高效、快捷、全面的巨系统，以确保战场信息共享和武器高效优化使用。航母打击群的作战指挥控制主要分为三个相互耦合、无缝链接的网络，即传感器网络、交战网络和信息传输网络。信息传输网络在指挥控制中的作用非同寻常，它是将所有的传感器连接起来，从而构成传感器网络；随即将传感器信息传递到火力控制单元，并将多个火力单元连接起来，构成火力网。与此同时，还将传感器信息送到指挥控制中心，再把指挥控制中心和火力网连接起来。

可以看出，信息传输网络的作用至为关键，不仅是整个作战网络的基础，而且是传感器网络、指挥控制中心和交战网络的纽带。信息传输网络充分利用网络化的通信设施，包括无线电通信网台、战术卫星通信网、战术互联网、数据链等，将航母打击群各作战平台的传感器和武器系统最大化的连通成一体，通过指挥控制程序来确保各级作战单元拥有信息传输高速通道，共享战场态势信息，从而实现战斗力的最大化。实际上，在现代战争条件下，信息传输网络已经成为美国航母打击群的中枢神经系统。如果没有有效的信息传输手段，美国航母打击群的所有传感器、作战指挥中心、火力单元等均将无法连通，无法实现真正的一体化联合作战。

第三章　美国航母打击群对陆攻击协同

对陆攻击一直是美国海军航母编队的一项重要作战任务，在朝鲜战争和越南战争期间，其主要作用是利用舰载机对内陆重要目标进行轰炸，支援地面作战。失去苏联海军这一强大的海上对手后，"海上决战"的作战构想基本被放弃。在20世纪末到21世纪初的几场局部战争中，航母舰载机的主要作用是对陆打击，防空、反潜、反舰等任务的重要性相对减弱，而且与第三世界国家作战这些功能也有无用武之地之感。

冷战后，美国海军战略调整为"前沿存在，由海向陆"，航母打击群的主要作战任务也随之发生变化，对陆作战成为主要任务，对陆攻击装备有了长足的进步，从传感器到射手，快速反应，打击周期越来越短。美军逐步实现了依赖网络形成信息优势，进而达成决策优势，基本实现了"从传感器到射手"的无缝连接，加快了"观察—认知—决定—行动"的指挥周期，取得较好的作战效果。信息技术不再是仅仅起到保障、支援等辅助作用，信息力超越火力和机动力，对赢得战争发挥了决定性的作用。

经历20世纪末到21世纪初的几场局部战争，美国海军航母编队的编成也发生了重大变化，舰载攻击机已由为多用途战斗攻击机替代，打击武器也由航空炸弹逐步改进成精确制导武器，打击精确和打击效果大幅提高，导致各平台间的作战协同也在发生变化。

第一节　对陆攻击武器装备

对陆攻击是指利用海基武器和机载武器对敌国内陆实施打击。从作战任务看，包括远程对陆打击、空中火力支援、打击时敏目标等；从作战装备看，有"战斧""联合直接攻击导弹"（JDAM）、激光制导炸弹等打击固定目标的武器，也有增程"斯拉姆""防区外空地导弹"、空射"鱼叉""海军幼畜"

等打击移动目标的武器;从作战手段看,美国海军主要是仰仗强大的航空兵力,其次是利用舰/艇载的远程导弹实施攻击。从使用方式看,首轮打击主要是针对敌国的战略目标,如指挥机构、通信网络、战略武器发射阵地、机场、军港等重要军事设施,接下来主要是攻击阻碍其舰载机行动的地面防空火力网、重要基地、民用基础设施、维系战争的重要工业基地等。为遂行不同的作战任务,美国海军构建了由空中、水面、水下武器系统构成完备的对陆攻击装备体系。

一、对陆攻击装备体系

对陆攻击是一项表面上看似简单的任务,背后却需要有庞大、复杂的作战装备体系作支撑。实施对内陆目标的精确打击,需要构建由侦察探测装备、指挥决策系统、作战平台和机/舰载武器、支援保障装备等组成的完备的装备体系。理论上需要有天基、空基的侦察系统在战前做足情报收集、目标甄别等工作,开战前,高层指挥机构要选择打击目标、制订打击计划,并将作战指令下达给战区指挥部和航母打击群。航母打击群根据任务指令制订打击方案,分配目标和指定需要动用的武器,然后由舰载机和水面战斗舰艇、攻击型核潜艇等平台具体实施,完成打击后还需要进行毁伤评估,决定是否进行重复打击。

对地侦察装备方面,自 20 世纪 70 年代专用侦察机退役后,航母编队不再配备侦察机,对内陆目标的侦察由战斗机或战斗攻击机负责,航母打击群在执行对陆攻击前,需要对目标区进行详细侦察时,由上述舰载机挂载侦察吊舱执行侦察任务。内陆重要目标的信息主要靠卫星系统和岸基侦察机等手段获取,在开战前这些目标信息、数据由指挥部传送给航母打击群指挥部。

指挥控制装备方面,航母打击群的指挥控制系统属于战役级别的系统,向上接收战略级全球指挥控制海军分系统等的指令,向下对编队中的各作战平台下达指令。美国海军战役级指挥控制系统又分为岸上指挥控制系统和海上指挥控制系统,美国海军的岸上指挥控制系统是"舰队指挥中心""海洋监视信息系统"等,海上战役指挥控制系统有"战术旗舰指挥中心"等。战术级指挥控制系统为本舰作战控制系统,如舰艇自防御系统(SSDS)、"宙斯盾"作战系统等(图 3-1)。

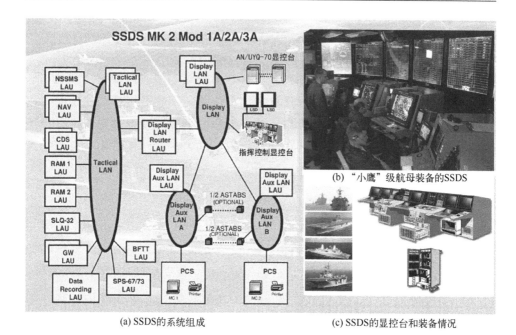

(a) SSDS的系统组成　　　　　　　(c) SSDS的显控台和装备情况

图 3-1　美国非"宙斯盾"舰装备的 SSDS 系统

为有效实施指挥控制，离不开完备的通信系统。海军信息传输系统可以分为岸基系统和海上系统两大部分。其中，海上系统指舰（艇）载信息传输系统，分为舰艇内部信息传输系统（内通）和外部信息传输系统（外通）。舰艇外部通信系统分为超低频、甚低频和低频通信系统（用于对潜通信），高频通信系统（用于远程通信），甚高频、特高频视距通信系统（用于舰舰、舰空视距通信），卫星通信系统（用于远程通信）。另一个重要手段是数据链。

美国航母打击群除了各平台原有的指挥控制系统以外，为了配合网络中心战，实施对陆攻击任务，先后发展了海军火力网（NFN）、联合规划网（JPN）、联合数据网（JDN）、联合合成跟踪网（JCTN）等，这些网的建成无疑又大幅度提高了舰载航空兵的作战能力。

NFN 是一个作战系统网络，具备提供实时信息交换、传感器控制、目标生成、任务规划、战损与毁伤评估的能力。NFN 的这些能力将使航母战斗群、特混舰队各个作战平台之间共享实时目标追踪、信息数据成为可能。NFN 由美国海军海上指挥和战区水面战斗计划执行办公室负责研制。JPN 是以战区 C^4I 能力为基础建设的。JDN 主要以连接指挥控制平台与武器平台（如"宙斯盾"舰、陆军、空军的作战系统）的战术数据链为基础，JDN 的感知态势和指挥控制管理信息通过 Link-16 以及 Link-11、Link-14 号数据链和通用数据链（CDL）传输。JCTN 为武器交战数据传递提供协同作战能力（CEC）

系统、Link-16 数据链网络的实时连接,将武器系统的信息分配到各个航空平台。

对陆攻击装备方面,精确制导武器现已成为有效遂行军事行动的重要保障。美国海军主要打击武器系统:由舰/艇载作战系统、火控系统、导弹武器系统、无人机(未来)构成的远程打击系统;由火控雷达、舰炮构成的近程火力支援系统;由机载火控系统、导弹武器构成的空地打击系统。

目前,美国海军远程对陆打击武器主要有"战斧"巡航导弹、空地导弹、精确制导弹药等。舰载近程武器系统主要有水面战斗舰艇装备的 Mk-45 舰炮和舰载机的航炮,理论上也可以实施对陆攻击,但因其射程有限,航母打击群很少会进入敌方近海实施对陆攻击,所以使用舰炮和航炮实施对陆打击的机会较少。

二、空中打击装备

自 20 世纪 90 年代美国海军调整战略以来,对陆攻击成为海军的主要作战任务,并且打击任务主要依靠航母舰载机来实施。航母舰载机与远程对陆攻击巡航导弹相比,虽然要冒一定的伤亡风险,但可以重复使用,完成一次打击任务后,返回航母重新挂载武器,还可以再次实施攻击,而且使用的航空弹药比巡航导弹价格低得多。1 枚"战斧"巡航导弹的价格超过 100 万美元,而 1 枚 JDAM 才 2 万美元左右,激光制导炸弹的价格更低,但毁伤效果不低于导弹。

美国航母打击群参与对陆作战的空中力量主要是 E-2C/D 预警机和 F/A-18E/F 战斗攻击机、F-35C 战斗机。预警机负责预警探测、空中指挥,F/A-18E/F 战斗攻击机现在是主要的作战力量,该机可执行空战/对地(海)攻击、压制或摧毁敌防空、侦察、伙伴加油等多种作战任务。F-35C 名为战斗机,实则主要承担攻击任务,该机的服役将使航母打击群的对陆攻击能力进一步加强。

(一)"超级大黄蜂"战斗攻击机

F/A-18"大黄蜂"战斗攻击机是 20 世纪 70 年代初美国海军根据高低搭配原则,为 F-14 战斗机选择的低配机型。因为 F-14 战斗机的价格过高,且对地打击能力弱,部分 F-14D 战斗机经改装后,加挂吊舱,才具备对地打击能力。F/A-18 战斗攻击机的设计要求是取代 A-7 轻型攻击机,部分接替 F-14 战斗机的空战和空中掩护等任务,并最终取而代之,担负空战和对地等多重任务。

20 世纪 90 年代初,美国海军为了弥补 F/A-18C/D 战斗攻击机作战半径较小、续航力有限等缺陷，替换即将退役的A-6E攻击机，开始寻求新型舰载机，曾提出研制A-X先进攻击机的发展计划，要求发展一型用于"高端作战"的舰载多用途战斗机。经过多方案论证和军工企业的激烈竞争，最终选择了F/A-18E/F作为过渡机型，用于替换A-6E攻击机和F-14D战斗机。

美国海军当时对"超级大黄蜂"战斗攻击机（图3-2）提出了5项基本要求：

（1）增加带弹着舰时的载荷。着舰时，允许载弹和燃油总重从"大黄蜂"的5500lb提高到9000lb。

（2）提高载荷能力与挂载灵活性。增加2个可用于携带空空或空地武器的挂点，使全机挂点总数从9个增加到11个。

（3）增大航程。执行空战任务时的航程为780km，执行攻击任务时为910km，最大航程较"大黄蜂"提高40%左右。

（4）提高生存能力。该机与F/A-18C/D"大黄蜂"战斗攻击机相比，规避敌机攻击和对陆攻击的能力提高8倍。

（5）增加日后升级改装的潜力。为增加新硬件预留空间，供电与冷却功率裕量提高65%。

图3-2　美国海军F/A-18E/F"超大黄蜂"战斗攻击机

为满足这些要求，在F/A-18C/D的基础上，对机体进行了扩大，包括：机体与主翼增大；外侧前缘襟翼翼弦延长；翼前缘延伸面面积增加34%，并修改外形轮廓；提高主翼厚弦比；增加一对翼下挂点；修改进气道结构等。

为节约作战成本,美国海军特别强调"超级大黄蜂"战斗攻击机要增加带弹着舰的性能,因为"大黄蜂"战斗攻击机在航母上着舰前必须抛洒超重的燃油,将未投掷和发射的弹药丢弃,以满足着舰重量,防止因重量过大造成机翼损坏。所以,"超级大黄蜂"战斗攻击机采用了较强结构的机翼,从而提高了舰载机的带弹着舰能力,在着舰前不再需要抛洒燃油或抛弃弹药。

"超级大黄蜂"战斗攻击机有 11 个挂点,执行对陆攻击时一般挂 3 个副油箱、2 个吊舱、2~4 枚空空弹及 2 枚对地攻击武器,如质量 750kg 的 AGM-158A 联合防区域外空地导弹(JASSM),射程 370km,作战半径为 740~1065km。F/A-18E/F 战斗攻击机执行攻击任务时,根据敌方地面防空火力网的情况,一般出动 EA-18G 电子战飞机伴随行动,进行干扰压制或摧毁。

美国海军使用的主要空地武器有"增程斯拉姆""联合直接攻击导弹""联合防区外武器"(JSOW)和"海军幼畜"等导弹,另外还有传统的无制导航空炸弹。

(二)21 世纪的海上"先进鹰眼"

舰载预警机实际上是一座空中飞行的雷达站,可以早期分析来袭的飞机和导弹,并且可以指挥己方战斗机对来袭的敌机进行拦截。到目前,舰载预警机已经发展了几代,现役装备的是 E-2C 和 E-2D 预警机。

E-2D"先进鹰眼"预警机是在 E-2C"鹰眼"2000 预警机的基础上,配合 21 世纪的作战需求,研制的新型舰载预警机。在网络中心作战构想中,舰载预警机是重要的海上作战节点,不仅需要充当舰队的耳目,而且需要发挥战场情报整合,实施战场管理的作用,并担当通信中继机,成为作战网络中的重要赋能工具。

"先进鹰眼"预警机发展计划于 2001 年正式提出,这期间由于预算原因导致进度推迟。2003 年 8 月 4 日,美国海军与诺斯罗普·格鲁曼公司综合系统分签订系统开发和验证合同,标志着该计划正式起动。2011 年,"先进鹰眼"预警机具备初始作战能力,2013 年正式开始量产。美国海军计划采购 75 架 E-2D "先进鹰眼"飞机,用于替换现役 E-2C 预警机,10 个预警机飞行中队将各配备 5 架 E-2D 预警机,另外 25 架部署在后备役中队。

"先进鹰眼"预警机虽然外形很像"鹰眼"2000,但系统配置有很大的差别,可以说是一型全新的预警机。E-2D"先进鹰眼"预警机新增能力主要有以下几项:

(1)装备新型相控阵雷达,探测能力增强。E-2D 预警机装备的新型 APY-9 相控阵雷达集成了空-时自适应处理软件,可除去杂波和定向干扰,滤出低空及地面运动目标信号,因此能够在复杂的地形环境和城市密集的濒海环境中探测到低空飞行的隐身目标(如巡航导弹等),并且提高了雷达在干扰环境中的探测能力和探测精度。新换装的 AN/ADS-18 电子扫描阵列天线有以下特点:

① 采用 18 个天线模块,实现电子扫描。

② 保留机械扫描方式,不仅可360°机械扫描,而且在旋转雷达罩静止时,能以机械加电子扫描的组合扫描模式,锁定重点区域进行电子扫描。

③ 采用全新设计的旋转耦合器。作为内置电子设备和旋转天线之间的接口,可将来自旋转天线的各种无线电频率信号传送转发到机内电缆中。新型雷达天线的优点是探测距离远,侦测能力强,可同时扫描并跟踪海面与空中的目标,而且旁波瓣低,可减少被敌方侦察系统或反辐射导弹攻击的机会。

④ 集成了新型Mk-12敌我识别器。该系统与新型雷达和天线阵相结合,可为E-2D预警机的决策系统提供支持,使之能在整个战场空间内,探测敌方飞机和导弹,进行数据融合,并引导战斗机实施攻击。

此外,新型雷达天线体积小,可将敌我识别器天线和卫星通信天线完全集成到天线罩中,而无需另外加装整流罩,减小了飞机的衍生阻力。

(2)采用全新战术座舱,态势感知能力增强。E-2D预警机采用新式全数字化的"综合战术座舱",使驾驶员具备全任务能力。在座舱内,用3部17in(1in=2.54cm)的战术多功能彩色显示器,取代了传统的飞行仪表面板,它们既可显示飞行数据,也可显示空中战术图像,不仅增强了飞行员的态势感知能力,而且可以迅速"转换"成第4操控员战位。虽然机组人员仍为5人,但在飞机完成起飞阶段的操作后,驾驶员或者副驾驶就可将系统指示界面切换到操控员界面,获得与操控员相同的显示信息,使驾驶员成为第4名任务系统操作员,承担操控员遂行任务,增强了空中指挥控制与作战管理能力。

(3)装备新的信息系统,综合作战能力全面增强。除上述先进系统外,E-2D预警机还装备有先进的卫星通信系统、协同作战能力(CEC)系统、海军一体化火控-防空(NIFC-CA)系统等,以及其他一些新系统和新装备;同时,该型机还采用开放式体系结构,能够随时集成新技术和新设备,为系统不断升级奠定了基础。此外,美国海军计划使其具有空中加油能力,将留空时间从4.5~5h增加到8h左右,大幅延长了任务时间。总之,E-2D预警机服役后,美国航母编队的综合作战能力进一步得以提升,功能进一步扩展。

在支持"海上打击"作战概念方面,"先进鹰眼"预警机提升了浅海和陆上探测与跟踪能力,以及网络连通能力,使E-2D能够在时敏目标瞄准和打击时敏目标时发挥重要作用。

(三)"咆哮者"电子战飞机

电子战飞机是一种利用电子干扰设备对敌方雷达实施干扰、压制的飞机,它可以使敌雷达和其他电子设备致盲或瘫痪,失去原有的功能,无法对己方飞机构成威胁。现役EA-18G"咆哮者"电子战飞机是EA-6B"徘徊者"电子战飞机的换代装备。美国海军经过权衡利弊,决定在F/A-18F战斗攻击机的基础上改装新型电子战飞机。2001年完成概念演示，使用1架F/A-18F"超级大黄蜂"战斗攻击机挂载3个ALQ-99干扰吊舱和2个副油箱，对噪声和振动数据进行了测量并对飞机的飞行性能进行了评估。2006年8月进行了首次飞行试验，此后该机开始小批量生产。

EA-18G 堪称战斗机中最强的电子战飞机，电子战飞机中最强的战斗机。因为它的各分系统和零部件 90%与 F/A-18E/F 战斗攻击机通用，可以挂载 AGM-88 "哈姆"反辐射导弹、AIM-120C 先进中程空空导弹、AIM-9 "响尾蛇"空空导弹；在电子战装备方面，有 70%的电子战系统源自 EA-6B 电子战飞机。主要电子战设备是 EA-6B 电子战飞机使用的"能力改进Ⅲ"系统。新增设备：机首和翼尖吊舱内的 AN/ALQ-218V（2）战术接收机，这是目前世界上唯一能够在对敌实施全频段干扰时仍不妨碍电子监听功能的系统；干扰对消系统（INCANS）在对外实施干扰的同时，采用主动干扰对消技术保证己方特高频（UHF）话音通信的畅通；用 AN/ALQ-217 替代 USQ-113 通信干扰装置；AN/ALR-67（V）3 雷达告警系统、综合防御电子对抗系统等，作为"部队网"的关键节点，该机还装备了 CEC、NIFC-CA 等系统的终端。

AN/ALQ-99 电子干扰吊舱是一种大型、复杂的战术干扰系统，它也是 EA-18G 电子战飞机关键的设备（图 3-3）。在论证新一代电子战飞机时，美国海军为了节省经费，没有新研制干扰吊舱，而是利用了原 EA-6B 的干扰吊舱，原因是 ALQ-99 刚完成"能力改进Ⅲ"升级，而且现在仍是世界上最先进的干扰吊舱。AN/ALQ-99（V）的用途是干扰敌方陆基、舰载和机载指挥控制通信和雷达系统，使之丧失作用，不能完成预警、目标捕获监视、控制/导引武器等任务，从而保障己方机群的作战行动。

图 3-3　美国海军 EA-18G 电子战飞机

EA-18G电子战飞机最引以为豪的是曾在2009年美军的"红旗"演习中"击落"一架号称当今世界最强的F-22"猛禽"战斗机。该机不但具备很强的电子干扰能力,而且有不亚于普通战斗机的攻击能力,将EA-6B电子战飞机和F-14战斗机的双重任务"一肩挑"。在"红旗"演习中,EA-18G电子战飞机和F-22战斗机演练空中对抗,EA-18G先是利用机载电子干扰吊舱实施强电子干扰,使F-22战斗机的雷达系统致盲,先废了F-22战斗机的"千里眼",使F-22的先进性能无法施展,再EA-18G绕到F-22身后,用雷达"锁定"目标,"发射导弹"后返航。

美国海军为EA-18G电子战飞机研制新一代电子干扰吊舱NGJ(AN/ALQ-249),分为低波段吊舱(NGJ-LB)、中波段吊舱(NGJ-MB)和高波段吊舱(NGJ-HB),其中NGJ-MB已经开始海试,预计2022年服役。

(四)F-35"闪电"Ⅱ战斗机

F-35"闪电"Ⅱ战斗机是美国国防部统筹采办的第五代战斗机。从计划初期,美军采取三军种联合和国际合作的研制模式,兼顾了三个军种的未来作战需求,分为F-35A、F-35B和F-35C三个型号。F-35A是常规起降型,装备美国空军,逐步取代F-16战斗机执行制空和战术武器投放任务,并接替A-10攻击机执行近距空中支援任务。F-35B为垂直起降型,装备海军陆战队,替换AV-8B攻击机。F-35C为舰载型,装备美国海军,接替F/A-18C/D战斗攻击机的制空和纵深打击任务。美国国防部对F-35提出的任务要求是70%用于对地攻击,30%用于空战。

F-35战斗机的特点除了具备隐身外形、能够超声速巡航以外,还配备了许多先进的电子设备:一是多功能合成孔径雷达,也称为多功能综合RF系统/多功能机首阵列(MIRS/MFA)雷达。该雷达除了一般电子扫描阵列具有的波束可捷变、雷达横截面积小、可靠性高、全寿命费用低等特点之外,还具有射频损耗小、多波束(不同功率、不同方向)探测与跟踪等特点。射频损耗小使该雷达的灵敏度比普通雷达高出数倍。二是光电瞄准系统(EOTS)。光电瞄准系统是一种高性能的、轻型多功能系统,主要用于精确空空和空地瞄准。它包括一个第三代凝视型前视红外(FLIR)装置,该装置可在防区外对目标进行精确的探测和识别。EOTS还具有高分辨率成像、自动跟踪、红外搜索和跟踪、激光指示/测距和激光点跟踪功能,具有360°的态势感知能力。三是电子战设备。F-35的电子战系统是在美国空军F/A-22多用途战斗机的电子战系统的基础上改进的,其体系结构和主要技术基本相同,不过,在保持性能相当的前提下,成本和重量为原系统的一半。四是多功能显示装置。在F-35的驾驶舱内将不再使用现役战斗机所用的平视显示器,替代它的是2台20.3cm×50.8cm的触摸式彩屏多功能显示器，飞行员只要用手触摸屏幕就可以完成必要的选择操作。

机载武器方面，为了保证 F-35 战斗机隐身性能，在其机腹下中部设置了 2 个武器舱（图 3-4）。攻击时武器舱门 1~3s 向下打开，伸出一个 5in 的扰流器使气流偏转，由投射器推出导弹，使其和飞机快速分离，导弹点火，舱门关闭。这样，敌方雷达探测到武器舱开启的时间非常有限。整个攻击过程，从打开武器舱门，到发射、关闭舱门，只需要 6~8s。

图 3-4　美国海军 F-35C 战斗机

F-35 战斗机共可以挂载 11 件武器。各挂架的最大挂载质量分别是：位于机翼外侧下面的 1 和 11 号为 300lb，机翼中部的 2 号和 10 号为 2500lb，机翼内侧的 3 号和 9 号为 5000lb，武器舱内的 4 号和 8 号为 2500lb，武器舱内的 5 号和 7 号为 350lb，机身中央线下的 6 号为 1000lb。其中 1 和 11 号、5 和 7 号为空空导弹专用挂架。

从以上几型装备可以看出，在近几十年来的几场局部战争中，美国海军航母舰载机向世人展示了其作战能力在不断提高。其最大看点是：航母舰载机的信息化水平不断提高，网络作战能力强，不但舰载机之间、母舰与载机之间的协同更加紧密，舰载机与其他作战平台之间的信息共享也变得更加便捷，使飞行员可以最大限度地了解战场态势，高效地利用各种资源，从而掌握战场的主动权。

一是优化舰载航空兵力，对陆作战能力增强。现在航母舰载机联队的作战飞机数量少于冷战时期，但由于现役舰载作战飞机全部为多用途飞机，实际执行对陆攻击任务的架次较以前有增加。过去，执行攻击任务的 A-6 攻击机没有空战能力，每次攻击任务出动的护航战斗机和攻击机的比例几乎是1：1，现在的F/A-18E/F战斗攻击机几乎可以挂载现役所有的精确制导武器，不但可以挂载空地武器，同时也可挂载2～4枚空空导弹，省去了护航架次，实际攻击架次相应增多。另外，还可挂战术侦察吊舱，同步执行侦察和评估任务，这也节省了相应的出动架次。电子战飞机由EA-6B换成EA-18G后，不但可以伴随干扰，而且能挂载反辐射导弹直接打击目标，并保留了空战能力。现在的舰载机联队整体作战能力较海湾战争时期有很大提高。

二是具备信息优势，作战网络日趋完备。在海湾战争期间，美国海军的作战命令等是靠直升机来回穿梭递送的，被称为"直升机网络"，而现在构建了相互衔接、信息共享的指挥控制网、传感器网、交战网，使武器发射平台间的互联互通互操作能力大幅提升，并且建立了由侦察卫星、侦察机、无人机等为核心的对陆情报监视侦察（ISR）系统，作为态势感知、获取信息优势的基础。传感器网络性能的大幅提高，情报实时传输，快速处理、分发送，使部队作战效能得以充分甚至加倍发挥，实现了对"时间敏感目标"的迅速、精准的打击能力，大幅提高了远程精确打击效果。

三是不断更新装备，具备精确打击能力。从美国发动的几场局部战争看，精确制导武器的使用比例逐次增加，到伊拉克战争时已经增加到90%左右。从上述武器性能看，美国海军装备的对陆攻击武器处于世界领先地位；从作战使用看，美国海军实现了精确的任务规划，精确的侦察、监视与情报、精确的导航，精确的目标识别定位，精确的制导，精确的命中，精确的毁伤和精确的战场评估，构成了完整的精确作战体系。

F/A-18E/F Block Ⅱ战斗攻击机的装备的AN/ASQ-228 ATFLIR先进目标捕捉与前视红外吊舱是一型整合了目标搜索、跟踪、武器制导所需各种设备的传感器系统吊舱，全长183cm，直径33cm，质量191kg。吊舱内装有夜晚或恶劣天气使用的中波（3.7～5.0mm）红外目标捕捉、导航前视红外（FLIR）设备，白昼探测用的光电传感器、激光测距仪、激光跟踪装置、激光制导装置等。ATFLIR吊舱最远可探测、捕捉到74km以外的地面目标。为了跟踪传感器捕捉到的目标，向目标投掷激光制导炸弹，可从15km的高空利用激光照射目标，激光制导炸弹根据激光束的引导，修正航迹，直至命中目标。由于搭载了ATFLIR先进目标捕捉与前视力红外吊舱，使飞机的目标定位、识别、攻击能力有飞跃性的提高。

三、水面水下打击平台

美国海军现役水面战斗舰艇和攻击型核潜艇全部具备发射"战斧"巡航导

弹实施对陆攻击的能力，且搭载的导弹数量多，战时可实施大规模攻击。现役水面战斗舰艇型号较少，便于战时统一规划、控制和使用。

美国海军水面战斗舰艇的特点是型号简洁、大型化、多用途，综合作战能力强，适合远洋作战，舰载作战系统功能强大、打击武器配备齐全。目前，美国海军只有"提康德罗加"级巡洋舰和"阿利·伯克"级驱逐舰两型舰，对陆攻击方面主要由"宙斯盾"作战系统、Mk-41 导弹垂直发射装置、"战斧"巡航导弹等构成的打击系统承担。关于上述两型舰的特点参见"第六章航母打击群对空作战协同"第一节对空作战装备。

目前，航母打击群主要编配"洛杉矶"级攻击型核潜艇，该级早期建造的艇（SSN-719 号以前）备弹 26 枚，包括鱼雷和导弹，标配是 8 枚"战斧"巡航导弹、4 枚"鱼叉"反舰导弹和 14 枚鱼雷，这些武器可根据战时需要调整配置比例，从 20 世纪 90 年代后期开始，美国海军的攻击型核潜艇不再装载反舰导弹，所以"战斧"的搭载数量有所增加，通常是配备 12 枚。后期建造的艇增加了 12 单元的垂直发射装置，专门用于搭载、发射"战斧"巡航导弹，加上鱼雷舱存放的 12 枚，"战斧"巡航导弹的搭载数量一般为 24 枚。

航母打击群在执行对陆攻击任务时，还可以得到巡航导弹核潜艇的支援。巡航导弹核潜艇是美国海军利用即将退役的 4 艘"俄亥俄"级战略核潜艇改装的，改装的主要内容是利用艇上原有 24 个"三叉戟"潜射导弹的发射装置中的 22 个改为可装 7 枚巡航导弹的贮存和发射装置，共计可搭载 154 枚巡航导弹，另外 2 个发射装置用于支援"海豹"突击队，装载必要的装备。

四、远程对陆打击武器

美国航母打击群编配的空中、水面、水下作战平台都具备发射"战斧"巡航导弹的能力，战时，三类平台可同时发射该型导弹，从不同航路攻击目标。舰载战斗攻击机和电子战飞机可以挂载各型精确制导武器，协同攻击地面防空火力网和各类目标，具备打击时敏目标的能力。这里主要介绍了其中三型具有代表性的武器系统。

（一）"战斧"巡航导弹

"战斧"巡航导弹是美国海军对陆攻击的首轮必用装备，在几场局部战争中，美国共使用了 2300 多枚"战斧"巡航导弹。该型导弹有多个型号，可由飞机、舰艇、潜艇发射（图 3-5），射程为 1600km 以上，有的型号的射程可达 2500km，主要用于打击战略目标。

图 3-5 "洛杉矶"级"普罗维登斯"攻击型核潜艇(SSN-719)装备的
"战斧"巡航导弹发射装置

目前,美国海军航母打击群的巡洋舰、驱逐舰和攻击型核潜艇都具备发射"战斧"巡航导弹的能力。按现役航母打击群编配 1 艘巡洋舰、3 艘驱逐舰、1 艘攻击型核潜艇计算,导弹垂直发射单元超过 400 个。在执行对陆攻击任务时,按 25% 搭载计算,至少可搭载 100 多枚"战斧"巡航导弹。

"战斧"巡航导弹在飞行途中可通过接收 GPS 卫星信号来调整飞行路线,末端采用影像匹配制导。在接近目标的地方捕获地面上的匹配影像,并与储存于导弹控制装置中的目标影像进行比对,最终调整飞行路线,对准攻击目标。其特点是毁伤能力强(战斗部 400kg 以上)、命中精度高(CEP 在 10m 左右)、隐身性能好(雷达反射面积小于 $0.1m^2$),有多种战斗部可选装,包括侵彻爆破杀伤、布撒器、电磁脉冲弹、云爆碳纤维、核弹头等。

"战斧"巡航导弹的研制始于 20 世纪 60 年代,为了弥补弹道导弹的能力不足,美国海军决定研制一型兼有战略和战术双重作战能力,可从海、陆、空多种平台发射的多用途巡航导弹。1972—1983 年是"战斧"巡航导弹第一个发展阶段,美国海军研制成"战斧"巡航导弹的基本型(Block I),即"战斧"核对陆攻击导弹(TLAM-N,BGM-109A)。在此基础上,先后衍生出舰载巡航导弹 BGM-109A/B/C、陆射巡航导弹 BGM-109G、空射巡航导弹 AGM-109,以及其子型号中程空面导弹 AGM-109C/H/I/J/L 等,共

10 种型号。

1983—1988 年是"战斧"巡航导弹发展的第二个阶段,美国海军对原有 Block Ⅰ 常规对陆攻击导弹进行改进,升级为 Block Ⅱ。主要改进是在 BGM-109C 的基础上发展了 Block ⅡA 和 Block ⅡB 两种型号。Block ⅡA 仍装常规弹头,代号 BGM-109C;Block ⅡB 的战斗部改为布撒器型,可抛射子弹药,代号为 BGM-109D。在此期间,美国海军还研制了 BGM-109B 反舰导弹的改进型 BGM-109E,其性能与 BGM-109B 基本相同,最大的差别有两点:一是将战斗部改用高爆炸力活性镁壳体;二是和其他型号一样,直接改用涡扇发动机。BGM-109D 改进型为 BGM-109F,装有攻击机场目标的子母弹头,因而称为"战斧"机场攻击导弹(TAAM)。BGM-109C 和 BGM-109D 首次在海湾战争中高调亮相。

1988—1993 年是"战斧"巡航导弹发展的第三阶段。该阶段研制成了"战斧"block Ⅲ 导弹。改进内容主要是:加装 GPS 修正系统,采用了新型计算机;改用推力更大的 Mk-111 助推器和 F107-WR-402 涡扇发动机,燃料消耗减少 3%,改用 JP-10 燃料使推力增加 20%;换装延迟引信和侵彻力强的 WDU-36B 战斗部;改进战区任务规划中心,增加海上任务规划系统;后来采用"先进战斧武器控制系统"(ATWCS)和"战斧导弹指挥与控制系统"(TC^2S),提高协同作战能力,减少了任务规划时间。通过此次升级改造,"战斧"巡航导弹进一步提高了打击精度和突防能力,增强了目标识别能力,并改善了与飞机的协同作战能力。该型导弹在伊拉克战争中首次使用。

1993—2003 年是"战斧"导弹发展的第四阶段。1993 年,美国海军提出了发展"战斧"多任务导弹(TMMM),"战斧"Block Ⅳ 型导弹着眼于 21 世纪的精确打击的常规战略和战术武器一体化发展计划。按美国海军的设想,多任务导弹可以承担常规对陆攻击、反舰、反潜等多种任务,射程为 1667km,飞行高度低,不易被雷达探测。

"战斧"Block Ⅳ(图 3-6)的改进项目主要是:采用低成本发动机(F415-WR-400);加装光电传感器进行毁伤评估;采用抗干扰 GPS、惯性导航系统(INS)和数字景像匹配系统;加装视频/卫星双向数据链,增加了打击控制器,可预存 15 个目标路径程序,在飞行途中可重新选择目标;具备空中待机攻击能力;可选多种战斗部,增强了打击"时敏目标"的能力;并改进了"战术'战斧'武器控制系统"(TTWCS)和"战斧'导弹'指挥与控制系统"。

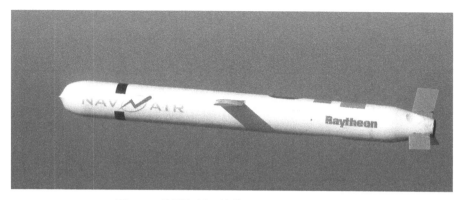

图 3-6　美国海军"战斧"Block Ⅳ巡航导弹

目前是"战斧"导弹发展的第五阶段。美国海军为了加强远程对舰打击能力，决定利用"战斧"Block Ⅳ导弹改装反舰导弹，同时进一步增强对陆攻击能力。主要改进包括对通信系统和导航系统的升级，用于反舰作战的是海上攻击"战斧"Block Ⅴ A（MST），用于对陆攻击的是"战斧"Block Ⅴ B，换装了"联合多重效应战斗部系统"（JMEWS）战斗部。这种新型战斗部装药450kg，主要用于穿透地下掩体，在打击非坚固目标时具有良好的爆破效果，不过，美国海军目前没有对外公布其侵彻效果。"联合多重效应战斗部系统"采用激光末段制导，打击精度提高到米级（10ft（1ft=0.3048m）之内）。"战斧"Block Ⅴ B型导弹也可以用于打击移动目标。

2016年1月，美国海军曾做过一项试验，主要内容是在"战斧"巡航导弹抵达达目标时将未燃烧的燃料转化为额外的爆炸力。也就是说，将导弹的JP-10燃料转变为炸药，与空气中的氧气结合并迅速燃烧，这种热压爆炸可作为附加战斗部，以扩大毁伤效果。如果是打击相对较近的目标，剩余燃料充足，其毁伤能力甚至比战斗部更强大。

"战斧"Block Ⅴ B型导弹 2020 年开始服役，同时计划将现有"战斧"Block Ⅳ型导弹改装成 Block Ⅴ B导弹，改装后可再服役 15 年。美国海军 2020 年预算拨款 3.86 亿美元，用于购买 90 枚"战斧"导弹、156 套导航和通信系统升级组件、20 套"海上攻击战斧"组件，以及用于支付 112 枚"战斧"Block Ⅳ型导弹的中期检验，美国海军计划 2021 年再购买 90 枚"战斧"导弹。该型导弹服役后，较老的"战斧"Block Ⅲ型导弹将逐步退役。

（二）增程"斯拉姆"空地导弹

增程"斯拉姆"导弹是在"斯拉姆"导弹的基础上改进而成的亚声速空地导弹，射程由原型的 100km 提高到 200km。

增程"斯拉姆"空地导弹采用折叠式平面弹翼，弹翼与弹体下部的翼根整流罩相连。由飞机挂载时,弹出式翼面收入后弹体下面,发射后自动展开。导弹锥头改为"V"形,提高了隐身性。制导和控制系统采用环形激光陀螺捷联式惯性测量装置和GPS接收机、数据传输装置、红外成像导引头等。

战斗部质量仍为227kg,但改为钛合金尖锥形壳体,与"战斧"Block Ⅲ的战斗部类似,使用FBX-C-129装药,使战斗部的侵彻能力提高了1倍,可攻击美国海军所要求的全部目标合集。

增程"斯拉姆"空地导弹作战使用时可预装4种飞行数据,导弹发射后先按预定航线飞向目标。武器控制员根据座舱显示器上显示的图像,选定并锁定瞄准点,然后导弹进行预定的末段机动攻击目标。在导弹击中目标前1min,启动红外成像导引头,视频信号传回发射飞机或其他在安全区的控制飞机。

(三)"联合防区外空地导弹"

"联合防区外空地导弹"是21世纪初服役的一型对陆攻击武器,有普通型AGM-158A和增程型AGM-158B(参见第四章美国海军航母打击群对海作战协同第一节反舰作战武器)。

五、对陆攻击装备的优势

美国航母打击群具备很强的对陆攻击能力,主要体现在:可选的攻击武器种类多;对陆打击武器大多具备防区外攻击能力,射程远、精度高,可精确打击地面的固定和移动目标,空中、水面、水下作战平台均具备发射远程打击武器的能力;战时可选攻击方案多,运用灵活,且搭载数量多,可对敌形成威慑,一次可同时打击多个目标。

一是依托作战网络,具备远程精确打击、时敏打击能力。远程打击、时间敏感目标打击的基础是平时的战场建设、高度的数字化情报装备。美国海军着眼实战,构建了指挥控制网、传感器网、交战网,各作战平台互联互通,天基、空基等各类传感器获取的信息、数据实时融合上网,打击平台可获得强大的情报支援,作战反应时间短,使已经起飞能够便捷地变更作战任务,在任务途中重新选择打击目标。

二是所有作战飞机都可以发射精确制导武器,具备打击各类目标的能力。F/A-18E/F战斗机几乎可以挂载现役所有的精确制导武器。战时,航母舰载机可根据作战需求打击敌方内陆纵深的各种目标,利用精确制导武器打击各类目标,达到迅速致敌瘫痪的目的。航空装备的最大特点是一型武器适用于多型飞机,一型飞机可挂多种武器,根据作战任务选挂不同用途的武器弹药。由于精确制导武器的发展,由过去的多个架次打击一个目标转变为现在的一个架次打击多个目标,而且战斗攻击机可挂载侦察吊舱,在执行攻击任务的同时进行毁伤评估和侦察，为后续作战提供情报支持。

三是所有作战舰艇都可以发射"战斧"导弹，实施远程打击。目前，美国海军航母打击群的巡洋舰、驱逐舰和攻击型核潜艇都具备发射"战斧"巡航导弹的能力，1个航母打击群配备100余枚"战斧"导弹。另外，美国海军还有4艘各装154枚"战斧"的巡航导弹核潜艇，战时可支援航母打击群的对陆攻击作战。

四是"战斧"导弹持续改进，具备空中待战和目标选择功能。第三代"战斧"导弹在地形匹配系统的基础上增加了GPS，开始使用GPS/INS。第四代"战斧"导弹又增加红外导引头，并且配备有数据链，可以在飞行过程中重新选定目标，以适应打击时敏目标的需要。为防备战时敌国干扰GPS，美国自2001年启动了精确地形辅助导航（PTAN）系统的研制项目。PTAN的核心是一种高级的地形匹配技术，可不依赖GPS而独立进行制导，其最终目的是完全替代GPS和末端景象匹配。第五代"战斧"导弹进一步提升了打击精度和毁伤效果。

第二节 对陆攻击装备运用

在执行对陆攻击作战时，编队指挥官授权打击战指挥官负责对陆作战行动的具体指挥。打击战指挥官主要负责拟定作战计划，调配各类对陆打击的舰艇和飞机、武器等，包括水面战斗舰艇、舰载机、海军陆战队的飞机，甚至包括空军的飞机，乃至盟军的飞机。

在单航母编队中，由于舰载机联队长通常兼任对空战指挥官，因此合同作战指挥官可以自己兼任打击战指挥官，配多名参谋，负责对海对陆打击的指挥任务，负责制定打击战的原则、策略，组织舰载机和反舰导弹实施对海、对陆打击行动。多航母编队通常指定专职的打击战指挥官。根据作战需要，有时战区司令部和编号舰队司令部也会派驻一个指挥小组，与编队指挥官一同指挥作战，也可由编队指挥官全面负责指挥，指挥小组仅负责协助其指挥。

一、对陆攻击作战指挥

美国海军航母打击群的对陆作战任务是主要由舰载机联队承担，所以一般由舰载机联队联队长兼任，直接受命于航母合同作战指挥官，也可由合同作战指挥官亲自担任。打击战指挥官全面负责编队打击战的指挥，其职责是制定作战实施方案，指挥控制舰载机和水面战斗舰艇对陆上目标和远距离海上目标的打击。

对陆攻击与其他方面作战最大的不同：一是航母打击大队没有攻击目标的选择权和决定权，对内陆攻击的决定权属于美国总统，打击什么目标、打击程度等均需总统签批，因为攻击纵深战略目标实质上是对一国的宣战，表示双方已进入战争状态。二是作战方案由战区联合空战中心制定，航母打击大队没有自主权。首轮打击后，由参联会主席确定要打击的目标，由战区司令统一筹划组织。战时，战区司令部和编号舰队司令委将派一个精干的小组登舰，与合同作战指挥官共同进行一线指挥，有时也可委派合同作战指挥官全权指挥。

多国部队、多军种的参战兵力由联合部队司令部（JFC）统一调配、统一指挥。航空兵力的运用则由联军司令部下设的联合部队空军司令部（JFACC）统一指挥，由它制定整体作战预案，如确定各种空中打击的目标、攻击的优先顺序等。在制定预案时通盘考虑战争的性质、战场地形、气象、部队特点等各种要素，并且厘清有效实施空中打击的各种条件。

作战方案由隶属 JFACC 的联合空战中心（JAOC）制定，向每个出发基地（平台）飞行联队作战中心下达空中任务指令（ATO）、空域管制指令（ACO）等作战计划（OPLAN）。JFC、JFACC、JAOC 通过战区空地系统（TAGS）下达指令或上报情况。舰载机联队在打击战指挥官的领导之下，制定具体的作战实施方案。

二、对陆攻击作战指导思想

美国海军对陆攻击的作战样式基本是以"战斧"导弹为先导，以突袭的方式发起首轮攻击，继而利用战斗攻击机和电子战飞机组合，突破、瘫痪敌地面防空火力网，对敌重要的战略目标、重要的工业设施进行同时打击，以震慑对手。

根据美国海军在作战行动中兵力运用情况和装备建设发展情况，其对陆作战的基本指导思想可以归纳为以下三点：

一是注重平时预防危机的发生，以遏制为主，在热点地区常年部署 1 个航母打击群。强调对危机、冲突采取积极主动、灵活反应的策略。在与美国利益相关、存在潜在危机的重要海区保持前沿存在，并通过各种措施竭力使潜在的危险不致变成现实的危机。在遏制失效，动用武力时，首先以突袭的方式发起首轮攻击，使用"战斧"导弹密集打击敌战略目标和基础设施，继而战斗攻击机和电子战飞机协同作战，对敌重要的战略目标、重要的工业设施进行同时打击，以震慑对手。对敌重要目标实施先发制人的打击，同步实施多点攻击，使敌失去判断力或产生误判，利用大规模密集轰炸使敌产生畏惧，无心恋战，同时对民众和媒体产生震慑作用，形成反战势力。

二是广泛地利用网络进行信息融合,增加信息在传感器—指挥控制—射手之间的共享程度,利用传感器和网络形成信息优势,进而达成决策优势,实现信息从传感器到射手的无缝连接,加快"观察—认知—决定—行动"(OODA)的指挥周期,取得预期作战效果。

三是对敌内陆目标攻击事关重大,预先需全面掌握目标的各类信息,要制定周密的计划,并根据战局变化实时调整,确保打击无误。为避免附带杀伤,攻击时尽可能采用精确打击武器。充分利用已构建的作战网络,将分散部署的不同军兵种部队合成为一支有战斗力的、相互协调的军事力量参加战斗。将侦察探测系统、通信系统、指挥控制系统和武器系统组成一个以计算机为中心的信息网络体系,以便各级战人员利用该网络体系了解战场态势、交换作战信息。

三、对陆攻击兵力运用

(一)对陆攻击基本程序

对陆攻击表面看似只是利用导弹攻击或舰载机投弹轰炸,作战行动与其他方面战比相对简单,但整个过程极为复杂,防空、反潜作战都属于"应急反应"的作战行动,没有时间"请示",只有事后"汇报",指挥官事前得到授权,危机时刻有权自行处理。对陆攻击行动之所以复杂,是因为从目标选择、打击决策、制定打击规划等环节都要"走程序",并且很繁琐,首轮打击和目标选择都需总统亲自签批,后续作战也需要高层指挥机构的批准,航母打击群指挥官只有具体实施的权限。

对陆攻击需要战前预先获取大量的情报信息,利用多种手段对敌国各类重要目标进行详细侦察。首先是信息的获取与传输、储存、处理,并整合、研判来自卫星、侦察机、无人机等各种侦察手段发来的各种信息。舰载机执行对陆攻击任务的前提是确保空中优势,完全控制整个战区的空域,包括压制敌防空火力网等,并为战斗机和轰炸机等规划进入目标区的航线。另外,交战前还要完成以下任务:对打击目标进行排序,再次侦察确认目标,弄清需要打击的目标数量,分配攻击平台和武器,规划航路等。一次对陆攻击任务需要完成6项主要工作(有的报道说一次空袭任务分为8个步骤,即接受任务、选择机群、初步计划、报告航空联队长、详细计划、任务简报、执行任务、毁伤评估):

一是明确打击目的、效果和作战指示。总统签发目标打击命令后,由战区司令部或高层战役完成作战筹划,为各打击平台分解具体战术打击任务。

二是完成目标分析。利用数据库中存储的各类信息,包括目标类型、大小、坚固程度、合适的瞄准点、是否属于敏感性目标等,对需要打击的目标进行详细分析。另外,还需要审核打击行动适用的交战规则、法律依据等。最终形成一个联合集成优先目标清单（JIPT），上报合同作战指挥官。

三是选择武器。根据目标特性及敌方的防御能力，选择适合的攻击武器、打击兵力。所有 JIPT 中的目标都要进行武器分配，包括建议的瞄准点、合适的武器系统及弹药类型、引信类别、目标类型与描述、预期效果、可能的附带效应等。主攻计划拟制好后交给担任攻击的飞行中队。飞行中队收到计划后，与空中掩护、电子战、预警机、加油机、侦察、救援等中队协同制定相关计划，确保以可用资源最大化地实现上级的作战意图。

四是生成与分发空中任务指令。一旦打击目标清单获得指挥官的批准，作战参谋开始拟制空中打击任务指令，然后下发各作战单元。各作战单元以此作为输入制定更为详细的作战计划。此时，参谋还要汇总防空、反潜等方面战对空中资源的需求，制定空中打击指令、空中管制指令、特殊行动指令（SPINS），这些指令根据战况、战场态势、气象、敌方因素等随时会有变化。

五是任务规划与部队执行。在实施打击前 24h，编队指挥部的各项指令下达到攻击机中队、空中交通管制中心、舰面保障部门等。各中队、分队、长机等利用飞机任务规划系统（TAMPS）等工具制定等详细的行动规划，包括飞行航线、航路、动作时序、规避敌防空火力战术、投弹机动动作、投弹飞行参数等，并生成飞机任务数据卡、飞行员任务腿板。飞机起飞前对飞行员进行任务简报讲解。

六是毁伤评估。评估工作遍及编队的各层面，由打击战指挥官统管。一个打击周期 72~96h，为了维持每天执行打击任务，多个打击计划相继或同时滚动进行。不过，对于特殊目标可以简化流程，在 3~4h 内完成以上的规划，只是可能有计划不周、忙中出错的问题。

（二）对陆作战的主要兵力及使用

从美国发动的几场局部战争行动看，单一兵种遂行对陆打击任务的情况较为少见，更多的是多种平台协同作战，而且多为海空联合或盟军联合作战。美国海军在对陆攻击方面的作用主要是以水面战斗舰艇和攻击型核潜艇发射"战斧"巡航导弹打击拉开战争序幕，随后由舰载机和空军飞机使用精确制导武器实施攻击。

1. 航母兵力的运用

航母编队一直是美国海军最重要的海上作战单元，在对陆攻击作战方面也是主要攻击兵力，因为航母打击群综合作战能力强，不仅拥有强大的空中攻击力量，还可携载为数众多的对陆攻击武器，可以不依赖陆上基地独立作战，攻击方式灵活，可在辽阔海域机动作战，并能够长时间遂行作战任务。目前，美国海军的主要攻击任务由舰载机承担，水面战斗舰艇和潜艇除了首轮打击时发射巡航导弹进行攻击以外，主要为航母提供全方位的防护，承担对空、反潜、水雷战等任务。

航母编队规模依行动和战争规模而定，没有一成不变的固定模式，通常有单航母编队、双航母编队、三航母编队等。单航母编队通常是执行常规的前沿部署任务，对热点地区进行持续的监控，或是应对小规模冲突（图3-7）。双航母编队主要用于中低威胁强调的冲突，2艘航母各搭载1个航空联队，攻击和防御能力大于二者相加的能力，可以轮番发起攻击，在1艘航母补给时仍可执行攻击行动。

图3-7 美国海军的单航母编队

三航母或多航母编队是美国海军在战争期间使用较多的编成模式，可以应对高强度作战的需求。由于配备为数众多的舰艇和舰载机，使指挥官有更多的选择，并且可以弥补维修和补给出现的兵力不足。在作战时，3艘航母轮替进行高强度和中等强度出动、维修、休整和补给，如1艘航母高强度攻击，另2艘航母舰载机中等强度出动，或是其中1艘进行补给或休整。这样，在战争的最初几日，3艘航母的舰载机每天可以高强度出动400～500打击架次，以后平均每日可出动200架次左右，始终保持较为平稳的攻击强度，不给敌方喘息之机。130多架舰载战斗攻击机可以灵活使用，用于执行多种作战任务，而且现在搭载的作战飞机为多用途飞机，即可执行攻击任务也可执行防御任务，加之使用精确制导武器，所以每日打击目标的数量较以前成倍增加。

越南战争期间,美国海军先后出动了17艘航母,根据根据目标的地理位置,在越南以东海域建立了"扬基航空站"和"迪克西航空站",各部署2艘或3艘航母,主要承担从东侧攻击越南内陆的任务。美国空军的飞机部署在泰国境内,承担西侧攻击任务。由于北越空军具备一定的作战能力,并拥有较强的地面防空火力,因此主要攻击兵力部署在北部的"扬基航空站"。部署在该站的"企业"号、"小鹰"号和"提康德罗加"号3艘航母是对北越攻击的主要力量。另外,还部署了反潜航母和护航航母,承担辅助作战任务。

海湾战争期间,美国海军也采取了类似的部署方式,在红海和波斯湾各部署了1个航母编队,每个编队配2艘或3艘航母,从东西两翼攻击伊拉克。

从上述两场战争看,美国海军航母通常采取因地制宜,灵活部署的方式,根据地形既可东西一线部署,也可东西两翼部署,无固定模式。

2. 舰载航空兵力运用

美国海军航母打击群现在的航空联队基本编成是44架F/A-18E/F战斗攻击机、4架或5架EA-18G电子战飞机、4架或5架E-2C/D预警机、19架MH-60R/S直升机,C-2运输机现已退役,由MV-22"鱼鹰"倾转旋翼机接替。对陆攻击的主力是F/A-18E/F战斗攻击机,可以使用多种精确制导武器执行多种作战任务。

从作战力量分配看,44架战斗攻击机除了承担务对陆攻击任务以外,还需承担防空、反舰等任务,所以必须有10架左右的飞机在甲板待战,时刻准备遂行防空任务。虽然F/A-18E/F属于多用途飞机,但挂弹是需要时间的。其余30架左右的舰载机中还有部分要承担空中伙伴加油任务,据美军透露,在近几年的作战中,有20%~30%的架次是执行空中加油任务。30架战斗攻击机按每天出动2次,每个架次挂2枚对陆攻击武器计算,1个航母打击群大约每天可攻击120个目标。

舰载机的作战行动主要由航母上的航空兵任务规划中心负责规划。任务规划中心使用TAMPS,可以直接向作战飞机输出作战计划。为飞行员选定飞行航线,提供威胁数据、设定攻击目标和选择武器的参考方案等。TAMPS的核心软件提供了实时C^4I系统人机交互界面,装有机载武器的火控雷达、战术航空定位辅助系统和火力通道辨识系统,支持海军舰载机的大量的数字化地形、威慑空间和环境的数据,以及飞机、空气动力和武器系统等任务规划所需的数据。

航母舰载机除了按上述传统模式根据作战计划实施对陆打击以外,随着信息化程度的提高,信息实时共享,现在可以执行"临时"性攻击任务。在起飞前可能没有详细的任务规划，这种作战模式一般限于两种情况：一是因为航母距作战区域较远，当飞机飞临战区时有些情况已发生变化；二是随着近几年美国海军推行网络中心战，装备的信息程度明显提高，可以执行打击"时间关键目标"的任务，在伊拉克战争中，24日出动的800架次中有600架次是执行临时的"时间关键目标"打击任务。

执行待命空中遮断和空中支援任务是近年来美军采用的一种作战方式，在原来空中遮断和近距空中支援的基础上增加了"待命"的内容。汲取科索沃战争的经验教训，美军特别强调实时的信息传输和打击时间敏感目标的能力。为完成这种任务，在航空兵力运用上，新增了待命空中遮断的作战任务，即飞机在地面或空中待命，根据作战指挥中心、E-8C等飞机的指示或地面部队的召唤飞往目标上空，在途中实时或近实时地接收目标信息，在飞机上完成导弹的数据装定，对临时目标进行攻击。同样，近距空中支援也可以采取在地面或空中待命的方式，随时准备执行对地支援任务。

3. 水面战斗机舰艇和潜艇兵力运用

水面战斗舰艇和潜艇在对陆攻击方面的作用是在开战初期和必要时发射"战斧"巡航导弹打击敌内陆高价值目标，此外，还要在战区担负防空、反潜任务，保卫航母的安全。

水面战斗舰艇一般配备23~25枚"战斧"巡航导弹，攻击型核潜艇一般配备24枚"战斧"巡航导弹，一个打击群可搭载100多枚"战斧"巡航导弹，根据作战需要也可增加巡航导弹的搭载数量。战时，水面战斗舰艇为了保护航母，始终游弋在航母的周围，攻击型核潜艇在水下威胁较轻时才会参与对陆攻击。除了航母打击群以外，美国海军还会派出其他巡驱大队或攻击型核潜艇参与对陆攻击作战。

据报道，伊拉克战争期间，美英两国共准备了1500枚"战斧"导弹，战争期间共发射了802枚，超过以前历次战争的总和。一次战役美国通常出动5艘或6艘航母，此外，还有独立行动的攻击型核潜艇，必要时可减少鱼雷的搭载数量，相应增加导弹的数量。

四、舰载机对陆作战程序

航母舰载机在对陆作战中的主要打击任务：一是摧毁敌防空火力网；二是攻击敌内陆重要的军事目标、民生基础设施，支援战略轰炸任务；三是压制敌地面部队，实施近距空中支援等。美国海军的航母舰载机在对陆攻击作战时通常遵循以下程序实施作战。

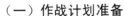

（一）作战计划准备

航母舰载机联队在编队指挥部确定空中打击任务指令后，根据任务要求制定具体目标的打击计划，并向空战指挥官汇报。计划包括完成任务所需的战术应用、机型、武器等，是否需要其他作战平台、系统的支援。一般在任务执行前24h内完成。

舰载机出征前，每个飞行员会拿到一个详细的飞行计划，包括飞行航线、航速、时间、敌地面防空火力网的情况等。这些信息记录在一个5in多的膝板中，膝板可固定在飞行员大腿上便于随时查看。出发前，飞行员在任务简报室接受一次任务简令，主要内容是打击目标的区域、目标性质和坐标位置，具体的规定，同行的机型和数量，起飞、降落的时间，空中加油机的位置等。然后由领队机长讲解本次行动出动的舰载机的编号、飞行队形、打击目标的参数、归航路线、高度、速度，以及着舰顺序等。随后由气象军官介绍航母所处位置、航线和目标区上空的气象和能见度等情况。

登机前10min，飞行员会拿到最新的数据卡，上面存着具体的飞行参数和任务参数，包括起飞时间、航母位置、紧急进场的方位、进场距离、飞行高度和速度、气象情况等。

（二）战斗出航

航母舰载机的出征一般分波次作业和连续作业两种。分波次作业是指按波次飞行周期进行出动，每个波次出动的舰载机可达40架左右，任务周期长达数小时，主要执行攻势防空、对陆攻击、支援两栖作战等任务。在两个波次之间，各色"马甲"进行休整，检修飞机，补充油、气、弹等，做好下一个波次起飞的准备。

对陆攻击时通常采取波次作业方式，根据任务要求可采取大波次、小波次或大小波次相结合三种方式。以"尼米兹"级航母为例，大波次一般出动大约35架舰载机，间隔4～5h，每天可出动2波次或3波次。小波次一般出动15架舰载机，飞行时间10～120min，每天6波次或7波次，最多可达11波次。大小结合波次每天可出动5个波次，其中1个大波次。3种波次的出动能力都在120架次左右。"福特"级航母对飞行甲板进行了重新布局，采取"一站式保障"、改进武器升降机等措施，使日出动能力达到170～220架次，每个波次的舰载机数量和出动波次应该多于"尼米兹"级航母。

连续作业是指先后两个任务周期在时间上有交叉，即前一个波次的任务尚未结束，后一个波次已开始起飞。这种作业时的飞机在15架左右，任务周期相对较短，并且武器弹药的需要量少。在舰载机执行防空、对海监视、反潜、侦察等任务时通常采取这种作业方式。

舰载机离舰后爬升，然后直飞，在距航母 3～5nmile（白天，夜间为 6～7nmile）的地方集结、加油，按任务编队以航行队形飞往目标区。

（三）进入目标区

舰载机在距离目标区大约 30km 的地方改为战斗队形飞行，降低飞行高度。从近期的局部战争看，舰载机多采取小群多路的攻击方式，每个梯队由 2～4 架舰载机组成，从不同方向发起攻击。因为现在主要使用精确制导武器实施攻击，所以已不再采取过去的大机群"地毯式轰炸"的方式。另外，A-6 攻击机退役后，可不再需要空中掩护兵力，进入目标区的过程相对简化。小群多路攻击方式可降低被探测的概率，增加攻击的突然性，而且可以选择敌防空火力较弱的地点突击，打击效果更好。

（四）实施攻击

E-2C/D 预警机全天轮流在空中值班，舰载机离开航母 50nmile 后，舰载机的指挥权交给预警机。在开始攻击前，预警机负责全局指挥，控制舰载机实施攻击的时机，协调各梯队的作战行动。在攻击前 15min，战斗攻击机利用挂载的侦察吊舱进行补充侦察，突击前 12min，由电子战飞机对敌电子设施的战术配置和技术参数等进行侦察，攻击前 8min，使用电子干扰吊舱对敌指挥、通信、防空雷达等进行电子压制、干扰，使用反辐射导弹摧毁敌雷达。战斗攻击机首先使用远程打击武器，然后视情使用近程武器实施攻击。在攻击后，战斗攻击机挂载的侦察吊舱观察毁伤效果（照相）。

（五）撤出战斗

舰载机完成打击任务，选择安全捷径迅速撤离，尽快返回海上，并组成编队以疏开队形飞往航母；然后按规定的速度以密集队形飞行，并向负责敌我识别的控制舰报告，按预定程序准备着舰。

第三节　对陆攻击中的协同

现代战争很少再有单一兵种、单一装备的作战，无论何种作战样式和作战行动，都是多兵种或多军种、多种武器共同遂行的。协同在作战中可以说是无处不在的，大到军种间、国家间的战略协同，小到具体作战行动的战术协同，协同作战的方式和装备的运用方法不尽相同。为叙述方便，本书仅探讨了两种装备间的协同。

一、巡航导弹与舰载机的协同

"战斧"巡航导弹已经成为美国发动战争的首轮必选装备,自海湾战争以后的几场局部战争,都是以发射"战斧"巡航导弹拉开战争序幕,然后出动海、空军飞机进行轰炸。使用远程对陆武器的优势:具有突然性,"战斧"导弹可以规划航路,使敌无法预料攻击来自何方;打击精准,"战斧"导弹的圆误差概率在 10m 以内,利用 GPS 制导后精度进一步提高;可实施非接触作战,最大限度地减少人员伤亡;可以直接打击军政目标,有可能通过一次战术战役行动达成战略目的。

在伊拉克战争中,美国海军使用"战斧"巡航导弹首先攻击首脑机关、政府办公大楼,集中打了伊拉克军队的指挥控制系统、伊拉克防空体系、地地导弹发射装置、共和国卫队、装甲部队等军事目标以及基础设施,取得了非凡的战果,为后续作战奠定了基础,并严重挫败了伊军的士气。

使用远程对陆攻击的巡航导弹固然有很多优点,但导弹非常昂贵。另外,美国海军的巡航导弹为亚声速导弹,如果对方有足够强大的地面防空系统,很可能被拦截,达不到预期的效果。在几场局部战争中均有"战斧"巡航导弹被拦截的报道。

为支援航母打击群对陆攻击作战,美国海军利用 4 艘即将退役的"俄亥俄"级弹道导弹核潜艇改装成巡航导弹核潜艇(SSGN),每艇装 154 枚"战斧"巡航导弹(图 3-8)。

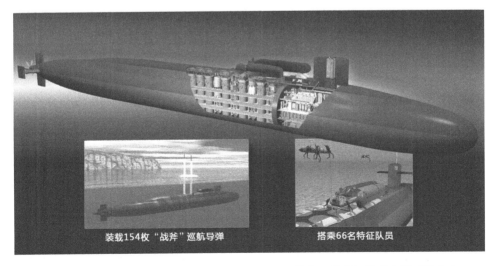

图 3-8 "俄亥俄"级巡航导弹核潜艇改装后主要搭载"战斧"导弹实施对陆攻击

在对内陆打击方面，航母舰载机与巡航导弹可形成互补。航母舰载机的优势是可重复使用，机动性能好，现在的精确制导航空弹药的价格相对便宜，大量使用可减轻经济上的压力，降低战争成本。在飞机和导弹的协同运用方面，通常是在行动之前，先对巡航导弹和舰载机的使用进行规划，分配各自的攻击路线或飞行高度。二者一般采用不同的航路，舰载机在高空飞行，巡航导弹由于采用了地形匹配技术可以低空飞行，减少被敌方雷达探测的概率。虽然航路不同，但时间是错开的，通常是巡航导弹执行首轮打击任务，先打掉对舰载机行动有威胁的目标。

"战斧"巡航导弹发射后可在距地面几十米的高度飞行，利用地貌地形作掩护，容易规避敌方防空系统的探测，具有一定的突防能力。在打击敌方高价值战略目标方面，发射巡航导弹打击成功的概率高于普通导弹。"战斧"Block Ⅲ巡航导弹在地形匹配辅助惯导系统+末制导数字景象匹配控制的基础上，新增了GPS制导，导弹的精确打击能力得到了极大提高。"战斧"Block Ⅳ型导弹为提高中途目标选择性能，增加了双向数据链，在飞行途中可根据后方的指令修改航向，重新选择目标。

在打击移动的战术目标时，合理选择舰载机。舰载机可根据需要选挂不同的武器，尤其是对地面装甲部队等大规模移动目标，使用CBU-97、CBU-105等"布撒器"的打击效果更佳。此类武器由布撒器和多个带红外传感器的子弹药组成。投放后子弹药散开，红外传感器寻找装甲车发出的热源从顶部发起攻击，1枚弹药可攻击多个目标。早期的"战斧"巡航导弹也曾有过装"布撒器"的型号，但似未在战争中实际使用，其原因之一可能是巡航导弹在打击移动目标时性能欠佳。

从打击装备的特性看，巡航导弹更适合打击固定目标，如首脑驻地、指挥控制设施，而对于移动目标，特别是时敏目标，巡航导弹则不是特别适合，虽然"战斧"Block Ⅳ巡航导弹经改进，也具备"空中待战"功能，但它的留空时间有限，在没有可靠的情报支持下，不易算准时敏目标出现的时间。这时最好由舰载机来完成。舰载机可以挂载不同的武器，攻击固定目标或打击移动目标。在网络化作战环境中，航母舰载机打击时敏目标的能力不断增强，虽然也有留空时间的问题，但舰载机可波次使用，始终保持有一定规模的飞机执行空中待战任务，而且现在的舰载机增强了带弹着舰能力，未使用的弹药可安全带回，不致造成弹药的浪费。

打击时敏目标对时间的要求非常高，因为这些目标可能稍纵即逝。为此，美军提出发展"传感器至打击平台"的能力。美军在战争中验证了从传感器到打击平台整条"打击链",这种能力需要大量信息装备的支撑和对瞬息万变的战场态势的实时把握,建立在战场实时情报侦察的基础上。

二、电子战飞机与战斗攻击机的协同

美国海军实施对陆攻击和反舰作战时,在发起攻击前都是首先利用电子战飞机对敌地面防空火力网、舰艇雷达等设施和电子设备进行电子干扰、压制,利用"哈姆"反辐射导弹进行物理摧毁,然后由战斗攻击机使其进行补充攻击。通过对敌作战体系整体结构的破坏,造成其指挥瘫痪,协同失调,兵器失控,加速其作战功能的丧失。电子战飞机在战斗中多采用下列干扰模式与战斗机协同作战。

(一) 伴随干扰

伴随干扰是美国海军过去常用的一种协同模式,在出动攻击机进行空袭时,由战斗机负责护航,由电子战飞机随队对敌雷达等电子设施进行干扰,保护攻击机和战斗机免遭对方防空火力威胁,由战斗机为没有空战能力的攻击机和电子战飞机提供护航。美国海军上一代电子战飞机 EA-6A 于 1966 年服役,主要干扰设备是 3 个吊舱,内装 12 部 AN/ALQ-76 大功率干扰机,其中 2 部覆盖 UHF 频段,10 部覆盖 L 波段,每部干扰功率 400W。1971 年其改进型 EA-6B "徘徊者"服役。

E-6B "徘徊者"是一种亚声速飞机,机翼和机身下外挂点少,4 名机组人员占用很大的机身内部空间,使飞机无法携带更多的任务载荷。最大的问题是无法伴随速度更快的超声速战斗机执行任务,减慢了编队整体的作战速度;其次是该机没有空中格斗能力,在高危环境中需要战斗机为其护航,相应减少了实际攻击架次;再次是效率低,只能提供防区外干扰,干扰的目标数量有限。加之该型机的机身老化,已经没有改装升级的可能,并接近服役期,所以美国海军经过论证,决定在 F/A-18F 战斗攻击机的基础上改进新一代电子战飞机,于是衍生了 EA-18G "咆哮者"电子战飞机。

EA-18G 电子战飞机沿用了 EA-6B 的 AN/ALQ-99 电子干扰吊舱,但采用了大量的新技术,使其战术性能得以大幅提升。EA-18G 保留了 F/A-18F 战斗攻击机 70%的空战性能,除了可使用 AGM-88 "哈姆"高速反辐射导弹攻击敌防空设施以外(图 3-9),还可以挂载 AIM-120C 空空导弹拦截敌机,机上的 AN/APG-79 有源相控阵雷达可同时使用空空和空地模式两种工作方式,还能以合成孔径模式生成地面图像。

图3-9　AGM-88"哈姆"高速反辐射导弹

EA-18G电子战飞机保留了F/A-18F飞机的信息处理与显示设备，增加了电子战飞机所需设备，使得繁重的电子战任务只需2名机组成员（飞行员在前，电子战军官在后）就能完成。前座的飞行员不仅负责驾驶飞机，必要时还可与后座电子战军官共同完成电子战任务。

EA-18G电子战飞机保留了F/A-18F战斗攻击机的11个外挂点，可以同时挂载多型电子战设备和多个干扰吊舱。两侧翼尖挂载AN/ALQ-218（V）2战术侦察告警接收机吊舱，机腹下方可挂多个AN/ALQ-99电子干扰吊舱和反辐射导弹、空空导弹等武器。该机既可随队执行干扰任务也可实施防区外干扰，既可对目标实施全频干扰、压制也可对时敏目标进行攻击。EA-18G电子战飞机有如下五种工作模式：

一是独立遂行电子进攻。标准配备是2个副油箱、3个AN/ALQ-99电子干扰吊舱（其中1个附带低频段发射机）、2枚AGM-88反辐射导弹、2枚AIM-120C/D中程空空导弹和AN/ALQ-218翼尖天线吊舱。

二是随队进行电子进攻。即保护其他执行任务的战斗机或轰炸机免遭对方防空火力的威胁。在这一模式下其机载武器配置方案和独立作战时一样。

三是伴随电子常规攻击。携带2个AN/ALQ-99干扰吊舱、2枚AGM-88反辐射导弹、2枚AGM-154联合防区外武器、2枚AIM-120C/D中程空空导弹，以及安装在翼尖的AN/ALQ-218天线吊舱和AN/ASQ-228先进瞄准前视红外吊舱（ATFLIR）。EA-18G编组在攻击编队中为其他攻击飞机提供必要的电子支援,必要时也可发射"联合防区外武器"对目标进行攻击。

四是全波段电子和光电侦察。EA-18G电子战飞机利用机载雷达、光电传感器和红外成像设备,捕捉敌方发射的不同波段的电磁波,并精确标定发射电磁波的设施种类、地点和特征,为下一步干扰做准备。此时,EA-18G电子战飞机通常携带2个副油箱、1个电视侦察吊舱、2枚AIM-120中程空空导弹和AN/ALQ-218翼尖天线吊舱。

五是常规攻击任务。在获得战区空中优势并摧毁敌防空力量后,EA-18G也可用作普通的战斗攻击机,此时它不再携带AGM-88反辐射导弹和专用电子干扰设备,而是挂载JSOW和JDAM等精确制导弹药参与对地面高价值目标或普通目标的攻击任务。

EA-18G电子战飞机服役后,战斗攻击机与电子战飞机的协同达到了更高的境界,二者源于相同的机身,飞行性能相当,任务各有侧重,可称为舰载机协同作战的典范。另外,二者的密切协同对航母舰载机整体作战的提升有很大贡献。鉴于EA-18G优异的性能,美国海军今后将在舰载机联队中大幅增加该型机的数量。

(二)诱骗式干扰

为解决EA-18G干扰手段单一的问题,美国海军近年引进了ADM-160C空射诱饵和Dash X无人机两型新装备,以增强电子压制、干扰能力,提高作战效能。

ADM-160C空射诱饵是美国空军在ADM-160B的基础上改进的(图3-10),增加了干扰机和数据链的型号被命名为小型空射诱饵弹-干扰机(MALD-J),编号ADM-160C。ADM-160C换装了涡扇发动机,飞行距离达到925km,具备诱饵和干扰两种工作模式。2012年交付美国空军,并形成作战能力。2012年,美国海军在F/A-18E/F"超级大黄蜂"战斗攻击机上进行测试,并且还集成了包括一系列风险降低措施和技术验证,并与通用原子航空系统公司完成了将MALD和MALD-J集成到MQ-9无人机的地面验证测试,以实现敌方空防压制的无人作战能力。2019年美国海军已决定在MALD-J的基础上发展MALD-N型诱饵,预计2022年形成初始作战能力。

MALD可执行多种电子战任务,包括抢先式摧毁、反应式压制、迷惑与饱和式攻击等作战任务,在任务飞行路线中,可以预定多达100个航路点。每个航线点到达时间设计控制在±20s内[①]。该诱饵配有GPS,可确保飞行过程中的位置精度不低于30m。

---

① 《美军小型空射诱饵(MALD)》,高书亮(来源:互联网)。

图 3-10 ADM-160C 空射诱饵(右上图为机翼挂载状态,右下图为作战使用示意图)

Dash X 无人机翼展 3.66m,速度 60km/h,续航时间约 10h[①](图 3-11)。电子战飞机和战斗机通过控制该无人机可以扩展自己的作战范围,同时执行多项任务,包括情报收集、寻敌方雷达或诱骗敌雷达开机、充当通信节点等。无人机会把搜集到的信号情报发回有人机,使之能够更充分地感知战场态势,有选择地实施电子攻击。Dash X 无人机采取开放式设计,通过更换内置电子设备,还可发挥空射诱饵的作用,模拟真实战斗机的信号特征,使敌方雷达误判,而且在必要时能够实施电子攻击。该无人机加入作战序列可丰富美国海军电子战的攻击手段,大幅增强编队的电子攻击和信号情报数据收集能力。

图 3-11 Dash X 小型无人机,可装入布撒器内,挂于机翼下

---

① Northrop Grumman Reveals Canister-Deployed UAV Concept for Maritime Surveillance。https://www.nationaldefensemagazine.org/articles/2017/12/7/.

由于 Dash X 无人机的体积小、飞行速度较慢，因此敌方雷达不易探测到，即使被敌方雷达捕捉，也可能误认为是非军事目标（因为作战飞机的飞行速度都比较快）。Dash X 可配载多种有效载荷，包括电子支持措施（ESM）或电子干扰装置，机上装有数据链，可将获取的信息发送回有人机，以供攻击决策或是作为后续作战的情报[①]。

战斗攻击机和电子战飞机都可以挂载 Dash X，并且还挂载"哈姆"反辐射导弹或"防区外空地导弹"等武器，作战协同非常便捷。Dash X 抛射渗透无人机是一型可装在集束炸弹壳体内的无人机，由 EA-18G 电子战飞机或 F/A-18E/F 等飞机挂载，投放后集束炸弹壳体打开，无人机展开机翼自主飞行。这种设计可以使无人机像导弹一样挂载在机翼下的武器挂架上，必要时还可使用双联挂架同时挂载多架无人机，一次投放就能部署一个无人机蜂群，可更全面地监控某个地区，或对更大区域的目标实施快速搜索。必要时也可由大型运输机同时释放大量的 ADM-160C 空射诱饵，模拟飞机的信号特征，诱骗敌雷达开机，迫使其暴露位置。空射诱饵可加装雷达导引头和小型战斗部，先期实施诱骗和压制干扰，最后可对地面防空雷达系统实施打击。电子战飞机可以不开启机上的雷达，减少被探测的概率，同时利用无人机发回的信息，视情发射"哈姆"导弹实施打击；战斗攻击机随时准备利用"防区外空地导弹"对其他地面设施进行攻击。

过去在打击地面防空火力网时，多由 1 架预警机引导几架战斗攻击机和电子战飞机作战，每架作战飞机要完成侦察、探测、打击等多项任务，有可能漏掉不开机的雷达。以后的作战模式可能转变为 1 架预警机引导 1 架作战机，由其控制 2 架或 3 架无人机，每架无人机完成不同的任务，同时还能诱骗雷达开机，作战效率将有很大提高。

三、舰炮与导弹的协同

在对陆打击方面，美国海军目前采取的策略是使用远程导弹对重点目标先行打击，然后使用航空兵挂载常规炸弹或导弹进行有选择的打击，在需要密集、大面积火力压制时，则利用舰炮抵近攻击。为增大舰炮的火力覆盖范围，美国海军还在研制超高速炮弹、电磁轨道炮等武器系统，以期部分替代舰载机和导弹的作用，降低作战成本。

[①] The Navy plans to test its new electronic warfare drones this fall。https://www.c4isrnet.com/electronic-warfare/2019/02/19/.

（一）延伸舰炮的射程

舰炮是海军传统武器，自导弹问世以来，舰炮虽不能像以前那样在海战中起主导作用，但作为舰载作战系统的组成部分，与导弹配合使用在对岸火力支援和近程防空反导方面仍是舰艇不可缺少的重要武器。由于美国海军在"由海向陆"战略时期十分重视从海上对陆实施攻击或对登陆部队实施火力支援，加之舰炮技术的发展，其作战性能和射程都有了较大提高，使大中口径对舰炮的发展有了新的生机。大口径舰炮用于对陆攻击是一种效费比较高的武器，因此，国外又开始重视大口径舰炮的发展。就美国海军而言，自从战列舰退役之后，对陆火力支援的覆盖范围由以前的22nmile（406mm舰炮）缩减到13nmile（127mm舰炮），而且舰炮的打击精度低，400m的圆误差概率不可避免地会产生附带损伤，所以现役127mm舰炮已不能满足海军和海军陆战队的作战需求。美国海军作为一种应急策略，对Mk-45舰炮进行改装，加长炮管，以增大射程，并为其研制增程制导炮弹。

从对陆火力支援的角度看，美国海军目前靠导弹和舰炮还做不到全纵深覆盖，中间的空白地带只能由舰载机挂载对陆攻击武器来填补。相比之下，巡航导弹和机载武器的成本远高于舰炮的炮弹，一枚导弹的价格动辄几十万、上百万美元，不可能全程使用。导弹一般用于点打击，而多座舰炮齐射可以达到面覆盖的效果，尤其是在支援两栖登陆作战时，对敌滩头阵地的打击，使用舰炮更为经济，效果更佳。但舰炮的射程有限，抵近攻击需要在获得制空权和制海权之后才能实施。

为了提升对陆火力支援的打击能力，美国海军从20世纪90年代就开始研制增程制导弹药（ERGM），射程达到110km，这样舰艇可避开敌岸炮的打击，攻击敌岸目标。增程制导炮弹的射程比127mm舰炮使用普通炮弹的射程增加近4倍，而其圆概率误差仅10~29m，精度提高20倍以上。同时，美国海军将原来的Mk-45 Mod2 127mm舰炮升级为Mod4（图3-12），炮管加长到62倍口径，并增强了炮管强度，从阿利·伯克级ⅡA型"温斯顿·丘吉尔"号（DDG-81）开始装备Mod4型舰炮。另外，还将"宙斯盾"系统升级为基线6版本，新增控制Mk-45 Mod4舰炮的功能。但因技术和经费问题，增程制导炮弹项目在2008年一度被中止，2014年美国海军重提该项目，现在尚无结果。此外，美国海军还为DDG-1000驱逐舰的155mm先进舰炮系统开发远程对陆打击弹药（LRLAP），但一枚这种弹药的价格高达80万美元，使美国海军望而却步，不得已只能放弃，致使先进舰炮系统现在只能使用普通炮弹，达不到预期设想的打击效果。另外，美国海军还曾尝试研制舰射对陆攻击导弹，也由于各种原因未能成功。

图 3-12 美国海军 Mk-45 Mod4 舰炮

(二) 开发超高速炮弹

鉴于增程制导炮弹项目进展受阻,美国海军根据"未来海军能力计划",又开始研制超高速炮弹(HVP)。2018 年,美国海军在"阿利·伯克"级"杜威"号驱逐舰上进行了海上试验。超高速炮弹采用低阻力空气动力学技术,速度高、机动性强;弹丸装有制导系统,可以精确打击远距离目标,而且可以用于拦截空中来袭目标。

超高速炮弹衍生自电磁炮的炮弹,电磁轨道炮的发射初速为马赫数 7,而在传统舰炮上使用,HVP 的飞行速度较慢,仅为马赫数 5,但这一速度是 Mk-45 Mod4 舰炮发射的无制导炮弹的 2 倍。超高速炮弹全重 18kg,飞行弹体重 12.7kg。使用 Mk-45 Mod4 舰炮发射,射程达 93km,每分钟可发射 20 枚炮弹;而从 DDG-1000 驱逐舰的 155mm 先进舰炮系统发射,射程可达 130km。超高速炮弹的成本很低,美国海军试图将成本控制在 2.5 万美元左右,以满足经济可承受性的要求。

超高速炮弹是对传统炮弹的一种颠覆,它的服役将改变海战游戏规则,使传统的舰炮焕发真正意义上的青春。不过,超高速炮弹还有许多问题需要解决,如超轻高强度复合材料、大加速度兼容电子元件、安全高能推进剂、空气热防护等。

上述武器可以部分替代导弹的功能,在对陆攻击作战中发挥巨大作用,且成本很低,是美国海军目前积极发展的重点项目。不过,在增程制导炮弹、超高速炮弹、电磁轨道炮等新概念武器和弹药服役之前,美国海军对陆打击只能维持现状,继续由舰载机使用导弹、航空炸弹等武器负责40~200km范围内的火力覆盖。

(三) 研制电磁轨道炮

在由海向陆战略的指导下,美国海军为配合DD-21(后改为DDG-1000)驱逐舰的研制,制定了"海上水面火力支援"路线图,主要内容是研制增程制导炮弹,发展电磁轨道炮和巡飞弹等装备,以实现从沿岸到内陆485km的全程覆盖。美国海军称,电磁轨道炮今后还将装备"福特"级航母,并在"尼米兹"级航母改装时加装该炮。航母装备电磁轨道炮可为其新增对海、对陆攻击功能,可部分替代舰载机和导弹执行对陆打击任务,随着日后技术的进步有望用于导弹拦截任务。另外,在研的"阿利·伯克"级Ⅲ型舰也计划装备电磁轨道炮,不过需要解决供电问题,因为该型炮耗电巨大。

电磁轨道炮是使用电磁加速技术发射弹丸的一种电能武器,利用流经轨道的电流所产生的磁场与流经电枢的电流之间相互作用的电磁力加速弹丸并将弹丸发射出去(图3-13)。在发射过程中,强大的电磁力使弹丸达到非常高的初速度飞离炮管口,这种初速度比常规化学推进剂发射的弹丸的初速度高得多,并且射程也远。这种炮弹初速比传统方式发射的炮弹提高几个数量级(大于2500m/s),从而带来射程(350~400km)、杀伤力(弹着速度大于1500m/s)、反应能力(400km飞行时间仅为7min)强等诸多方面的革命性变化。

图3-13 美国海军电磁轨道炮样机

电磁轨道炮是一种理想的远程、精确、廉价、高速对陆火力支援武器,国外在该领域已取得较大进展。2008年1月,美国海军进行了一次电磁轨道炮发射试验,其弹丸的炮口动能为10.64MJ;初速2500m/s;最大射程超过370km,弹着速度1600m/s。最终装舰的电磁轨道炮的炮口动能将达到64MJ。2015年,美国具备解决了高比能电源技术、炮管材料、炮弹外弹道控制等关键"瓶颈"技术,完成了32MJ轨道炮的可行性演示研究。美国海军计划在DDG-1000驱逐舰和第2艘新航母上装备电磁轨道炮,用以替代传统的对岸火力支援武器,并增强航母的防空能力。

四、美国海军与空军的协同作战

海空联合作战,海、空军飞机密切协同是美军近年极力倡导的作战方式,也是美国"空海一体战"的重要基础。美军在实战中已对海、空飞机协同进行了多次检验,取得了较好的战绩。海湾战争时期,美国海、空军飞机基本是在中央司令部的统一规划下划分任务领域和打击范围,然后各自按要求实施作战,而到伊拉克战争时,这种协同作战已基本成熟。美国空军现在已没有自己的电子战飞机,战时需要电子干扰时,由美国海军的电子战飞机予以协同配合。

(一)实战中的海空协同

在"沙漠之狐"行动中,美国海、空军飞机开始联合编队飞行,共同完成空袭任务,经过几次战争磨炼,海空协同的模式逐步成熟。"沙漠之狐"行动是以美国海军为主实施的一次作战行动,在为期3天70多小时的空中打击中,担任主攻的是"企业"号航母上的舰载机,"卡尔·文森"号航母参加了最后一天的攻击。由于基地问题,美国空军仅部署了约200架飞机,其中包括21架B-52H和B-1B战略轰炸机以及战术支援飞机。B-1B轰炸机首次参加实战,在第2天,2架从阿曼基地起飞的B-1B战略轰炸机在EA-6B电子战飞机的支援下,与F-14B战斗机和F/A-18C战斗攻击机共同完成了攻击任务,实战演练了海、空军飞机的协同作战。到科索沃战争中,美国空军远程奔袭的B-52H轰炸机到达战区后,全部由海上的水面战斗舰艇统一调配、指挥,并提供掩护。

在阿富汗的"持久自由行动"中,美国空军的战略轰炸机也多是执行战术轰炸任务,B-1B轰炸机在高空盘旋,随时等待地面部队的召唤,由中空的F/A-18战斗攻击机等舰载机提供目标指示,陆、海、空军共同完成作战任务,实战演练了"空中待战支援"的能力。

在伊拉克战争中,这种作战行动变得更为普遍,据统计,海、空军飞机大约有80%的飞行架次是在执行应地面部队召唤的对地攻击任务。在第2次"斩首行动"时,同样是海、空军飞机密切协同完成了打击任务。地面情报人员发现关键性目标后，决策机构及时获得准确信息，定下决心后，B-1B 轰炸机在海军作战飞机的配合下投下 4 枚精确制导武器，顺利完成任务。

可以看出，美军的联合作战模式已经基本成熟，运用自如。在地面部队向巴格达迅速挺进和围攻巴士拉等城市的背后，还有美英联军成功进行海陆空联合作战的实例。没有制空权，地面部队不可能如此顺利地遂行地面作战。从某种意义上讲，还没有哪场战争像伊拉克战争这样成功地进行联合作战，三军同时完成同一作战任务，地面部队向前推进时，如遇到伊军抵抗，可以随时召唤空中火力支援。

（二）舰载机的使用更加灵活

美军空中力量使用的灵活性主要体现在作战计划的灵活性和作战使用的灵活性两个方面。"作战计划"的灵活性使得联军能够迅速调动兵力。在伊拉克战争期间，当土耳其基地未获准使用，不开放领空时，给美军原定的作战计划造成很大困难。据报道，美英联军原计划在土耳其基地部署 200 架空军战斗机和约 100 架直升机，但未获得允许。北方兵力的空缺大部分由海军舰载机填补。舰载机适应性强，可灵活使用的航母舰载机凭借空中加油延伸了作战纵深，圆满地完成了预定的打击计划，取得了非凡的战绩。空中打击瘫痪了伊拉克的许多指挥和控制设施，限制了伊拉克国内正规军的机动能力，消灭了运动的共和国卫队和正规军，进行了城市近距离空中支援作战。

在舰载机的灵活性方面，美国海军的舰载机原本就被其他军种称为"万金油"，如今这种倾向愈发明显，作战飞机与支援保障飞机的界限越来越模糊。在作战中，已经不是"各司其职"，而是谁合适，谁打击，讲究的是"基于效果的作战"。在战争中，曾有 1 架 F/A-18 战斗机为 S-3B 反潜机指示目标的战例。美国海军的航母舰载机之所以能够灵活地完成各种作战任务，主要是因为近年来特别注重发展舰载机作为网络中心战节点作用的能力，在飞机上增加了许多先进的信息装备。

未来，航母打击群中也将有无人机加入作战序列，虽然美国海军暂时没有让 X-47B 无人机上舰的计划，但并未放弃无人作战飞机的发展。将来，无人机执行可能执行对陆打击任务，利用无人机挂载制导弹药对地面重要目标，特别是对防空火力网进行突袭，可以为后续有人机的打击开辟提供一个安全通道。在执行空中遮断作战时，有人机可以在敌方的防空火力范围以外，指挥无人机作战，不仅可大幅降低有人机的作战风险，还能够大幅提高作战效率，使指挥官有更多的灵活选择。

（三）海、空军飞机的密切协同

美军的对陆攻击分为战略轰炸与战术打击，过去是分步实施，有序推进，现在是同步实施，大纵深、全空域、全面铺开，没有前后方之分。作战飞机以小群多路的形式实施精确打击，战略轰炸和战术打击的界限越来越模糊，而且在对陆攻击中海军和空军的协作也越来越密切。根据美国国防部的划分，空中兵力对陆攻击大体分为四类：①战略轰炸，深入敌内陆纵深打击战略目标；②近距空中支援（CAS），通常在前线附近支援地面部队作战；③空中遮断，通过纵深打击，破坏、搅乱、迟滞敌人的行动；④压制敌防空网等。现在，上述几种任务的界限越来越模糊，其区别也越来越小。

在伊拉克战争中，美英联军采取了战略轰炸与战术打击同步实施的策略，一方面对巴格达和北部重镇进行大肆轰炸，打击重要的战略目标；另一方面，在南部配合地面部队作战，根据需要对地面目标进行战术打击。战争证明：美国海军的航母舰载机可同时承担这两种作战任务。

海、空军飞机密切协同作战的一个典型标志是混合编队，海湾战争后，美国空军的 EF-111 战术干扰飞机陆续退役，美国海军的 EA-6B 就成为美军唯一可用的远距离支援干扰飞机，在战争中，海军的电子战飞机与空军的战斗机、攻击机协同作战已成为常态。在海军电子战飞机的压制、攻击下，伊拉克的指挥、通信被阻断，使首脑与各战区司令部之间失去通信联络，地面防空作战部队陷入混乱之中，为空军飞机的作战扫清了障碍。现在由 EA-18G 接替了 EA-6B 的这项任务，继续为美国空军提供电子战支援。

（四）海、空军协同的基础是平台的互联互通

海湾战争后，美国海军不仅加强了自身的信息化建设，逐步实现内部的互联互通，而且不断改进与空军之间的通信联络。在战役层面，美军各军种的作战同归战区司令部统辖，战时通常设置联合作战指挥机构，各军种的指挥控制系统和通信系统等都在全球信息栅格（GIG）的基础上构建的，所以基本解决了军种间的通信问题。在战术层面，海、陆、空三军和海军陆战队的作战平台都装备了"联合战术信息分发系统"（JTIDS）。这是一型大容量、时分多址、抗干扰的数字式信息分配系统，具备了联合作战的基础和必要手段。装备 JTIDS 克服了美军过去各军种互不联通、"烟囱"式信息系统互不兼容的缺点，实现了各军种的战术通信、导航、敌我识别等功能的一体化。

美国海军的 JTIDS 主要有三种终端设备：Ⅰ型装备大型舰艇，ⅠA型装备预警机和海军陆战队的作战中心，Ⅱ型装备作战飞机和小型舰艇。ⅡH型终端是具有高功率能力的Ⅱ型终端，它用于舰船、大型飞机和地面移动指控系统。

五、舰载机与地面部队的协同作战

支援地面部队作战是舰载航空兵的传统任务，尤其是在大规模登陆作战时，需要舰载航空兵首先夺取战区的制空权和制海权，保证运送登陆部队的两栖战舰安全进入指定海域；在实施登陆前，对敌滩头阵地实施火力打击，消灭有生力量，为登陆兵力扫清障碍；在登陆部队前进受阻时，应召执行空中火力支援任务等。

在伊拉克战争中，舰载机空中待战，随之为地面作战提供支援。这种作战行动变得相当普遍，据统计，海、空军飞机大约有80%的飞行架次是在执行应地面部队召唤的对地攻击任务。在第2次"斩首行动"时，海空军飞机密切协同完成了打击任务。在地面情报人员发现萨达姆的行踪后，决策机构及时获得准确信息，并定下决心后，F-117在E-2C和海军战斗机的配合下投下4枚精确制导武器，顺利完成任务。

在地面部队向巴格达迅速挺进和围攻巴士拉等城市的背后，还有美英联军成功进行海陆空联合作战的结果。没有制空权，地面部队不可能如此顺利地遂行地面作战。

美国海军与美国海军陆战队有密切协同作战的传统和基础，海军为登陆部队提供运输工具，陆战队的飞机需要两栖战舰作起降平台，有的航母上载有海军陆战队的一个飞行中队，作战时调用舰载机非常便利。

海军航空兵支持地面部队作战有得天独厚的优势：一是舰载机的传感器位于高空，居高临下，不受山脉、丘陵等障碍遮蔽，具有探测距离远的特点，可为地面部队提供信息支援；二是反应速度快，一旦地面部队有需求，可立即从航母上起飞，快速到达指定地点；三是不受东道国的地域限制，不受过境权或领空飞越权限制，起降、飞越自由；四是可持续作战，舰载机可分波次实施对地支援。

"舰对目标机动能力"是美国海军和陆战队一体化联合作战的重要基础。根据"舰到目标机动"作战概念，在未来的登陆作战中，海上远征部队可以不必抢滩登陆、建立易受攻击的滩头阵地，直接从"海上基地"出发，小股登陆兵力利用直升机等运输工具，在舰载航空兵力的掩护下，直到抵达其关键作战目标的附近。这将极大地加强联合作战的战术灵活性与作战节奏，增强海上攻击的主动性与突然性。

在伊拉克战争中，联合作战得到更为广泛反应用，如当美国海军5个"海豹"突击队（每队20人）乘直升机到前往位于法奥的炼油厂后时，有20多架不同类型的飞机在空中支援他们的行动，海军的EA-6B电子战飞机从空中切断伊拉克的无线电通信，空军的A-10攻击机向伊军的军用车辆发动攻击，阻止伊军接近突击队员，侦察机完成识别目标的任务，并将目标数据传给AC-130武装攻击机，随时准备进行火力支援。

第四章 美国航母打击群反舰作战协同

反舰作战是航母打击群夺取和保持制海权的重要作战样式,也是广义对海作战主要作战行动,通常由航母舰载机、编队护航水面舰艇及潜艇担任。美国海军有一段时间过分强调对陆攻击,而对反舰作战能力建设有所放缓。2010年前后反恐作战基本告一段落,美国开始将关注焦点转向亚太地区,意识到仅靠对陆攻击能力无法与新兴大国海军对抗,开始加紧对海装备的建设。在这一背景下,美国海军新出台了"分布式杀伤"作战概念,水面舰艇部队的战略也调整为"重归制海",装备建设方面,加快研制多型远程反舰导弹,并计划为更多的舰船加装反舰导弹。

《海军作战概念2010》提出:"水面舰队在介入行动中的主要任务是夺取制海权,地面部队、空中力量和其他海军部队在夺取制海权时的作用因状况不同而定,毕竟这些部队还要担负力量投送任务,如两栖攻击、对陆打击和侦察监视支援等任务。只有水面作战舰艇可将制海作战作为其首要任务。"再度明确了航母打击群在对海作战的作用。

第一节 反舰作战武器装备

美国海军反舰装备的突出特点是重机载轻舰载,机载反舰导弹的种类和型号很多,从大中型到小型水面舰艇,可选择不同的导弹实施攻击,而舰载反舰导弹多年来一直是就只有"鱼叉"一型反舰导弹。近年来,为加强水面舰艇的反舰作战能力,研制、购买了多型反舰导弹。

在兵力运用上,远程反舰作战主要由航母舰载机完成,由F/A-18系列战斗攻击机挂载"鱼叉""斯拉姆"等反舰导弹实施,航母前方部署的攻击型核潜艇可以使用鱼雷实施攻击。中程反舰作战由水面战斗舰艇和攻击型核潜艇使用"鱼叉"反舰导弹和鱼雷等武器实施。近程反舰作战主要由舰炮和舰载鱼雷等武器实施。对于小型水面舰艇和失去对空能力的舰艇也可由MH-60S直升机挂载

"海尔法"等反舰导弹实施。岸基的 P-3C 反潜巡逻机、P-8A 多用途飞机、MQ-4C 无人机等空中平台也具备持续对海监视能力。

一、反舰作战装备体系

从航母打击群的装备看,美国海军一直坚持使用航母舰载机遂行反舰作战。水面战斗舰艇仅装备射程较近,作为防御性的亚声速"鱼叉"反舰导弹(图 4-1)。这与苏联海军大力发展超声速远程反舰导弹的思路截然不同。苏联的想法是一旦交战,超声速反舰导弹比舰载机反应速度更快,符合"一击毙命"的要求,所以苏联海军甚至在其航母上也配备反舰导弹,而对舰载机的反舰能力似乎未予以高度重视。与此相对,美国海军大概认为航母舰载机可重复使用,挂载不同导弹可打击不同的水面舰艇目标。不过,美国海军除了水面战斗舰艇的反舰能力相对弱,在航空反舰和潜艇反舰等方面却拥有相当的实力。

图 4-1 RGM-84"鱼叉"反舰导弹

参与反舰作战的主要作战平台有承担远程对海打击任务的 F/A-18E/F、F/A-18C/D 战斗攻击机和 E-2D 预警机。F-35C 战斗机服役后,其主要任务之一是远程对海打击。中近程对海打击任务由巡洋舰和驱逐舰承担,使用"鱼叉"反舰导弹,近程对海打击使用舰炮。从 1997 年开始美国海军从攻击型核潜艇上撤除了"鱼叉"潜射反舰导弹,现在只使用鱼雷对水面舰艇实施攻击。

美国海军航母打击群的反舰作战装备体系可分为预警探测系统、指挥控制系统、打击武器系统、支援保障系统等。以下按平台分别归纳了反舰作战系统，美国海军的信息化程度较高，这些系统基本上做到了互联互通，并且多种打击武器是同一系列的。

航空反舰系统主要由 F/A-18E/F 战斗攻击机装备的 AN/APG-79 相控阵雷达、多种机载武器等组成。直升机可以挂载"海尔法"2 反舰导弹，弹头体积小，射程较近，主要用于对付小型舰船。

美国海军水面战斗舰艇以往仅装备"鱼叉"反舰导弹，射程约 130km，但近期即将服役海上攻击"战斧"、远程反舰导弹、海军打击导弹三型远程反舰导弹，射程覆盖 200~1600km，反舰作战能力实现革命性的跃升。"提康德罗加"级巡洋舰的反舰作战装备主要由 AN/SPS-55 对海搜索雷达、"宙斯盾"作战系统、八联装"鱼叉"反舰导弹发射装置、SWG-1A 导弹火控系统、Mk-45 Mod1 127mm 舰炮及其火控系统等组成。其中"鱼叉"导弹射程为 110km、速度为马赫数 0.9，舰炮的射程为 23km。近期，美国海军的海上攻击"战斧"巡航导弹即将装备水面战斗舰艇，并对原有的"战斧"导弹火控系统进行升级。

"阿利·伯克"级Ⅰ型和Ⅱ型舰的反舰作战装备由 AN/SPS-67（V）3 对海搜索雷达（DDG-51 至 DDG-71 舰装备）、"鱼叉"反舰导弹发射装置、SWG-1A 导弹火控系统、Mk-45 Mod1 127mm 舰炮及其火控系统等组成。

"阿利·伯克"级ⅡA 型舰的反舰作战装备由 AN/SPS-67（V）5 对海搜索雷达、Mk-45 Mod2（DDG-79/80）和 Mk-45 Mod4（DDG-81 及以后的舰）127mm 舰炮及其火控系统等组成，未装"鱼叉"反舰导弹发射装置。

美国海军的攻击型核潜艇具备较强的反舰能力，反舰作战装备由 AN/BQQ-5 综合声纳（部分艇改装 BQQ-10）、TB-23/29 拖曳阵声纳、AN/BYG-1 火控系统、AN/BPS-15H/16 型对海搜索、导航和火控雷达、4 具 533mm 鱼雷发射装置、Mk48 Mod5/6/7 鱼雷等组成。鱼雷的射程为 50km/38kn，战斗部 267kg，备弹 26 枚。

二、航空反舰装备

美国航母打击群参与对海作战的空中力量主要是 E-2C/D 预警机和 F/A-18E/F 战斗攻击机。预警机负责预警探测、空中指挥，是打击群远程探测的重要组成部分，可为舰载机和水面战斗舰艇提供海上目标的类别信息和位置数据等情报。F/A-18E/F 战斗攻击机是目前美国航母打击群的主要作战力量，从作战使用上看，该机可执行空战/对地（海）攻击、压制或摧毁敌防空网、侦察、伙伴加油等多种作战任务。最大外挂 8000kg，可携带 2~4 枚"鱼叉"或

"斯拉姆""增程斯拉姆"等空舰导弹、激光制导炸弹等，执行对海打击任务。另外，MH-60R、MH-60S 直升机可携带 2 枚"海尔法"空舰导弹，对小型舰船实施打击。EA-18G 电子战飞机在战斗中执行伴随干扰任务，并使用反辐射导弹攻击敌舰的雷达等电子装备。

F/A-18E/F 战斗攻击机装备的 AN/APG-79 相控阵雷达是世界上第一型兼具空空和空地功能的多模雷达。AN/APG-79 雷达的工作模式有海面搜索模式、地面移动目标指示模式、高保真测地合成孔径模式以及空空搜索和跟踪模式，而且具备较好的下视能力。F-35C 装备的 AN/APG-81 雷达能远距离同时跟踪多个空中和海上目标，并与之交战，具有非凡的态势感知能力。

在进攻性对海作战方面，视敌舰编队防空能力的强弱，舰载机可选挂射程不同的反舰导弹实施突击。对于防空火力非常强的对手，可选择"战斧"Block V 反舰导弹，在 1600km 以外实施攻击，也可以利用"远程反舰导弹"（LRASM）在 800km 的距离实施攻击，该型导弹是在 AGM-158 联合防区外空地导弹的基础上改进的（图 4-2），导弹装载大于 400kg 的战斗部，可摧毁敌大型水面舰艇。

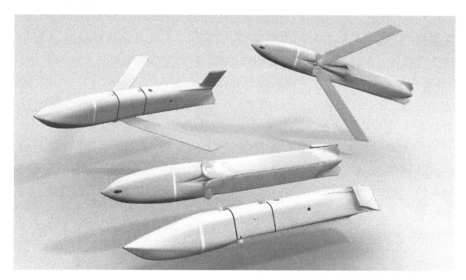

图 4-2　AGM-158 联合防区外空地导弹

对于防空火力中等的对手，主要依靠机载"增程斯拉姆"导弹遂行远程打击。该型导弹是根据海军对防区外精确制导武器的需求在"斯拉姆"导弹的基础上改进的，射程约 250km，采用激光陀螺 INS 与 GPS 制导，末制导可通过数据传输，允许在防区外利用导弹红外导引头传输的图像进行控制。"增程斯拉姆"导弹是首型具备自动目标捕获能力（ATA）的武器，大幅改善了在复杂背景条件下对目标的捕获能力,并且能更好地对抗电子和环境干扰。"斯拉姆"导弹的战斗部质量227kg,采用半穿甲爆破战斗部,飞行速度为马赫数0.9(图4-3)。"增程斯拉姆"导弹战斗部质量仍为227kg,但改用钛合金尖锥形壳体,内装 FBX-C-129 装药,使战斗部的侵彻能力提高了 1 倍,可攻击海军所要求的全部目标合集("斯拉姆"导弹只能攻击 80%~88%的目标合集)。1枚导弹可击毁 1 艘中小型水面舰艇。

图 4-3 机载"斯拉姆"导弹

在敌舰对空防御能力薄弱,或遭重创后,可使用 AGM-65F 海军"幼畜"反舰导弹实施攻击。该型导弹是在空军"小牛"空地导弹的基础改进的,1989年进入美国海军服役。该型导弹是在 D 型红外成像导引头的基础上,专为攻击舰艇目标增加了图像调制处理功能,并采用质量增大到 136kg 的爆破穿甲战斗部和可调延时引信。导弹的射程仅大于 20km,不具备防区外发射的能力,所以不会用于首轮攻击。

在打击小型舰艇方面,美国海军可以使用直升机挂载 AGM-114L "长弓-海尔法"或 AGM-114M "海尔法"等导弹实施攻击。"海尔法"导弹经过几十年的发展已经衍生出十几个型号。该导弹弹长为 1.6~1.8m,翼展为 326mm,射程为 1.5~8km,装固体火箭发动机,超声速飞行,采用半主动激光制导,战斗部有多种,可互换。

三、水面对海打击装备

美国海军航母打击群中可用于反舰作战的舰艇平台是"提康德罗加"级巡

洋舰、"阿利·伯克"级驱逐舰、攻击型核潜艇。巡洋舰和驱逐舰的反舰装备配置大体相同，只是"阿利·伯克"级ⅡA型驱逐舰现在没有"鱼叉"反舰导弹发射装置。从美国海军近期反舰导弹装备的发展情况看，未来该级舰可以利用Mk-41导弹垂直发射装置发射目前正在试制的"海上攻击战斧"，一旦需要可快速形成作战能力，或是为"阿利·伯克"级ⅡA型驱逐舰加装"海军打击导弹"（NSM）。

美国海军水面舰艇目前装备的对海探测雷达都是早年研制的，多年没有新型号装舰，这也是美国海军一度对反舰装备发展未予以高度重视的佐证。不过，还有一个原因是受地球曲率影响，能够探测的距离有限，水面战斗舰艇与舰载机的对海打击能力相比在很多方面处于劣势。"阿利·伯克"级Ⅲ型驱逐舰的防空反导雷达除了对空探测能力有很大提高以外，也具备较强的对海探测能力。

在对海探测方面，美国海军巡洋舰装备AN/SPS-55对海雷达，用于对海搜索和导航，其主要功能：在视距范围内发现水面舰艇；导航和领航；跟踪低空飞机和直升机；探测半潜状态的潜艇。该型雷达具有体积小、重量轻和可靠性高的优点，可以工作在9050～10000MHz范围内的任一选定的频率上。该雷达作用距离50km。巡洋舰装备的AN/SPQ-9A/B雷达主要用于探测、跟踪掠海飞行的反舰导弹，也具备一定的对海探测、跟踪能力，能够在其作用距离范围内搜索、探测、跟踪和显示多个水面目标和低空目标，并能与舰上的相控阵雷达交换目标信息。

"阿利·伯克"级驱逐舰装备AN/SPS-67（V）雷达，这是一部G/H波段两坐标高分辨力固态雷达，也是第一型采用固态标准电子组件研制成的舰载雷达。该雷达有多个型号，其中（V）1型装备航母，（V）3和（V）5型分别装备"阿利·伯克"级的三型驱逐舰。该型雷达新增加了一种窄脉冲方式（脉冲宽度为0.1μs），可用于港口导航，并对近距离的小型舰艇与浮标有较好的分辨力和探测能力。宽脉冲（脉冲宽度为1.0μs）和中等宽度脉冲（脉冲宽度为0.25μs）方式用于在海上探测中、远程目标。设计作用距离为104km，最小作用距离为370～927m。

在远程打击方面，美国海军曾经研制过BGM-109B反舰型"战斧"巡航导弹，冷战后不再使用。近年来，随着美国海军反舰作战思想的转变，除了研制"远程反舰导弹"（LRASM）以外，还在对"战斧"Block Ⅳ进行改装，以用于对海作战，新的"海上攻击战斧"Block ⅤA射程为1600km，将于近期服役，另外，美国海军还购买了挪威的"海军打击导弹"。

此外，为解决水面舰艇缺少进攻性反舰武器的问题，美国海军在"标准"6舰空导弹的基础之上发展了反舰型"标准"6导弹（图4-4），射程可达370km。

美国海军2018年利用"标准"6导弹进行了反舰试验,并获得预期的成果。上述几型导弹标志着在美国海军具备打击370～1600km目标的能力。不过,用"标准"6导弹打击水面舰艇只是一种尝试,最多也就是一个过渡性装备。其目的大概是为了验证NIFC-CA用于反舰作战的可行性,为日后的远程反舰导弹上舰"试水"。因为,"标准"导弹的战斗部装药有限,毕竟它是用来拦截飞机和导弹,对舰艇这类目标的毁伤效果不如其他两型导弹。其优势是该导弹为超声速导弹,反应时间短、飞行速度快,加之其产生的动能,可增大毁伤能力。

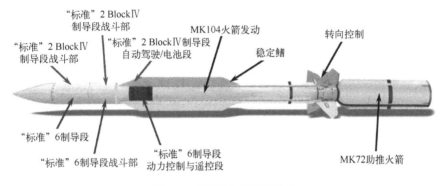

图4-4 "标准"6导弹构成

在防御性对海作战方面,"鱼叉"反舰导弹1978年开始装备部队,一弹多用,适应性好,能够从多种平台上发射。由于增加了燃油箱容量、采用JP-10型燃料替代JP-6型燃料,"鱼叉"导弹曾被认为是西方反舰导弹中最先进的一个型号,应用范围最广。

"鱼叉"反舰导弹的射程为110～130km,能根据所攻击目标的位置选择多种攻击航路,并且可选择末段弹道,进行水平降高攻击或跃升俯冲攻击。因此,可实现多枚导弹通过选择不同的航路从不同方位同时攻击目标。美国海军称,4枚"鱼叉"导弹能击毁一艘类似俄罗斯海军"喀拉"级导弹巡洋舰,2枚导弹能击毁1艘护卫舰,1枚导弹可击毁1艘导弹艇。"鱼叉"反舰导弹的可靠性高,可达93.5%,单发命中概率为90%,导弹采用频率捷变主动雷达末制导,具有较强的抗干扰能力。

此外,为了对抗"反介入/区域拒止",加强海上兵力的作战能力,掌控亚太的制海权,2015年1月,美国海军颁布"分布式杀伤"作战概念,提出加强水面舰艇部队反舰作战能力建设、优化兵力结构、改变兵力运用方式,以应对未来海上作战中可能面临的各种情况。"分布式杀伤"作战概念的主要目的:增加对手侦察、跟踪和监视的难度,抵御来自A2/AD部队的攻击,保证舰艇的安全;增强水面舰艇的打击能力,战时减少对航母打击群的依赖,由水面舰艇编队承担大部分对海打击和远程防空任务；舰载机则主要实施远程纵深打击，从而提升作战效果。核心内容：应对"反介入/区域拒止"威胁，重新对航母和水面舰艇的任务进行规划，为更多的水面舰艇（包括补给舰、两栖舰、运输船等）装备中远程反舰导弹。战时组成3艘或4艘舰艇的小型编队（猎-杀水面行动小队（hunter-killer SAG））分散部署，牵制敌方作战力量，利用美国海军建立的作战网络，实施火力集中，或是同时攻击更多的目标。"猎-杀水面行动小组"虽然不属于航母打击群的编制，但统归特混编队指挥，战时，部署在航母打击群前方几百千米的对方，牵制、迷惑敌舰队，主要承担对海打击任务，以减轻航空舰载机的任务压力，从而保证有更多的舰载机出动架次，用于执行远程对陆打击任务。

四、水下对舰攻击装备

"洛杉矶"级攻击型核潜艇是1976年开始服役的一级核潜艇，是美国海军现役最老的一级核潜艇。该级艇较好地兼顾了高航速和低噪声。高航速是攻击型核潜艇的重要战术技术指标之一，因为它要随航母编队一同行动，一些战术动作需要保持一定的航速，而且关系到攻击和规避的效果。航速高还可提高攻击敌目标的可能性和命中率，有助于跟踪目标和占领有利的攻击阵位，还可增加敌反潜舰跟踪作战难度。安静性是打击敌人保持自己的先决条件，只有安静型潜艇才具有以潜制潜、反舰的能力；否则，在发现敌方舰艇之前，已被敌方探测到，生存堪忧。该级艇是针对苏联核潜艇而设计的，但也具有出色的反舰作战能力。

"洛杉矶"级核潜艇艇体细长，有较长的平行中体，呈圆柱形。艇首端有圆钝的玻璃钢声纳罩。指挥台围壳靠近艇首布置，装有可伸缩的声纳罩。艇尾为纺锤形，较尖瘦；垂直舵和水平舵布置呈十字形。采用S6G型自然循环压水反应堆，是美国核动力水面舰艇上使用的D2G型反应堆的改进型，输出功率比以往核潜艇上的反应堆增大了1倍左右，可满足核潜艇的高航速要求。

美国海军的船用反应堆按用途分为水面舰艇用反应堆和潜艇用反应堆两大类，型号缩写：第1个字母表示用途，A代表航母，S代表潜艇；中间的数字表示该公司的第几代产品；最后1个字母表示研制厂商，W是西屋公司，G是通用。"弗吉尼亚"级核潜艇装备最新的S9G，堆芯的设计寿命为30年。过去，美国海军曾装备核动力巡洋舰，使用C、D表示，如C1W、D2G等。20世纪90年代，美国海军退役了所有装备核动力的巡洋舰，这些型号也随之消失。

"洛杉矶"级攻击型核潜艇装有4座鱼雷发射管，可以发射Mk48鱼雷、"战斧"巡航导弹、"鱼叉"反舰导弹等武器。Mk48鱼雷是一种既能攻潜又能攻击水面舰艇的多用途鱼雷。1988年7月"诺福克"号艇试射第一枚改进型Mk48鱼雷,击沉一艘驱逐舰。Mk48鱼雷从1990年开始装备"洛杉矶"级攻击型核潜艇,鱼雷舱最多可配备26枚鱼雷和导弹,一般装12枚导弹。从SSN-719艇开始在耐压壳外艏部球阵声纳后面的压载水舱区增设了12个导弹垂直发射装置,用于发射"战斧"导弹,所以导弹数量增加到24枚。

在对海探测方面,"洛杉矶"级攻击型核潜艇装备AN/BPS-15H/16型对海搜索、导航和火控雷达,I/J波段,AN/BPS-15H雷达的最大作用距离145km,最小工作距离23km。距离分辨力28m(窄脉冲)、92m(宽脉冲)。AN/BPS-16雷达是15型雷达的换代产品,1997年服役,采用了新型频率可调的发射机,功率为50kW,频率调整范围为8~10MHz。为加强在恶劣气候下的工作性能,该雷达还采用了最新的数字处理技术。

五、对海打击武器

美国海军航母打击群各型主战平台均配备有对海作战武器,其中装备最多的是AGM/RGM/UGM-84D"鱼叉"(分别为空射、舰射、潜射型)反舰导弹。历史上美国海军曾经研制、装备过"战斧""标准"反舰导弹,但后来废除。过去,因为美国海军有强大的空中反舰力量,所以未将舰载反舰导弹作为发展重点,作战时也不是首选装备。但近年来,在"重归制海"战略和"分布式杀伤"作战概念指导下,美国海军现役和在研的反舰导弹型号骤增,除了现役"鱼叉"系列反舰导弹、联合防区外武器、"标准"6反舰型导弹以外,还在研制远程反舰导弹、对海攻击"战斧",另外还从挪威购买了海军打击导弹。此外,舰炮、鱼雷等传统武器也是水面战斗舰艇重要的对海作战武器。

美国海军装备的舰载反舰导弹型号较少,现在使用的只有"鱼叉"导弹,近期将有"海上攻击战斧""远程反舰导弹"海军打击导弹等。相比之下,可用于对海打击的空射反舰导弹型号有很多。

(一)"鱼叉"导弹和"斯拉姆"导弹

"鱼叉"导弹是美国海军20世纪70年代研制的全天候高亚声声速中程多用途反舰导弹,除了装备美国海军以外,还出口大约30个国家和地区,主要用于攻击水面舰艇。受1967年第三次中东战争期间,埃及使用苏制"冥河"导弹击沉以色列海军"埃拉特"号驱逐舰的影响,美国海军也制定了反舰导弹发展计划。1971年6月,美国海军选定麦道公司开始研制"鱼叉"空舰导弹,并发展了"鱼叉"舰载型和潜射型,代号AGM/RGM/UGM-84A。舰载型(RGM-84A)、空射型(AGM-84A)和潜射型(UGM-84A)分别于1977年、1978年和1981年装备部队。之后,该导弹经过多次升级改进,已成为一个庞大的系列产品。

80年代中期，美国海军发展攻击陆上目标的"鱼叉"空面导弹，形成了AGM-84E"斯拉姆"导弹，后又研制了AGM-84H"增程斯拉姆"导弹，射程达到280km，这两型导弹既可攻击水面舰艇，也可攻击陆上目标。

最初的型号也称为"鱼叉"Block1（或Block 1A），之后研制了可掠海飞行的型号RGM-84B。1982年Block 1B（RGM-84C）服役，增加了抗电子干扰能力。1984年开始生产射程更大的Block 1C（RGM-84D），射程增大到220km，提高了引信和导引头性能，掠海飞行高度降低了50%，导引头抗干扰能力进一步提高；1989年开始研制空地型Block 1D（RGM-84F），项目后来被取消；Block 1G只发展了舰载型和潜射型，1997年服役，但潜射型未实际装备潜艇。各型导弹的射程是：Block 1A/1B为92km，Block 1C为124km，Block 1D为240km。美国海军还曾计划在Block 1型导弹的基础上换装冲压发动机，研制Block 2型"鱼叉"超声速反舰导弹，速度为马赫数2.5，但1991年研制计划被取消。

"鱼叉"导弹武器系统包括导弹、目标探测与跟踪系统、火控及发射系统、支援保障系统四大部分。导弹的弹体呈圆柱形，头部为卵圆形，为铝合金结构。弹体中部和尾部各有两对呈"X"形配置的弹翼与控制尾翼，它们在同一流线上，尾翼旋转角达±30°。弹翼与尾翼有可折叠式与不可折叠式两种，当发射箱较小时采用折叠式。该型导弹采用中段惯性导航与末段主动雷达制导。制导与控制系统包括末制导雷达导引头、中段捷联惯性制导装置、雷达高度表及其发射天线、接收天线、机电驱动的尾翼控制执行机构等。它们大都位于弹体头部的制导舱内。采用主动雷达导引头，装有可向任意方向旋转±45°的圆形相控阵天线。中段制导装置质量为11kg，功耗为100W，它由三轴姿态控制装置、数字计算机、自动驾驶仪等组成。该导弹采用半穿甲爆破型战斗部，质量为230kg，外形呈圆柱形，直径为34cm，长为90cm，内装90kg炸药，战斗部为钢制壳体。引信有延时触发引信和近炸引信两种。战斗部与引信位于制导舱后的战斗部舱内。

"斯拉姆"空地导弹正式名称为"防区外对陆攻击导弹"（AGM-84E），于1990年研制，由"鱼叉"导弹AGM-84A的弹体、推进系统、战斗部和控制系统与海军"幼畜"（AGM-65D）的红外成像导引头、"白星眼"（AGM-62A）的数据传输装置和单通道顺序式GPS接收机等组合而成。外形和结构与"鱼叉"导弹的基本型相同，只是导弹长度和发射重量有所增加，飞行速度为马赫数0.75，射程为100km。

AGM-84H"增程斯拉姆"（增程防区外对陆攻击导弹）是在AGM-84E的基础上改进的，射程增大到280km，主要打击地面高价值目标和水面舰艇。

AGM-84L设计之初主要是作为卫星制导的反舰导弹，外观与"鱼叉"导弹相似，加装了 GPS/INS 制导组件，飞行路径更加灵活，可以根据地理信息区分舰艇和近岸目标，具备攻击停靠在港内敌舰的功能。AGM-84L 仍保留了末端主动雷达制导，与 GPS/INS 形成复合制导模式，也可打击陆上目标。

（二）联合防区外武器

AGM-154 联合防区外武器是美国海军 1986 年开始研制的一型防区外空地制导武器，最初称为先进空中遮断武器系统（AIWS），1992 年美国空军参加该项计划后，改称为 JSOW。这是一种低成本、低技术风险的防区外发射武器，用于取代"白星眼"、海军"幼畜"以及激光制导炸弹等武器。目前有 A、B、C 三个型号和若干子型号，C 型 2004 年服役，2012 年可打击海上移动目标的 AGM-154C-1 型形成作战能力。

AGM-154C 的弹长 4.06m，弹径 442mm（高）×337mm（宽），射程 116km，采用红外导引头加 INS/GPS、人在回路中制导，命中精度 3m。AGM-154C-1 在 C 型的基础上增加了 Link-16 数据链，采用了新型导引头算法，可以跟踪、打击移动目标。

AGM-154A 的动力型称为 AGM-154D，AGM-154C 的动力型称为 AGM-154E。增程防区外武器（JSOW-ER）是在 C-1 的基础上增加涡喷发动机的型号，加装 TJ-150 发动机后，射程从 130km 提高到 555km。JSOW-ER 的外形和重量与原来的 C 型相同，由于增加了发动机和油箱，战斗部重量相应减小。2009 年 11 月，JSOW-ER 完成了首次自由飞行试验，试验中飞行了 480km。

美国海军在弹药的信息化建设方面近年来取得了较大进展，主要体现在：一是为弹药增加制导装置，多采取多模制导方式，提升了打击精准度；二是为弹药增加双向数据链，可由其他平台提供制导信息，途中更改目标选择，或提供命中精度。例如，2013 年 7 月，美军在"三叉戟勇士 2013"演习中，演示试验了 E-2D 预警机指挥控制联合防区外武器对海上舰艇的攻击过程。参加演示的装备有 1 架 E-2D 预警机、1 架 F/A-18E/F 战斗机、最新型的版本的联合防区外武器（JSOW C-1）。联合防区外武器装备双向数据链，可与预警机交换数据。演示试验过程中，首先由 F/A-18E/F 战斗攻击机模拟发射了 1 枚空地导弹，随后 E-2D 预警机根据传回的状态更新信息，通过数据链发送目标指示信息，"联合防区外武器"据此修正航迹，准确地飞向海上目标。此项演示成功证明了运用 E-2D 预警机、F/A-18E/F 战斗机、联合防区外武器能够为航母打击群提供完整杀伤链，在远距离上对海上舰艇目标实施置信度更高的防区外打击；同时，验证了联合防区外武器可通过"即插即用"的方式灵活无缝地接入作战网络。

2014 年 2 月，美国海军验证了 E-2D 预警机上 APY-9 雷达的 NIFC-CA 系统能力。E-2D 预警机使用 Link-16 数据链和协同作战能力系统，为 F/A-18E

战斗攻击机提供目标指示,未来 E-2D 预警机将配备战术瞄准网络技术(TTNT)数据链,可以显著增加带宽和作用距离。该系统在防空作战和反舰作战方面都能发挥重要作用。

(三)"远程反舰导弹"

"远程反舰导弹"是美国海军于 2009 年启动的研发项目,目的是研制一型高性能远程反舰导弹,其射程远超现役反舰导弹。该导弹装备先进的传感器和数据链等电子设备,而且具有很强的自主信息处理能力,可以自主识别并攻击目标。为了应对高烈度作战,它不仅要最大限度地降低对情报、侦察和监视系统的依赖,还可在没有 GPS 信号的条件下有效作战,具备多模传感器设备和稳健的生存能力,可对敌方水面战舰进行精确远程打击。"远程反舰导弹"还具备极强的电子对抗能力,以削弱地方战舰的主动和被动干扰措施。

据远程反舰导弹项目主管罗伯•麦克亨尼说:"我们推进这个项目的总体目标是,确保美国海军的反舰作战能力在可预见的未来仍然是世界一流水平。"美国海军对远程反舰导弹的要求:一是射程远,属于防区外武器;二是识别能力强,导弹寻的头要具备抗干扰能力,可以在复杂环境中探测和识别目标,从而确保打击精度;三是突防能力强,可以突破敌方严密的防空火力网;四是毁伤能力强,战斗部的装药必须足以毁伤大型水面舰艇。

"远程反舰导弹"在论证初期,美国海军采取了"竞争上岗"的发展策略,选取了 LRASM-A 和 LRASM-B 两个型号同步发展。LRASM-A 是在增程型"联合防区外空地导弹"(JASSM-ER)基础上研制的一型亚声速反舰巡航导弹,外形具备隐身性。LRASM-B 是利用"先进战略空射导弹"(ASALM)的火箭冲压发动机研制高空高超声速的远程反舰导弹。由于 LRASM-B 的研制风险较高,美国海军于 2012 年决定终止 LRASM-B 项目,将有限的研发费用投在 LRASM-A 上,以尽早获得实用的装备。

"联合防区外空地导弹"是美国空军 2003 年服役的新一代隐身、防区外空面导弹武器系统,主要攻击高价值、严密设防的地面、地下、水面固定和移动目标。该型导弹没有采用普通导弹的圆柱形弹体,头部呈尖锥形,四面体弹体上窄下宽,平滑过渡无棱角,与现役的巡航导弹相比,有更好的机动性能。弹翼发射前折叠在弹体内,发射后展开。弹长为 4.26m,弹体为 550mm×450mm,速度为马赫数 0.9,射程为 380~960km(增程型),命中精度为 2.4m。

LRASM-A 导弹保留了 JASSM-ER 导弹的气动外形、发动机和战斗部。战斗部沿用了原来 1000lb 的 WDU-42/B 侵彻型弹头,可见该型导弹未来将主要用于打击航母、两栖战舰艇、大型驱逐舰等高价值目标。该导弹对内部的控制系统进行了重新设计,采用了许多新技术,例如:加装高性能的双向数据链进行通信，具备网络作战能力；利用新型抗干扰的GPS接收装置，减少对外界的数据链和GPS的依赖，采用新型多模导引头，增强目标识别和抗干扰能力，除了保留原有的红外成像导引头外，还增加了先进的被动雷达寻的装置。因此，该导弹具备自动规划复杂航路的能力，可规避航路上遇到的防空导弹等武器的拦截，并大幅增强了飞行和攻击目标的选择能力。洛克希德·马丁公司为LRASM研发了远程目标瞄准传感器，以及远程传感器算法和相应的软件，使LRASM可以在多个水面舰艇目标自动选择高价值目标实施攻击。由于电子设备的增加，搭载的燃料相应减少，使导弹的射程由原来的960km降低到800km。

LRASM-A同时研制了空射型、舰载型和潜射型。空射型首先装备F/A-18E/F战斗攻击机，但F-35C战斗机的武器舱不能容纳该导弹。舰载型增加了一级助推火箭，由现役Mk-41导弹垂直发射装置发射，已在"保罗·福斯特"号试验舰上完成发射试验。另外，洛克希德·马丁公司还在利用"弗吉尼亚"级攻击型核潜艇的新型导弹发射装置进行发射试验。

（四）"海上攻击战斧"导弹

"战斧"巡航导弹近30年来频频在美国发动的几场局部战争中亮相，据不完全统计，战争中累计使用了2300枚"战斧"导弹，给世人留下了深刻印象。为适应新的战略调整需求，配合"分布式杀伤"作战概念，美国海军开始研制新型反舰导弹，其中一项就是"海上攻击战斧"反舰巡航导弹。2017年8月，美国海军与雷声公司签约，在"战术战斧"Block Ⅳ的基础上，新发展了"海上攻击战斧"Block Ⅴ巡航导弹（MST），主要改进是通信和导航系统，速度没有提高，并保留了1600km的射程。Block Ⅴ同时研制了两个型号：Block ⅤA，用于远程打击海上目标；Block ⅤB，换装联合多重效应弹头系统（JMEWS）战斗部，用于打击陆上目标。Block Ⅴ导弹预计2022年服役。

与"远程反舰导弹"相比，"海上攻击战斧"的优势是，技术成熟，已有几十年的使用经验，射程远，两型导弹的射程分别为800km和1600km，"战斧"导弹占优，不过，二者可形成互补。缺点是"战斧"导弹隐身性能比"远程反舰导弹"差一个数量级，雷达反射面积为$0.1\sim0.001m^2$，而后者可达到$0.001\sim0.0001m^2$。这两型导弹共同的缺憾是都不能装进F-35C战斗机的武器舱。

（五）"海军打击导弹"

"海军打击导弹"（NSM）是挪威康斯伯格防务系统公司为替代"企鹅"反舰导弹而研制的一型远程反舰导弹。美国海军选中该导弹，计划装备F-35C战斗机（图4-5）和濒海战斗舰（LCS），以解决这两型平台对海打击能力不足的问题。NSM反舰导弹长3.95m，弹径0.5m，发射质量约410kg，仅为"鱼叉"反舰导弹的2/3，射程为200km。

图 4-5 F-35C 发射 "海军打击导弹" 构想图

NSM 反舰导弹的最大特点是隐身突防能力强。该导弹是第一型按隐身要求设计的反舰导弹，弹体结构采用复合材料制造，外表涂有吸波材料，外形为近似六棱柱形的弹身，主发动机进气道采取了遮蔽措施，可满足全天候近海和大洋作战的需求。为提升突防概率，可低空飞行，还可利用沿海地区海岸线和地形作为掩护。弹上可预存 200 个飞行航路，具备航路重新规划、低空掠海飞行和末段三维迂回机动等突防能力。

美国海军选中该型导弹的一个重要原因是，它可以装进 F-35C 战斗机的武器舱，而且比较适合装备濒海战斗舰。但是因为该导弹体积小，所以战斗部装药有限，对大型目标的毁伤能力有限。康斯伯格防务系统公司称，打击精度可弥补威力小的问题，该导弹可选择舰艇的舰桥等防御薄弱部位攻击。该导弹还有潜射型，估计美国海军不会选择，驱逐舰等水面作战平台有了"海上攻击战斧"等武器也不会选择"海军打击导弹"。

六、对海打击装备特点

美国海军自第二次世界大战确立航母在海战中的地位后，一直围绕航母的作战需求发展装备，经过几十年的发展，航母打击群对海打击装备已成为攻防兼备、功能强大的作战单元，主要体现在以下三个方面：

（1）平台性能好，用途广泛。美国海军现役水面舰艇均属世界先进水平，各种作战能力相对均衡，具有较好的机动性能。航母编队可以在海上任何海域执行反舰作战任务，此外，还可完成船队护航、支援两栖作战，预先夺取海空

域的控制权,以及非战争军事行动等任务。

(2)舰载机仍是对海作战的主力,机载武器型号较多。美国航母打击群可以利用航母舰载机和驱逐舰搭载的反舰导弹分别控制 700~800km 和 110~130km 半径范围的海域,对敌舰发起强大的空中突袭。新型反舰导弹服役后,打击距离将进一步增大,打击精度进一步提高。就舰载机而言,一个航母打击群一天可出动舰载机 110~160 架次,其中 50%可执行对海作战任务,其他为侦察、电子干扰、空中加油等支援保障任务。"福特"级航母服役后,出动能力可增加到 270 架次以上。

(3)对海打击武器发展迅速,可靠性高。美国海军水面战斗舰艇只装备了为数不多的对海攻击武器,舰载反舰导弹只有一型"鱼叉"导弹,近期"远程反舰导弹""海上攻击战斧"等新型反舰导弹即将加入航母打击群。机载反舰导弹的型号较多,但这些导弹使用年限较长,但经过多轮的技术升级,成为系列导弹,有较好的可靠性。几型在研的反舰导弹服役后,对海作战能力将有很大提高,可以覆盖半径 110~1600km 的海域,加上舰载机的作战半径覆盖范围更大,相应增加了航母的安全性。

2015 年以来,美国海、空军推出了多型反舰导弹方案,发展途径基本是利用成熟技术改装原有装备或是从国外购买成熟装备,以期快速形成作战能力。未来,反舰导弹的装备情况大致如下:

(1)"远程反舰导弹"装备 F/A-18E/F 战斗攻击机,但未必装备 F-35C 战斗机,原因是不能放进武器舱,外挂则影响隐身整机的隐身效果;水面战斗舰艇也未必装备,原因是虽然厂商研制了垂直发射型"远程反舰导弹",但美国海军并未投资。另外,在功能上与"海上攻击战斧"有重叠。

(2)"海上攻击战斧"导弹将装备水面战斗舰艇和潜艇,不需要对发射装置和火控系统进行大的改装。在水面战斗舰艇上,"战斧"导弹利用 Mk-41 垂直发射装置,会减少其他导弹的搭载数量,对防空和对陆作战能力有影响;在潜艇上,可利用垂直发射装置或鱼雷发射管发射,同样存在比例分配问题,会影响对陆攻击能力和鱼雷攻击能力。该型导弹装备舰载机的可能性较小,虽然新导弹的任务规划大为简化,并增加了双向数据链,但毕竟对射程 1600km 的导弹制导,需要舰载机长时间留空,不现实,且机载雷达也不具备 1000km 的探测能力,需要其他平台提供信息支援。另外,使用成本大于水面战斗舰艇和潜艇。

(3)"海军打击导弹"装备 F-35C 战斗机、F/A-18E/F 战斗攻击机。该导弹可装进 F-35C 战斗机的武器舱,符合隐身要求,可用于隐蔽突袭。F/A-18E/F 战斗攻击机在攻击中小型舰船时可选择该导弹,只是射程较近,毁伤力较小。航母打击群的水面战斗舰艇和攻击型核潜艇装备该导弹的可能性较小,因为需要另加或换装发射装置，该导弹的射程比"鱼叉"反舰导弹增加有限，如果装备"海上攻击战斧"导弹再选择"海军打击导弹"既不经济，功能上也有重叠。

四是"标准"6反舰导弹的射程在370km左右，居"海军打击导弹"和"远程反舰导弹"之间，超声速飞行、不需要增加发射装置等是其优势，但战斗部装药少，造价不菲，效费比不是很高，估计只是一个过渡性产品。

第二节 反舰作战装备运用

从美国海军对海装备的发展和现役航母打击群的编成看，自冷战结束后，美国海军依据其"由海向陆"战略调整，重点发展了对陆攻击能力，对海作战的能力建设相对滞后。这主要是因为美国海军认为苏联解体后已经没有在大洋决战的对手。但自2010年前后，美国开始将关注焦点转向亚太地区，发现其反舰能力严重不足，尤其是面对"反介入/区域拒止"的挑战，缺乏远程对海作战装备。为此，美国海军先后提出了"空海一体战""分布式杀伤""分布式海上作战"等作战概念后，对反舰装备的发展和航母兵力的运用等都产生了一定的影响。

一、反舰作战指挥

反舰作战是综合运用舰载航空兵、水面战斗舰艇和潜艇兵力的战斗，指挥官需在全面把握战场态势的情况下，合理部署、运用所辖兵力。反舰作战通常由水面战指挥官（AS）统一指挥，有权调配、协调打击群内的各种兵力完成任务。水面战指挥官通常由航母舰长担任。虽然反舰作战多由舰载机承担，但航空联队长一般要担任防空战指挥官，所以反舰战指挥的重任就落在了航母舰长的肩上。不过，在进行大规模对海作战时，水面战指挥官也可由航母合同作战指挥官亲自担任，有时也指派"提康德罗加"级巡洋舰舰长担任这一职务，主要负责编队的对海进攻与海上防御作战的任务规划和实施，同时负责领导水面监视协同中心（SSC）的对海监视探测任务。小规模作战时，也可委托驱逐舰舰长指挥。

水面战指挥官一般还兼任水面航迹协调官，负责对各类作战平台探测到的水面目标进行标识、编号。在打击群指挥部设有超视距目标跟踪协调官，负责对于来自岸指或其他军兵种传感器的，并经打击群指挥部超视距航迹协调官处理后，通报打击战指挥官（AP）。

多航母编队作战期间，可视情在水面战指挥官之下设置局部水面战指挥官。局部水面战指挥官一般由舰艇分队的驱逐舰舰长担任。当水面战指挥官认为有必要实施分散指挥控制时，即可宣布局部水面战指挥官指挥程序生效。此时，各局部水面战指挥官指挥所属兵力在各自的责任区内根据实际情况遂行作战行动。

水面战战指挥官在拟定作战计划时，与对空战指挥官之间的协调工作最多，也可以说是最重要的工作。因为美国海军的反舰作战主要是依靠航母舰载机，而这些作战飞机一般归防空战指挥官管辖。遂行反舰战时，也必须留有一定数量的舰载机随时准备升空拦截来犯的敌机。当水面战指挥官需要反潜直升机或岸基 P-3C/P-8A 反潜巡逻机临协助执行反舰战任务时，需要与反潜战指挥官进行协调。平时这些飞机由反潜战指挥官调度、指挥，在编队遂行反舰任务时，也不能不会放松对潜监视。当水面战指挥官需要攻击型核潜艇参与反舰作战时，由其直接指挥与控制。这时，水面战指挥官需要通过反潜战指挥官向攻击型核潜艇下达反舰战任务。

二、反舰作战指导思想

美国海军航母打击群的反舰作战指导思想可以概括为，以舰载机远程攻击为主，以水面舰艇防御性打击为辅，战前和交战时利用优势的天基系统进行侦察，全面掌握战区态势，并利用战斗攻击挂载侦察吊舱，有针对性地进行补充侦察，获取必要的作战情报。水面作战舰艇要在反舰巡航导弹射程范围之外搜索敌方潜艇，主要依靠布设在海底的固定式水下监视系统（SOSUS）声纳阵列、装备有低频主动式音响（LFAA）声纳的海洋监测船（T-AGOS），以及装备有主动式声纳的舰载直升机提供信息支持。

交战时以进攻为主，以防御为辅。进攻性制海作战是"外层空战"的 21 世纪翻版[①]，与防御性制海作战的区别是不再是仅保护部队免受敌人的攻击；与传统的只注重击败敌方飞机的"外层空战"的概念也不同，进攻性制海作战的目标是摧毁敌方武器平台的火力覆盖能力。在进攻性制海作战中，水面战斗舰艇要最小限度地使用其他海军部队提供的诸如目标定位等支持或在没有任何支持的情况下，在敌方反舰弹道导弹射程之外摧毁敌人的飞机、潜艇、舰艇和陆基导弹发射系统。

在进攻性制海作战中，水面舰队利用网络化的作战系统锁定敌方的水面舰艇和飞机目标，这些系统包括"宙斯盾"舰之间的协同作战能力系统、"宙斯盾"舰与 E-2D 早期预警机之间的 NIFC-CA 系统、各种作战平台，以及 MQ-4 "全球鹰"广域海上监视（BAMS）无人机之间的 Link-16 数据链。在参战的母舰与载机之间实时分享传感数据信息，确保各参战平台够在自身传感器探测范围之外向敌目标发起攻击。上述系统还支持无预警情况下的攻击行动，通过空中

---

① Thomas Rowden，"水面战必须采取进攻态势"，《外交》，2014 年 6 月 28 日。

飞机或前方部署的海上平台，利用敌方雷达或通信发射电波来定位敌方武器发射平台，然后将目标信息传输给能够实施超视距攻击的水面战斗舰艇。

"由于当代反介入武器在能力和数量上有了很大提高，未来美国海军要夺取制海权，应该采纳冷战时期对付敌人的作战方式，即在敌方飞机、舰艇、潜艇和岸基导弹进入美军武器系统射程之前将之摧毁。"[①]在兵力运用上，凭借装备齐全、性能优良的优势，构建大纵深、立体多层的防御圈，按装备性能划分防御范围，远近交叉覆盖、环环相扣，从而确保航母的安全。在交战时，利用任务规划系统，分配舰载机和舰空导弹的使用范围和使用时机，以保证舰载机的安全，避免误伤。

"先敌发现，先敌打击。"一旦锁定敌方的舰艇、潜艇、飞机或岸基导弹发射架，水面战斗舰艇即可使用远程武器实施打击。如果作战目的只是扰乱敌方的反水面作战行动计划，先敌攻击将有助于己方编队的行动自由，并诱发敌人做出反应，从而为反制攻击提供更准确的目标信息支持。如果在敌方反舰巡航导弹射程之外发起的进攻不成功，水面舰队还需在继续打击敌方作战平台的同时，利用严密的防空作战系统，有效抵御敌人反舰巡航导弹的攻击。

三、反舰作战兵力运用

美国海军航母打击群反舰有多种选择，舰载机承担主要作战任务，水面战斗舰艇承担辅助作战任务。根据美国海军近期推出的"分布式杀伤"概念分析，未来水面战斗舰艇将装备正在研制的远程反舰导弹，承担更多的对海打击任务。

（一）舰载航空兵力运用

航母打击群中担任水面监视协调的舰载机有 E-2C/D 预警机和 F/A-18 战斗攻击机以及 EA-18G 电子战飞机等。航母打击群在海上航渡期间和进入综合作战区后，通常分波次起飞舰载机进行对海监视，每波次派出 1 架或 2 架水面监视协调飞机对可能有敌舰船活动的海域实施搜索。在高危环境中，水面监视协调飞机增至 6 架，每架飞机正常的搜索扇面为 30°。

舰载机攻击大、中型水面舰艇编队时，通常由 E2-C/D 预警机引导和控制，由 E/A-18G 电子战攻击飞机对敌舰艇编队实施电子干扰，F/A-18 型战斗攻击机担任攻击任务。E-2C 预警机发现目标后，通过战术数据链将目标位置及运动要素传给攻击编队。根据敌舰艇编队规模和作战能力能力等因素，可采取大攻击波，每波出动 40~45 架飞机（多艘航母参战时），其优势是攻击力强，可对敌实施饱和攻击；缺点是作业周期长。根据敌舰编队的实力也可采取小波攻

---

① 《掌控制海权：重振海军水面战作战计划》，2014 年。

击波，其优势是机动灵活，可快速反应，作业周期短；缺点是只能对敌小规模编队，掩护力量可能不足。

大规模作战时，参战兵力多，协调配合的任务重，所以舰载机可以编成多个战术群实施协同作战：一是指挥引导群，由预警机负责空中指挥、引导、协调；二是侦察群，由战斗攻击机承担补充侦察和目标标定、打击效果评估；三是电子干扰群，由电子战飞机承担，负责干扰、压制敌舰载雷达，必要时予以摧毁；四是掩护群，过去主要由F-14战斗机承担掩护A-6攻击机的任务，A-6攻击机退役后（此项任务已取消）；五是攻击群，主要承担打击任务；六是战斗保障群，承担空中加油等任务。另外，还可视情组织伴动群、火力压制群等。其实自舰载机联队的作战飞机只剩下 F/A-18 系列飞机以来，上述任务的界限已不再清晰。

战斗攻击机多以"小群多路"的方式同时从几个方向攻击多个目标。战斗攻击机降低飞行高度，低空进入目标区，通常在敌舰防空火力范围之外发射反舰导弹，然后低空退出。对装备防空导弹、电子对抗能力较强的大、中型作战舰艇编队攻击时，通常出动由预警机、电子战机和战斗攻击机组成的多机混合编队实施协同攻击，首先实施电子压制，发射"哈姆"反辐射导弹摧毁敌舰的探测设备和指挥设施，然后利用反舰导弹等对敌舰实施打击。目前，航母不再配备攻击机，机种单一，所以甲板作业流程也相对简单。

攻击小型舰艇时，因其防空能力较弱，在攻击方式上，与攻击大、中型舰艇编队有所不同：一是不使用大规模兵力；二是使用武器种类较少等。攻击时，可出动战斗攻击机实施单机或双机攻击，或是使用多用途舰载直升机挂载"海尔法"导弹实施攻击。

（二）水面舰艇兵力运用

水面战斗舰艇通常承担辅助性攻击任务，目前美国海军航母打击群中的舰艇数量少，而且只装备防御性"鱼叉"反舰导弹。在多航母编队作战时，可派出前哨舰前出编队，视情发起攻击。

根据作战需要，水面战指挥官还可临时调配、指挥水面舰艇，主要有三种：一是水面打击大队。水面打击大队平时只有编制，没有实兵，需要时临时组建。水面打击大队指挥官通常由资深驱逐舰舰长担任。二是对敌水面舰艇进行监视的绰号为"告密者"的水面舰艇。三是不断向己方提供敌舰运动要素的绰号为"标识器"的水面舰艇。

水面舰艇攻击敌舰前，由水面战指挥官发布"鱼叉"导弹的发射标准。如果符合发射标准，水面舰艇将按要求进行导弹发射，如果不符合发射标准，水面战指挥官重新进行评估。导弹发射前由水面战指挥官下达发射命令。发射导弹的舰艇按照水面战指挥官的命令，确定导弹齐射时间、齐射间隔时间和制导方式。导弹发射前各舰尽可能宽地在基线上展开，以便更有效地对敌舰进行电子（战）支持侦察、音响交叉定位，打乱敌编队的防御队形，并从不同方向发射"鱼叉"导弹对敌水面舰艇实施有效打击。

"标准"6反舰导弹、"战斧"反舰导弹、"远程反舰导弹"等武器服役后，美国海军对海打击能力将发生重大改变，而且在作战思路上也将有重大改变。水面战斗舰艇，特别是猎-杀水面行动小队将承担更多的对海作战任务。

（三）攻击型核潜艇兵力运用

攻击型核潜艇反舰作战时，通常受水面战指挥官的间接指挥。其攻击的水面舰艇可以是攻击型核潜艇自身探测设备发现的目标，也可以是航母打击群中其他兵力发现的目标。但核潜艇攻击的目标及攻击的时机受航母作战企图的限制。

攻击型核潜艇通常使用Mk48鱼雷实施对舰攻击，潜艇借助其隐蔽性，在距敌舰10～15km的地方发射鱼雷。Mk48为线导鱼雷，发射艇利用连接鱼雷的光纤进行制导，可双向传输数据，待接近目标后，导线切断，鱼雷攻击目标。

攻击型核潜艇具备使用"鱼叉"反舰导弹攻击水面舰艇的能力，目前虽不装反舰导弹，但舰艇上还保留导弹火控设备，需要时可装载反舰导弹执行反舰任务。攻击时，导弹从水下按目标的大致方位发射导弹。"鱼叉"导弹助推器推动导弹出水，涡喷发动机自动点火起动，飞向目标区域，然后进行目标搜索。在进行目标定位和目标识别以后，即对目标进行攻击。

四、反舰作战基本流程

航母舰载机的作战半径大、灵活性好、攻击能力强，在反舰作战中多作为首发兵力和主要突击兵力使用，舰载反舰导弹用于辅助突击或本舰防卫。如果敌舰艇武器射程较远，威力大，也可先以导弹驱逐舰组成导弹突击编队前出迎击，首先进行导弹突袭，削弱对方的作战能力，然后出动航母舰载机进行突击。航母舰载机可用的对海攻击武器种类多，既可以使用空舰导弹、制导炸弹等精确制导武器，也可以使用普通航弹，使用多种武器的攻击机群在其他机群的保障和支援下进行航空兵协同突击。这种突袭方式具有很大的作战灵活性和巨大的攻击威力。

（一）无缝的战场感知

在战斗之前，全面掌握作战空间的各种情报是制胜的先决条件，指挥官需要时刻了解敌舰情况、己方可用兵力，以及友军、支援保障、水文气象等信息。但很多时间为了不暴露目标，舰载雷达处于关闭状态，主要依靠岸基指挥部、岸基侦察机等发来的情报。美国海军在关岛、迪戈加西亚等五大海军基地部署

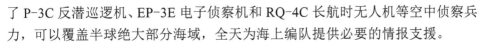

了 P-3C 反潜巡逻机、EP-3E 电子侦察机和 RQ-4C 长航时无人机等空中侦察兵力，可以覆盖半球绝大部分海域，全天为海上编队提供必要的情报支援。

需要打击的舰艇是移动目标，所以指挥官必须获得实时情报，因为水面舰艇的航速一般在 20kn 以上，在 30min 内，队形、航向、航速等都可能发生变化。航母打击群在航渡时，时刻有 E-2C/D 预警机在空中执行监视、对海警戒任务，指挥官还要根据情况，派出舰载机执行战术侦察任务，可以使用雷达、红外光电设备、电子侦察设备等进行搜索、探测，也可目视对海面进行搜索。

在编队内层，水面战斗舰艇使用拖曳阵声纳与舰壳声纳搜索和跟踪水面目标，根据指挥官的指令开启对海雷达进行搜索。在编队前方 100nmile 航行的攻击型核潜艇也可利用声纳系统进行对海搜索。上述作战平台在发现敌方或不明水面目标后，立即向水面战指挥官报告。

（二）精准的目标识别

发现目标后，首要任务是进行目标识别。美国航母打击群可以使用多种手段对水面目标进行确认，确定是否是敌舰以及目标的类型，以供指挥官决策参考。美国海军对目标识别的要求是尽早辨别目标性质，判定威胁程度。在探测区要分辨出战斗舰艇、军辅船、商船，在监视区分辨出危险目标和重要目标，在目标标定区识别出舰艇类型、舰级，如果不能准确识别目标，则视为最危险的目标。

在用频管控不严格，且目标距航母编队较远时，P-3C 反潜巡逻机或 E-2C/D 预警机在发现目标后，可以召唤 F/A-18E/F 战斗攻击机抵近目标利用机载雷达、红外光电等设备进行目标识别。在用频管控严格时，舰载机关闭雷达，只使用红外光电、电子支援措施等设备或目视进行识别，以免暴露航母的行踪。

根据美国海军的作战条例，海上目标通常分为如下四类：

（1）A 类目标：能够准确确定的目标。各种传感器获取的信息齐全，且大体一致，可相互佐证，电磁信号等特征与敌舰特征数据库内存储的信息吻合。

（2）B 类目标：不能准确确定的目标。雷达获取的信息不完整，但其他传感器获取的信号特征与数据库内的信号特征基本一致，且与上级指挥部传送的战略情报吻合，基本可以判定为敌方目标。

（3）C 类目标：无法确认的目标。雷达等传感器信息欠缺，使用电磁信号等特征数据库进行比对也无法判断的目标。

（4）D 类目标：各种传感器获取的信息、信号特征均显示为无威胁的目标。

（三）目标标定

对于判定疑似敌舰的目标，水面战指挥官可派出水面战斗舰艇或舰载机、直升机等作战平台进行再次侦察、确认，然后向参与反舰作战的舰载机、战斗舰艇不断提供敌舰的情报。该情报包括目标方位、坐标位置、运动方向和速度、编队规模、舰艇类别，以及情报获取时间等。这些要素按照优先序排列，如有缺项，则该情报的价值就降低一档。因为这些情报和数据是攻击的必备条件，对缺项情报指挥官会派出侦察机进行再次核实。远距离超视距目标标定任务可由空中战斗巡逻的舰载机承担，此时 E-2C/D 预警机可能会后撤，因为敌舰编队或许已发现己方舰队的行动，装备实施攻击，而攻击的首要目标就是预警机，所以预警机要后撤到敌防空导弹射程以外，必要时可依托岸基 P-3C/P-8A 反潜巡逻机或 MQ-4C 无人机负责目标标定，或是派出小编队的战斗攻击机实施战斗侦察。中、近距离的超视距目标标定任务主要由舰载直升机承担。

水面战斗舰艇一般不执行目标标定任务，当必须出动水面战斗舰艇时，水面战指挥官必须上报合同作战指挥官，并与防空战、反潜战指挥官进行协调，将部分兵力纳入水面战指挥官的管辖，由其调配、使用，为担负目标标定的舰艇提供掩护。执行目标标定的水面战斗舰艇必须预先制定与指定目标交战的作战计划。当敌舰艇对航母编队采取监视、包围行动时，临时派出的水面舰应留在阵位上监视敌舰。如发生交火，一般情况下，应脱离接触，同时引导水面攻击大队或执行战斗空中巡逻任务的战斗攻击机对敌舰实施攻击。部署在打击群远前方的攻击型核潜艇有时也可执行对敌水面舰艇的目标标定任务，此时获取的目标标定情报直接向反潜战指挥官报告，由他转报水面战指挥官。

（四）实施攻击

对敌舰实施攻击通常由合同作战指挥官批准，下达命令。但遭遇敌舰突袭时，水面战斗舰艇可以使用武器自卫还击，战斗结束后向合同作战指挥官汇报战斗情况。在进行自卫还击时，首先以最小的代价击伤敌舰，使其丧失战斗力，然后视情予以歼灭。海上武装冲突或战争爆发后，所有符合敌方电子、"声纹"的目标或经目力判定为敌方的水面目标都要在编队武器的最大射程内与之交战。

1. 组织攻击

如果确定发现的目标是敌舰或敌舰艇编队且对航母打击群构成威胁，而且已掌握敌舰编队规模、舰种，以及攻击所需的各种情报信息，合同作战指挥官首先确定打击任务的优先序，并确定参与打击任务的机型、数量，攻击武器类型，并组织掩护编队、电子战飞机、保障兵力等。水面战指挥官制定具体作战方案，根据任务情况，确定出动波次和编队规模，以及起飞波次的时间间隔等，并协调各部门做好舰载机的起飞准备工作，要求舰载机联队做好起飞准备，武器部门做好弹药准备，要求航空部门保障做好油料保障，甲板和弹射器做好弹射准备等。在大规模战斗时，指挥官必须充分考虑持续保持制空权，这与单波次攻击时的夺取制空权所用兵力需求大不一样，负责夺取制空权和空中掩护，伴动的舰载机需求量更大，还要考虑前序波次可能出现的飞机和飞行员的损失，以及飞机故障等问题。在需要同时遂行反舰、防空、反潜作战时，合同作战指挥官更要统筹兼顾，合理用兵。

2．攻击的优先顺序

在与敌大规模特混编队作战时，必须速战速决，以免贻误战机，通常在敌舰进入距航母 500nmile 范围内后，就会发起先发制人的攻击。当敌编队有多类舰艇时，首先歼灭敌航母舰载机或地面起飞为敌舰艇编队执行空中掩护的战斗机，如苏联海军的"库兹涅佐夫"号航母及其舰载机。这与对空作战有部分交叉。其次是敌主力战舰，如装备射程 500km 远程反舰导弹的"光荣"级、"基洛夫"级巡洋舰，以免对己方舰载机构成威胁；还有敌编队中的敌侦察船，以阻断敌对己方侦察、探测的信息源，然后是装备射程 200km 的中程反舰的驱逐舰、潜艇，最后是未装备远程反舰导弹的水面舰艇、保障船等。

3．武器使用顺序

舰载机实施反舰作战时，使用武器的顺序：首先由 F/A-18E/F 战斗攻击机前出数百千米对敌舰发射"增程斯拉姆""联合防区外武器"等远程反舰导弹实施攻击。对具备较强防空作战能力的敌大中型舰艇，由 EA-18G 电子战飞机使用"哈姆"反辐射导弹（图 4-6），由战斗攻击机使用"鱼叉"反舰导弹实施联合打击；如果使用舰载机攻击风险较高，也可以先使用"标准"6 导弹进行打击，再出动舰载机。将来"远程反舰导弹""海上攻击战斧"导弹服役后，可能更多的是先由这两型导弹实施第一轮打击，以减轻舰载机的负担和压力。

图 4-6　挂载电子干扰吊舱和 AGM-88 反辐射导弹的 EA-18G 电子战飞机

对防空作战能力较弱的其他舰船只使用"鱼叉"反舰导弹攻击。在舰载机完成第一轮攻击后，水面战斗舰艇视情可以使用"鱼叉"反舰导弹进行补充攻击。

以上是一般情况下的武器使用顺序，如果在海上突遭敌舰先发攻击，被迫还击时，可由距敌舰最近的水面战斗舰艇首先使用武器对敌舰实施攻击。

第三节　反舰作战中的协同

反舰作战是多种平台共同参与的立体多维的战斗，也是夺取、保持制海权的具体作战行动之一。战舰一字排列舰炮互射的海战模式早已成为历史，现在参与对海作战的平台包括水面的战斗舰艇、空中的舰载机、水下的攻击型核潜艇等，现代海战是基于信息系统的体系与体系的对抗，信息力超越火力、机动力，成为海战最重要的基础，并且各类平台的协同作战也离不开信息力的支撑。

一、航母打击群与猎-杀水面行动小队

美国海军"分布式杀伤"作战概念对未来航母打击群在对海作战的运用将产生很大影响。美国海军出台"分布式杀伤"作战概念的目的是应对"反介入/区域拒止"威胁，重新规划海上作战兵力的任务和运用方式，其具体举措是：为更多的水面舰艇（包括濒海战斗舰、补给舰、两栖舰、运输船等）装备中远程反舰导弹，加强单舰的进攻性杀伤力；采用分散式作战部署；为战舰配置合适的资源，增强持续作战能力。战时组成3艘或4艘舰艇的小型编队（猎-杀水面行动小队）分散部署，牵制敌方作战力量，利用美国海军建立的作战网络，集中火力实施攻击，或是同时攻击不同的目标。一是增加对手侦察、跟踪和监视的难度，使之产生混乱，决策失误，同时增强抵御"反介入/区域拒止"部队攻击的能力，保证己方舰艇的安全；二是增强水面舰艇的打击能力，战时减少对航母的依赖，由水面舰艇编队承担对海打击和远程防空任务；三是舰载机可以更加集中精力实施远程纵深打击，从而提升打击群整体的作战效果。

在"分布式杀伤"概念背景下，美国海军将重新定位航母打击群的任务，减轻航母舰载机的任务量。未来一个时期，航母仍是美国海军的中坚力量，长期以来美国投入巨额军费发展的核动力航母和舰载机还没有其他装备可以替代。过去，航母舰载机几乎包揽了大部分海上作战任务，对陆、防空作战自不待言，在对海、反潜作战中也扮演重要角色，而水面舰艇主要是为航母提供对空、反潜防护。不过，今后航母承担的防空、反舰任务大部分将转交给水面舰

艇和两栖战舰艇。

未来，多个猎-杀水面行动小队部署在航母前方 200～400km 的地方。利用水面行动小队牵制敌方兵力，使其疲于应对多点威胁，同时这些小型编队可承担反舰作战任务，并拦截指向航母的反舰巡航导弹，相应减轻舰载机的反舰、防空压力，可以更多地关注对陆打击任务。另外，水面行动小队既可得到航母舰载机的空中支援，必要时也可驰援航母。航母打击群在开战初期可先部署在距交战国大约 1000km 或更远的海域，部署在这个距离上可以避免与水面行动小队的火力打击范围重叠。水面舰行动小队部署在航母前方 500～700km 的地方，相当于在航母的外层防御圈之外又增加了一道防线，它的对海打击半径大致为 200～300km，这一距离主要是基于反舰导弹和"标准"6 导弹的射程。待水面舰行动小队消灭敌水面舰艇编队后，航母打击群再向前推进。

美国战略与预算评估中心（CSBA）题为《夺回海上优势：为实施"决策中心战"——推进美国水面舰艇部队转型》一份报告建议美国海军组建 21 支小型编队，主要部署在印太战区。其中 4 支水面作战小队，每队包含 2 艘大型驱逐舰、6 艘有人/无人兼容型的小型护卫舰、5 艘中型无人水面舰，另外还有编制数量不等水面战斗舰艇和无人艇的反潜小队、防空小队、护航小队。

二、水面战斗舰艇与舰载机的协同

在新形势下，美国海军开始调整装备发展方向和重新规划舰载机的任务，航母打击群将专注远程对陆纵深打击，舰载机将适当减少反舰任务。分布式杀伤的核心要义之一是增强水面舰艇的攻击能力，在这一点上，与航母舰载机的功能有交叉。水面战斗舰艇可以承担的任务没有必要派航母去完成，航母则主要承担水面战斗舰艇无法完成的任务。航母舰载机今后将主要聚焦远程打击任务。美国海军计划为水面战斗舰艇编队配备射程更远的反舰导弹，为两栖战舰等其他舰船加装导弹垂直发射装置，实现"所有舰船皆可战"的目标。

在大规模反舰作战时，往往需要水面战斗舰艇与舰载机协同作战，共同实施对敌舰的打击任务。在海空协同攻击时，为避免各参战平台相互干扰和误伤，需要协调空舰导弹、舰舰导弹及舰炮的使用。美国海军规定：战斗攻击机和水面战斗舰艇进出目标区对敌水面舰艇实施攻击时按 F/A-18 战斗攻击机、E/A-18G 电子战机、水面舰艇的顺序进入和退出。在水面战斗舰艇和舰载机进行导弹协同攻击时，通常按时间协同，由水面舰艇向舰载机提供目标位置和提出舰载机飞临目标上空的时间，由携带"鱼叉"导弹的舰载机在 E-2C/D 预警机和电子战飞机的支援下，首先使用"鱼叉""斯拉姆"等反舰导弹进行攻击，然后由水面舰战斗艇实施导弹协同攻击。在水面舰艇发射导弹攻击之前，留出相应的时间，以便舰载机完成预定的攻击航程，撤离目标区。

当岸基 P-3C/P-8A 反潜巡逻机单独与水面舰艇协同攻击水面舰艇时，通常由反潜巡逻机先发射"鱼叉"反舰导弹实施攻击，随后水面舰艇进行"鱼叉"反舰导弹攻击。

关于海空协同反舰的毁伤评估，美国海军规定：舰载机实施攻击时，由舰载机进行评估；水面战斗舰艇实施攻击时，通过舰载电子侦察设备、音响比对和情报支持完成评估。现在有些导弹自身装备数据链和视频设备，打击效果实时传输给母舰的控制系统。在完成攻击后，舰载机或水面战斗舰艇立即向水面战指挥官报告攻击情况。报告内容包括任务完成情况、伤亡、武器消耗及库存、目标毁伤程度、目标的最后位置、航向、航速和实施再次攻击的建议。

过去，"战斧"巡航导弹由水面舰艇或潜艇发射之前，需要预先装定目标数据。现在，经过改进升级，导弹上装备了双向数据链，可根据发射平台或其他平台的指令，对航迹进行修正，或重新寻找目标。2015 年 1 月，美国海军与雷声公司在中国湖武器测试场进行了一次测试，"战斧"Block Ⅳ导弹发射后，通过数据链与 E-2D 预警机铰链后，预警机伴随导弹飞行，在途中实时向导弹发送更新后的目标信息，导弹根据这些信息不断修正飞行轨迹，最后命中了距发射舰 1000mile（1mile=1.609km）外的移动舰艇目标。这一试验的成功说明美国海军在远程反舰导弹和"海上攻击战斧"反舰巡航导弹服役之前，可以利用现有的"战斧"Block Ⅳ巡航导弹也可完成远程反舰任务，美中不足是预警机需要伴飞一段时间，增加了机上控制人员的工作量。

三、水面战斗舰艇与攻击型核潜艇的协同

水面战指挥官需要攻击型核潜艇协同攻击水面目标时，需要与反潜战指挥官协调。因为对潜艇下达任务归反潜战指挥官负责，对潜通信需要专用设备，用频和通信时间有相关的规定。攻击型核潜艇部署在航母打击群的前方，所以有可能最先接敌。不过，攻击型核潜艇一般不主动发起攻击，特别是当敌方目标为海上编队时，发起攻击后可能自身不保。因此，在发现敌水面目标后多是先报告反潜战指挥官，再由反潜战指挥官通报给水面战指挥官，最后由水面战指挥官决定是否由潜艇实施打击。

攻击型核潜艇攻击的目标一般是高价值目标，或是防空火力强，对舰载机构成威胁的防空舰。预先打掉此类目标，一是使敌编队失去指挥控制，陷入混乱，以达到迅速解决战斗的目的；二是为后续的舰载机发起攻击扫清障碍。

美国海军认为，潜艇使用"鱼叉"反舰导弹攻击水面舰艇存在较大风险，在各国水面舰艇普遍装备舰载直升机的今天，潜艇一旦发射导弹，会暴露自身

目标，招致直升机前来反潜，所以 1997 年以后攻击型核潜艇不再装备"鱼叉"反舰导弹，目前对舰攻击武器只有鱼雷。"洛杉矶"级攻击型核潜艇凭借其安静性可在 50km 以内攻击水面舰艇，1 枚 Mk48 鱼雷可击沉 1 艘驱逐舰，攻击威力很大（图 4-7）。

图 4-7　吊装 Mk48 ADCAP 鱼雷

另外，在攻击型核潜艇实施攻击时，水面战指挥官可能会协调舰载机和水面舰艇兵力予以策应、掩护，尤其是在攻击型核潜艇完成攻击任务，一旦暴露目标，便会招来敌舰和反潜直升机，此时没有兵力掩护，潜艇很难逃脱。据媒体报道，潜艇一旦被直升机盯上，能够成功规避的概率仅有 32%。

四、舰炮与反舰导弹的协同

虽然美国海军的反舰作战多使用舰载机和反舰导弹，但对付某些水面目标时，仍然可用到舰炮这一传统的海战武器。当预警机或侦察机等发现敌舰艇后，先由舰载机实施远距离打击，对在第一轮中受创的敌舰，由距离较近的或前去"打扫战场"的水面战斗舰艇使用导弹或舰炮进行攻击。舰炮的另一个用武之地是对付小型水面舰船。

航母打击群中除了航母和"阿利·伯克"级ⅡA型驱逐舰以外，都装备"鱼叉"反舰导弹，射程 110km。水面战斗舰艇均装备 Mk-45 127mm 舰炮。反舰导弹通常在远距离攻击敌舰，而舰炮主要用于打击近距离的小型舰艇。在无人艇快速发展的今天，航母舰载机对抗小型舰艇大材小用，效益不佳。此时，小口径舰炮可以派上用场。

Mk-45 Mod 4 127mm 舰炮是在 Mk-45 舰炮（1974 年服役）的最新型号，

2000年服役，装备新建造的"阿利·伯克"级ⅡA型驱逐舰，同时对部分此前服役的舰进行换装。"提康德罗加"级巡洋舰装备早期的 Mk-45 Mod 1 127mm 舰炮。Mod 4 型舰炮是目前世界上相同口径舰炮中的佼佼者，炮管长度由原来的 Mod 1/2 型的 54 身倍增加到 62 身倍，并增大了炮口初速度（图 4-8），发射速率为 16～20 发/min，弹丸射程 23km，有 6 种弹药可供选择。该炮的火控系统是美国海军第一部数字式火控系统，已经进行过多次升级。

图 4-8　美国海军水面战斗舰艇装备 Mk-45 Mod 4 127mm 舰炮

对付小型舰艇，可以使用 Mk-15 "密集阵"近防武器系统。"密集阵"系统是一种"三位一体"结构方式的全自动武器系统，探测跟踪、控制、舰炮布置在同一个基座上，反应时间短，可对目标实施快速攻击，除了具备较强的对空防御能力以外，也可用来攻击水面目标。

对小型舰艇的另一个打击手段是直升机挂载的 AGM-114 "海尔法"导弹，该导弹是美国海军在陆军的激光制导反装甲导弹的基础上开发的反舰导弹。美国海军 MH-60 直升机可以挂载 2 枚"海尔法"反舰导弹攻击小型水面舰艇。载机可以 2s 的时间间隔连续发射多枚导弹，导弹从发射到飞抵最大射程处所需时间为 39s；最大作战距离 8.5km。

第五章　美国航母打击群反潜作战协同

反潜作战指运用各种反潜兵力、兵器遏制、消灭敌潜艇的作战行动，是重要的海战样式之一。为了有效遂行反潜作战，美国海军建立了庞大的反潜装备体系，航母打击群是其反潜装备体系中的重要组成部分，也是实施攻潜的重要作战单元。在执行反潜作战任务时，在其他系统的支援下，水面战斗舰艇、舰载反潜直升机、攻击型核潜艇协同对潜攻击。

冷战结束后的一段时间，美国海军认为除了俄罗斯海军以外，能够在大洋威胁其航母打击群的核潜艇数量很少，大幅缩减了反潜护航兵力。2010年前后反恐作战基本告一段落，美国开始将主要作战海域转向亚太地区，并逐步增加驻亚太地区的兵力，同时意识到反潜力量，特别是深海反潜探测能力是其短板，应对"反介入/区域拒止"威胁存在难度，所以开始加强反潜装备的建设，发展了多型机动、可部署探潜网络。近年来，美国海军水面舰艇部队的战略调整为"重归制海"，随着技术进步，无人作战系统陆续服役。这些对反潜装备建设及其体系构成都将产生影响，反潜装备的作战使用也会发生变化。

第一节　反潜作战武器装备

反潜作战可以说是最为复杂的作战，仅靠某一类装备很难完成反潜作战任务，需要多种平台、系统相互配合、协同作战。遂行反潜战的基本要求是构建上述多维立体的装备体系，掌握敌潜艇兵力的部署、活动规律和行动企图，只有平时制定多种反潜作战预案，有重点地部署反潜兵力和反潜预警系统，收集敌潜艇活动情况和战区水文气象情况，战时才能密切协同，充分发挥各种反潜兵力、兵器的作用。

一、反潜装备体系

反潜作战装备从作战运用的角度可以笼统地分为对潜探测监视装备（探潜

装备)、对潜攻击装备(攻潜装备)、指挥控制装备、支援保障装备四大类。探潜装备可细分为侦察卫星、预警机、反潜巡逻机、反潜直升机、水面舰艇、潜艇、固定式水声监视系统、无人可部署系统、警戒监视雷达和技术侦察系统等，近年来快速发展的海上无人作战系统(包括无人机、无人水面艇、无人潜航器等)有许多是用于反潜作战的。上述装备中有的并不隶属航母打击群，但它们获取的潜艇情报数据可通过各种渠道传送给航母打击群，而且这些情报是航母打击群遂行反潜作战必不可缺的。攻潜装备可细分为反潜导弹、鱼雷、深弹等。指挥控制装备分为战略反潜指挥装备、战役反潜指挥装备和战术反潜指挥装备。美国海军战略战役级反潜指挥主要是设在航母上的反潜战中心的海上全球指挥控制海军分系统等指挥控制系统，另外还有岸基反潜战中心的指挥系统。战术级指挥主要依靠 AN/SQQ-89 综合反潜战系统具体实施。支援保障装备主要是信息支援和装备保障支援，包括海洋地理环境、海洋水文气象、海战场建设、搜索救援、导航定位、数据保障等。

按部署空间可分为天基探测监视系统、航空反潜作战装备体系、水面反潜作战装备体系和水下反潜作战装备体系。四个维度的装备分工明确，密切配合，形成相互衔接、互为补充的立体反潜装备体系。反潜作战装备大都不是独立专用的，而是一个集武器、指挥控制、侦察监视等多种功能于一身的大型武器系统，是 C^4ISR 系统的关键组成部分。

按装备类别可分为天基系统(包括海洋监视卫星、通信卫星等)、岸基反潜指挥控制系统、航空反潜装备(主要包括岸基的 P-3C、P-8A 岸基反潜巡逻机、MQ-4C 无人机和舰载反潜直升机等)、水面舰艇反潜装备(包括探测、指挥、攻击等装备)、潜艇反潜装备、海洋监视船、水下监视系统(包括固定式、移动可部署的)、海上无人系统(包括无人机、无人艇、无人潜航器、海底预置装备等)、电子战装备(包括潜艇模拟器、诱饵等)等。

按搭载平台可分为星载探潜装备、机载反潜装备(包括机载探测、攻击装备和指挥控制、信息处理系统等)、舰载反潜装备、艇载反潜装备、岸基反潜装备、无人反潜装备等。

探潜手段包括雷达、声纳、拖曳阵声纳、声纳浮标、磁探仪、红外探测装备等，这些探测装备也称为声学探测装备和非声探测装备。攻潜手段主要有鱼雷、反潜导弹、水雷等，以前还装备有深弹、刺猬弹、反潜火箭弹等。

由于篇幅所限，以下只介绍部分反潜装备。

二、航母打击群反潜作战支援装备

本书主要探讨美国海军航母打击群的反潜作战，所以将天基探测系统、固

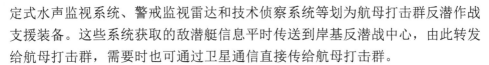

定式水声监视系统、警戒监视雷达和技术侦察系统等划为航母打击群反潜作战支援装备。这些系统获取的敌潜艇信息平时传送到岸基反潜战中心，由此转发给航母打击群，需要时也可通过卫星通信直接传给航母打击群。

（一）天基探潜装备

美国拥有的军用卫星数量最多，美国海军也根据自身作战需求发展了专用卫星，这些卫星对航母在海外作战提供了巨大的信息支援，同时也是航母作战能力的重要组成部分。可为航母打击群提供信息支援的威胁主要有成像侦察卫星、电子侦察卫星和海洋监视卫星等，其探测能力除了受平台高度影响外，主要取决于不同载荷所具有的技术特性，可见光遥感器只在晴朗白天才能正常工作，红外成像仪具有晴朗夜晚成像能力，雷达成像侦察卫星（SAR）具有全天时、全天候的工作能力。在诸多非声学探潜技术中，由于平台优势和可搭载多样遥感器，卫星遥感技术是一种有效的对潜侦察技术。

成像侦察卫星分为光学成像侦察卫星和雷达成像侦察卫星。目前，卫星对潜探测主要是对港内停泊或水面航行状态的潜艇进行捕捉，对水下70m深度航行的潜艇还不具备探测能力，对下潜深度较浅的潜艇具备一定的探测能力。当潜艇在较浅水域航行时，运动产生的海面效应所带来的温度或波浪分布异常现象（航行尾流）可用作判断潜艇活动的依据。

美国现役军用成像侦察卫星主要有"锁眼"-12、"长曲棍球""8X"等卫星。"锁眼"-12光学成像侦察卫星运行在太阳同步椭圆轨道（300km×1000km、倾角97.9°），对全球大部分地区每天过顶两次。卫星采用大型CCD多光谱线阵器件和"凝视"成像技术，使卫星在取得高几何分辨率能力的同时还具备多光谱成像能力，其先进的红外相机可提供一定的夜间侦察能力。由于采用了计算机控制镜面曲率的技术，因此镜头能快速变焦，可见光分辨率为0.1～0.15m，红外分辨率为0.6～1m，太阳能电池板可提供3000W功率，星上还装有GPS接收机和水平传感器等，对目标定位十分精确。不过，在夜晚和阴云雨雪、浓雾气象条件下的探测能力较低。

"长曲棍球"合成孔径雷达成像卫星运行在距地约680km的高空、倾角57°和68°两个轨道面上，重点用于南北纬度68°之间的对地观测，雷达天线直径9.1m，具有全天候、全天时侦察能力，空间分辨率可达0.3～1m。"长曲棍球"采用聚光式成像原理，当卫星掠过重点地区时拍摄快照，但因受多普勒效应的影响，每次拍摄信号从目标返回时都会发生略微的失真。所以，信号被送回地面控制站，再利用计算机把这种快摄信号数据进行修正，合成为更加清晰的图像。该卫星能够穿过云层、伪装和黑夜等障碍侦察地面目标，不仅适于跟踪舰船活动、监视导弹机动发射、弹道导弹发射阵地的动向，还能发现伪装的武器和识别假目标,甚至能穿透海水,号称可发现水下 70m 深度航行的潜艇。

未来成像体系-雷达(FIA-R)卫星是美国国家侦察局研制的新一代雷达侦察成像卫星,首颗卫星于 2010 年 9 月发射,第 2 颗卫星于 2012 年 4 月发射。该星的单星体积约为"长曲棍球"卫星的 1/3,质量约 3.3t,运行在 1100km、倾角 123°的逆行圆轨道,可覆盖全球。

增强型成像系统(EIS)卫星运行在距地 800km 的高空的圆轨道,装有高性能的 CCD 光学相机,分辨率为 0.1~0.15m,每幅图像可覆盖 50km×50km 的范围,而且其图像数据下传速率是原有卫星的 8 倍,因而能快速地提供大范围的图像信息。

海洋监视卫星主要通过(近)实时侦收或窃听目标电磁辐射信号或可见光/红外/微波辐射特性实现探测、监视海上舰船和潜艇的活动,是对海上目标进行监视的有效手段。海洋监视卫星覆盖海域广阔,轨道相对较高,常采取多颗卫星组网的侦察体制,以达到连续监视、提高探测概率和定位精度的目的。海洋监视卫星包括被动型和主动型两种,它们可相互配合或单独工作。其星载侦察设备主要有可见光电视摄像机、红外探测仪、电子侦察接收机及远程侧视雷达等。美国的海洋监视卫星号称可以分辨出 0.1°的海水温差,所以核潜艇航行时微小红外辐射也可能被卫星捕捉到。

天基广域监视系统是"白云"卫星的替代产品,主要任务是对海洋进行广域监视,实时掌握它国海上编队的活动情况,包括舰队的位置、航向、航速等,及时为美国海军提供情报支持。该星质量 4t,星上携载电子侦察设备和雷达、红外等传感器,运行在高 1100km、倾角 63.4°的近圆轨道,2 颗卫星的间距 40~50km,采用双星时差和频差相结合的定位体制,定位精度为 2~3km,工作寿命 8 年。卫星除了监视海上目标以外,还可监视某些陆地目标,也可作为低轨电子侦察卫星使用,并可与其他高轨电子侦察卫星共同组成美军综合电子侦察卫星系统。

(二)航空探潜装备

目前,美国海军装备的岸基航空探测装备主要有 P-3C/P-8A 反潜巡逻机和 MQ-4C 高空长航时无人机。P-3C"猎户座"反潜巡逻机是现役其岸基反潜主力机型,现有 100 多架。该型反潜巡逻机正在逐步被 P-8A"海神"海上多用途飞机替换,美国海军计划采购 117 架 P-8A 飞机。MQ-4C 是美国海军在空军 RQ-4 无人机的基础上改进对海监视无人机,预计采购 20 多架。MQ-4C 长航时无人机负责空中搜索,留空时间长,使用雷达等非声探测设备搜索不影响其他兵力和装备的搜索,搜索海域机动灵活,也可在航母作业区进行全向搜索,又可根据指令在某方向进行重点搜索。

P-3C 反潜巡逻机由美国洛克希德·马丁公司研制,最初的 P-3A 反潜巡逻机1962年服役,在使用过程中经历了多次大的升级改造,现役P-3C反潜巡逻机是世界上先进的固定翼反潜巡逻机之一。

P-3C反潜巡逻机的机身长35.6m、翼展30.37m,最大起飞重量61235kg,燃油载量28350kg。最大平飞速度761km/h,作战半径2429km,巡逻高度457m,续航时间17h(2台发动机工作)、13h(4台发动机工作)。该机可以携带大量的探潜设备(器材),包括声学和非声学探潜设备。其中:声学设备主要有各型主、被动声纳浮标84枚(包括CASS、DICASS、DIFAR、VLAD和RDSS等)、2台ARR-72声纳接收机、先进信号处理系统、2台AQA-7迪发耳(DIFAR)声纳浮标指示器、双曲线定位装置、声源信号发生器、时间码发生器和AQH-4(V)带式声纳记录仪、RO-308深水温度记录仪;非声学设备包括AN/APS-137搜索雷达(360°视界)、AN/ASQ-81磁探仪、AN/AAS-36A红外探测仪、AN/ALQ-78电子对抗装置、AN/ASA-69雷达扫描变换器、计算机辅助控制的前视照相机等。

P-3C反潜巡逻机可以携带9t的武器。机身下部有一个长3.91m、宽2.03m、高0.88m的弹舱,可容纳3.29t的武器;两机翼共有10个翼下挂架,可挂导弹、水雷、鱼雷等反潜武器。典型武器挂载方案是翼下6枚908kg水雷,弹舱内装2枚Mk101深水炸弹、4枚Mk46/Mk50/Mk54鱼雷等,机上还有一台KB-18A自动毁伤评估照相机。

P-8A多任务海上飞机是美国海军为替换P-3C反潜巡逻机而研制的新一代反潜巡逻机,采用波音737-900机翼和波音737-800机身制造。该机长39.5m,翼展37.6m,机高12.8m,最大起飞重量85820kg,最大载油量34000kg,最大航速906km/h,巡航航速815km/h,航程9265km,飞行高度12500m。与现役P-3C相比,P-8A的续航力增加30%,可靠性增高50%,维修时数下降60%。

P-8A反潜巡逻机的主要改进:一是安装了新型AN/APY-10机载相控阵雷达,探测和识别目标的能力比P-3C装备的AN/APS-137(V)5雷达有很大提高,具备海面监视、潜望镜探测、合成孔径、逆合成孔径、气象/导航等工作模式,对大型海上目标的探测距离可达300~400km[①]。二是安装了"夜间猎手"光电/红外(EO/IR)传感器,它原来集成在LITEN-ING瞄准吊舱内,P-8A飞机将其固定在机头下方一个稳定的、可伸缩的转塔内,用于识别各种目标。三是增加了声纳浮标携带数量,由P-3C反潜巡逻机的84枚提高到了126枚,同时机上安装了3座可旋转式发射装置,每座发射装置一次可装填12枚声纳浮标,并具备自动和手动两种发射模式。四是增强了数据共享能力,P-8A反潜巡逻

---

① 《世界飞机手册》,航空工业出版社,2011年。

机的机舱内只需6人就能承担所需的反潜、反舰和监视等多种海上任务。P-8A不仅采用新型战术任务工作站，确保操作员能够及时掌握各种战术态势，而且利用先进的通信和数据链设备，与其他作战平台和岸基指挥部之间传输图片、视频和数据，实现信息共享，特别值得一提的是，该机战术和通信系统所采用的开放式结构设计非常有利于未来的升级换代。P-8A采用Link-11和Link-16数据链，可与航母打击群的预警机和其他反潜机共享数据，在网络中心战环境中及时与空中和海上的多种平台交换数据，P-8A机舱内部安装有5个战术任务工作站，每个战术任务工作站有两个宽屏多功能显示器，可以通过触摸或鼠标球来标定目标和航迹，战术显示软件也能在台式机或便携式计算机上运行。

机载武器方面，机上有一个长约4m的武器舱，两侧机翼各有2个挂点，总载弹量5670kg。可使用的武器有AGM-84H"增程斯拉姆"、AGM-84C"鱼叉"反舰导弹、Mk54等鱼雷、深弹，具备从高空攻潜的能力。

MQ-4C"特立同"无人机（图5-1）是在MQ-4B"全球鹰"高空长航时无人侦察机的基础上改进的，2016年形成初始作战能力，美国海军计划购买约20架该型无人机。诺斯罗普·格鲁曼公司根据海军的需求进行了改装，以达到美国海军提出的"海上广域范围的持续监视侦察"的要求，主要用于对海持续监视，探测、跟踪水面舰艇，可以发现潜望镜状态的潜艇。MQ-4C无人机的机身长14.5m，翼展39.9m，高4.7m，全重14.6t；采用常规起降方式，巡航速度610km/h，续航时间30h（比"全球鹰"无人机多2h），作战半径3700km，有效载荷1450km的，另外可外挂约1000kg的载荷。最大航程由"全球鹰"的14km增加到15km，不过外挂载荷时对航程有影响。

图5-1 美国海军MQ-4C"特立同"高空长航时无人机

MQ-4C 无人机的主要探测设备是多功能主动阵列传感器（MFAS），其核心是一个可旋转的传感器，可远距离对海上目标和沿岸目标进行 360°的不间断扫描，并且能在多种工作模式之间任意快速切换，其工作模式包括海面目标搜索（MSS）模式和用于识别舰船目标的逆合成孔径雷达（ISAR）模式，具有边扫描边成像功能，成像分辨率高。另外，还有两部用于对地搜索的合成孔径雷达、光电摄像机、其他专用传感器、通信设备等。

MQ-4C 无人机计划配备美国在全球的五大海军基地，这样，美国海军就可以获得几乎涵盖世界各主要海区、重要航道的实时监视能力。

（三）水面舰船

美国海军支援航母打击群反潜作战的水面舰船主要有海洋监视船和濒海战斗舰。海洋监视船是专门用于执行水声探测、海洋测绘等任务的军辅船，在重要海区利用拖曳线列阵声纳进行水声监测。海洋监视船在固定式水下监视系统的基础上，增加了机动对潜监视能力，使美国海军的水下监视范围延伸到固定水下监视系统测量不到的更加辽阔的海域。濒海战斗舰是美国海军 20 世纪 90 年代中期，为加强海军综合作战能力，瞄准 21 世纪反潜、反舰、水雷战而研制的所谓创新型作战舰艇。

1. 海洋监视船

为了弥补固定式水下警戒系统的不足，美国海军于 20 世纪 80 年代中期研制了舰载拖曳阵列传感器系统（SURTASS），以扩大对远海水域潜艇活动的监测范围，形成固定式和移动式监视系统相结合的模式，以加强对苏联海军潜艇的监视。SURTASS 包括舰载单元和岸上处理单元，此外，系统利用通信设备将处理数据发送到岸基反潜战中心。舰载单元主要进行信号调节、声信号处理和格式化显示数据。其中声显示数据将在岸上得到分析并与来自其他水下监视传感器的数据融合。SURTASS 的使命是对敌方潜艇进行探测、识别和定位。

为加强机动海洋监视，20 世纪 80 年代美国海军提出"一般性辅助海洋监视"发展计划，据此建造了海洋监视船，代号用了该计划的英文缩写（AGOS），前面的"T"字表示这些舰船隶属军事海运司令部。美国海军先后建造了 3 级 23 艘海洋监视船，现役有 5 艘，其中 1 艘"无暇"号和 4 艘胜利级海洋监视船。

"胜利"级（T-AGOS-19/20/21/22）是美国海军第二代海洋监视船，4 艘船建成于 1991—1993 年，满载排水量 3396t，长 71.5m、宽 28.5m、吃水 7.6m，装备 4 台 3512TA 型柴油机，4000kW；2 台电动机 2390kW，双轴，最大航速 16kn。

"无暇"号（T-AGOS-23）建成于 1999 年，满足排水量 5370t，长 85.5m、宽 29.2m、吃水 7.9m，装备 3 台 12-645F7B 型柴油机 5840kW，2 台电动机

3730kW，喷水推进，最大航速12kn。

上述两型海洋监视船都采用了小水线面双体船型，船体由上部船体、水下浮体、水线面较小的支柱三部分构成。水下浮体是两个细长的圆形浮体，由它们提供全船大部分的浮力，支柱用来连接浮体和上部船体。这种船型的特点：一是航行时主船体不接触水面，只是很薄的支柱割划水面，具有兴波阻力小、适航性好的特性。"胜利"级在5级海况下，失速率仅为2%，是普通单体船失速的1/10。二是操纵性好、航向稳定性高。水下浮体保证了航向的稳定性，而且噪声小，非常有利于拖曳声纳的工作和声纳数据的处理。三是有较好的低速回转性能，主要是靠两个在螺旋桨后面的舵和两个相距较远的螺旋桨的差动来实现，理论上，小水线面双体船可以在零航速时原地回转。四是可以获得更大的甲板面积，180t的小水线面双体船甲板面积相当于500吨级常规船的甲板面积，更利于布置监测设备，也便于设置直升机起降平台。

海洋监视船搭载的主要探测设备是AN/UQQ-2舰载拖曳阵列传感器系统和低频主动声纳（LFA），于20世纪80年代初开始服役。它们是综合水下监视系统（IUSS）的重要组成部分，可为指挥机构提供反潜必需的战略情报，经过升级改造，现在SURTASS获取的数据也可传送给水面战斗舰艇，由舰上的AN/SQQ-89综合反潜战系统进行处理。SURTASS是一型拖曳线列主被动声纳，声纳阵总长达2614m，拖曳电缆长大于1500m。最远搜索范围可达惊人的1500nmile。可为航母打击群提高早期预警情报。"无暇"号海洋监视船还增加一部主动拖曳阵列声纳，与AN/UQQ-2拖曳阵列声纳配合工作，可以探测到300km外低速巡航的潜艇。

水听阵为圆柱结构，在工作深度上处于零浮力状态。拖曳线列阵的布放深度可变，能根据环境条件寻找最佳监听深度。拖曳速度为3kn，水听器阵以很高的速率获取数据，收到的信息先在海洋监视船上进行预处理，然后以1/10的低数据率通过卫星数据链传送到岸基信息处理中心。在美国的东、西海岸，各有一个岸基数据处理中心，处理后的目标信息被发送射至海上的作战舰艇。

2017年，美国海军根据"经济可承受的移动反潜监视系统"（AMASS）项目，发展了"远征监视声纳传感器系统"（SURTASS-E）。这是一种可快速部署的、固定的、持久的深海主动对潜监视系统，SURTASS-E系统可装在集装箱内，提供了更大的部署灵活性，可以很容易部署在各类船舶上，该系统2018年开始海试。

2. 濒海战斗舰

濒海战斗舰是美国海军20世纪90年代中期为支撑"由海向陆"战略调整而研制的"转型舰"。当时，美国海军提出了一个宏伟的造舰计划——"21世纪水面舰艇计划（SC-21）"，包括新一代航母CVX-21（现在的福特级）、用于远程精确打击和海上火力支援的DD-21驱逐舰（后改为DD（X）、DDG-1000，下水后命名为"朱姆沃尔特"级驱逐舰、用于海上防空反导的CG-21巡洋舰（该项目后来被终止），以及承担反潜战、水雷战、应对小型水面目标的濒海战斗舰。濒海战斗舰的设计宗旨是"从海上对濒海地区事务施加影响"，这也该类舰称为濒海战斗舰的原因。

美国海军在采办濒海战斗舰时采取了双首舰的采办策略，也就是由两家公司各试制2艘舰，先进行评估验证，再确定采用哪种设计方案，通过评估，美国海军认为两型舰各有所长，均能满足美国海军提出的未来作战需求，最后的结果是双双入选。它们就现在是"自由"级（舷号为奇数）和"独立"级（舷号为偶数）濒海战斗舰，其共同点是两级舰都采用了基础船体和任务模块组合的模式，这在海军舰船发展史上绝无仅有。这种模式为作战使用提供了极大的灵活性，根据作战需要，通过更换任务模块可快速改变舰的属性，任意在反潜、水雷战舰和反舰之间互换。目前，濒海战斗舰包括两型基础船体和三种任务模块。

"自由"级濒海战斗舰由洛克希德·马丁公司承建，首舰于2006年9月23日下水，2008年服役（图5-2）。采用传统排水型单体船型，排水量3360t，舰长115.3m，吃水4.2m，装备2台MT30型燃气轮机、2台柴油发动机、4部喷水推进器，最大航速40kn。

图5-2 美国海军"自由"级濒海战斗舰

独立级濒海战斗舰由通用动力公司承建，首舰于2008年4月30日下水，2010年服役。采用前卫的三体船型，满载排水量3188t，舰长128.5m，吃水4.45m，装备2台LM2500型燃气轮机、4台柴油发动机、4部喷水推进器，最大航速45kn。

"独立"号濒海战斗舰是世界上第一级实际列装的三体舰，其优势：一是可以获得更大的甲板面积，比普通单体船多出40%左右，可以布置更多的装备和武器。该舰1030m^{2}的直升机甲板连驱逐舰都望尘莫及。二是两个附体可对主体起到保护左右，在遭受导弹攻击时能够起到保护主船体的作用。三是三体船型有良好的适航性，兴波阻力比较小，尤其是在高速航行时可能大幅度降低兴波阻力。试验表明，与单体船相比，三体船型的细长船体可以减少20%的阻力，所以三体船型更容易提高航速，节约使用费用。

两型舰的主要武器是Mk110式57毫米中口径舰炮，由博福斯公司研制。该炮射速高、精度高、反应时间短，全自动操控，作战应变能力强，使用灵活，可对付多种目标。Mk110舰炮配有数字化的火控系统，可自动对目标发起攻击，射速220发/min，有效射程达14.5km。它可发射多种弹药，应对不同的目标，在近海作战时可以对付恐怖分子驾乘的小型舟艇，也具备一定的拦截导弹的能力。

舰上的自卫武器有十一联装的"海拉姆"舰空导弹，它是美国海军"密集阵"近防武器系统的换代产品，沿用了"密集阵"的探测与控制系统和伺服系统，用11枚"拉姆"导弹替换了原来的20mm机枪，射程也由原来的3km增加到8km，具有较强的对空防御能力。

最初，美国海军计划濒海战斗舰可以根据任务需求更换任务模块，以应对多元化作战任务。任务模块的主要装备都安装在集装箱内，更换时只需要连同集装箱一起撤下，换上新的集装箱就完成了"改装"，从而变成了具有其他功能的舰艇。不过，在实践中发现这种更换并非易事，所以取消了"换装"的设想。任务模块有反潜任务模块、反舰任务模块和水雷战任务模块。

其中，反潜任务模块的主要装备有：1架MH-60R直升机，配备鱼雷、吊放声纳、声纳浮标等；2艘多用途无人艇；2部拖曳声纳；2部遥控潜航器；鱼雷对抗装置；多元静态声纳浮标；另外还有先进可部署系统（ADS）、2架"火力侦察兵"垂直起降无人机。它主要完成反潜、提供水下通用态势图、海洋环境预报、交战评估等任务。

（四）水下探测设备

美国海军的水下探测设备主要是综合水下监视系统，由固定式水下监视系统（SOSUS）、固定式分布系统（FDS）和先进可部署系统等机动监视系统，舰载拖曳阵列传感器系统和多功能拖曳阵列（MFTA），以及岸站等构成，目前由弗吉尼亚州 Dam Neck、华盛顿州惠德贝岛和英国圣马根 3 个处理中心（最多时有 11 个处理中心和 60 多个岸站）负责全球 IUSS 的数据处理工作。综合水下监视系统可确保对敌国潜艇持续监视，当敌潜艇出海活动时第一时间掌握其动向，并自动处理和传递目标信息。另外，随着信息技术和无人技术的不断进步，美国海军还建设了近海水下持续监视网（PLUSNet）、可部署自主分布系统（DADS）、深海主动探测系统（DWADS）、分布式敏捷系统（DASH）等水下监视系统，其对潜监视、探测能力又有了长足的进步，而且这些系统可由舰艇搭载、随即部署，多依托无人潜航器构建，机动性能和探测范围有很大提高。另外，美国海军还在发展"深海作战项目"（DOSP），旨在研发深海探潜技术；猎潜系统（SHARK），是一型由数十个无人潜航器组成的深海探潜网络，同样用于深海探潜。

为进一步加强反潜探测能力，2020 年 2 月，美国海军发布了一份征询书，计划发展移动反潜战监视系统（AMASS），旨在研制一型经济可承受的，"持久、大深度、主动"反潜战系统，以求在更远的距离发现敌方潜艇。该系统可装入集装箱，大型声纳阵列连接到浮标上，以便能够快速部署到指定海域。该浮标能够自动部署主动声纳阵列，并能够在很长一段时间内将整个系统固定在特定的地区。该阵列还必须具有足够强的抗毁性，以免因变形造成声纳性能的降低。

1．固定式水下监视系统

固定式水下监视系统始建于 1954 年，为对付日益强大的苏联海军潜艇，美国海军分阶段在全球建立了水下固定式被动声纳侦察网络，在太平洋、大西洋和印度洋以及其他海上交通要道建立了 36 个水听器基阵，通过先进的传感器系统和水声信号处理系统与岸站连接。在此后的几十年里，美国海军不断扩建、改进、升级该系统，20 世纪 80 年代，美国海军称固定式水声监视系统的对潜探测范围为半径 50nmile（1981 年数据，随着潜艇安静性的提高，其探测距离会相应缩小），最佳目标定位范围约为半径 15nmile 的海域。该基阵可布设在近岸大陆架和深海海底，布设水深可达 2000～3000m，主要布设于 800～1300m 深海底，水下基阵部分的直径为 110～120mm，由若干节组成，每节长 40m，每个基阵内有 10 个水听器，在 1～100Hz 和 100～400Hz 两个频段工作。随着可部署的移动系统的增加，该系统的作用相应减弱，截至 1997 财年，美国海军关闭了 13 处固定式水下监视系统的岸站。不过，美国海军没有放弃对西太地区部署的固定式水下监视系统维护和使用。

在太平洋地区，美国海军现有 3 套固定式水声监视系统：一是"海龙"水声监视系统，东起第一岛链的千岛群岛，经日本列岛、琉球群岛，到达菲律宾至巴布亚新几内亚；二是"海蜘蛛"水声监视系统，从阿拉斯加开始，沿阿留申群岛向西布设至库页岛以东海区，再从白翎岛中部海域向南延伸，直至夏威夷以南；三是"巨人"水声监视系统，主要布设在太平洋中部北纬38°线附近，西起日本以东，东到西经150°线，与"海蜘蛛"系统相切，主要覆盖太平洋中部海域。

2. 固定分布式系统

固定分布式系统是一种低频被动式声响监视声纳系统，1985年开始部署。研制目的是弥补SOSUS的不足，提升对安静性潜艇的探测能力，尤其是战时一旦SOSUS被破坏，便可立即部署。其主要特点是"向上看"，每个水听器专注探测过顶的舰船，并且与原有的IUSS各系统配合使用，相互印证。组成部分是密集分布在海底的水听器基阵。采用了最新的光纤技术、计算机运算法则以及先进信号处理技术，能够在嘈杂环境下捕捉和利用微弱信号，及时准确地定位潜艇。固定分布式系统能够发现、鉴别和跟踪安静型潜艇，是对付当今先进核潜艇和现代柴电潜艇的水下声学侦察手段，为美国海军舰队和军队高层指挥提供可靠的反潜战情报保障。

固定分布式系统在水下声学监视系统计划中第一次实现了光缆和数据传输技术的结合，具有数据传输能力强、系统效费比高、探测能力强等特点。该系统既可独立使用，也可与固定式水下监视系统和水面拖曳式阵列监视声纳系统联合使用。固定分布式系统的岸基部分的海岸信号处理单元（SSIP）在结构上以高性能的光纤局域网为基础，按民用工业标准设计为开放式，具有使用灵活的特点。

3. 先进可部署系统

先进可部署系统是美国海军水声监视系统的重要组成，可灵活应用于濒海地区的冲突行动，该系统可于冲突发生前或者冲突过程中部署，特别适合在浅海地区环境噪声嘈杂的环境下侦察和捕捉现代柴电潜艇与核动力潜艇，同时它还可以有效监视水面舰船活动。

先进可部署系统为战区级可部署式水下声响监视系统，编号AN/WQR-3，是美国海军冷战结束后优先发展的被动式声纳系统，用于浅海地区对潜侦察、监视，具有部署方便、目标定位准确、机动能力强等特点，能为战区反潜战提供独一无二的战术支援。先进可部署系统发展计划始于1992年，由美国海军空间与海上系统司令部牵头，美国电话电报公司、洛克希德·马丁公司、IBM公司及麦道公司参与。1998年3月，先进可部署系统在美国海军空间与海上系统司令部的皮吉特舰船所首次成功完成了综合系统的部署。1999年，先进可部署系统通过多节点试验和舰队演习试验。2003年，先进可部署系统正式列入美国海军反潜战装备优先发展系统。2004年，先进可部署系统正式定型。2005年以后，美国海军陆续将先进可部署系统部署到新型濒海作战舰艇。

先进可部署系统由水下设备、任务支援设备以及处理与分析系统三部分组成。水下设备也称湿端硬件，部署于海底，由水听器阵列和光缆组成，用于收集和传输水下音响数据。任务支援设备包括安装子系统、任务计划子系统以及湿端检测与维修设备。处理与分析系统用于记录、分析与处理所收集的数据，并发送给美国海军战区相关战术部队使用。先进可部署系统计划利用并发展了美国海军固定分布式系统计划、先进可部署式阵列计划、港口地区监视计划、海军声纳浮标计划等诸多计划的技术。

值得关注的是，虽然先进可部署系统属于被动式声响监视系统，但是，美国海军在该系统的最终试验与鉴定阶段，曾主动播放持续的脉冲声源信号，以取得系统的性能数据。试验期间，脉冲声源的播放频率为20~1000Hz，声源等级范围为130~170dB，持续试验时间为1344h，先进可部署系统各项性能指标均稳定。

4．"近海水下持续监视网络"

"近海水下持续监视网络"是海军研究办公室（ONR）"近海水下持续监视"（PLUS）研究项目的核心组成部分，属于战术级的探潜装备，项目研制工作始于2005财年。根据美国海军"风险控制"反潜战略，要求具备"在100nmile范围内、长达数月、有效监视水下多个安静型目标潜艇"的能力。为此，项目采取了系统集成的方式，将由多个自主、移动式、可控的传感器/武器等组成网络，以形成非对称的反潜战能力。PLUSNet系统的创新点在于多部移动传感器之间的自主协同作战，并具备环境自适应能力、完成秘密的持续自主部署能力。

PLUSNet由多部半自主、可控的无人潜航器等构成，包括"蓝鳍"21、"海马"和"水下滑翔者"等，由核潜艇搭载和布放，另外还有固定式水听器阵，进行分布式反潜监视，能对$1\times10^4\text{km}^2$水域内的常规潜艇进行数月乃至数年的探测、识别、定位、跟踪（图5-3）。系统大量采用成熟技术，具备自适应环境与战术及自主决策能力，包括无缆固定或移动式网络节点，主要在浅海海域跟踪舰船或安静型常规潜艇，系统中的每个节点之间都可进行通信，并独立作出某些决策。利用水下传感器提升指向的灵敏性，利用自适应海上采样、建模与预测形成自适应反馈，在很少人工干预的情况下自主探测、识别、定位与跟踪水中目标。

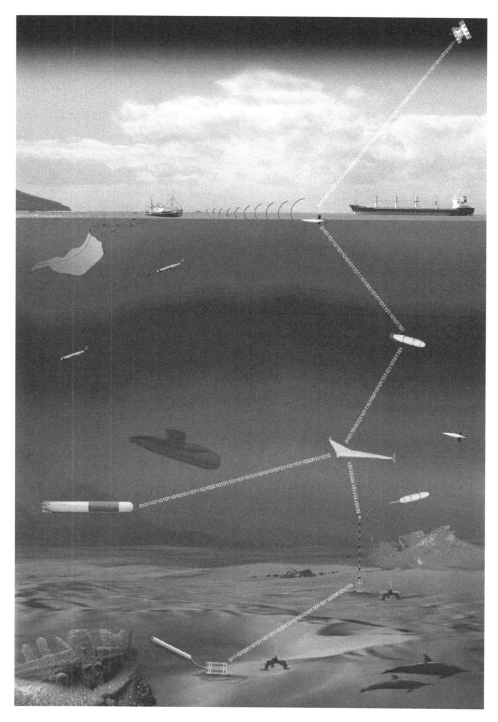

图 5-3 PLUSNet 系统构成及作战使用示意图

系统中的固定或移动式传感器由前沿部署的潜艇和水面舰艇进行布放,这些传感器在布放后进入半休眠状态,必要时激活,可作为临时的固定节点或漂移节点。网络中的移动传感器节点能够根据当时战术及环境态势进行重新部署。任何初始探测到的目标信息都可通过网络(声学通信或无线电射频通信)进行共享,随后组成移动的传感器组接近目标,并进行探测、识别与定位,可作为攻潜决策的参考要素。

5. 可部署自动分布式系统

"可部署自主分布式系统"是美国海军研究局联合空间和海上系统司令部研发的近海反水雷反潜战项目。该系统是由布设在海底、可长期自主工作的水声传感器组成的水下监视系统,由水面舰艇或潜艇、无人潜航器布设,布放深度为50~300m,传感器的间距为2~5km,可以对重要的海域进行较长期的水声目标监视和水声信息采集。每个传感器节点有一个长约100m的由声学、电磁传感器组成的传感器阵列,节点上装有信号处理器、电池、声通信装置,封装在密封筒内,可工作半年左右。

6. 广域海网

广域海网(Seaweb)是美国海军的一种海底水声传感器网络,通过水声通信装置将固定节点、移动节点和网关节点连成网络,以满足DADS的水下通信要求。各个固定或移动节点均可自由地接入网络,快速准确地发送、接收信息,实现各平台、节点之间的通信,并能在出现故障的情况下自我修复,从而构成跨系统、跨任务、跨平台、跨国的综合性分布自主式水下作战信息网络体系,实现对水下作战信息的广泛获取、自由联通、高度集成融合、交互共享和应用,为浅海复杂环境下对安静型潜艇实施作战提供有力的信息支持,以夺取近海水下作战空间优势。

广域海网的节点靠电池工作,覆盖范围根据作战需求可设定为100~10000km^2,主要功能除了水下通信以外,还包括测距、定位、导航,支持与攻击型核潜艇、无人潜航器等移动装备的协同作战。

7. 分布式敏捷系统

"分布式敏捷系统"(DASH)概念是美国DARPA于2011年提出的,2017年完成系统样机研制。DASH的机理是几十个无人潜航器构成监视探测网络,采取"自下而上"的模式搜索舰艇,在水下6000m处使用主动声纳对上方海域进行监测,从而减少海面、海底声散射的影响,达到及时、可靠地发现指定海域内的敌方潜艇。另外,在空中由搭载非声传感器的无人机协同作战。目前,系统主要使用美国通用动力公司研发的"蓝鳍金枪鱼"12无人潜航器,以及更小的潜航器。这些潜航器通过智能自主算法自主决策、配置,传输关键任务数据。

(五)海上无人作战系统

海上无人作战系统包括无人潜航器、无人水面艇和无人机。它们被公认是改变未来海战游戏规则的装备之一。世界主要海军国家都在积极发展海上无人作战系统,现役和在建的型号非常多,已经形成了相当大的规模,成为海军装备体系中的重要装备。

海上无人作战系统之所以受到如此的青睐,主要原因大致有三个:未来的海上作战对无人系统有强烈的军事需求,相关技术有了很大进展,相对低廉的价格。随着信息技术和智能化技术的发展,海上无人作战系统取得了长足的进步,特别是智能化无人作战系统在海战领域的广泛应用,将再次引发海战革命,改变人们以往对海战的认知。

1. 无人潜航器

无人潜航器具有目标小、隐蔽性强、可连续执行任务的特点,非常适合执行探测和攻击水面舰艇、潜艇等任务。美国海军研制了多型功能各异、大小不一的无人潜航器,有的负责对潜探测、有的负责海洋环境数据收集,有的独立使用、有的组网使用。搭载平台遍及现役主要作战平台,美国海军还在积极推进无人潜航器在网络化水下探测和联合反潜等领域的应用。

为了使无人潜航器能够承担更多的作战任务,美国海军正在发展察打一体的潜航器,其中一个是"黑鱼"大排量无人潜航器,另一个是"虎鲸"超大型无人潜航器。

"黑鱼"无人潜航器是根据美国海军"先进水下武器系统"项目研制的,长约6m,直径约2m,最大航速6kn,以2kn的速度航行时航程约为440km,5kn时为240km。"黑鱼"利用"弗吉尼亚"级和"俄亥俄"级核潜艇的垂直发射装置运载,布放在预定海区后,可待机30天。系统搭载16个分布式传感器,2个一组,可多点布设,使用长910m的光纤电缆连接。潜航器中部是负载舱,里面可装载4枚Mk50或Mk54型轻型鱼雷,也可装载水雷。它可以通过浮标天线与母艇保持联系,等待攻击指令。

"黑鱼"可远程遥控激活或自毁,能够自主完成预定的作战任务。从搭载的装备看,它不但可以完成监视侦察、布雷,也可承担反舰、反潜等任务。"黑鱼"适合在敌港口附近使用,通过布放水雷进行封锁,或是在敌潜艇和水面舰船的必经航道设伏,利用鱼雷进行攻击。以前由水面舰艇、潜艇和飞机布雷、反潜的成本高,容易暴露作战意图,而无人潜航器不存在这些问题。

"虎鲸"利用波音公司"回声旅行者"柴电动力潜航器改进而成,"回声旅行者"潜航器长 15m、宽 2.6m、高 2.6m,改装时增加了一个长约 10m 的负载舱,全重 50t。采用柴电动力,水下最大航速 8kn,巡航速度 2.5kn,最大潜深达 3000m。在这个深度,一般武器威胁不到它,其航程可达 6500nmile。一次充电可潜航 150nmile,每次部署可持续水下航行 6 个月(图 5-4)。

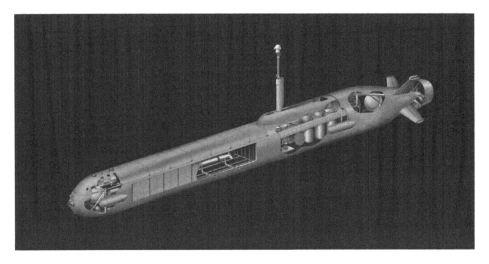

图 5-4 美国海军"虎鲸"超大型无人潜航器

按美国海军的要求,"虎鲸"的总体设计采用模块化和开放式架构,主要有制导和控制、导航、态势感知、通信、能源和动力、推进和机动,以及传感器等模块。外形为切角方柱体,头部前收圆滑过渡,内装探测、导航、通信、控制等设备。中部是长 10m 的负载舱,可用来搭载多种传感器和武器,美国海军甚至打算配备"战斧"巡航导弹。底部有对开的舱门,方便布放水雷、释放小型潜航器。后部有 6 个压力容器,安装动力装置和电池等,前部和后部各有一个平衡罐。上部有可倒伏的综合桅杆,布置了通气管和通信天线等。尾部有 X 形尾舵和推进装置。

"虎鲸"体积非常大,核潜艇和水面水面战斗舰艇都无法携载,只能靠自身动力从基地出发潜航到指定海域,或是由军辅船运送到目标区附近。"虎鲸"除了具备"黑鱼"的功能以外,还将具备电子战、对陆打击能力,近 $60m^3$ 的负载舱可以灵活搭载多种器材或武器。

大型和超大型无人潜航器可以部分替代攻击型核潜艇执行很多作战任务:一是可以潜伏在敌方港口外,担负监视侦察任务,监视敌方潜艇的行动;二是为航母保驾,在航母的作战海区执行反潜任务,阻止敌潜艇靠近航母作业区;三是建立安全通道,为潜艇和航母航渡预先清理出一个安全的通道。

2. 反潜战持续跟踪艇（ACTUV）

2010年，DARPA提出反潜战持续跟踪无人艇计划，目的是弥补美国海军近海反潜能力不足的现状，应对其他国家的安静型潜艇。该艇2016年下水，命名为"海上猎人"，现在已经服役，计划建造100艘。

美国海军大力发展反潜无人艇有这样几个原因：一是反映出美国海军对反潜的重视，试图加强"源头反潜"的能力，在潜艇进入大洋之前掌握其行踪。因为潜艇一旦潜入大洋，反潜兵力很难捕捉到它的踪迹。二是现有反潜兵力不足，美国海军没有足够的兵力部署在它国近海每天监视敌方潜艇的动向，使用无人艇则可替代有人舰艇，进行持久的监视、跟踪。三是降低作战风险，减少人员伤亡。一艘无人艇的损失可以接受，但一艘驱逐舰被潜艇击沉，则难以承受。四是使用无人艇的成本较低，五是无人艇续航力强，可以长期跟踪潜艇。所以美国海军认为，发展无人艇可以在反潜作战和经济方面形成压倒对手的优势。

从公开的数据来看，"海上猎人"无人艇长39.6m，宽14.3m，吃水1.5m，满载排水量约150t，是目前世界上最大的无人水面艇。采用柴油机动力，装载40t柴油，航速27kn，以18kn的速度可航行4000nmile，在海上能够连续航行70~90天（图5-5）。虽然船体不大，但航速和续航力等指标可与普通水面舰艇相媲美。

图5-5 美国海军反潜战持续跟踪艇

从"海上猎人"的船型、装备来看，该级艇具备这样几个特点：

一是具有很好的稳定性。采用三体船型，在细长的主船体两侧各有一个浮筒，长度约为船体的 1/3，可以保证在海上航行时的稳定性和抗风浪能力，由于采用三体船型，"海上猎人"可在 5 级海情下保持正常工作，在 7 级海情也能正常航行。船体外部采用复合材料制造，内部填充泡沫材料，具有很好的抗冲击性。

二是续航力大，可以长期对潜艇进行跟踪，时刻监视潜艇的活动。该艇可在海上连续航行 70～90 天，与核潜艇的一个部署周期相吻合，也就是说可以从潜艇出港到归航可以全程进行跟踪。

三是探潜能力强。艇上安装了可扩展模块化声纳系统，这是雷声公司研制的首个第五代中频船体声纳系统，采用了主动和被动一体化设计和数字式多波束扫描等技术，通过计算机自动实施探测与跟踪、鱼雷探测与告警、小目标规避探测等功能。雷声公司为它重新设计了 AN/SQS-56 声纳，重点改进了收/发阵列，降低功耗和重量，提高其灵敏度和反应速度，通过采用光纤和数字技术，将可替换元器件数量从 400 个减少到 15 个，大幅提高了可靠性。该声纳的有效探测距离为 18km，一旦失去目标，可以自动搜索，再次捕获，所以潜艇很难摆脱它的跟踪。

四是自动化程度高，具有完全自主导航能力。"海上猎人"装有多种传感器、信息处理设备、自主控制系统、艇上各系统工况的监控设备，所以在巡航过程中很少需要人为干预。平时可在任务区隐蔽待命，收到指令后可自主识别、跟踪敌方潜艇。在跟踪过程中即便在基地或编队指令的情况下，也能自主决策、自主控制，继续保持跟踪状态。该级艇没有装攻击性武器，不具备攻潜能力。

五是航行可靠性高。"海上猎人"在设计时，参照了《国际海上避碰规则》，配备了商用导航雷达、光电传感器、声纳系统和船舶自动识别系统（AIS）等多种设备。其中，船舶自动识别系统可以实时获取海上船舶的船籍、船型、位置和航向等多种数据，自主识别和判断，进行规避。

六是有很好的经济可承受性。"海上猎人"的建造成本大约是 2300 万美元，可以批量生产。与价格 2.5 亿美元的 P-8A 反潜巡逻机、十几亿美元的驱逐舰相比，具有很好的经济可承受性。在使用成本方面，"海上猎人"大约是每天 2 万～3 万美元，无人直升机每天是 30 万美元，现役驱逐舰每天是 70 万美元。可见，使用无人艇反潜有较高的效费比。

无人作战系统的广泛应用、任务领域的不断拓展，使海军装备体系在悄然发生变化，所占比例增大、作用更加重要，对作战概念和作战样式也产生了深刻影响。在未来海战中，无人作战系统将替代有人装备，承担越来越多的作战任务，成为主战力量，不仅在情报监视侦察、水雷战、通信等方面发挥作用，并且更多地参与反潜、反舰、防空作战。无人系统和物联网的快速发展，使有人平台和无人平台的连接更加紧密。在分布式作战中，自主同步、自主协同，基于智能、网络和算法，根据作战需要实现动态连接、随机嵌入、功能重组。

可以想象在未来的海战中，多维空间部署着不同类型的大量无人装备，时刻对作战空间进行监视侦察，获取的信息经智能化处理在网络上共享，交战、指挥、评估等行为由智能系统进行辅助决策，反舰导弹、防空导弹、水中兵器等由无人系统控制发射、制导。空中的无人机、水面的无人艇、水下的潜航器以及海底预置系统等构成一张立体的交战网，在战争中将发挥至关重要的作用。在未来的海战中，面对的可能是无数个无人作战系统，这些系统要比传统的作战平台更难对付，因为它们是隐身的，体积小，难以探测，以及它们数量多，往往会顾此失彼。

三、航母打击群的反潜装备

美国海军航母打击群中的各型舰艇和飞机都是多用途的，身兼数职。虽然航母本身不参与反潜作战，但反潜战中心和反潜战指挥官设在航母上，另外它还是反潜直升机的搭载平台。现役两型水面战斗舰艇虽然在功能上侧重防空作战，但装备了先进的综合反潜战系统。攻击型核潜艇具备世界领先的安静性，可先于敌舰和潜艇发现目标，利用攻击能力强的鱼雷实施先发攻击。上述几型作战平台构成了完备的立体反潜网，而且可以获得来自其他平台、网络的反潜战情报支援，整体反潜能力很强。

（一）反潜作战平台

美国海军的航母不装备声纳系统，不直接参与搜潜、攻潜等反潜作战行动，只是起到搭载反潜直升机的作用，负责反潜战的总体协调与指挥。现在，水面反潜任务由"提康德罗加"级巡洋舰和"阿利·伯克"级驱逐舰两型舰承担，航空反潜任务主要由 MH-60R 反潜直升机负责。舰上设有反潜战指挥中心和反潜战协调官，通常在航母编队中指定 1 艘驱逐舰具体指挥反潜作战行动。

美国海军航母打击群目前编配 1 艘巡洋舰、2 艘（最多 5 艘）驱逐舰，这两型水面战斗舰艇是为防空作战而设计的，但它们都装备了 AN/SQQ-89（V）综合反潜战系统，用于反潜作战的信息处理和指挥控制，对潜探测设备有 AN/SQS-53B/C 舰壳声纳、AN/SQR-19 拖曳线列阵声纳等。AN/SQS-53 舰壳声纳安装在球鼻艏中，声纳阵的直径 4.8m，高 1.5m，共有 72 条换能器，每条由 8 个换能器单元组成，工作频率 3.5kHz，发射声源级 240dB，脉冲宽度 500ms，具有 CW、FM 等信号形式。AN/SQR-19 战术拖曳阵声纳，水听器段长 196m，拖缆长 1700m，最大工作深度 365m。声纳阵有 16 个声学模块（8 个甚低频模块，4 个低频模块，2 个中频模块，2 个高频模块，每个模块长 12.2m），主要用于水面舰艇远程警戒声纳。对潜攻击装备有利用 Mk-41 垂直发射系统发射的"阿斯洛克"反潜导弹、Mk-32 Mod14 型三联装鱼雷发射装置和鱼雷，以及控制上述武器系统的 Mk-116 反潜火控系统等。"阿利·伯克"级 Ⅰ 型和 Ⅱ 型舰只设置了直升机起降平台，没有机库，ⅡA 型驱逐舰和"提康德罗加"级巡洋舰设有机库，可搭载 1 架或 2 架直升机。

美国海军航母打击群中主要编配"洛杉矶"级攻击型核潜艇，现在每个打击群只配备 1 艘。"洛杉矶"级首艇于 1976 年 11 月建成服役，水下排水量 7124t，艇长 109.7m，宽 10.1m，水下航速 33kn，潜深 450m。主要探潜设备为 AN/BQQ-5D/E 主/被动搜索/攻击低频声纳和 BQR-23/25 被动拖曳线列阵声纳（后来被 TB-23/29 拖曳线列阵声纳取代），主要攻潜武备为 4 具 533mm 鱼雷发射装置，用于发射 Mk48 ADCAP 重型鱼雷。鱼雷舱可载 26 件武器，如果搭载"战斧"巡航导弹，则鱼雷的数量相应减少。

"弗吉尼亚"级美国海军最新一级多用途攻击型核潜艇，正逐步替换"洛杉矶"级攻击型核潜艇，成为美国海军 21 世纪近海作战的主要力量，在注重加强近岸浅水反潜能力的同时，保留了远洋反潜能力。首艇"弗吉尼亚"号于 2004 年 10 月服役，该级艇水下排水量 7925t，艇长 114.8m，宽 10.4m，水下航速 34kn，下潜深度 488m。主要探测设备为 AN/BQQ-10 综合声纳系统，包括舰艏球形主/被动数组声纳、CHIN 高频主动声纳与宽孔径舷侧被动数组声纳，以及 TB-16 和 TB-29A 拖曳阵声纳。主要攻潜武备为 4 具 533mm 鱼雷发射装置，可以发射 Mk48 型鱼雷，备弹 38 枚。

S-3B 舰载固定翼反潜机退役后，美国海军航母打击群的航空反潜任务由 SH-60B/F 直升机承担，现在由 MH-60R 直升机接替。该机是美国西科斯基飞机公司 20 世纪末在 SH-60B 的基础上改进的多功能直升机，1999 年首飞，2009 年开始作战部署。它是美国海军的主力舰载直升机，搭载于航母、巡洋舰、驱逐舰以及近海战斗舰，主要用于反潜作战和对海作战，也可执行垂直补给、搜救、通信中继等任务。

MH-60R 最大起飞重量 10000kg，最大飞行速度 268km/h，飞行高度超过 3000m，航程 833km。对潜探测装备 APS-147 雷达、AQS-22 低频吊放声纳等；

攻潜武器是 Mk50 或 Mk54 反潜鱼雷。MH-60R 通常是随载舰行动，执行应召反潜任务。该直升机使用吊放声纳进行搜潜时，悬停高度一般在 20m 左右，过渡飞行时，高度一般为 100m 左右，飞行速度 200km/h（图 5-6）。

图 5-6　美国海军 MH-60R 反潜直升机

与 SH-60B 直升机相比，MH-60R 的整体性能有较大改进，搭载的主要装备有先进的 AN/APS-147 多模式逆合成孔径雷达、AN/AQS-22 机载低频吊放声纳、增强型电子侦察系统、改进型任务计算机、先进的前视红外系统和精确空地导弹等。美国海军还为 AN/APS-147 雷达增加"自动雷达潜望镜探测和识别"功能，以有效探测潜望镜和桅杆，并能从杂乱的环境中识别潜望镜。AN/AQS-22 机载低频吊放声纳对潜探测最大作用距离约 30nmile，机上保留了 SH-60B 直升机的声纳浮标装置，反潜武器主要为 Mk46/50/54 反潜鱼雷，具有较强的攻潜能力。

（二）反潜战探测与指控系统

美国航母打击群的探潜体系主要由舰/艇载声纳系统、机载吊放声纳、声纳浮标，以及雷达等传感器组成，在其他平台、网络的情报支援下，形成空中、水面、水下立体的探测系统。反潜战指挥系统由航母装备的反潜作战模块、水下战决策支援系统、舰载的 AN/SQQ-89 综合反潜战系统、艇载的 CCS Mk-1/2 作战控制系统等组成，形成了有序的指挥链。

1. 水下战决策支援系统

为了提升水下作战能力，升级反潜决策支援系统，美国海军海上系统司令部研制了 AN/UYQ-100 水下战决策支援系统（USW-DSS），装备航母、巡洋舰、驱逐舰等舰艇。AN/UYQ-100 水下战决策支援系统具有网络中心战功能，智能化程度较高，可为指挥官执行战术控制，建立、维护通用战术图像。反潜指挥官可以借助该系统协调各种反潜装备和信息系统，以最优化的部署进行搜索、攻击敌潜艇。该系统采用开放式架构的辅助决策工具软件，可在各平台间近实时共享关键战术数据，是一个可提供水下战通用战术图像的系统。该系统与水面战斗舰艇装备的 AN/SQQ-89（V）15 综合反潜战系统、航母上的战术支援中心（CV-TSC）进行数据交换，生成并共享融合后的跟踪图像，为反潜战舰艇和航母提供武器控制决策支撑，该系统还支持与全球海上指挥控制海军分系统（GCCS-M），以及 Link-11、Link-16 战术数据链等连接。2019 年年底前，美国海军的 65 艘舰艇和岸基反潜指挥部装备了该系统。

2. 航母的反潜作战模块

航母上的反潜战情报处理系统是反潜战模块（ASWM），也称为航母战术支援中心（CV-TSC），用于向反潜战指挥官提供决策支持信息，辅助指挥、引导舰载机直升机执行反潜任务。CV-TSC 系统主要功能是融合各类传感器传来的信息数据，向航母打击群提供水下态势感知，用于航母的反潜战和水面战领域，支援 MH-60R 多用途直升机等装备，同时 MH-60R 获取的信息也可通过专用数据链向航母反潜作战模块传送。另外，该系统还可接收天基、空基、海基和陆基系统的数据，并进行情报交换。该系统可为航母上搭载的反潜机提供任务规划、在航支持、任务后的声学分析、任务重放以及情报搜集等支援，并且能够提供实时的指挥、控制和通信，可以作为编队或战区的反潜战指挥中心。美国航母的反潜战模块处理直升机和其他作战平台等发回的数据，并根据这些数据对直升机进行任务规划。该系统的最新版本 AN/SQQ-34C（V）2 从 2012 年开始装备航母，可在航母与航母之间交换战术情报数据，MH-60R 反潜直升机也可借助该系统向反潜战指挥官报告敌情和任务执行情况。

航母上的反潜战模块与岸基反潜作战中心（ASWOC）装备的系统在功能上相类似，只不过 ASWOC 以综合水下监视系统的固定系统和移动系统，以及 P-3C 和 P-8A 反潜巡逻机等发回的信息为主，判断敌潜艇的活动，并协调、指挥引导上述系统和平台的探潜行动。而反潜作战模块则是利用舰载反潜直升机和其他平台的信息，并进行指挥引导。

3. AN/SQQ-89 综合反潜战系统

AN/SQQ-89 是专用于反潜作战的综合作战系统，装备水面舰艇。该系统由 AN/SQS-53 舰壳声纳、AN/SQR-19 战术拖曳阵声纳、AN/SQQ-28 LAMPS Ⅲ 直升机信号处理系统、Mk-116 反潜火控系统和 UYQ-25 水声传播预报数据处理系统五个主要分系统以及声纳训练模拟器等组成（图 5-7）。利用计算机将机载和舰载的各型声纳、信号处理器和反潜武器系统连成一个综合系统，可以自动进行水下目标探测、识别、跟踪、定位以及目标攻击，并且兼容 Mk-116 反潜火控系统，使搜潜和攻潜融为一体，提高了反潜作战效能。该系统 1976 年开始研制，装备美国海军水面舰艇，至今已衍生了 15 个改进型。从 AN/SQQ-89（V）3 版本开始并入"宙斯盾"系统，"宙斯盾"基线 6.1 用的是 AN/SQQ-89（V）10，到基线 8 升级为 AN/SQQ-89（V）15。"朱姆沃尔特"级驱逐舰装备升级版 AN/SQQ-90 系统。

图 5-7 "洛杉矶"级攻击型核潜艇的 AN/SQQ-89 声纳显控台

AN/SQS-53 型舰壳声纳用于对潜探测、定位，为鱼雷和反潜导弹提供火控数据。LAMPS Ⅲ 系统主要用于处理舰载直升机吊放声纳或声纳浮标获取的水下数据与舰载作战系统交换数据。AN/SQR-19 型战术拖曳阵声纳能探测到 25～100nmile 的水下潜艇目标方位数据，供作战系统作水下目标警戒使用。

AN/UYQ-25 水声传播预报处理系统可以在作战海域实地测量海水中的声速和预报水中传播声线图，以供作战系统声纳作用距离和校正声纳定位数据，并控制发射诱饵，干扰来袭的鱼雷。

4．Mk-116 反潜火控系统

Mk-116 反潜火控系统是 AN/SQQ-89 综合反潜战系统的一个组成部分，是专用于控制鱼雷、"阿斯洛克"反潜导弹发射的系统。最初，该系统不具备目标威胁判断功能和武器分配功能，后来加入了负责目标威胁判断的 AN/USQ-132，弥补了缺憾。AN/USQ-132 是 Mk-116 与 AN/SQQ-89 系统的接口，还可与联合作战战术数据系统相连。Mk-116 的主要功能是完成反潜射击计算、控制鱼雷和反潜导弹的发射。Mk-116 火控系统有两个较大的子系统组成：一是计算机处理子系统，其构成主要是计算机、反潜指挥官显控台、数据转换机柜；二是武器控制和调整子系统（WCSS），主要包括用于控制其他子系统的武器控制面板（人工干预的接口）、反潜导弹调整面板（配备导弹发射装置）、鱼雷调整面板、舰桥显示面板、装于舰桥和作战室的武器状态和确认面板以及接口控制面板，该面板可提供电源分配，在武器控制面板和鱼雷调整面板及反潜导弹调整面板之间确定信号通道，以控制相应发射单元的位置和武器发射。环境信息主要来源于电磁计程仪、风速指示器、平台罗经、水温水深探测仪、回音测深仪等，也可从 AN/SQQ-89 系统获取。系统对 AN/SQS-53 声纳等获取的目标数据进行处理后，传送给导弹垂直发射装置（以前是 Mk-26 导弹发射架），用于发射"阿斯洛克"反潜导弹，或是三联装 Mk-32 鱼雷发射装置，用于发射 Mk46 鱼雷。

5．艇载反潜火控系统

20 世纪 70 年代，美国研制成 Mk-117 潜艇指挥与火控系统，首装"鲟鱼"级攻击型核潜艇。Mk-117 是一种全数字化的系统，同时也是美国核潜艇"战术作战系统"研制计划的关键组成部分。它综合了作战、情报、指挥和火控的功能，系统包括 1 台全数字化攻击中心（ADAC）和 3 台显示器。Mk-117 火控系统用 3 个 Mk-81-1/2 武器控制显控台（WCC）和 1 个 Mk-92-0/2 型多用途显控台替代了原来的分析仪和攻击控制台，由此过去需要耗费大量人力和时间的目标动态追踪（TMA）实现了完全自动化，并且利用 AN/BQQ-5 被动模式的多波束控制能力，能同时以被动监听方式追踪 40 个目标，可以控制 Mk48 线导鱼雷和 UGM-84 "鱼叉"反舰导弹。

后来，美国海军在 Mk-117 的基础之上发展了 CCS Mk-1/2 作战控制系统，保留了一些 Mk-117 火控系统的硬件，主要包括双机柜 AN/UYK-7 计算机和 3

个 Mk-81 武器控制显控台及其功能组件。UYK-7 用于处理来自 AN/BQQ-5 声纳的数据和导航数据，并向武器提供解算结果和 TMA。系统还增加了第 4 台 Mk-81 武器控制显控台，用来处理超视距目标数据，并与雷达室联通。系统还保留了其他武器控制显控台的功能。

后期服役的"洛杉矶"级核潜艇开始装备在 Mk-117 基础上研制的 AN/BYG-1 潜艇作战系统和 AN/BQQ-10ARCI 声纳，保留了部分 CCS Mk-1 的火控软件。此外，将所有的探测与火控系统整合在同一个控制接口之下，各声纳系统的数据交换或向火控系统输入目标数据等都不再需要手工录入，速度与作战效率大幅增加。AN/BSY-1 是美国海军第一套大型军用分布式架构系统，数据分别在不同的几部计算机中处理，速度与防瘫痪能力较传统的中央计算机式系统有很大提高。

6．潜艇对潜探测系统

"洛杉矶"级和"弗吉尼亚"级核潜艇装备 AN/BQQ-5/10 综合声纳系统。AN/BQQ-5 综合声纳系统于 20 世纪 70 年代开始装备，后来，美国海军利用商用成熟技术改进而成了 AN/BQQ-10 综合声纳系统，装备"弗吉尼亚"级核潜艇，并陆续对"洛杉矶"级潜艇进行改装。

AN/BQQ-5 综合声纳系统由 9 部配套的独立声纳组成，分别为 AN/BQS-13DNA 主动声纳、AN/BQR-20 噪声测向声纳、被动拖曳线列阵声纳、快速被动测距声纳、目标识别声纳、探雷与避障声纳、侦察声纳、通信声纳和回声测深声纳。该声纳系统从 1974 年装备以来至今已发展到第 5 型，第 4 型 AN/BQQ-5D 和第 5 型 AN/BQQ-5E 中的拖曳线列阵分别采用了 TB-23 细线型拖曳阵和 TB-29 高级细线型拖曳阵，逐步了取代早期的 TB-16 粗线型拖曳阵。

AN/BQS-13DNA 主动声纳是 AN/BQQ-5 综合声纳系统中的一部主要声纳，其球形基阵直径达 4.6m，使用了大量固体和集成电路，广泛采用数字计算机完成各功能控制，具备数字多波束控制、窄宽带信号处理、高速主动探测等技术。AN/BQR-15 被动拖曳线列阵声纳由水下拖曳线列阵、拖缆及艇上收放绞车和电子设备组成。线列阵通过拖缆拖曳在潜艇尾部海水中，收放绞车安装在主压载舱内，线列阵回收时存放在沿艇体纵长方向的艇壳导管中。其基本工作原理：线列阵接收到的声信号数据，用遥测发送器通过同轴拖缆传送到艇上进行综合处理，并通过计算机把目标的数据连续地输送给 Mk-117 火控系统，以保证对潜实施攻击。舷侧声纳是宽孔径被动测距声纳，由两组线列水听器基阵组成，每组三个水听器基阵（包括首阵、中阵和尾阵）沿艇壳纵向以一定间距排列成一条直线。这种基阵采用泡沫合成橡胶声障板，以防止基阵受潜艇所产生的噪声干扰。为提高定位精度，该声纳的尾阵装在潜艇尾水平舵两侧，从而加长了首尾阵之间的基线长度（基线长度占艇纵长的2/3左右），提高了定位精度。

7. 机载探测系统

目前，美国海军航空搜潜设备主要是机载雷达、吊放声纳、声纳浮标、磁探仪等。

机载搜潜雷达主要用来搜索与跟踪露出海面的潜艇潜望镜或通气管，以及水面航行状态的潜艇，现役 MH-60R 直升机装备 AN/APS-147 多模雷达。

MH-60R 反潜直升机装备 AN/AQS-22 机载低频吊放声纳（ALFS）和 Helras 远程吊放声纳。AN/AQS-22 吊放声纳比 SH-60F 装备的 AQS-13F 声纳的工作频率更低，采用模块化设计，以简化安装，便于维护和提高灵活性。据称，其搜索范围扩大了 3~6 倍。

声纳浮标系统由声纳浮标、反潜机上的机载设备（如确定声纳浮标位置的雷达或声纳浮标参考系统）、无线电接收机、信号处理机和终端显示装置等组成，构成了一个探测、定位、计算、显示搜潜全过程的自动化探测系统，称为航空浮标声纳系统。浮标由水下装置（水听器）、浮标水面装置、降落伞三个基本组成部分。

反潜直升机还装有吊放式声纳，其搜索和跟踪敌潜艇的方法通常是根据指令飞到指定的探测点，在距海面 15~30m 悬停，投放浮标。如果探测 3~5min 仍未发现可疑回波，则换到下一个探测点继续探测。

反潜直升机还装备了 ASQ-81（V）2 拖曳式磁探仪。使用磁探仪时，首先要进行磁补偿飞行，测定平台自身的磁场信号，以便磁探仪补偿系统的工作，使系统处于能够搜索目标的状态。

（三）对潜攻击武器

美国航母打击群装备的攻潜武器相对较少，且多为冷战时期发展的装备，但其性能至今处于世界先进水平。

美国海军现役机载攻潜武器主要有 Mk46 鱼雷、Mk50 鱼雷、Mk54 轻型反潜鱼雷。

Mk46 轻型鱼雷主要用于攻击高性能潜艇。该鱼雷速度高、攻击深度大，具备主动及被动声自导功能，最大的特点是具有多次重复捕捉目标的能力。在跟踪目标时，如果突然失去目标信号，鱼雷呈浮游状态，等再次获得目标信号后，会重新启动跟踪程序。由于 Mk46 鱼雷技术先进、性能可靠，采用主被动联合声自导，40kn 航速时的航程为 21km，最大工作深度 450m（图 5-8）。Mk46 鱼雷定型后，陆续研制生产了 Mod1/2/3/4/5/6 等改进型。

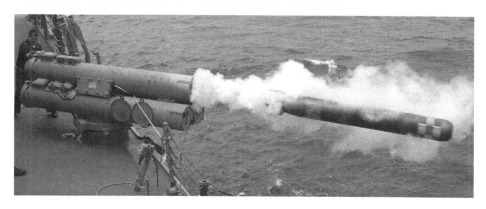

图 5-8　Mk32 鱼雷发射装置和 Mk46 鱼雷

Mk50 鱼雷是当今世界最先进的轻型鱼雷之一，也是美国海军目前的主战鱼雷。该鱼雷智能化程度高，其制导系统采用声自导平面基阵，具有目标识别能力和水声对抗能力，尤其是浅水使用性能好，有极强的抗混响和抗干扰能力，航速大于 55kn，航速 55kn 时航程为 15km，最大工作深度 800m。

Mk54 鱼雷是一型廉价、适合浅海使用的组合型鱼雷，打击对象是在浅海活动的安静型常规动力潜艇。其主要特征是控制系统借用了 Mk48 ADCAP 鱼雷和 Mk50 鱼雷的先进技术，声自导头是由 Mk50 自导头改进而成，动力系统采用 Mk46 和 Mk48 ADCAP 的技术，还采用了 Mk50 的热电池组和启动组件。因为 Mk54 鱼雷组合了 Mk50、Mk48 和 Mk46 的成熟先进技术，所以这种取长补短组合而成的鱼雷是目前最先进的轻型反潜鱼雷。该鱼雷采用 3 速制，28kn、36kn、45kn，最大航程大于 15km。

"阿斯洛克"反潜导弹由固体火箭助推器与 1 枚反潜鱼雷组合而成，使用 Mk-41 发射装置垂直发射，射程 10～20km（图 5-9）。发射后，靠助推火箭飞行，到达目标附近后，鱼雷与火箭分离，借降落伞落下。入水后，鱼雷自行启动驶向目标。反潜导弹增加了鱼雷的攻击距离，并且适合于攻击高速航行的核潜艇。可在 6 级海情下使用，能够实施中程、快速反应的攻潜。其弱点是飞行过程中不能遥控，只能飞向预定位置。

舰载鱼雷一般作为防御性手段使用，相比反潜导弹，它到达目标的速度相对较慢，所以水面舰艇通常是首先使用"阿斯洛克"反潜导弹实施攻击。

图 5-9 "阿利·伯克"级驱逐舰发射"阿斯洛克"反潜导弹

美国攻击型核潜艇的攻潜武器是Mk48重型鱼雷。Mk48线导鱼雷是一种重型、高速、远程、大深度、热动力线导反潜鱼雷，可在浅水或冰下攻击目标。最大工作深度达800m，最大航速55kn，航速55kn时航程38km，航速40kn时航程为50km，目标截获能力强。鱼雷的自导系统具有目标数据自适应处理能力，抗干扰能力得到提高，在鉴别真假目标方面能区别人造声源和目标噪声，能区别宽带干扰器和目标回波。自噪声降低，电子组件改善，被动自导更加灵敏，作用距离可达2500m。采用大功率主动自导，使探测范围扩大，作用距离可达1700m。水声对抗能力强，即使在恶劣的水声环境中也能进行复杂的水声对抗。

Mk48鱼雷在鱼雷航行的线导阶段，发射艇的指挥控制系统根据被动声纳提供的目标方位信息进行导引。一旦鱼雷偏离目标，指控系统则发出指令通过导线进行修正，从而保证鱼雷始终对准目标前进。当鱼雷进入末端自导阶段，并且鱼雷的声自导装置已经发现目标时，自动切断导线，鱼雷进入自导阶段，直至命中目标。

四、反潜作战装备特点

反潜战一直是美国海军航母打击群的主要任务之一，特别是在冷战期间，为对抗苏联海军日益强大的核潜艇，美国海军发展了多种攻潜装备，有些装备至今仍在使用。冷战结束后，美国海军的反潜战装备发展主要集中在移动、可部署的探潜系统和网络建设上，在攻势反潜思想指导下，美国海军对探潜能力予以高度重视，经过20多年的发展，形成了巨大的"软实力"，其实这些看不见的系统、网络在反潜战发挥着巨大的作用。实际上，对潜艇的物理摧毁手段几乎已经达到巅峰，要想再有新的突破，需要投入巨资，还有待于新机理的突破、新材料的创新，而发展探潜装备，可以较小的投入，解决"看不到"的问题，获得更大的回报。美国海军反潜作战装备主要有以下特点。

（1）编队反潜作战实现信息化、网络化，集成度高。经过多年有针对性的建设，美国海军反潜装备性能得以大幅提升，特别是近年来通过加装各种传感器，进行信息化改造，编队的网络中心反潜能力得到强化，编队中各平台都可在网络中心战中发挥传感器的作用，既是提供信息的重要节点，又是作战时的受益者。在"网络中心反潜战"概念指导下，所有反潜平台由信息网络联结在一起，各平台传感器获得的数据经综合反潜战系统进行处理、融合后提供相关的战术图像和指令，形成数据共享，有助于达成快速的、决定性的和协调一致的反潜作战行动，提高了作战效能。

（2）水面战斗舰艇装备多种反潜系统，作战能力强。水面战斗舰艇搭载反潜直升机和先进的搜潜设备、反潜导弹、轻型鱼雷构成一体化的综合反潜作战系统。AN/SQQ-89综合反潜战系统将舰壳声纳、拖曳线列阵声纳和舰载直升机系统综合在一起,拖曳线列阵声纳发现潜艇后,引导舰载反潜直升机快速到达指定海区,利用机载搜潜设备定位潜艇并实施攻击。反潜直升机主要承担水面舰艇编队的远程反潜作战任务,对敌方潜艇可能活动的海域进行全面的或划分重点区域的搜索,或是对已发现有敌潜艇的海域执行应召反潜任务。一旦确定敌潜艇目标即可发射机载鱼雷实施攻击,也可根据任务要求,在发现和跟踪敌潜艇的同时,通过机载数据链将敌潜艇的目标位置和运动诸元实时地传输给水面舰艇,由后者实施攻击。

(3)攻击型核潜艇隐身性能好,攻防兼备。美国海军的"洛杉矶"级攻击型核潜艇是针对苏联海军隐身、高航速、大潜深核潜艇设计的一型侧重反潜任务的潜艇,其噪声低隐身性好,攻击能力强。"弗吉尼亚"级是针对冷战结束后的作战需求设计的一型多用途潜艇,其兼顾远洋和近海作战使用。美国核潜艇的特点主要体现在:

① 综合隐身性能好,安静航速达 20kn,最大航速 30kn,有利于隐蔽航行和执行反潜任务。

② 探测设备齐全,指挥控制系统先进,反潜探测与信息处理能力强。"洛杉矶"级潜艇装备的 AN/BQQ-5D/E 主/被动式声纳系统,包括艇首声纳、舷侧阵声纳和战术拖曳式阵列声纳等。"弗吉尼亚"级装备的 AN/BQQ-10 声纳系统,性能更强,能同时跟踪多个目标。

③ 装备先进的作战系统,集成了声纳系统、作战指挥和武器控制系统的全部功能,特别是"弗吉尼亚"级潜艇装备的先进的指挥控制系统具有强大的信息处理能力,是"海狼"级核潜艇的 65 倍[①]。

④ 鱼雷武器性能优良,对潜攻击能力强。

Mk48 增强型(ADCAP)5 型或 6 型鱼雷是当今最为先进的鱼雷之一,"洛杉矶"级和"弗吉尼亚"级两型潜艇的备弹数量分别为 26 件、38 件。

(4)直升机搭载数量多,性能先进。美国航母打击群的航空联队编有 1 个海上打击直升机中队(HSM)、1 个海上战斗直升机中队(HSC)。HSM 装备 10 余架 MH-60R 反潜直升机,部分搭载于巡洋舰和驱逐舰。HSC 装备 8 架 MH-60S 直升机,主要执行救援、运输、扫雷等任务。MH-60R 直升机在 SH-60B 的基础上改进而成,是航母打击群反潜作战的主力,通常执行应召反潜任务,也可在航母前方较远距离上进行探潜。反潜直升机与水面战斗舰艇形成互补,既延伸了水面舰艇的反潜作战距离,同时水面舰艇又弥补了反潜直升机航程小的缺憾,间接地延长了反潜直升机的作战时间。

---

① 李斌:《美最新核潜艇弗吉尼亚级首舰完成首次海上航行》,《信息时报》2004 年 8 月。

第二节　反潜作战装备运用

美国海军冷战期间为对付苏联海军强大的水下作战力量，对反潜作战高度重视，发展了多型作战平台和攻潜武器，用于反潜战。冷战结束后的一段时间，美国海军一度认为苏联解体后已经没有能与美国海军对抗的水下力量，所以对反潜的重视程度有所降低。进入 21 世纪后，拥有潜艇的国家逐渐增多，而且各国潜艇的安静性大幅提高，面对日益严峻的水下挑战，美国海军借助信息技术和无人技术等的快速进步，在短时间内发展了多型移动、可部署的对潜探测、监视系统。这些系统可为航母打击群反潜作战提供必要的情报支援，有的可配备航母打击群，与传统的作战平台形成互补，航母打击群整体反潜能力得以进一步提高。

反潜兵力运用指综合使用各种反潜力量遂行反潜作战的行动。反潜战是反潜兵力搜索和攻击敌方潜艇的战斗行动，按作战规模分为战略反潜、战役反潜和战术反潜，按作战平台分为水面舰艇反潜、潜艇反潜、航空反潜和舰机协同反潜等，按作战性质分为攻势反潜和守势反潜，按作战样式分为源头反潜、反潜护航、反潜封锁。随着信息网络能力的逐步提高，美国航母打击群已形成海基和岸基之间、各反潜平台之间的高度信息共享，具备很强的联合反潜和一体化反潜能力。

一、反潜作战指挥控制

美国海军航母打击群的反潜战指挥官通常由驱逐舰中队长担任，在合同作战指挥官的领导下，指挥和控制编队内的所有反潜兵力实施反潜作战。战时根据需要可指派 1 艘驱逐舰作为前哨舰，在多航母作战时，兵力充沛，还可组成反潜掩护幕，设置局部反潜战指挥官。反潜战指挥官还负责指挥掩护幕协调官和直升机分队协调官。

航母上还设有以反潜战指挥官为核心的反潜战指挥部，具体任务：根据编队指挥部的总体作战计划制定具体的反潜战实施计划；确定编队受保护舰船的优先顺序（依次为航母、两栖攻击舰、后勤舰、其他两栖舰、水面战斗舰艇）；将所有反潜兵力合理地配置在各层反潜监视区，构建多层、立体、纵深的反潜体系；综合分析水下目标情况，协调反潜兵力与对空、反舰等其他兵力之间的作战活动，保障反潜战的顺利实施，综合利用各种传感器尽早发现敌潜艇，在敌潜艇进入攻击阵位之前将其歼灭；为确保安全，统一分配在同一海域作战的各种飞机的飞行高度（由下往上依次为直升机、反潜巡逻机、固定翼作战飞机，各平台的空域划分是，900m 以下为直升机、900～3000m 为反潜巡逻机、3000m 以上为固定翼作战飞机占用）；定时或不定时地向合同作战指挥官报告反潜战的实施情况。

在航渡时，既要时刻准备防空作战，又不能放松反潜戒备，这是一对矛盾，因为这两种作战的队形是有冲突的，鉴于舰空导弹的射程越来越远，所以水面战斗舰艇多采取在航母周围环形部署的方式，间距较大，而反潜队形多是在航母前方或主要威胁方向，采取扇面形部署，间距较小。因此，反潜战指挥官要与防空战指挥官保持沟通，根据敌情做好战斗准备。

作战期间，反潜战指挥官根据需要，可设若干局部反潜战指挥官。如果通信发生故障，或因其他原因无法与局部反潜战指挥官取得联系，则授予局部反潜战指挥官自主权，以保证反潜战顺利进行。局部反潜战指挥官通常指挥控制距航母 200nmile 以内的反潜战兵力。

岸基反潜巡逻机和无人机支援航母打击群反潜作战时，在远离支援航母打击群时可采取间接支援方式，其行动不受反潜战指挥官的控制。当反潜巡逻机跟踪潜艇进入打击群的控制范围后，改为直接支援，在远程防御圈内的行动由反潜战指挥官控制。关键是此时打击群的攻击型核潜艇也可能在该区活动，为避免误伤，反潜巡逻机需报告使用声纳浮标、鱼雷武器等情况。在发现目标后首先进行敌我识别。

航母打击群进入综合作战区后，仍需保持高度反潜战备态势，舰载 MH-60R 反潜直升机利用吊放声纳实施检查性搜索（图 5-10），在没有舰载机起降任务时，反潜巡逻机等对综合作战进行巡逻，必要时可布设声纳浮标阵。发现可疑目标，立即向反潜战指挥官报告。

图 5-10　美国海军 MH-60R 反潜直升机

二、反潜作战指导思想

随着美国海军将网络中心战概念引入反潜作战,反潜作战的作战理论、作战样式、作战概念等都在发生变化,传统的反潜作战增加了新的内容,进一步丰富了反潜作战理论,反潜作战更加积极主动,更多地采用攻势反潜方式,强调网络在反潜作战的作用,对水下战场的态势感知能力予以高度重视,同时在作战中注重使用无人系统。

美国航母打击群的反潜作战指导思想可以概括为注重平时的广域监视,借助多种对潜监视网络,持续地对敌潜艇的活动进行侦察、监视,收集各种相关信息,掌握敌潜艇的活动规律,不断更新反潜战数据库的资源。强调战时的网络中心反潜战,构建强大的作战网络,所有参战平台协同配合。网络中心反潜战需动员所有可用的平台、传感器、武器,使各节点充分发挥各自的优势,达到力量倍增的目的。在搜索潜艇时,发挥移动可部署传感器网络的优势。无人潜航器可作为临时的网络节点,弥补不足,并根据作战需要、环境情况重新配置移动式传感器节点。

由守势反潜向攻势反潜转变。过去,编队反潜多采取被动反潜方式,当敌潜艇进入航母防御圈或探测范围后,才被动地采取措施,派出兵力前往探测、围歼,有顾此失彼的危险。现在,鉴于反潜平台数量减少,注重借助岸、海、空、天、潜、电(网)于一体的立体反潜体系的优势,把控战区水下态势,早期发现,掌握主动,视威胁程度发起攻击,交战时,根据来自各种传感器的目标信息,对目标性质、威胁程度进行判别、分类,根据辅助决策系统对目标打击顺序,确定实施打击还是采取规避或驱逐。有些目标即便不构成对编队的威胁,但对整个战局有利,或威胁到友军的行动,也会主动将其消灭。

远程攻击,规避风险。在网络中心反潜战中,重要的是尽可能远距离发现目标,而不是主动抵近目标。在复杂的浅海水域对付常规潜艇,水面和水下反潜作战平台尽量避免在敌潜艇武器射程内接触目标,以免遭到敌潜艇的攻击,或被武装的渔船或商船攻击。因此,最佳方法是运用各层空间部署,对威胁到己方行动的潜艇优先实施攻击。为降低作战风险,在探潜时注重发挥舷外传感器的作用,更多地使用无人系统。在近海作战时,由潜艇和水面战斗舰艇携载的无人潜航器、无人艇的等传感器前出搜潜。在攻击时,尽可能使用"阿斯洛克"反潜导弹,或召唤 P-8A 海上多用途飞机,利用"高空反潜武器"等实施打击,以规避敌潜艇攻击的风险。

三、反潜作战兵力运用

美国航母打击群反潜战由过去的守势反潜转变为攻势反潜，守势反潜的特征是被动消极防御，划定防御范围，只要敌方潜艇不进入航母的"势力范围"，不会去"主动搜寻和攻击敌潜艇"，作战重点是"确保航母和其他舰艇免受敌潜艇实施的鱼雷和导弹攻击"[①]。现在是更加注重"源头反潜"，强调战场态势感知，借助海军的其他探潜装备和系统，力求全面掌握敌潜艇的动向，航母打击群可以利用网络了解敌潜艇的位置、作战意图，根据战况发展，采取更加积极主动的行动，依据作战任务或战役目标，以及威胁程度，确定是发起攻击，还是进行规避。

（一）反潜作战兵力运用

潜艇是航母的克星之一，是航母打击群航渡和夺取制海权的最大障碍。由于飞机和反舰导弹速度快，肉眼可见，因此一般认为防空最为重要，但反潜的重要程度丝毫不亚于防空，甚至更重要。由于潜艇的特性决定了反潜战更为复杂，反潜战不仅需要协调航母打击群内的各种平台协同作战，而且需要获得多种岸基平台、系统的支持。

1．水面战斗舰艇兵力运用

当今的航母打击群与过去的航母战斗群相比，在编配的兵力规模上有较大不同，作战平台的数量大约减少了一半，通常只编配3～6艘，而且要执行多种作战任务。虽然它们都属于多用途舰，能够同时执行防空、反潜、反舰等任务，但在兵力运用上会捉襟见肘，出现疲于应付的局面。例如，要想在航母周围采取环形部署，至少需要8艘以上的驱逐舰，就目前的兵力而言显然不能满足需求。在多航母参战时，水面战斗舰艇数量增加，可以采取多种战斗部署，但此时反潜战指挥官的协调任务量也随之增加。这时，通常是设置局部反潜战指挥官，分担作战任务。

美国海军学院的一份研究报告列举了当前航母编队的反潜队形，航母打击群反潜作战区是以航母为圆心、半径30nmile的海域。之所以划定30nmile的区域，大概是考虑了各国现役鱼雷的航程。目前美国海军装备的Mk48 ASCAP重型鱼雷的航程为38～50km。打击群的反潜队形是以航母为核心，间距约14km部署水面战斗舰艇，前哨驱逐舰装备AN/SQR-20MFTA多功能拖曳阵声纳，位于航母正前方，负责清扫前进方向的障碍。在其左右靠后的位置布置"阿利•伯克"级Ⅰ型或Ⅱ型驱逐舰，承担对潜搜索和攻击任务；后方为1艘巡洋舰，主

---

① www.shipnet，com.cn

要负责防空作战的指挥控制。有较多护航舰艇，或双航母编队行动时，可在前方布置3艘或4艘驱逐舰，航母左右两翼各布置1艘巡洋舰，后方布置1艘驱逐舰。

航母打击群在航渡时的反潜任务相对轻一些，为避免敌潜艇跟踪，在航渡时一般"不走直线"，多是"曲折迂回前行"。以前航母出行时常有苏联海军的飞航导弹核潜艇在后面尾随，反潜警戒时刻不能放松，现在可能较少会遇到这种情况。航母航渡时的航速一般不会低于15kn，甚至在海上补给时也高于15kn。如果航母采用20kn的平均速度航行，被潜艇跟踪的威胁将降至很小，目前各国常规潜艇的水下最大航速一般为20kn，从编队后方跟踪姑且不论，即便是想从侧面接近航母也几乎不可能，只有在航母的前方设伏。常规潜艇以大于15kn的速度航行，电池很快就会耗尽，而且噪声也非常大，容易被航母护航舰艇装备的声纳探测到。核潜艇虽然能以持续的高航速行进，但对大多数核潜艇来说，要在控制噪声的前提下，跟踪15kn以上的目标也不是件容易的事。因此，美国航母现在可以将反潜力量聚焦在航向的前面或特定范围内。

发现可疑目标后，水面战斗舰艇可采取直航方式接近目标，在直升机或反潜巡逻机与潜艇保持接触时，水面战斗舰艇可高速驶向目标区。也可采取偏航方式接近目标，此时，如果直升机与目标潜艇失去接触，但掌握目标潜艇的大致航向时，水面战斗舰艇则以10°~20°的提前角高速驶向目标。

水面战斗舰艇搜潜时采取的搜索方式主要有检查性搜索、巡逻性搜索、应召性搜索。检查性搜索指对敌潜艇可能活动的海域进行检查，以确定是否有敌潜艇的存在。为阻止敌潜艇靠近航母多采取经常性搜索，包括平行搜索和曲折搜索两种方法。巡逻性搜索是指在作业区和驻泊区地进行的警戒性搜索，主要有单程往返法、环绕机动法、交叉机动法等。应召性搜索是指根据其他平台的召唤，前往目标区进行搜索，主要有两种方式：一是在威胁扇面的搜索，一般采取迎面机动搜索、扇面螺旋搜索两种方法；二是在目标区的搜索，主要有平行应召搜索和圆周螺旋搜索两种方法。

航母打击群在作业区或在海上停泊时，反潜兵力通常是布置在航母前方或在特定的威胁方向重点部署，以防敌潜艇突袭。

水面战斗舰艇在搜潜时主要使用舰壳声纳和拖曳声纳，探测距离在30nmile左右。"提康德罗加"级巡洋舰和"阿利·伯克"级驱逐舰均装备AN/SQS-53型低频、大功率、全数字化舰壳声纳，能同时探测、识别和跟踪多个目标。该声纳可采用全向、定向、旋转三种方式进行探测，主动方式工作时可利用直接传播、海底反射和会聚区三种传播途径，探测距离为10~35nmile，工作方式可选择360°全向或120°定向搜索。AN/SQR-19拖曳线列阵声纳,声学段196m,拖缆长1700m,最大拖曳深度365m。拖曳阵声纳的探测深度通常为27ft或107~137ft,作用距离可达30nmile。拖曳阵声纳的一个缺憾是对航速有要求,一般不超过10kn。

水面战斗舰艇对潜攻击一般采取的方式：与被攻击目标保持声纳接触,快速抢占有利的发射击阵位；发射"阿斯洛克"反潜导弹或投放深弹；然后进行机动,并尽快复声纳接触,评估打击效果；如有必要,再次实施攻击。多艘水面战斗舰艇参与攻潜时,由反潜指挥官统一协调、指挥。

2. 航空反潜兵力运用

舰载固定翼反潜机退役后,编队内的航空反潜兵力只剩下直升机,所以不可能像过去S-3B反潜机那样长时间在空中值守,大多是执行应召反潜任务,在威胁扇面以主动方式搜潜,必要时也承担巡逻反潜和检查性反潜任务。在水面战斗舰艇发现可疑目标,或是岸基指挥部发来敌情通报时,出动直升机执行搜潜任务。另外,直升机受气象条件的影响很大,超过4级海情时无法起飞。可见,当前的航母打击群的航空反潜兵力是不能满足需要的。

直升机在搜潜时一般是按大约100km/h的速度进行搜索,通常以采取扇面搜索、平行搜索方式搜寻水下目标。扇面搜索方式一般在敌潜艇威胁较大时使用,每架直升机搜索30°~60°的扇面,两架相邻的直升机有一定的重叠,以免漏掉目标。平行搜索方式一般在航渡中潜艇威胁程度较低时使用,通常配置在编队两翼或前方,与编队前进方向保持平行,往返进行搜索,一般需要覆盖宽60~80nmile的海域。

由于目前航母打击群中的水面战斗舰艇数量少,因此直升机或需要承担部分掩护幕的任务。直升机需在水面战斗舰艇前方20~50nmile的地方巡逻,使用吊放声纳搜索,发现目标后投放声纳浮标精确探测、定位,视情发起攻击。MH-60R直升机也可使用AN/AQS-22低频有源/无源吊放声纳搜索、发现和定位潜航的潜艇,最大工作深度达550m,不仅可有效探测300m以上深海潜航的潜艇,也能发现利用海洋背景噪声潜伏在150m深度准备发射导弹的潜艇,最大作用距离约30nmile。搜潜时也可使用机载AN/APS-147多模雷达发现潜望镜状态的潜艇。该雷达可以自动发现并跟踪255个目标,并且具备逆合成孔径雷达成像、探测潜望镜及小目标的能力。

从直升机的使用看,一架直升机每小时可搜索约400~500nmile^{2}的海域,在空中停留4h（视前出距离）。遇有可疑目标需要派出多架直升机前往目标区进行搜潜,一次任务至少需要3架或4架直升机,数量少无法有效地探测到敌潜艇，考虑到轮替，目前编队中的直升机并不足以全天执行反潜任务。

3．攻击型核潜艇的运用

美国海军历来重视"以潜制潜"，而且认为这是一种行之有效的反潜手段。原因是攻击型核潜艇比其他国家的潜艇噪声低、潜深大，速度快，可先敌发现、先敌攻击。攻击型核潜艇在编队中承担远程反潜警戒任务，通常布置在航母打击群航渡前方100nmile的地方，负责拦截、攻击企图从正面接近或攻击己方编队的敌潜艇，其行动比较自主。在如此远的地方布置攻击型核潜艇，一是为了加大防御纵深，二是可减少编队航行时的噪声影响，使潜艇有相对安静的环境，这对声纳的工作很重要。

攻击型核潜艇为航母护航，执行反潜任务时，一般采取直接伴随法和检扫伴随法。直接伴随法指攻击型核潜艇始终位航母的前方，与航母打击群保持相同速度向前航行。检扫伴随法指在航母打击群航速较高时，攻击型核潜艇为了保证先敌发现，而采取"高低交替"的航速，对前进方向或前方两翼进行检查性搜索。不过，要在单位时间内与航母保持固定的距离。

攻击型核潜艇使用AN/BQQ-5或AN/SQQ-10综合声纳系统的艇首声纳采用主动方式探测，最大探测距离可达100nmile。AN/BQQ-5综合声纳系统的工作频率为3.5Hz，搜索仰角为15°，俯角为45°。连续发射电功率大于75kW。在采用被动方式探测时，能收听1～3Hz的目标噪声信号，搜索仰角为36°，俯角为52°。该声纳可利用三种声传播途径探测水下目标，利用表面反射时探测距离为10～15nmile，利用海底一次反射时探测距离大于15nmile，利用深海声道一次会聚区效应时的探测距离为30～35nmile，对声纳工作距离范围内活动的潜艇的发现概率在75%以上。

拖曳阵声纳的主要用于对水下远程目标进行初始探测和分类，起到对水下目标的远程警戒作用。美国潜艇装备TB-16粗线型拖曳阵、TB-23细线型拖曳阵或TB-29A高级细线型拖曳阵。被动拖曳线列阵声纳消除了艇体尺寸对声纳基阵尺寸的限制，可大幅度降低工作频率，使这种声纳可采用低频（工作频段10Hz～3kHz）工作；远离拖曳它的母艇，背景干扰小，如同变深声纳一样可选择有利的工作深度，可拖曳在海水温跃层以下，探测到艇艏声纳所不能探测到的潜艇或其他目标。所以，它比艇上的其他被动声纳能探测到更远的水下目标，而且可利用舰艇的低频线谱检测目标信息，探测距离可达50～100nmile，能够探测安静型潜艇。

攻击型核潜艇一般在水下40～100m的深度使用拖曳阵声纳搜潜，最佳航速是14kn左右，航母打击群航速大于15kn时，可以采取检扫伴随法。发现目标后，无需请示可自主决定是否发起攻击。

攻击型核潜艇攻潜只有 Mk48 鱼雷。在发现目标后，快速识别目标，进行决策，占据最佳攻击阵位，实施攻击。

（二）反潜兵力部署

在航母航渡时，美国海军通常将反潜区划分成远程反潜区、中程反潜区和近程反潜区。目前，各防区配置的反潜兵力如下：

远程反潜区（距航母编队 100～200nmile 的区域）：S-3B 舰载固定翼反潜机退役后，远程反潜区出现空白，只是在条件允许（主要是距离和制空权）的情况下，由岸基 P-3C 反潜巡逻机或 MQ-4C 长航时无人机负责空中搜索，由于飞机的飞行速度快，留空时间长，使用雷达等非水声器材搜索不影响其他探测装备的搜索，搜索海域机动灵活，可围绕航母进行全向搜索，亦可根据需要在某方向进行重点搜索。

中程反潜区（距航母 30～100nmile 的区域）：编队航渡时，攻击型核潜艇通常部署在距航母 80～100nmile 的前方，或在可能有敌潜艇活动的方向，担负警戒监视任务。攻击型核潜艇凭借水下高航速，在打击群的前方高速航行，必要时降低航速搜索敌潜艇。美国海军"洛杉矶"级攻击型核潜艇的水下最大航速之所以设计为 30kn，一是为了对抗苏联海军的高航速、大潜深核潜艇，二是为了配合航母的行动。"弗吉尼亚"级攻击型核潜艇最初为节省经费将水下最大航速定为大于 25kn，但后来也增加到 30kn。必要时，可派出 1 艘驱逐舰作前哨舰进行搜潜。驱逐舰首先利用 AN/SQR-19 拖曳声纳进行被动搜索，发现可疑目标后先进行目标识别、分类，向综合反潜战系统提供跟踪数据，再由 MH-60R 直升机使用吊放声纳去确定该潜艇的精确位置，然后对潜实施攻击。根据情况，其他水面战斗舰和航母搭载的反潜直升机也可在该区域进行搜索、监视。

近程反潜区（距航母 30nmile 左右的区域）：编队中的驱逐舰配置在航母的周围，间距一般为 8～10nmile。由"阿利·伯克"级驱逐舰装备的声纳系统和反潜直升机进行对潜探测，利用"阿斯洛克"反潜导弹和反潜鱼雷实施对潜攻击。航母搭载的反潜直升机通常配置在航母的前方，距航母 11～15nmile。鉴于现在编队中护航舰艇数量少，根据需要也可在航母后方，布置反潜直升机，距航母 4～30nmile，以防敌潜艇从后方对航母实施攻击。巡洋舰布置在航母后方，主要承担编队的对空防御任务，不过该舰同样装备先进的反潜作战系统，必要时也可承担反潜作战任务。在近程反潜区，主要依靠水面战斗舰艇装备的 AN/SQS-53C 声纳和 AN/SQR-19 战术拖曳阵声纳对潜探测，有些舰换装了 AN/SQQ-89A（V）15 综合反潜战系统和 AN/SQR-20MFTA 多功能拖曳阵声纳，覆盖范围更广、探测能力更强和可靠性更好。

航母在作业区执行作战任务时，由岸基反潜巡逻机或长航时无人机在周边海域或威胁海域进行广域搜索，攻击型核潜艇在航母周围游弋，或部署在威胁方向负责搜索、监视敌潜艇。驱逐舰布置在主要威胁方向。今后，无人系统将承担更多的巡逻、监视、探测任务。

第三节 反潜作战中的协同

美国海军强调反潜战中的信息优势和联合作战，并借助近年来的技术发展，构建立体反潜网络，不断提升反潜效率。美国海军一般是综合利用各类反潜系统、平台联合遂行反潜作战，高效的协同作战是其制胜的关键。反潜战早已不是单平台、编队与潜艇的对抗，更多的是构建庞大的攻防兼备的、察打一体的作战体系与潜艇对抗，在作战使用上，呈现各类平台密切协同、互为补充一体化运用的趋势。

随着无人作战系统越来越多地加入反潜装备体系，未来航母打击群的反潜战将朝着依托分布式可部署水下监视网、无人作战系统"打头阵"、传统反潜平台"作后盾"的运用模式转变。各类平台间通过多种手段建立联系，信息共享，密切协同。

一、水面战斗舰艇与直升机的协同

反潜直升机在遂行反潜作战时，由于作战半径较小，通常随舰行动，主要承担应召反潜任务。一般是水面战斗舰艇或反潜巡逻机发现目标后，一边与目标保持接触，投放标志弹或浮标，另一边召唤反潜直升机，同时将目标的位置和运动要素等信息通报给反潜直升机。反潜直升机根据舰艇的通报对目标信息前往潜艇活动海域，使用吊放声纳或声纳浮标进行搜索，与目标建立声纳接触，同时与母舰保持通信，将目标的位置和运动要素等情报不断向母舰汇报。过去是将目标信息数据传给母舰进行处理，现在随着信息化水平的提升，本机也具备信息处理能力。反潜直升机在进行攻击时，如果是单机反潜，在投雷前需先收起吊放声纳，在原地投雷，或前飞至目标附近投雷。对于潜艇而言，如果吊放声纳的投放位置距本艇较近时，一旦吊放声纳收起，则反潜直升机有较大可能进行投雷攻潜。如果是双机协同攻潜，通常一架直升机指示目标，另一架直升机实施攻击。在实施攻击时，目标指示直升机保持与潜艇的声接触，实施攻击的直升机飞向潜艇，进行投雷攻击。必要时也可召唤母舰使用"阿斯洛克"反潜导弹进行攻击。

舰载反潜直升机通常执行应召反潜任务，反潜过程与固定翼反潜巡逻机类似，但与固定翼反潜巡逻机相比：一是出返航高度低（典型巡航高度 500m）、速度慢（典型巡航速度 220km/h）；二是装备吊放声纳探潜设备（直升机悬停，高度 20m）；三是通常多机编组协同反潜。

当直升机使用吊放声纳进行搜潜时，悬停高度一般在 20m 左右，过渡飞行时，高度一般为 100m 左右，飞行速度 200km/h。如果发现有目标信息，当距离较远时，通常还会飞抵目标附近，再进行一次探测确认，随后决定是否进行攻击，或继续保持跟踪监视。在此情况下，如果潜艇发现直升机吊放声纳探测位置距己方越来越近，会迅速规避，所以必须果断采取行动。

在攻击过程中，母舰为保证对直升机的引导和本舰的安全，一般位敌方潜艇舷角 180°方向、距离大于直升机攻击危险半径的位置。使用反潜导弹进行攻击时，舰艇则需要进入反潜导弹的有效攻击距离范围内。在反潜直升机引导下实施对潜攻击时，水面战斗舰艇需根据反潜直升机报告的敌潜艇位置和运动方向等信息，驶向目标，并开启声纳搜潜，声纳发现目标后实施攻击。为便于水面战斗舰艇与目标建立声纳接触，反潜直升机可在发现敌方潜艇的位置投放浮标或标志弹，水面战斗舰艇在实施攻击时，反潜直升机通常在潜艇上空进行方形搜索，监视其行动。

二、水面战斗舰艇与攻击型核潜艇的协同

就一般情况而言，攻击型核潜艇部署在中程反潜区，水面战斗舰艇部署在近程反潜区，看上去二者较少协同作战，不过在实际运用中可以发现，二者在反潜作战中有许多任务是相互配合、协同完成的。

攻击型核潜艇一直美国海军反潜的重要兵力，"以潜制潜"曾是美国海军的主要运用方式。不过，美国海军在 2004 年颁布的《21 世纪反潜战概念》中，提出逐步改变"以潜制潜"的作战运用方式，借助水下信息优势和无人作战系统技术突破的成果，在未来海战中将更加注重战场态势的把握，更多地利用无人作战系统加强对潜监视，增大传感器部署的密度，获取清晰、准确的战场态势图；更多地利用远程攻击武器或无人作战系统实施攻潜。

过去出于隐蔽作战的要求，攻击型核潜艇较少与编队中其他平台保持通信联络，通常是"独往独来"地执行自己的任务。装备无人作战系统后，不但有了前出探测，或潜入浅海水域侦察的技术手段，而且借助水下网络丰富了与其他平台进行通信的手段，利用无人潜航器等手段作为通信中继，比拖曳式浮标天线更加便捷。

有了便捷的通信手段，水面战斗舰艇在反潜行动中也可增大对攻击型核潜艇潜艇的支持、掩护力度，相应提高其生存能力。在攻击型核潜艇发现被

敌方发起直升机跟踪后,不但可以像以往那样进行规避,还可"召唤"前出编队、距离较近的驱逐舰实施空中支援,打掉敌方的反潜直升机或反潜巡逻机。当攻击型核潜艇发现远距离目标时,也可"召唤"舰载反潜直升机前去实施攻击。

对潜通信方面,水面战斗舰艇可通过具有长波通信中继功能的 E-6A "水星"通信中继机中转。攻击型核潜艇装备有"综合无线电室",用于接收航母发送的战术图像,接收"战斧"导弹攻击计划的有关数据,接收和传送视频、话音、传真和图像信息,实现与其他通信系统的互通。攻击型核潜艇还装有高数据率的卫星通信天线,满足目前对数据速率和带宽的需求。安装在潜艇升降桅杆上的新型潜艇卫星通信天线是多波段、高数据率天线,可以接收来自国防卫星通信系统、军事星系统的信息。另外,美国海军还实施了"多元素浮力电缆阵列天线(MBCA)计划",采用自适应波束成形技术通过拖曳天线进行潜艇卫星通信,潜艇可在水下 300ft 拖曳航速 6kn 情况下实现 SHF 频段、速率为 24kb/s 的双向通信。

攻击型核潜艇装备多型通信天线和拖曳式通信天线等,2012 年开始加装新的 OE-538"增量"Ⅱ的功能桅杆、潜艇高数据率天线、先进高数据天线等。OE-538 可以接收移动用户目标系统卫星、铱星、Link-16 数据链传输的数据。

根据美国海军提出的"全谱反潜战"看,航母打击群的反潜任务主要有 10 项:①迫使对手放弃使用潜艇;②威慑失效时,将敌方潜艇围堵、歼灭在港内;③摧毁敌方潜艇的岸基指挥部、对潜通信设施;④在敌潜艇母港外水域消灭潜艇;⑤在必经航道上消灭敌方潜艇;⑥在公海上消灭敌方潜艇;⑦按己方选择的时间和地点对敌方潜艇进行诱歼;⑧利用电子战手段,干扰敌潜艇的探测能力;⑨在近战中消灭敌方潜艇;⑩规避来袭鱼雷。

由上述 10 项任务可以看出,攻击型核潜艇和水面战斗舰艇是反潜作战的主要力量,美国在冲突爆发前,通常是派出多个航母打击群在敌国附近海域显示武力,进行恐吓,执行第①项任务。第②项任务是主要是封锁,这是美国海军冷战时期常用的方法,在大西洋利用格陵兰—冰岛—苏格兰部署封锁线,在太平洋从鄂霍次克海到一岛链部署封锁线,并借助盟国海军的力量,试图将苏联海军围堵在近海,由航母编队前来歼灭。

关于第③项任务,攻击型核潜艇和水面战斗舰艇都可发射"战斧"巡航导弹,对敌潜艇指挥设施进行远程精确打击。第④~⑥项任务主要由攻击型核潜艇和水面战斗舰艇协同完成。第⑦项任务,可由攻击型核潜艇诱骗敌潜艇进入水面战斗舰艇和反潜直升机构成的"包围圈",然后予以歼灭,或是占据有利地形，释放潜艇诱饵，诱骗敌潜艇。第⑧项任务，可利用潜艇和水面战斗舰艇搭载的电子设备和无人作战系统实施电子干扰或诱骗。第⑨项任务，更多的应该是攻击型核潜艇和水面战斗舰艇分别实施，以免误伤。

三、反潜巡逻机与水面舰艇的协同

在航母打击群进入综合作战区的 2 天前，反潜战指挥官要组织各种反潜兵力对航母即将进入的综合作战区进行清扫。此时，他可直接指挥控制（战术控制）的兵力有支援航母编队作战的岸基 P-3C/P-8A 反潜巡逻机、舰载 MH-60R 反潜直升机、海洋监视船、驱逐舰、攻击型核潜艇等。实施清扫的主要兵力是反潜巡逻机，根据情况派出驱逐舰，予以协助。反潜巡逻机采取设置声纳浮标阵方法，对作战区进行广域搜索。在航母打击群进入作战区的几个小时前，在作战区周围或主要威胁方向设置密集的声纳浮标阵，以防敌潜艇潜入综合作战区。

反潜巡逻机的一个特点是续航力大，可长时间在海上巡逻，加之美国海军海外基地多，可以部署多架反潜巡逻机，航母在全球的热点地区都可得到它的支援。必要时可在航母航渡时，或在航母进入综合作战区之前，为航母打击群提供反潜搜索。

航母综合作战区的反潜清扫分为三个阶段：一是分区清扫。通常于航母进入综合作战区前 2 天开始，主要由驱逐舰配合 P-3C/P-8A 反潜巡逻机完成。通常布设被动浮标阵，或主、被动混合的分散长效浮标阵，浮标间距 15～20km，横向间距 20～25km。二是反潜欺骗。通常在航母进入综合作战区前一天由驱逐舰和反潜巡逻机协同实施。为将敌潜艇从航母编队将要进入的通道口引开，驱逐舰与反潜巡逻机在预定的进入通道的对面制造假入口，并对假入口附近海域实施模拟的主、被动声纳密集搜索，布设声纳浮标阵，以达到以假乱真的目的。三是封闭综合作战区。通常于航母进入综合作战区 3～5h，由反潜巡逻机在作战区周围布设密集声纳浮标屏障，监控试图进入目标区的敌潜艇。

当航母打击群进入综合作战区后，反潜战仍是编队防御作战的重中之重。在潜艇威胁较大的方向，时刻保持高度戒备态势，担负反潜战的驱逐舰和舰载直升机始终处于待命的最高等级状态。反潜驱逐舰主要布置在潜艇威胁较高的方向，通常是进攻方向，舰载反潜直升机在航母及其他被作为掩护重点的舰艇周围实施不规则吊放声纳搜索。反潜巡逻机不停对作战区的海面进行搜索，除了利用目视、雷达、磁探仪进行搜索以外，还可视情布设声纳浮标阵。一旦发现敌潜艇目标，要立即报告反潜战指挥官，根据实际情况进行紧急攻击或预有准备的攻击。

以 P-8A 海上多用途飞机为例,接到反潜任务后,飞机以有利速度(440kn,815km/h)和有利高度(约 10000m)出航,到达任务区域后下降高度至 610m(2000ft),以巡航速度(约 380km/h)巡逻,利用搜索雷达、红外夜视仪、目视观察等方式,对处于潜望状态或通气管状态航行的潜艇进行探测和搜索(图 5-11)。当发现有潜艇活动迹象或对重点水域排查时,飞机飞至目标上空布设被动声纳浮标搜索阵。经识别确认水下目标后,补充投放被动定向声纳浮标或主动声纳浮标对潜艇进行定位和跟踪。也可同时使用磁探仪对目标进行精确定位。当确定攻击目标后,再次下降高度至 152m(500ft),使用鱼雷、深弹等攻潜武器对潜艇实施攻击。完成任务后,以有利速度和高度返航。

图 5-11 美国海军 P-8A 反潜巡逻机

美国海军为了使 P-8A 海上多用途飞机具备高空反潜能力,在 3000～6000m 的高空实施反潜攻击,进行了多项试验。试验内容主要包括:一是采用 GPS 制导的降落伞系统来投放浮标,提高浮标高空布放精度;二是研制可从武器舱或外挂点发射的无人机,携带磁探器,以弥补 P-8A 未装磁探器的不足,同时不必下降巡逻高度;三是研制"高空反潜武器",给反潜鱼雷加装"远程开火"弹翼适配器,使鱼雷可以从大于 2400m 的高空投放,从而规避潜射防空导弹对飞机的威胁。

四、无人机与无人潜航器的协同

美国海军在 2004 年颁布的《21 世纪反潜战概念》中,提出要改变传统的"潜艇对潜艇"的反潜作战模式,反潜战要向密切监视、快速反应、精确打击的模式转变。通过天基平台、分布式水下反潜探测网络等预警、侦察手段，全面、清晰地把握战场态势，对水下目标精确定位，形成同一的战场态势图，更多、更有效地利用空中反潜平台、无人反潜平台、远程制导武器等对敌潜艇实施攻击；效费比高、隐蔽性好的无人潜航器发射鱼雷，对敌潜艇实施"召唤式"的精确打击。同时，美国海军还在积极发展非声探测技术，探索应用无人系统反潜的技术。这些迹象表明，美国海军已不满足现役击型核潜艇靠低噪声和远程探测声纳获得的技术优势，试图通过非声探测技术、无人系统技术等，确保在未来仍保持水下战的优势。在未来的水下反潜战中，攻击型核潜艇很可能是作为水下指挥中心和协同平台，"退到幕后"，而不直接承担攻击任务。

美国海军的反潜战正在由传统的平台密集型向传感器密集型转变，大量的无人作战系统将逐步替代有人平台成为反潜战的主力。由于对潜艇的跟踪将消耗大量资源，而美国海军现有兵力无法应对其他国家日益增多的潜艇，另外，现役攻击型核潜艇也不适宜在近海作战，所以美国海军在大力发展无人作战系统。美国海军发展了多型水下移动探潜网络，只是目前的攻击型核潜艇携载能力有限。为了提高未来攻击型核潜艇的有效负载能力，美国海军已经确定在第3批"弗吉尼亚"级攻击型核潜艇潜艇上安装直径约 $2m$ 的通用导弹发射筒。它是一种多用途发射装置，可以像"俄亥俄"级巡航导弹核潜艇那样，内装多个用于发射"战斧"导弹的发射筒，也可用作大型无人潜航器的携载容器，还可用来支援特种作战运送装备和器材。

无人作战系统的广泛应用、任务领域的不断拓展，使海军装备体系在悄然发生变化，无人作战系统所占比例逐渐增大、作用更加重要，对作战概念和作战样式也产生了深刻影响。在未来海战中，无人作战系统将替代有人装备，承担更多的作战任务，逐步成为主战力量，不仅在情报监视侦察、水雷战、通信等方面发挥作用，并且更多地参与反潜、反舰、防空作战。无人系统和物联网的快速发展，使有人平台和无人平台的连接更加紧密。在分布式作战中，自主同步、自主协同，基于智能、网络和算法，根据作战需要实现动态连接、随机嵌入、功能重组。

可以想象，在未来的海战中，多维空间部署着不同类型的大量无人装备，时刻对作战空间进行监视侦察，获取的信息经智能化处理在网络上共享，交战、指挥、评估等行为由智能系统进行辅助决策，反舰导弹、防空导弹、水中兵器等由无人系统控制发射、制导。空中的无人机、水面的无人艇、水下的潜航器以及海底预置系统等构成一张立体的交战网，在战争中将发挥至关重要的作用。

在反潜作战过程中，可以利用无人机飞行速度快的优势，快速对目标区进行广域搜索，引导其他平台进行精确搜索、精确打击。无人潜航器的优势在于可以替代攻击型核潜艇隐蔽接敌，持续对目标区进行监控、跟踪，必要时可对目标进行攻击，还可以为攻击型核潜艇提供通信中继。

以MQ-4C无人机为例，该机的最大航程达到15000km，最大续航时间30h，一次任务可覆盖$7\times10^6 km^2$海域（图5-12）。机上装备了先进的广域监视系统与数据链，能够单独或者与有人/无人反潜平台协同执行广域海上监视等任务。美国海军为该无人机研制了多功能主动阵列传感器（MFAS），包括一个用于低空探测的AN/DAS-3多频谱光电/红外传感器（还具备激光目标照射功能）和用于高空探测的AN/ZPY-3雷达等，可长时间对海面监视。AN/ZPY-3雷达单次扫描可覆盖$5200km^2$的区域。一旦潜艇上浮，就可能被MQ-4C无人机发现。该机可自动绘制作战用的电子海图，并利用机载保密数据链，通过卫星向水面舰艇编队指挥部、航母作战指挥中心和地面指挥部等作战单位传送包括目标图像、数据，以及全动态视频等重要情报信息。

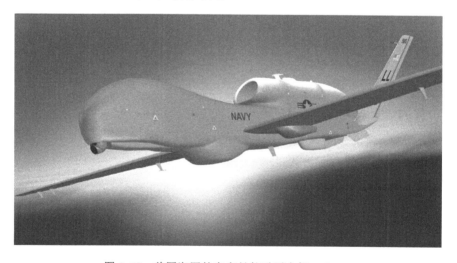

图5-12 美国海军的高空长航时无人机MQ-4C

MQ-4C无人机不仅是P-8A海上多用途飞机的补充，也可与水下无人监视系统和无人潜航器协同作战。水下的移动可部署系统可以根据无人机的情报，进行有针对性的侦察，同时航母打击群也可根据其情报激活水下预置的水下先进武器、海底预置武器等，做好战斗准备。

其他小型无人机可以根据需要随时由水面战斗舰艇或攻击型核潜艇发射，

执行短暂、单一的任务，为无人潜航器提供通信支援、目标指示等临时、应急任务。

美国海军近期研制的水下监视系统很多是基于无人潜航器的，如"黑鱼"大直径无人潜航器（图5-13），它是近海水下持续监视网（PLUSTNet）的基础和传感器的携载平台，系统还包括了固定式水听阵、"蓝鳍"21、"海马""水下滑翔机"等无人潜航器。"黑鱼"由潜艇携载，在预定海域布放后，按预设程序对水下目标进行持久的监视，它也可通过通信系统与母艇或空中的无人机保持联系，接收新的指令。

图5-13 美国海军正在研制的"黑鱼"大直径无人潜航器

"黑鱼"根据需要布放多个携载的小型潜航器进行侦察，在接到指令后还可利用搭载的鱼雷对敌潜艇实施攻击。美国海军在2016年8月的"年度海军技术演习"中，试验了无人潜航器和无人机的协同作战能力。由攻击型核潜艇布放1个"蓝鳍"21无人潜航器，到达指定海域后，"蓝鳍"21根据指令又布放了2个小型"沙鲨"无人潜航器和1架"黑翼"无人机，协同执行情报监视侦察任务。由"黑翼"充当潜艇和"沙鲨"间的通信中继，实现了水下和水面的跨域通信和指控。"分布式敏捷反潜系统"的主要设备也是"蓝鳍"21无人潜航器。

虽然现在无人潜航器等无人系统还没有大量装备航母打击群，但这只是时间问题。在未来的海战中，多维空间部署着不同类型的大量无人装备，时刻对作战空间进行监视侦察，获取的信息经智能化处理在网络上共享，交战、指挥、评估等行为由智能系统进行辅助决策，反舰导弹、防空导弹、水中兵器等由无人系统控制发射、制导。空中的无人机、水面的无人艇、水下的潜航器以及海底预置系统等构成一张立体的交战网，对潜艇形成更为严峻的威胁。潜艇面对可能是无数个无人作战系统，这些系统要比传统的作战平台更难对付，因为它们是隐身的，体积小，难以探测，它们数量多，往往会顾此失彼。

五、水下侦听装备与作战平台的协同

美国海军反潜作战的优势在于拥有多种水下侦听、监视系统和网络，这是其他国家海军无法比拟的。现代反潜舰都装备了舰壳声纳、拖曳阵声纳，但它们的探测距离毕竟有限，仅靠这些固有装备执行反潜作战，很难达到预期的效果。从冷战时期建设的固定式水下监视系统到今天的移动可部署水下监视系统，为美国海军航母打击群的反潜作战提供了巨大支持。另外，美国海军的海洋监视船在反潜战中也发挥着巨大作用，它的舰载拖曳阵列传感器系统在有效利用会聚区时，探测距离可达1500nmile，虽然美国海军现役只有5艘海洋监视船，但监视有潜艇的主要对手国家还是够用的。这些监视船平时还可在重点海域进行水文数据收集、海底勘测等，利用现代化的大数据技术，通过快速查明安静型潜艇出航时对环境造成的微小影响，判断是否有潜艇在活动。

单就美国海军现役水面战斗舰艇的反潜能力而言，未见得强于其他国家的驱护舰，但因其能够得到水下侦听和监视系统的支持，对水下战场态势的把握远胜于其他国家。这些平台和系统获取的信息通过卫星系统传送到岸基反潜中心，经处理后发送到航母打击群，使反潜作战平台能够在敌潜艇尚未进入外层防御圈之前，就已获得了相关情况，预先做好战斗准备。执行反潜任务的水面战斗舰艇可以根据这些有价值的情报进行对潜搜索，节约了时间，提高了效率。

从反潜预警、探测装备的发展看，美国海军早期发展了固定式水下监视系统，冷战结束后，海军战略调整为"前沿存在……由海向陆"，1997年提出网络中心战概念。后来，在此基础之上，提出网络中心反潜战概念（图5-14），重点发展了分布式可部署探潜系统，主要用于近海监视，有先进可部署系统、近海持久监视系统等，旨在应对浅海环境中的安静型常规潜艇，整个系统部署后监视范围可达185km×185km。从2007年前后开始，美国海军反潜探测装备的研发重点转向深海，主要有深海主动探测系统、分布式敏捷系统、猎潜系统、深海作战项目等。其中深海主动探测系统,是由水面浮标、声源、体积阵组成的无人值守探测系统,通过水面舰布放,一套系统可探测近 10000km^2 的海域,多套系统组网,可大范围探测过往的潜艇。分布式敏捷反潜系统由深海和大陆架浅海两套反潜子系统组成,其中深海反潜子系统包括可靠声学路径转换系统和多艘无人潜航器。

图 5-14　美国海军网络中心反潜作战示意图

美国海军装备发展重点的转移至少表明了四个问题:一是美国海军的近海探潜技术已经成熟;二是符合美国海军水面舰艇部队"重归制海"战略调整的需求,未来的主要作战海域转为深海;三是弥补了美国海军深海机动探潜能力的不足;四是美国海军的水下监视系统形成了固定式与移动式相结合、浅海探测与深海探测相结合的无缝的对潜探测网络,可以为水面战斗舰艇反潜提供更坚实的基础和情报保障。

第六章　美国航母打击群对空作战协同

舰空导弹的问世是第二次大战后海军舰艇防空作战的第一次革命，导弹替代舰炮成为水面战斗舰艇的主要防空手段，作战舰艇纷纷装备舰空导弹，大幅提高了对空中来袭目标的拦截成功率。此后，美国航母编队的防空作战大体经历三个大的发展阶段，即分层防御阶段、网络化防空阶段和一体化防空阶段。分层防御是指随着舰空导弹种类增加，射程不断延伸，海军开始设置远中近防御圈实施分层的对空防御。网络化防空是指基于作战网络，将编队中所有平台连接在一起，充分发挥各自的优势，实现信息共享，其典型标志是协同作战能力（CEC）系统的服役。一体化防空是指在网络化的基础上，进一步合理分配资源，增强优势，实现超视距对空拦截，并将弹道导弹防御与对空防御融为一体，其典型标志是海军一体化火控-防空系统、一体化防空反导（IAMD）舰的服役。三个阶段的发展并非以摈弃的方式，而且以递进累加的方式渐进而成的。

消灭敌人保存自己永远是战争的不二法则，防空作战也是如此。美国航母打击群的对空作战任务主要有两项：一是出动舰载机拦截、歼灭来袭的战斗机、轰炸机等空中作战平台，以免遭其攻击；二是利用舰载或机载武器拦截、击毁敌各类作战平台发射的反舰导弹。美国航母打击群现役防空作战武器主要是舰载预警机、战斗攻击机、水面战斗舰艇的防空武器系统、航母本舰自防御系统等。

第一节　对空作战武器装备

航母问世初期，舰炮也曾是其重要的装备，有的航母在舰两舷布置了几十座火炮，用于对空和对海作战。当时的空中威胁主要是敌方的飞机及其投掷的航弹和鱼雷，那时的飞机飞行速度较慢，舰炮还勉强可以应对，但随着装备的技术进步，特别是第二次世界大战后喷气式战斗机、远程轰炸机、导弹等武器相继列装，对航母的海上生存构成了严重威胁，舰炮因其射程近、命中精度低，已无法应对导弹的攻击。航母是美国海军的主要作战兵力，同时也是战时对手极力要消灭的高价值目标，必须有可靠的手段加以保护。为此，美国海军研制了舰空导弹，充实航母编队的对空防御能力。

美国海军航母打击群的对空作战装备是当今世界最强的，拥有真正意义上的远中近、高中低对空防御武器体系。该体系主要由航母、舰载机、水面舰艇等平台，舰空导弹、空空导弹等武器系统，"宙斯盾"作战系统、舰艇自防御系统、协同作战能力、海军一体化火控-防空系统（"尼夫卡"）等系统构成。

上述作战平台在防空作战方面的分工：F/A-18E/F、F/A-18C/D 战斗攻击机和 E-2D 预警机等主要承担外防区空中警戒和拦截任务；巡洋舰和驱逐舰承担内防区的防空任务，其中 1 艘"提康德罗加"级巡洋舰担任防空作战指挥舰，必要时指派 1 艘巡洋舰作防空前哨舰，部署在航母前七八十千米处，以增大对空监视、拦截的范围；航母只负责本舰点防御任务。

一、对空作战装备体系

对空作战是保护自身安全的重要手段，面对日趋严峻的空中威胁，防空装备也在不断升级。当今，单一手段已不足以对抗空中威胁，体系作战能力显得尤为重要。现代防空装备体系主要包括预警探测装备、指挥控制装备、拦截武器、电子战装备，以及支援保障装备等。对空作战的指挥控制系统主要是水面战斗舰艇装备的"宙斯盾"系统和航母装备的舰艇自防御系统。目前，防空作战装备体系的特征是通过网络连接，将各类平台的预警探测、指挥控制、火力、干扰等作战要素融合在一起，形成一体化的防空作战力量。防空作战是一种时间紧迫型作战，需要实时的火控级信息和无缝的通信保障、高效精准的指控、有效的软硬杀伤、准确的毁伤评估。

防空作战展开突然，战况瞬息万变，作战空域辽阔，要应对来自不同方向、不同空域、形式多样的目标，而且对抗激烈、战斗紧张、消耗巨大，参战兵力众多，指挥协同难度大等。所以，防空作战按战术运用分为攻势防空和守势防空，按作战空域上分为区域防空和点防御，按兵力部署上分为远、中、近配置，按杀伤手段上分为硬杀伤和软杀伤。

美国海军航母打击群的作战平台数量虽已精简到极致，但所搭载的对空武器仍非常多。除了攻击型核潜艇以外，航母、舰载机、水面战斗舰艇均装备一流的对空作战系统，整个编队通过"尼夫卡"系统连成一个整体，做到了互联互通互操作。按平台类别，航母打击群各类平台的防空装备具体构成如下：

航母平台装备的防空作战系统功能较弱，仅具备点防御能力。

航母平台的对空探测系统主要由 AN/SPS-48E 三坐标对空搜索雷达、AN/SPS-49（V）5 对空搜索雷达（CVN-71、72、75）或 AN/SPS-49（V）1 二坐标雷达（CVN-68/69/70/73/74/76/77）、AN/SPQ-9B 雷达（CVN-68/69/70/73/74/76/77）、Mk-23 目标获取系统（CVN-71/72/75）等构成。AN/SPS-48E 和 AN/SPS-49（V）5 雷达对非隐身战斗机的探测距离分别为 400km 和 600km，AN/SPQ-9B 雷达为 37km，Mk-23 系统为 185km。

航母平台的舰艇自防御系统主要由 SSDS Mk1/2 舰艇自防御系统（包含 CEC 系统）、"海麻雀"/改进型"海麻雀"舰空导弹、"拉姆"舰空导弹、"密集阵"近防武器系统，以及电子战系统等构成。"海麻雀"舰空导弹的射程为 16km，改进型"海麻雀"舰空导弹为 50km；"拉姆"舰空导弹的射程为 9.6km，"拉姆"2 舰空导弹的射程达到 20km。

舰载机主要承担远程攻势防空作战任务，因其装备固定翼预警机，所以作战能力较强。

舰载机的探测系统主要由 E-2D 预警机装备的 AN/APY-9 新型相控阵雷达、E-2C 预警机的 AN/APS-145 雷达、F/A-18E/F 战斗攻击机的 AN/APG-79 有源相控阵雷达（AESA），以及各型机载红外光电探测设备等构成。AN/APY-9 雷达对空中目标的探测距离为 550km，对低空掠海目标为 260km；AN/APS-145 雷达的探测距离为 450km。AN/APG-79 雷达的探测距离大于 180km，F-35 战斗机的 AN/APG-81 雷达的探测距离超过 200km。

舰载机的拦截武器系统主要由机载火控雷达+AIM-120D、AIM-9X 空空导弹等构成。AIM-120C/D 空空导弹的速度为马赫数 4，射程为 80～100km；AIM-9"响尾蛇"空空导弹的速度大于马赫数 2.5，最大射程为 17.7km。

水面战斗舰艇的防空系统由多个子系统组成，可分可合，具备一流的防空作战能力，可构成多层拦截圈。

水面战斗舰艇的对空探测系统主要由 AN/SPY-1B/D/D（V）相控阵雷达、AN/SPQ-9B 雷达（部分舰）等构成。AN/SPY-1D 的探测距离为 450km，对雷达反射面积 $0.1m^2$ 的目标为 140km，对高空飞行的巡航导弹为 180km。

水面战斗舰艇的对空拦截系统主要由"宙斯盾"系统（指控）、Mk-99 导弹火控系统（包含 AN/SPG-62 照射雷达等）、Mk-41 导弹垂直发射装置、"标准"2/3/6 导弹、改进型"海麻雀"导弹、AN/SLQ-32（V）3 电子战系统、"海拉姆"舰空导弹（部分舰装备）、"密集阵"近防武器系统，以及电子战系统等构成。"标准"6 导弹的最大射程 370km，"标准"2 Block ⅢB 的射程 174km。

美国水面战斗舰各型导弹搭载数量见表 6-1。

表 6-1 美国水面战斗舰各型导弹搭载数量统计[①]

舰艇＼导弹	"战斧"	SM-2/3/6 舰空	ESSM	"阿斯洛克"	"鱼叉"	合计
"提康德罗加"级 122 单元	36	74	32（8 单元）	4	8	154
"阿利·伯克"级Ⅰ型 90 单元	23	55	32	4	8	122
"阿利·伯克"级Ⅱ/ⅡA 型 96 单元	25	59	32	4	0	120

注：Mk-41 导弹垂直发射装置一个单元可以装 4 枚改进型"海麻雀"导弹，"鱼叉"反舰导弹不占用 Mk-41 导弹垂直发射装置。表中所列各型的导弹的数量为参考值，具体装配比例可根据具体作战任务进行调整

美国海军防空装备经过几代更迭，目前已经形成了整个编队一体化的防空作战，其主要体现是航母打击群所有对空作战平台和武器系统由 NIFC-CA 和 CEC 系统连成一体，从目标探测到打击、评估，实现了"一元化"管理、控制，其效果和能力有了飞跃的发展。

NIFC-CA 系统主要由 E-2D 预警机（探测、跟踪）、舰载机探测系统、"宙斯盾"系统（指挥控制）、CEC 系统（目标航迹）、"标准"舰空导弹等构成。整个编队的防空力量通过 NIFC-CA 系统整合，形成一体化的作战力量，从探测到拦截的全过程的各种能力具有不同程度的提高。

CEC 系统主要由协同交战处理器、数据分配系统（数据处理、分发），E-2C/D 预警机，"宙斯盾"系统和 SSDS（指挥控制），"标准"舰空导弹等构成。各舰艇平台和防空系统通过网络连成一个整体，在本舰雷达未探测到目标的情况下，也可根据其他平台的目标信息，发射导弹进行拦截。

二、舰载战斗机

纵观美国海军舰载机的发展史，我们可以用"由简到繁、由繁到简"来概括。第二次世界大战中的几次大规模海战奠定了舰载航空兵的地位。战后，美国海军将航母和舰载机作为与苏联对抗、解决区域冲突重要手段，发展了各类舰载机。冷战结束前，仅固定翼飞机就先后发展了攻击机、战斗机、战斗攻击机、反潜机、预警机、电子战飞机、侦察机、加油机、运输机九大类舰载机。在当时"海上决战"思想的指导下，航母编队将在没有岸基航空兵的掩护下，与苏联海军在远洋展开决战。因此，美国海军的舰载机得到前所未有的快速发展，针对大规模空战和预警的需要，增加了预警机，针对苏联海军不断强大的

---

① 根据美国 GAO 的报告统计。

潜艇兵力，增加了固定翼反潜机，为了满足远程打击和长时间滞空的需要，增加了空中加油机，舰载机的种类和规模达到顶峰。冷战后，美国海军根据新的任务需求，舰载机开始朝着精干、多用途的方向发展。

（一）美国海军航母舰载机的编成不断调整，作战能力逐步提升

冷战结束后，各国海军装备遭遇了同两次世界大战结束后一样的大规模削减，美国海军的航母数量由原来的 15 艘减为 12 艘，海军飞机由 4000 多架减为 2000 多架，但作战任务并没减轻，准备在全球同时打两场大仗的构想没有变。面对这种局面，美国海军只能对兵力进行优化组合，同时通过提高舰载机的作战能力，维持整体的作战能力不至因装备数量减少而降低，并力争有所超越。

美国海军之所以在兵力大幅削减的情况下，依然维持保持很强的作战能力，打击效果倍增，这其中主要原因：

（1）精确制导武器的广泛应用起了重要作用，过去轰炸一个目标，往往需要携带普通炸弹的攻击机出动几十个架次。现在使用精确制导武器，一个架次可以打击几个不同的目标。这种能力在近期的几场局部战争中表现得越来越强。精确制导武器具有准确摧毁目标的能力，特别是对重要的战略目标实施打击，一次攻击取得的战果是以往多个架次都不能完成的，这对加快作战速度和战争进程有着不可忽略的功效。另外，精确制导武器有较高的效费比，虽然单枚导弹造价较高，但由于使用数量少，在某种情况下，比常规无制导炸弹还省钱。

（2）重新组合运用航空兵力，逐步淘汰了功能单一的舰载机，注重发展多用途飞机，有效的打击架次数量增加，而且减少了飞机维修保养的工作量和作战成本。

从以下三个侧面可以大致了解美国海军航母打击群舰载机的发展演进和现役装备情况：

（1）舰载机趋于精干。舰载机的种类多固然是件好事，缺了哪一类舰载机在某个领域的作战能力就会受到影响，但是一艘航母的载机数量是有限的，过多搭载支援保障飞机，又会削弱整体的攻防能力。多用途飞机单就某一方面的能力而言，可能不如专用机，但由于它可身兼数职，执行多种任务，因此备受青睐。

（2）"一机多能"是当代舰载机的发展趋势，以较少的机型兼顾多种作战任务。过去美国航母上装备了攻击机、战斗机、预警机、侦察机、加油机等多种固定翼飞机，虽然专用机比多用途飞机在某些性能要强很多，如 A-6、A-7 攻击机的对地攻击能力和 F-14 战斗机的空战能力都分别强于 F/A-18 战斗攻击机，但前三型飞机承担的作战任务较单一，已不符合新时期的作战思想，最终被 F/A-18 战斗攻击机取代。虽然 F/A-18 战斗攻击机的作战能力在某些方面并不比前者强,但舰载机联队的整体能力因机型整合而大增。毕竟航母搭载能力有限,机种多势必造成每种飞机的数量受限。另外,机型减少还有助于飞机的维修保障、降低航母的全寿命期费用等。

(3)"一机多型"是国外海军舰载机的典型特点之一。许多著名的舰载机都在持续发展中形成系列,例如:F/A-18"大黄蜂"至今已经发展了 A-G 等 7 个型号,不但有作战飞机、电子战飞机,还能进行"伙伴加油";美国海军在 A-6 攻击机的基础上发展了 EA-6B 电子战飞机、KA-6 加油机和 FA-6 侦察机等。这种发展模式不仅研制风险低,而且在使用中也可减少维修保养费用和培训费用。

美国海军在冷战后的初期军费减少,编制数量受限的情况下,采取减少机型的办法,弥补缺口,不是单纯地减少飞机的数量,而是通过研制、装备多用途飞机,合理分配任务。实现了从大而全、多而广,向小而精、少而强的转变。大而全可以理解为重型飞机多、机种全。现在,美国海军陆续退役了像 A-6、F-14 等最大起飞质量接近或超过 30t 的舰载机,用 F/A-18E/F 战斗攻击机替代它们,同时航母搭载的机型越来越少;多而广可以理解为利用舰载机的数量规模,实现任务领域广的目标;小而精、少而强可以理解为机型减小和重量减轻,编制更精干,能力更强,舰载机整体数量减少,飞行中队的数量和机型的种类减少不但没有影响整体作战能力,而且越来越强。过去是靠机种全来保障任务领域的覆盖,现在是通过增加飞机的多用途性来拓展任务领域。

20 世纪 80 年代中期,航母舰载机联队编配有 A-6 重型攻击机、A-7 轻型攻击机、F-14 战斗机、E-2C 预警机、S-3 反潜机和反潜直升机、EA-6B 电子战飞机、KA-6 加油机、RF-5 侦察机、C-2 运输机等 80~90 架飞机。但美国海军战略调整后,F-14 战斗机、A-6 攻击机、S-3B 反潜机/加油机等机种在对陆攻击作战中派不上用场,随即相继退役。由 F/A-18E/F 多用途飞机替代了上述三型舰载机,F/A-18 系列战斗攻击机在一些方面虽然不如专用机,但它能身兼数职。

(二)舰载机满足新的作战需求

从作战使用需求看,为适应作战模式从以平台为中心向以网络为中心的转变,老式舰载机的信息化程度较低,且改装的余地较小。根据未来作战需求,美国海军开始强调舰载机的多用途,要能够执行多种作战任务,特别是必须满足联合作战的需求,在网络中心战中,舰载机不仅是一种攻击性武器,还必须能够承担支援保障任务,成为网络中重要的信息节点。

在编制上,美国海军注重精简机型、优化结构。从高低搭配转向力量搭配,注重整体能力的提升。机种是否齐全不重要，重要的是能够完成各种任务，不断拓展任务领域。过去，在航母上空中飞机由高档的 F-14 战斗机和低档的 F/A-18C/D 形成高低搭配，专门用于反舰、对陆攻击的 A-6 与 A-7 攻击机形成高低搭配。现在是 F/A-18 系列飞机"一统天下"。以后将由 F-35C 与 F/A-18E/F 形成力量搭配，承担从对地攻击到空中格斗全领域的作战任务。

在编成上，注重灵活编配，美国海军各艘航母的舰载机联队编成并不完全一致，以"里根"号航母为例，现役舰载机联队编配 48 架 F/A-18E/F 战斗攻击机(有的联队配备 44 架，还编有少量 F/A-18D，正逐步将被 E/F 机型所取代)、5 架 E-2D 预警机、5 架 EA-18G 电子战飞机、5 架 MH-60R 反潜直升机、6 架 MH-60S 搜索/救援直升机。"福特"级航母将配备 10 架 F-35C 战斗机、36 架 F/A-18E/F 战斗攻击机、5 架 E-2D 预警机、5 架 EA-18G 电子战飞机、2 架 MV-22 倾转旋翼机、5 架 MH-60R 反潜直升机、6 架 MH-60S 搜索/救援直升机，未来还将增配 MQ-25B"黄貂鱼"无人加油机。

（三）作战飞机的性能不断提升

美国航母打击群的现役主要对空作战力量是 E-2D"鹰眼"预警机、F/A-18E/F"超级大黄蜂"战斗攻击机、EA-18G"咆哮者"电子战飞机组合。预警机负责空战指挥，战斗攻击机负责空战拦截，电子战飞机负责伴随干扰。预警机可先敌发现，为编队提供预警、指挥，电子战飞机视情实施干扰、压制、致盲敌机的雷达和电子装备，战斗攻击机在上述两型飞机的支援下遂行打击任务。今后，F-35C"闪电"Ⅱ加入后，该"团队"的能力将有很大提升。

美国海军的舰载机之所以具备很强的作战能力，主要得益于预警机和战斗攻击机装备先进的相控阵雷达，E-2D 预警机的 AN/APS-9 相控阵雷达对空探测距离可达 550km。它有三种工作模式：10s、360°全向搜索模式，机械旋转全向搜索并对特定空域探测的模式，停止机械旋转只向特定方向发射波束的搜索模式。该雷达引入更先进的数字情报处理技术，克服了 UHF 频段雷达的弱点。该雷达与 E-2C 预警机装备的 AN/APS-145 雷达相比，探测距离增加 20%，探测范围提高 250%，尤其是对远距离小型目标的能力有很大提高，具有对隐身飞机的探测能力，对低空目标也有较强的探测能力。预警机前出编队数千米，加上 E-2D 的 AN/APY-9 雷达 550km 的探测距离，可监视、跟踪距航母 800～1000km 的空中目标（对海上目标为 544～729km，对空中大型目标为 740～925km[①]）。通过机载 CEC 系统、GPS、数据链等和卫星通信装置，向各种网络

---

① 日本《军事研究》，2015 年 11 月。

传输目标数据,与 E-2C 预警机相比,与"宙斯盾"舰配合使用,可使"标准" 2/6 导弹拦截巡航导弹的能力提高 1 倍;引导 F/A-18E/F 战斗攻击机机型空战,拦截飞机的能力可提高 5 倍。

F/A-18E/F 战斗攻击机的 AN/APG-79 雷达通过高分辨率合成孔径雷达(SAR)获取的图像信息进行实时目标定位,并将目标数据提供给多枚武器,其探测距离大于 180km,可同时跟踪 20 多批目标。该雷达也装备 EA-18G "咆哮者"电子战飞机。AN/APG-79 雷达的主要功能有远距搜索、远距提示区搜索、全向中距搜索、单目标和多目标跟踪、AMRAAM 数传方式(向先进中距空空导弹发送制导修正指令)、目标识别、群目标分离(入侵判断)、气象探测等。扩展功能主要有空/地合成孔径雷达地图测绘、改进的目标识别、扩大工作区。

EA-18G 电子战飞机是在 F/A-18F 双座机的基础上改进的,现在挂载的 ALQ-99(V)电子吊舱于 20 世纪 60 年代服役,但在服役期间结合实战经验经过多次改进,如扩展能力(EXCAP)计划、三次改进能力(ICAP)计划,性能逐渐增强,干扰波段也从最初的 4 个增加到现在的 10 个,覆盖范围从 64MHz~18GHz,每个干扰舱可以覆盖 7 个频段中的一个。EA-18G 电子战飞机新增的功能:机首和翼尖吊舱内的 ALQ-218V(2)战术接收机是目前世界上唯一能够在对敌实施全频段干扰时仍不妨碍电子监听功能的系统;干扰对消系统在对外实施干扰的同时,采用主动干扰对消技术保证己方超高频(UHF)话音通信的畅通;用 ALQ-217 替代 USQ-113 通信干扰装置;ALR-67(V)3 雷达告警系统、综合防御电子对抗系统等,作为"部队网"的关键节点,该机还装备了 16 号数据链。

(四)始终保持机载武器处于领先水平

机载武器方面,目前美国海军航母舰载机在对空作战时主要使用的武器系统 AN/APG-79 相控阵雷达与 AIM-120C/D 空空导弹组合。较早服役的 F/A-18C/D 型飞机经过改装现在也可挂载 AIM-120 空空导弹,只是机载火控雷达性能不及 AN/APG-79 雷达,所以现在多承担辅助作战任务。

AIM-120C/D 空空导弹 2005 年以后服役,是美国海空军现役最先进的空空导弹,主要用于远程拦截敌机(图 6-1)。该导弹采用主动雷达制导,射程 80~100km,飞行速度为马赫数 4,采用高爆定向破片式战斗部,质量为 22kg。

AIM-9"响尾蛇"是美国海空军装备的一型被动式红外制导空空导弹,主要用于近距离空中格斗。现役装备的主要是 AIM-9X 型导弹,最大射程 17.7km,最小射程 500m,飞行速度大于马赫数 2.5,机动过载大于 50g,采用红外成像制导、环形破片式战斗部,质量 101.5kg。

图 6-1 AIM-120C/D 空空导弹

美国海军固定翼舰载机的发展与其他装备发展一样，有明确的发展思路和方向，并根据战略调整随时进行微调，使之能够在保持大方向不变的情况下，适应形势的变化和作战需求的变更。舰载机由过去主要依靠机型种类全达成完备的装备体系，发展到今天主要依靠多用途飞机覆盖各任务领域，增强作战能力，其特点可以概括为以下两点：

（1）注重制信息权，舰载机成为网络节点。美国海军舰载机在信息作战方面一直处于领先地位。1997年，美国海军提出网络中心战概念后，随将航母舰载机作为交战网路中的一个关键节点，进一步提升其信息能力。舰载机已经不是以往概念上的一个独立的作战平台，而是一个基于信息化和网络化的作战平台，成为作战网络中的一个节点。美国海军以适应信息化战争的需求为发展重点，研制和改进航空电子设备，着重提高舰载机的信息接收能力、探测能力、抗干扰能力等，以支持网络中心战。

21世纪的航空装备不但继承了远程作战、快速机动、高速突击等能力，还大幅增加了隐身性能。美英联合研制的F-35C"闪电"Ⅱ战斗机服役后，航母打击群的隐身突防能力和综合作战能力将实现倍增。目前美国航母搭舰载的作战飞机都具备投放精确打击武器的能力，航空武器装备的高机动性、高毁伤性与实时信息的结合，使"侦察—定位—决策—打击—评估"的周期进一步缩短，精确控制海上战场的能力不断提高。

（2）任务领域广，空中拦截能力强。美国海军舰载作战飞机目前只保留了F/A-18E/F和F/A-18C/D两个机型，它们的作战性能虽不及五代机和F-15等岸基飞机，但与其他国家的战斗机相比，仍具有优势，特别是更换相控阵火控雷达后，作战能力有很大提高。

E-2C/D预警机对战斗攻击机发挥作战效能起到非常关键的作用：①在E-2D预警机的支援下，加之E/F型战斗攻击机装备先进的AN/APG-79相控阵雷达，所以对空探测距离远，可先敌发现，提前做好交战准备。②F/A-18战斗攻击机兼具战斗机和攻击机的特性，可执行空战、对陆攻击、侦察、空中加油等多种任务，几乎是无所不能。③机载武器性能先进，战斗攻击机使用的AIM-120C/D空空导弹、电子战飞机使用的"哈姆"反辐射导弹等，经过升级改进，性能不断提升，都属于世界一流的装备。AIM-120D空空导弹2015年形成初始作战能力，与AIM-120C型导弹相比，增加了双向数据链、增加GPS导航，拦截精度更高，并强化了大角度离轴攻击能力，有效射程提高50%。基于这两点，E/F型机的空战能力有较大提高。另外，E/F型机作战半径有所增加，按照美国海军提出的要求，在挂载4枚1000lb的炸弹，2个480gal（1gal=3.785L）副油箱的情况下，采取高—低—低—高的飞行剖面，作战半径应达到720km，比 C/D 型多出 20%。挂载 2 枚 2000lb 精确制导炸弹、3 个 480gal 副油箱，采取燃油效益更高的高—高—高飞行剖面时，作战半径可达 1200km。

三、水面战斗舰艇

美国海军航母打击群目前只有"提康德罗加"级巡洋舰和"阿利·伯克"级驱逐舰两型护航舰，均装备有"宙斯盾"系统。虽统称为"宙斯盾"舰，但根据其版本的不同，可分为防空（AAW）舰、弹道导弹防御（BMD）舰、CEC舰、一体化防空反导舰等。

如同舰载机一样，美国海军现役水面战斗舰艇基本是一个舰种只保留一个型号，巡洋舰是"提康德罗加"级、驱逐舰是"阿利·伯克"级。"佩里"级退役后，护卫舰一直空缺，现在美国海军已将"自由"级和"独立"级濒海战斗舰划为护卫舰，但它们不像"佩里"级护卫舰那样编入航母打击群。攻击型核潜艇现有三个型号，即"洛杉矶"级、"海狼"级和"弗吉尼亚"级。航母打击群通常编"洛杉矶"级，由于美国海军的攻击型核潜艇不具防空作战能力，这里不做详细分析。

（一）硕果仅存的巡洋舰

巡洋舰在第二次世界大战后逐渐走向衰败，世界海军国家中现在装备巡洋舰的国家寥寥无几，其地位逐渐由驱逐舰所取代，美国海军目前只有"提康德罗加"级一型巡洋舰。该级舰是美国海军于 20 世纪 70 年代为对抗苏联海军的导弹饱和攻击而设计建造的。当时，苏联为了与美国在海上抗衡，海军装备发展非常快，特别是为了打击美国海军航母战斗群，研制了近 20 个型号的舰载、空射和岸基反舰导弹。一旦发生战事，各种发射平台可同时发射导弹对航母实施攻击，以此突破航母战斗群的防空系统，以数量取胜，使敌防空系统无法同时招架多枚导弹的饱和攻击。面对如此严重的威胁，美国海军也在大力发展装备，建造新舰替代大批第二次世界大战时期的老旧舰，当时在役舰艇装备的 3T 导弹，即"黄铜骑士""小猎犬""鞑靼人"等舰空导弹已不能满足作战需要，因为这些导弹武器系统不具备快速反应能力。主要体现在雷达搜索、定位和跟踪速度慢、导弹发射速度慢，不能应对苏联海军的导弹饱和攻击，为此，美国海军决定发展"提康德罗加"级导弹巡洋舰。

该级舰的核心是"宙斯盾"作战系统。1970 年，美国无线电公司取得"宙斯盾"作战系统工程的研制合同；1976 年 4 月，美国海军开始研究在"斯普鲁恩斯"级（DD-963）驱逐舰的基础上设计"提康德罗加"级导弹驱逐舰，同年 12 月，国防部通过了拨款法案，转入工程建造。

该级舰在论证阶段原计划是建造一级驱逐舰，1980 年划为巡洋舰，代号定为 CG-47。首舰由英格尔斯船厂设计建造，1980 年 1 月 21 日开工，1981 年 4 月 25 日下水，1983 年 1 月 22 日服役，末舰 1994 年 7 月服役，共建造了 27 艘。最后 5 艘舰的建造因"阿利·伯克"级驱逐舰的研制而推迟，于 1988 财年才批准了建造计划。

该级舰前 5 艘舰没有导弹垂直发射装置，在舰首和舰尾部各布置了 1 座 Mk-26 斜臂式导弹发射装置，因防空能力较弱，这 5 艘舰已经退役。Mk-26 发射装置在导弹发射后，需要重新装填，所以发射速率低，无法应对多枚导弹的同时攻击。从第 6 艘舰开始在舰首和舰尾安装 2 座垂直发射装置，导弹装载数量由原来的 68 枚提高到 122 枚，可以混搭"标准""海麻雀"等舰空导弹和反潜导弹，后来又加装了"战斧"对陆攻击巡航导弹，大大提高了综合作战能力，从而使传统的水面舰艇的防空装备发生了一次巨大的变革。

（二）"伯克"系列驱逐舰

为替代 20 世纪 60 年代初期建造的"查尔斯·亚当斯"驱逐舰，并作为"提康德罗加"级巡洋舰的补充，加强航母编队的综合防护能力，美国海军于 1980 年开始论证、设计新一级驱逐舰。1985 年，进入细节设计阶段，首舰 1988 年 12 月开工建造，1989 年 9 月下水。"阿利·伯克"级驱逐舰按设计要求是一型承担编队防空、反潜、反舰任务，并以防空作战为主的多用途驱逐舰。该级舰除了在航母打击群中承担护卫任务以外，还可编成巡驱大队独立执行作战任务，或是承担弹道导弹防御任务，也可编入两栖戒备大队组成远征打击群。

现役"阿利·伯克"级驱逐舰目前有三个型号，分别是"阿利·伯克"级 I 型 7 艘（DDG-51~DDG-71）、"阿利·伯克"级 II 型（DDG-72~DDG-78）21 艘，"阿利·伯克"级 II A 型（DDG79~124、127），截至目前已经建造了 39 艘，形成了一个庞大的家族。不久的将来"阿利·伯克"级 III 型舰也将服役，这是一型名副其实的防空反导一体化舰，信息化程度很高，综合作战能力更强。

现役"阿利·伯克"级三型驱逐舰的满载排水量分别为 8400t、9000t、9240t，主尺度略有差别，但都装备 AN/SPY-1D 或 AN/SPY-1D（V）相控阵雷达、"宙斯盾"作战系统和 Mk-41 导弹垂直发射装置等。三型舰中，"阿利·伯克"级 I、II 型舰只有直升机甲板，没有机库，"阿利·伯克"级 II A 型为增强反潜作战能力增设了机库，可搭载 2 架直升机。三型舰的都装备 96 单元的导弹垂直发射装置，但"阿利·伯克"级 I、II 型舰在前后发射装置中各装有 1 部导弹装填吊装设备，各占 3 个发射单元，所以只有 90 个单元装载导弹。由于在海上吊装导弹耗时费力，所以"阿利·伯克"级 II A 型舰不再配备吊装设备，96 个单元全部用来装载导弹。"阿利·伯克"级 II A 型为提高近海海域的探测能力，换装了 AN/SPY-D（V）雷达，更适合在近海海域使用，另外还加装了 16 号数据链，以提高本舰与编队中其他作战平台间数据传输能力。"阿利·伯克"级Ⅰ、Ⅱ型舰的最大航速32kn，"阿利·伯克"级ⅡA型舰最大航速为30kn。

三型舰装备的舰空导弹主要有"标准"2、"标准"3、"标准"6和改进型"海麻雀"舰空导弹（图6-2），有的舰装备了"海拉姆"近程导弹系统。目前使用的"标准"2导弹是Block ⅢB型，在拦截掠海导弹能力上有很大提高，并增加了红外导引装置。该型导弹与"宙斯盾"系统的SPY-1B/D雷达、SPQ-9B雷达、SPG-62火控雷达等配套使用，构成远程对空防御系统。"标准"3导弹用于拦截弹道导弹，"标准"6导弹借助"尼夫卡"系统的信息支援，用于远程拦截巡航导弹和飞机等目标，射程370km。"海麻雀"和改进型"海麻雀"舰空导弹主要负责中近程拦截任务。末端防御主要使用"海拉姆"舰空导弹和"密集阵"近防武器系统。"密集阵"近防武器系统用于拦截突破前几道防线的来袭反舰导弹。

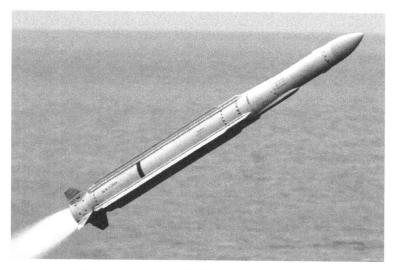

图6-2 RIM-162改进型"海麻雀"舰空导弹

"拉姆"导弹是由美国和德国联合研制的一种全天候、多通道，可以发射后不管的舰载近程防空导弹武器系统，主要用于水面舰艇的自卫防空，用于拦截突破编队区域防空系统的反舰导弹、巡航导弹及高速飞机。"拉姆"导弹采用被动红外/反辐射寻的，射程为9.6km，飞行速度为马赫数2.5，机动过载为20g，战斗部质量9.1kg。"拉姆"导弹可以有效提供全方位、近距防空自卫能力。航母装备2座二十一联装的发射架，水面舰艇装备十一联装的"海拉姆"系统。新近改进的"拉姆"Block2型导弹的射程增大20km，未来可能替代"海麻雀"舰空导弹。

（三）各司其职的水面战斗舰艇

美国海军现役巡洋舰和驱逐舰在装备与功能上有许多相似之处，许多系统和设备也是通用的，因为都装备"宙斯盾"作战系统，所以统称为"宙斯盾"舰。不过，这两型舰装备的"宙斯盾"系统版本不同，任务各有侧重，按基本功能可分为防空舰、弹道导弹防御舰、CEC 舰、一体化防空反导舰。

防空舰指装备基线 0~基线 4 的巡洋舰和驱逐舰，以防空作战为主要任务，兼具反潜和反舰作战能力。"宙斯盾"系统在改进升级过程中，逐步融合了 LAMPS Ⅲ舰载多功能直升机系统、Mk-41 垂直导弹发射系统、AN/SQQ-89 综合反潜战系统、"标准"2/3/6 舰空导弹、"海麻雀"等舰空导弹、"战斧"巡航导弹（用于远程对陆攻击），防空舰装备 Link-16 数据链，用于指挥控制的设备多于其他舰。由于许多舰在维修改装时更换新版本的"宙斯盾"系统，所以此类舰的数量在逐步减少。防空舰在航母打击群中通常是作为防空指挥舰使用。

弹道导弹防御舰指部分装备基线 5~基线 8 或更高版本，承担海基弹道导弹防御任务的巡洋舰和驱逐舰。系统新增跟踪起始处理器（TIP）、JDITS 通用数据链、CDL 数据链管理系统（CDLMS）、"标准"3 Block ⅠA 舰空导弹等。美国海军先后发展了 BMD3.0 版本（与基线 5.1 搭配）、3.6 版本（基线 5.2）、3.6.1 版本（基线 5.1）、4.0.1 版本（基线 5.3）、4.0.2 版本（装备以上版本的称为 BMD 舰）、5.0 版本和 5.0CU 版本（基线 9C，装备 5.0 版本以上的舰称为 IAMD 舰）。

早期的 BMD3.0 版本只具备导弹跟踪能力，因系统容量小，可用资源有限。1 艘舰不能同时完成监视、探测、识别、跟踪、发射、制导等一系列的工作，通常将这些功能分置在 2 艘舰上，交战时 2 艘舰配合使用。BMD3.6.1 版本开始具备完全交战能力，不仅能够跟踪弹道导弹，还可对"标准"3 导弹进行制导，直到命中目标。BMD3.6 版本和 3.6.1 版本主要控制"标准"3 Block ⅠA 拦截弹，因为"标准"3 Block ⅠA 的射程有限，所以只能拦截近程和中程弹道导弹，不具备中远程弹道导弹拦截能力。4.1 版本和 5.0 版本分别用于发射、控制"标准"3 Block ⅠB 和 Block ⅡA 导弹，交战距离达到 1200km 和 2500km。

美国海军通过对老舰改装和对新造舰加装最新版本的方法，截至 2019 年已经拥有 41 艘具备弹道导弹防御能力的"宙斯盾"舰，其中 5 艘为"提康德罗加"级巡洋舰。2020 年到 2023 年还计划以每年 3~6 艘速度改装和生产 BMD 舰。巡洋舰有可能最终改装 11 艘[①]。

---

① 日本《军事研究》，2016。

表 6-2　美国海基弹道导弹防御系统发展情况

BMD 版本	宙斯盾系统	拦截弹	用途
BMD3.0	基线 5.1	"标准"3Block Ⅰ A	用于拦截 SRBM、MRBM 能力，有限的 IRBM 拦截能力；对 ICBM 的探测跟踪能力；利用 Link-16 数据链经卫星向美国本土系统传送目标数据；提高 C2BM&C；Launch on TADIL 能力
BMD3.6.1	基线 5.2		具备远程监视与跟踪（LRS&T）能力，增加远程发射（LOR）[①]能力；BMD3.6.3 版本可以发射"标准"3Block Ⅰ B
BMD4.0.1 BMD4.0.2	基线 7/8	"标准"3Block Ⅰ A "标准"3Block Ⅰ B	新增 BMD 信号处理器（BSP），具备拦截 SRBM、MRBM 能力和有限的 IRBM 拦截能力，增加 IR/RF 动能拦截弹；提高 C2BM&C；改善远程发射能力
BMD4.1	基线 7/8		增加大气内末端拦截能力，可发射"标准" 2 Block Ⅳ，"标准" 6 Dual Ⅰ
BMD5.0 BMD5.0CU BMD5.1	基线 9 基线 9C	"标准"3Block Ⅱ A	确保增强拦截 SRBM、MRBM 能力和有限的 IRBM 拦截能力；增加多任务信号处理器，同时执行防空和反导任务；远程交战（EOR）能力；BMD5.0CU 增加末端反导能力，具备拦截 SRBM、MRBM、IRBM 和部分 ICBM 的能力
BMD6.0	SPY-6 雷达	—	目前正在研制，计划装备"阿利·伯克"级Ⅲ型舰

① 远程发射是指"宙斯盾"在本舰雷达未探测到目标的情况下，根据数据链（Link-16/CEC）的目标数据发射"标准"3 导弹，然后利用本舰雷达获得数据引导"标准"3 导弹；远程交战是指"宙斯盾"舰在拦截弹道导弹的全程允许本舰雷达没有探测到目标。

CEC 舰是指部分装备基线 6.3 至基线 8 系统的巡洋舰和驱逐舰，这些舰不具备弹道导弹防御能力，但因装备协同作战能力系统，防空作战能力大幅提升。协同作战能力系统是美国海军 20 世纪 90 年代末开始装备的对空作战系统，研制目的是提高水面战斗舰艇的防空作战能力。"宙斯盾"系统的雷达虽然对高空目标的探测距离大于 400km，但受地球曲率的影响，对低空掠海飞行的反舰导弹的探测距离很近，一般在 30km 以内。另外，在近海作战时敌方的巡航导弹可能借助岛礁等隐蔽迂回飞行，舰载雷达无法早期发现，留给武器系统的反应时间非常短。为了解决这个问题，美国海军开始研制 CEC 系统。该系统最重要的一点是编队中的 E-2C 预警机和水面舰艇之间可以共享目标信息，形成一个同一的目标航迹图。装备 CEC 系统的 E-2C 预警机可以在远离水面舰艇编队的空中进行监视，将目标信息和航迹传给水面战斗舰艇，尤其是在舰载雷达可能无法探测、定位掠海飞行的导弹时，其优势尤为显著。空基 CEC 系统可以大大提高对海面的探测效果，而且能够探测、跟踪因地形遮蔽而舰载雷达无法发现的低空目标。

加装 CEC 系统后，舰艇的探测范围相应扩大，延长了反应时间，在本舰没有探测到来袭导弹的情况下，也可根据 CEC 系统传来的目标数据，发射导弹进行拦截，而且导弹可以由其他舰艇进行照射导引。CEC 系统的作用是首次实现了多艘舰的雷达视距内协同防空作战。

CEC 系统的主要设备是协同交战处理器（CEP）、数据分发系统（DDS）及与舰载武器系统间的接口。CEP 用于保持编队中各种平台之间的网格锁定，同时，保持对大批量目标持续跟踪。DDS 能自动建立一个网络并把关键的传感器数据近乎实时地分配给编队中所有装备 CEC 的舰艇和飞机，从而使所有平台都能共享交战所需的火控级质量的信息。CEP 是装于武器搭载平台的终端设备，分为舰载型 AN/USG-2 与机载型 AN/USG-3。E-2D 预警机装备 USG-3B，系统质量大于 230kg。

交战时，空中和水面传感器探测到的目标数据（此时还不是目标的航迹）首先传给 CEP，CEP 对数据进行处理整合，并将这些数据发送给 DDS。DDS 译成密码并把数据传输给 CEC 网络中的其他作战平台（被视为协同单位（CU））。在几分之一秒内，DDS 接收所有协同单元的数据，并将它们传送给 CEP。机载 CEC 系统将雷达探测数据与接收自舰载系统的目标初始数据相融合，并再次传回编队水面舰艇。CEP 将传感器获取的目标数据综合成同一的空中目标图像，其中包括所有空中目标的连续综合航迹，供编队中各作战平台的传感器系统和交战系统使用。DDS 采用抗干扰能力强和抗敌方侦测的窄定向信号。这种信号可以同时在各个协同单位之间进行单位对单位的通信。水面战斗舰艇的作战系统可以共享这些数据，作为火控质量数据，根据这些数据与目标交战，无须用自己的雷达实际跟踪目标。

一体化防空反导舰是指部分装备基线 9 系统的巡洋舰和驱逐舰，配备"尼夫卡""标准"3Block ⅡA、"标准"6 和"标准"2Block ⅢB 舰空导弹，可以探测、跟踪、拦截弹道导弹和反舰导弹、巡航导弹等目标，并且能够同时遂行防空作战和弹道导弹防拦截两项任务。基线 9 是"宙斯盾"系统的最新版本，共有 5 个子型号，即 9A、9B、9C、9D 和 9E，其中 9A 系统装备 CEC 和改进型"海麻雀"近程舰空导弹。CG59～CG64 巡洋舰虽装备了基线 9 系统，但未装备 BMD 系统，不具备弹道导弹防御能力，所以不属于一体化防空反导舰。

四、舰载防空系统的优劣

冷战结束之后，美国海军积极推行军事变革，加速推进信息化建设，1997 年提出网络中心战概念，借助信息技术的快速发展，海军装备的信息化、网络化水平迅速提升，为海上作战所需的远程指挥控制、情报传输、打击引导和协调作战指明了方向。2015 年颁布分布式杀伤作战概念，提出兵力分散部署，交战时集中火力，并对今后的装备发展提出了新要求。

美国海军自第二次世界大战确立航母在海战中的地位后，一直围绕航母的作战需求发展装备，经过几十年的发展，航母打击群整体作战能力有很大提高，防空作战方面的改进主要体现在以下四个方面：

（1）舰艇平台的信息化、网络化程度高。美国海军在美军中最早开始信息化建设，从海军战术数据系统（NTDS），发展到"宙斯盾"系统，从模拟信号升级到数字信号，从独立系统发展为综合系统，传感器的探测距离越来越远，拦截手段也朝着多元化的方向发展。随着作战系统的逐步升级，武器系统性能也在不断提高，网络化程度逐步提高。经过多年的发展，所有作战平台都能融入信息化作战网络，为支撑网络中心战背景下的对空作战新增了两个系统，一是协同作战能力系统，另一个是"尼夫卡"系统。"尼夫卡"系统的服役标志着美国海军对空作战进入一个新时代。"宙斯盾"系统固然功能强大，但也仅限于单舰独立作战的能力，有了 CEC 系统和"尼夫卡"系统后，网络化、一体化作战能力剧增。

（2）探测距离远，导弹发射速率高。水面战斗舰艇对空作战系统由 SPY-1B/D/D（V）雷达、Mk-99 火控系统、AN/SPG-62 照射雷达与 Mk-41 垂直发射装置和"标准"Block ⅢB 舰空导弹等构成。AN/SPY-1D 雷达可快速搜索和跟踪来袭目标，探测距离可达 450km，并可同时探测、识别、跟踪 400 多个目标，系统有四种工作模式，其中一种是全自动模式，可在没有人工干预的情况下完成自主探测、识别、选择武器、发射、拦截目标等一系列操作。驱逐舰装 3 部照射雷达，可同时导引 12 枚导弹拦截目标，巡洋舰装 4 部照射雷达，可同时拦截 16 批目标。

（3）导弹搭载种类多，按需混装。水面战斗舰艇统一使用导弹垂直发射装置，可兼容海军现役各型导弹，执行防空任务时可多种舰空导弹可供选择，可远中近程实施拦截，并且由"宙斯盾"系统统一控制，覆盖从 10～174km 的空域。水面战斗舰艇可灵活选装"标准"2、"标准"6、"海麻雀""拉姆"等舰空导弹。防空作战时可根据目标、距离等要素灵活选择武器。这些型号不同和功能各异、适应不同距离目标、不同作战环境的武器集中装载于相同的发射装置内，由同一个作战系统控制，交战时可根据作战需要灵活选择，尤其是这些武器全部被纳入作战网络，调配、使用非常便捷，这一点在对空作战中尤为重要。

（4）导弹武器"一弹多型"，通用性高。美国海军现役"标准"和"海麻雀"等舰空导弹经过几十年的发展，根据作战需求衍生出多个型号，有很好的继承性，在发展过程中不断引入新技术，性能逐步提高。现役"标准"Block ⅢB 舰空导弹的射程比 Block ⅢA 略有增加，新增了辅助红外传感器，采用双模末制导，并增加了弹道制导逻辑拦截计算功能，使导弹能够更好地处理舰载传感器和导弹寻的头获取的信息，提高了在飞行末端寻找目标的能力，精度和抗干扰能力均有较大提高，Mk-125 高爆战斗部的破片速度更快、杀伤力更强。最新服役的"标准"6 导弹的射程达到 370km，可以分段防御来袭导弹，拦截概率在80%以上。巡洋舰和驱逐舰装备的拦截武器为同型号导弹，不但可以根据其他舰的目标信息发射导弹，也可以为其他舰发射的导弹提供目标照射，"尼夫卡"系统服役后还弥补天顶防御较弱的缺憾。过去对正上方的探测存在盲区，不易防御，现在这个短板可以由其他舰来弥补。

美国航母打击群虽然具备很强的作战能力，但并非铁板一块，同样存在弱点和不足，主要表现在以下五个方面：

（1）对隐身类反舰导弹的探测能力薄弱。"宙斯盾"系统中的AN/SPY-1D相控阵雷达对非隐身飞机、反舰导弹的探测、跟踪能力很强，然而，对隐身目标的发现距离将大幅度的降低，需要其他平台的信息支持。战时，一旦信息来源被切断，将陷入"孤军奋战"的境地。以反舰导弹为例，对于采用20m高度掠海飞行来袭的亚声速反舰导弹，如果其雷达反射面积为$1m^2$，相控阵雷达的发现距离为20～30km，若反舰导弹的雷达反射面积为$0.1m^2$，其发现距离大幅度减小。考虑到"宙斯盾"系统的反应时间和导弹与目标交会必要的时间，"宙斯盾"系统对隐身类反舰导弹最多只有一次拦截机会。

（2）对超声速大机动类反舰导弹的拦截概率较低。俄罗斯"马斯基特"超声速反舰导弹在距目标10km左右的距离处，开始采用蛇形机动，机动过载高达$10g$～$15g$，"宙斯盾"舰的武器控制系统对此类目标很难建立起稳定的航迹，无法进行射击诸元计算。等到蛇形机动结束时，反舰导弹已经距舰已经不到9km，"标准"和"海麻雀"舰空导弹再想拦截，概率将大大降低，只能依靠"拉姆"导弹和"密集阵"近防武器系统了。美国海军经过对"宙斯盾"防空作战能力的分析，认为与马赫数0.8左右飞行速度的亚声速类导弹相比，当反舰导弹采用马赫数2以上速度超低空掠海飞行时，将使"宙斯盾"舰的防空作战距离减少55%左右，基本只有一次拦截机会。对于高超声速导弹，目前的CEC系统也难以生成目标航迹图，所以很难拦截，只有靠末端防御系统做最后一搏，危险系数相应增大。

（3）对掠海类反舰导弹的拦截能力不强。对于海面20m以下高度，特别是5m左右的飞行高度的反舰导弹类目标，由于存在比较严重的海杂波干扰和多路径效应，如果是采用较小雷达反射面积与掠海飞行高度相结合，则可大大加剧"宙斯盾"相控阵雷达的探测难度。虽然AN/SPY-1D（V）提高了在沿海海域的强杂波背景和强电子对抗条件下对付低空、小雷达反射截面目标的探测能力，有些舰加装了AN/SPQ-9B雷达，但其探测距离有限，而且"标准"2导弹和"海麻雀"导弹所采用的半主动雷达末制导头存在固有的局限性，对掠海反舰导弹的拦截概率比较低。据有关分析，防空导弹对5～10m掠海亚声速类反舰导弹的单发杀伤概率不超过60%。

（4）抗反舰导弹饱和攻击能力有限。现役"标准"2系列导弹末端需要照射雷达制导,因此,受照射雷达的装备数量限制,以及超低空反导距离较近的影响,虽然理论上可以应对12～16批目标,但对于低空掠海目标,"宙斯盾"舰同时只能抗击3批,最多6批反舰导弹。如果6～8架攻击机协同作战齐射反舰导弹,或是通过航路规划,使反舰导弹尽可能从不同方向同时到达,"宙斯盾"舰将很难拦截所有的来袭导弹。

(5)分层防御性对空作战模式有待改进。美国海军认为,目前的分层对空作战模式从经济的角度看,使水面作战舰艇上的武器不能尽其所用,成本效益不明显,远距离拦截的成本高,1枚"标准"6导弹的造价约400万美元,是68万美元[①]1枚的"标准"2导弹的数倍。如果首次在远距离上未能拦截到反舰巡航导弹,可能在第二次拦截发起之前就已被击中,而远距离拦截需要超视距目标数据引导。因此,美国战略与预算评估中心建议将对空防御的重点放在中程防御(10～30nmile)上,更多地利用"标准"2和改进型"海麻雀"Block 2导弹,并利用舰载激光武器和电磁轨道炮等新概念武器承担部分对空拦截任务,以弥补导弹垂直发射单元的不足。

第二节 对空作战装备运用

对空作战的目的是夺取、保持制空权,以保证航母编队安全、顺利地执行作战任务。美国海军的对空作战可分为攻势防空和守势防空。一般而言,攻势防空是指防御一方在做好自身防御准备的同时,组织空中和舰载攻击力量等,在距航母较远的地方实施主动攻击,在敌机进入攻击阵位之前或水面舰艇和潜艇发射反舰导弹(敌反舰导弹射程之外),驱离,摧毁其作战平台,迫使敌方中止或放弃空袭作战。过去多以舰载战斗机和战斗攻击机为主实施攻势防空作战,现在水面战斗舰艇配备了"标准"6舰空导弹,可远距离对空中或水面的反舰导弹发射平台进行先行打击,也开始具备攻势防空能力。守势防空是指防守一方利用舰载防空装备构建多维立体的防空火力网拦截来袭的反舰导弹或飞机。美国航母打击群拥有先进的防空武器系统,导弹远近结合、拦截软硬并举,构成了严密的防御体系。

美国海军有百年的航母使用经历,在第二次世界大战和战后几场局部战争中积累了丰富的经验,形成了一整套相对完整的兵力运用理论,而且不断推陈出新,逐步发展了多型对空作战装备,形成了完备的装备体系和兵力运用策略。

---

① 《掌控制海权:重振海军水面作战计划》,美国战略与预算评估中心,2014。

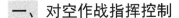

一、对空作战指挥控制

在航母打击群的合同作战指挥体制下,由航母打击群司令任合同作战指挥官,负责编队的全面指挥。对空作战由防空战指挥官统一指挥和控制。防空战指挥官一般由导弹巡洋舰舰长担任,有时也可任命巡驱大队司令担任,其职责是负责整个打击群的防空作战指挥。编队中有 2 艘以上巡洋舰时,可任命 2 名防空战指挥官,轮换指挥,一班值守 12h,中午 12 点和子夜 0 点交班。

多航母编队或特混舰队作战时,在每个航母打击群和远征打击群、后勤船队内设局部防空战指挥官。局部防空战指挥官由航母舰长或担负编队掩护幕防空任务的导弹巡洋舰、驱逐舰舰长担任。局部防空区一般在距航母 50nmile 以内范围,以及掩护幕舰艇所在区域。局部防空区的范围取决于掩护幕舰艇的舰空导弹射程,现在航母打击群的护航舰全部为"宙斯盾"舰,所以拦截范围为半径约 170km 的空域,主要负责拦截突破区域防空区的来袭导弹,如果拦截失败,就只能靠航母装备的改进型"海麻雀"舰空导弹和近防武器系统做最后一搏。

多航母编队在主要威胁方向设置区域防空战指挥官,一般由担任防空哨戒任务的导弹巡洋舰或导弹驱逐舰舰长担任。在打击群防空指挥官的领导下,指挥 1 艘或 2 艘前哨防空舰的对空作战任务。前哨防空舰还负责归航舰载机的敌我识别任务,以防敌机尾随舰载机接近航母。区域防空区为前出编队 80～100nmile 的前哨舰负责的区域,设置区域防空区的目的是将防空作战前移,增大防御范围,前出距离加上"标准"2 舰空导弹的射程,可在距航母 150～350km 的地方构建拦截半径 170km 的防空区,对来袭巡航导弹进行第一次拦截。

E-2C/D 预警机负责距航母 50nmile 以远的空中指挥。在海空军联合遂行大规模战役时,空中指挥交由空军的 E-3 预警机负责,统一指挥空军执行空中巡逻任务的战斗机和海军执行远程控制拦截任务的航母舰载机。远程防空区,距航母 150～200nmile,多在海空联合作战时设置。

二、对空作战指导思想

美国海军航母打击群的对空作战指导思想:以强大的信息网络为依托,将战场感知优势转化为交战优势,先敌发现、先敌攻击;夺取制空权,凭借先进的舰载机和舰载防空武器系统,在遂行积极的攻势防空作战御敌于防区之外的同时,做好被动防御确保航母的安全。

对空作战事关航母的存亡和战役的胜败,所以美国海军在冷战后虽然强调对陆攻击,但对航母的对空防御并未因俄罗斯海军实力减弱而放松。战时,无论威胁大小,美国海军航母打击群都要首先夺取制空权,并且在执行攻击任务时也要留出相当的航空兵力时刻准备升空迎击空中来犯之敌。航母舰载机在各方面作战中占据主导地位，承担主要任务，水面战斗舰艇的主要任务则是为航母提供安全防护。根据美国海军在作战行动中兵力运用情况和装备建设发展情况，其对空作战的重点可以归纳为以下三点：

（1）强调攻势防空和先发制人，防区外拦截。利用舰载机和导弹先行摧毁敌方的防空设施、机场、基地等重要目标，力求将敌空战力量压制、歼灭在敌方境内或航母舰载机起飞之前。航母舰载机时刻保持空中战斗巡逻，在预警机的引导下，搜索、歼灭试图接近航母的敌方飞机。美国海军认为："由于当代反介入武器在能力和数量上有了很大提高，未来美国海军要夺取制海权，应该采纳冷战时期对付敌人的作战方式，即在敌方飞机、舰艇、潜艇和岸基导弹进入美军武器系统射程之前将之摧毁。"[1]

（2）利用依据军事转型和信息技术发展的成果构建的信息网络，将编队中的各个平台和武器系统高效链接，共享同一空情图，自主同步交战。在防御性对空作战中，注重水面战斗舰艇与舰载机的协同、远近结合、软硬结合拦截来袭的飞机和反舰导弹。

（3）在兵力运用上，凭借装备齐全、性能领先的优势，构建大纵深、立体多层的防御圈，按装备性能划分防御范围、远近交叉覆盖、环环相扣，确保航母的安全。在交战时，利用任务规划系统，分配舰载机和舰空导弹的使用范围和使用时机，以保证舰载机的安全，避免误伤。

三、对空作战兵力部署

对空火力配置主要取决于舰载机的作战半径和机载武器的射程、舰载传感器的探测距离和舰载武器的拦截距离。目前，航母打击群的防空作战体系主要由三道对空警戒监视幕和多型对空拦截武器系统等构成。另外，随着BMD舰的数量增加，航母打击群也开始配备具备弹道导弹防御能力的水面战斗舰艇。

随着装备技术的不断进步，美国海军舰载防空力量得到了长足的进步，在兵力运用方面也发生了很大变化，正逐步从过去的分层防御过渡到现在的一体化防空。为了便于叙述，这里仍沿用了过去的分层防御的兵力部署方式。

（一）三道对空警戒幕

航母打击群对空警戒监视系统主要由 E-2C 型预警机和舰载对空搜索雷达组成，分为远程防空警戒监视幕、中程防空警戒监视幕和近程防空警戒监视幕三层。远程防空警戒监视幕除了借助来自侦察卫星的情报和通过通信卫星、空军

---

[1] 《掌控制海权：重振海军水面作战计划》，美国战略与预算评估中心，2014。

E-3 预警机等平台传来的情报信息以外，航母打击群可凭借 E-2C/E-2D 预警机的 AN/APS-145 雷达和 AN/APY-9 相控阵雷达、水面战斗舰艇的 AN/SPY-1B/D 雷达构成严密对空监视网。预警机部署在航母前方 250～500km 处，高度 7500～9150m。航母打击群目前一般配备 4 架或 5 架预警机，每架值班 6h，满足全天 24h 警戒监视的要求。另外，如有必要还可在航母前方 70～80km 处部署巡洋舰担任前哨对空警戒舰任务。

中程对空警戒监视幕由航母及水面战斗舰艇装备的对空搜索雷达构成，主要使用"尼米兹"级航母的 AN/SPS-48E 三坐标对空搜索雷达（雷达天线以 15r/min 的速度旋转，进行 360°扫描，对雷达反射面积 $5m^2$ 的飞机目标探测距离为 400km，对 $1m^2$ 的目标为 230km，发现导弹的距离为 31km，发现飞机的距离为 270km[①]）、AN/SPS-49 对空搜索雷达（最大探测距离 460km，可同时跟踪 200 多批目标，对雷达反射面积 $5m^2$ 的飞机目标探测距离为 220km，对 $1m^2$ 的目标为 90km）(图 6-3)。"福特"级的双波段雷达，水面战斗舰艇的 AN/SPY-1B/D 等雷达，可覆盖半径 450km 的空域，对超声速反舰导弹的探测能力有较大提高。

图 6-3　AN/SPS-49（V）对空搜索雷达

近程对空警戒监视幕由航母和水面战斗舰艇装备的 AN/SPQ-9B 雷达（探测距离 37km）、"密集阵"近防武器系统自带的雷达等近程对空搜索雷达以及

---

① 《美国航母雷达的配置及特点》，张云雯等，舰船科学技术，2011。

光电传感器等构成，用于探测低空来袭的反舰导弹。

在弹道导弹防御方面，美国海军现役40余艘具备弹道导弹防御能力的水面战斗舰艇，每个打击群都配有BMD舰。弹道导弹防御作战可以获得天基红外系统、国防支援计划（DSP）预警卫星、海基X波段雷达、岸基指挥部等的信息支援，在本舰雷达探测到目标之前大约20min，获得目标轨迹信息，然后由打击群的雷达探测、跟踪目标，发射拦截导弹。

（二）多种拦截兵器分层部署

在对空目标拦截方面，美国航母打击群根据作战需求和武器射程设置了多层对空拦截圈，外防区，远、中、近程防御圈，各防御圈的对空武器系统有舰载机和机载武器、舰空导弹、舰炮和电子战装备等。由于舰炮武器系统很难对付当今性能先进的飞机和导弹，未来超高速炮弹、激光武器、电磁轨道炮等新概念武器研制成功后，将对水面战斗舰艇防空作战产生革命性的影响，在此不做详述。

外防区一般设置在距航母500~600km处，参与外防区作战任务的目前主要是预警机和战斗攻击机，其任务是夺取并保持战区的制空权、开辟空中走廊，确保航母的安全。预警机一般部署在距航母250~300km处，一旦发现敌情，由战斗攻击机挂载空空导弹前出大于500km执行拦截任务，在收到预警机的告警后，甲板待战飞机紧急起飞参加战斗。航母作战时，在高危环境中保持数架空中待战飞机，甲板上有多架战斗机执行3min、5min备飞值班任务，随时可升空交战。预警机在威胁环境中，全天24h在战斗攻击机的掩护下执行空中战斗巡逻任务，F/A-18战斗攻击机使用AIM-120先进中程空空导弹、AIM-7"麻雀"空空导弹，对威胁目标实施拦截，利用AIM-9X"响尾蛇"近程空空导弹进行近距空中格斗。

在最新的分布式杀伤作战概念背景下，航母舰载机未来将尽可能少执行对空拦截的任务量，更多的是执行纵深打击任务，对空任务多由部署在距航母大约200km前的小型水面舰艇编队SAG承担。

远程防御圈布置距航母150~250km处，主要由水面战斗舰艇的"宙斯盾"作战系统中的"标准"2 Block ⅢB和"标准"6舰空导弹承担，提供编队对空防御，即区域防空能力。防空舰前出航母80km加上"标准"2 Block ⅢB舰空导弹174km的射程可以满足作战需求。"标准"2 Block ⅢB舰空导弹在飞行途中可通过数据链接收"宙斯盾"系统经Mk-99火控系统下达的目标修正指令，改变弹道，以最捷径的路线飞向目标，在末端依靠舰载AN/SPG-62火控雷达提供照射制导。由于该型导弹射程较远，可以对来袭目标进行两次拦截，一旦拦截失败，中程防御圈的中程导弹还有时间进行拦截。战斗攻击机根据战况，升空拦截突破外防区的敌机。

中程防御圈布置在距航母50~150km处。由部署在航母四周的水面战斗舰艇装备的"标准"2 Block ⅢB舰空导弹和改进型"海麻雀"舰空导弹负责。过去航母编队装备有射程 74km 的"标准"2 中程舰空导弹,目前已不再装备。改进型"海麻雀"舰空导弹射程为 50km,由于其体积小,Mk-41 垂直发射装置可"一坑四弹",增加了舰空导弹的数量。

近程防御圈,也称为点防御,防御范围 10~50km。由航母装备的"海麻雀"和改进型"海麻雀"舰空导弹承担。舰炮武器具有一定的对空防御能力,但对付导弹的作用有限,具备一定对飞机的拦截能力,所以现在较少用对空作战。

在单舰防御方面,除了航母只有近程和末端防御能力以外,水面战斗舰艇所携带的武器也可构成本舰的远中近的对空防御作战圈。CEC 系统、"尼夫卡"系统服役后,不仅增强了编队整体对空作战的效能,而且对单舰点防御有巨大贡献,相应延伸了本舰的对空探测距离。在本舰雷达未探测到来袭目标的情况下,也可发射导弹进行拦截。舰载"标准"2/6、改进型"海麻雀"舰空导弹,可以拦截绝大多数来袭导弹,即便有个别导弹突破前面的防线,还有末端防御系统的武器和电子战系统进行拦截、干扰。末端点防御主要是抵御突破前三道防线的敌机和反舰导弹,主要由航母和水面舰艇装备的"拉姆"和"海拉姆"导弹、"密集阵"近防武器系统等承担。"尼米兹"级航母和"福特"级航母装备三型 7 座点防御武器系统,互为补充,覆盖全舰 360°,构成严密的对空防御火力,不过"拉姆"导弹在右舷前部有防御死角,由"密集阵"近防武器系统弥补。目前,水面战斗舰艇主要装备"密集阵"近防武器系统,新造舰开始装备"海拉姆"导弹武器系统(图 6-4)。

图 6-4　Mk-15 Mod31"海拉姆"舰空导弹发射装置(图中小图为十一联装发射装置)

在弹道导弹防御方面，除了专门承担此项任务的海上编队以外，现在航母打击群也配置了 BMD 舰，必要时也可遂行拦截任务。海基弹道导弹拦截武器有"标准"3Block ⅠA/ⅠB/ⅡA 导弹。最新服役的ⅡA 型导弹的 2、3 级助推火箭的弹径增加到 533mm，燃料装载量增加，所以导弹的加速度、平均速度、动能拦截弹的末段速度相应提高，并增大了有效覆盖范围。

第三节　对空作战中的协同

防空作战是一个复杂的交战过程，参战的平台和武器系统种类多，虽然各类平台和武器系统各有明确的分工，但在交战过程中协同配合不可或缺，尤其是 CEC 系统、"尼夫卡"系统服役后，对空协同作战更加密切，编队中的所有对空武器系统全部联网，不仅平台间的协同作战更加便利、顺畅，而且能跨平台导引其他平台发射的武器。

一、舰空导弹与预警机的协同

在航母编队中，舰空导弹与舰载机原本是以分工协作的方式，分别负责远程防空和近程防御。过去的 3T 舰空导弹导弹射程较近，且拦截反舰导弹的能力较弱，改装"标准"1 舰空导弹后，情况有所改善，但其射程仅为 40km。因此，过去的协作模式是舰载机负责前出编队对来袭的敌方飞机进行拦截，阻止其进入发射导弹的阵位。舰空导弹负责在航母四周构筑防空火力网，拦截突破前一道防线的敌机和来袭的反舰导弹。

现在对空防御模式改变了，由过去的分工协作转变为一体化协同。所有防空作战武器系统连成一个有机的整体，信息优势进一步增加，远近程、空中和水面防御系统统一协调规划，而且舰载防空系统也开始具备攻势防御能力，直接打击数百千米以外的空中或水面发射平台。这种能力的实现得益于"尼夫卡"系统的服役。

（一）舰队防空的又一次革命

美国海军在 20 世纪 90 年代中期研制了 CEC 系统，使其舰队防空作战发生了又一次革命，编队中装备 CEC 系统的舰艇在本舰未探测到目标的情况，依然可以根据该系统传来的目标信息，发射舰空导弹拦截目标。但美国海军并未止步于此，为进一步拓展编队防御范围，增强网络中心战能力，美国海军提出"尼夫卡"系统的体系架构，并将其作为美国海军"海上盾牌"[①]的核心能力之一，

[①] 2002 年，美国海军配合军事转型颁布了名为《21 世纪海上力量》的战略文件，作为未来能力建设，提出了"海上打击、海上基地、海上盾牌"三大作战概念。

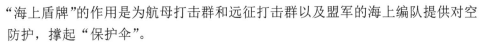

"海上盾牌"的作用是为航母打击群和远征打击群以及盟军的海上编队提供对空防护,撑起"保护伞"。

"尼夫卡"系统以原有的CEC系统为核心,改进并整合编队中的传感器和武器系统,新增超视距打击武器,将空中和水面的防空武器系统融为一体,提供基于先进网络的远程防空能力,提升航母打击群对飞机、反舰巡航导弹的超视距防御能力,构建了一体化的海上对空防御体系,并加大防御纵深。

"尼夫卡"系统的发展大体经历了以下几个阶段:2002—2006年主要完成了需求论证、系统定义和架构设计。2006—2009年主要完成了海上杀伤链工程化分析[①],主要分析体系能力需求和条件、重要系统的性能和功能、重要性能参数和功能值标等,开始关键系统的研发。与此同时,美国海军还将"宙斯盾"系统版本升级到基线9。从2011年夏开始系统集成与测试。2013年8月,"尼夫卡"系统在"钱斯勒维尔"号巡洋舰首次进行了海上演示验证,首次实现了"标准"舰空导弹的超视距目标拦截试验。参与演示的装备主要有"宙斯盾"基线9系统、传感器网络、"标准"6舰空导弹、靶机等。2014年,在《2014—2025年美国航空兵构想》中,美国海军提出将F-35C战斗机、EA-18G电子战飞机等纳入"尼夫卡"系统,作为编队的前出节点提供信息支援,与水面舰艇协同作战,形成航母编队的一体化防空能力。2015年4月,"罗斯福"号航母首先装备"尼夫卡"系统,形成初始作战能力,标志着美国海军航母打击群防空作战能力再次发生革命性变化。CEC系统实现了编队舰艇间的视距内(雷达探测范围)的防空作战的革命,仍是一种守势防空系统,而"尼夫卡"实现了超视距攻击能力,使水面舰艇具备了攻势防空能力。

"尼夫卡"系统于2015年左右形成作战能力。如果说"宙斯盾"系统实现了全舰武器系统的统一管理,那么该系统实现了整个编队作战平台的高效整合。该系统可将E-2D预警机、F-35C战斗机、巡洋舰和驱逐舰的"宙斯盾"系统、CEC系统等连成一个作战单元,并新增了"标准"6舰空导弹,系统的打击、拦截范围延伸到370km。预警机和战斗机可前出编队更早地发现、跟踪目标。E-2D预警机通过CEC系统、Link-16号数据链为"宙斯盾"舰提供地平线外的目标信息,系统将空中飞机、水面舰艇等各种平台的雷达数据高效、快速融合,形成同一的实时、高质量目标航迹,并共享到作战网络中的每一个作战单元,为"宙斯盾"舰发射的舰空导弹和F/A-18E/F发射的AIM-120D空空导弹提供目标指示。未来,E-2D预警机还将配备战术瞄准网络技术数据链,其带宽更大,数据率更高,抗干扰性更强,可容纳更多的作战单元,获取更多的传

---

① 尼夫卡按打击手段分为海上杀伤链、空中杀伤链、陆上杀伤链。

感器数据。系统可在更远距离上先打掉敌方的导弹发射平台，或是提早做好拦截反舰巡航导弹的准备。

在"尼夫卡"系统中，E-2D 预警机是数字化指挥中心，不仅为航空联队的舰载机飞行员提供目标信息，而且具备导引武器拦截来袭目标的能力，同时，通过 TTNT、Link-16/CMN 数据链等，将来本机雷达的探测信息与来自 EA-18G 电子战飞机、F-35C 战斗机和其他传感器的信息进行处理、融合，从而保证打击链从传感器到导弹的一体化运作和无缝衔接。

E-2D 预警机使用先进数据链将目标信息在恰当的时间传送给恰当的战斗机，同时将原始雷达数据传送给"宙斯盾"舰，还可利用双向数据链导引远程空空导弹和舰空导弹等。在未来的攻势防空作战中，挂载远程精确制导武器的 F/A-18E/F 战斗攻击机进入敌方领空后发射武器，然后由 E-2D 预警机或 F-35 上的数据链完成导引。对远程舰防导弹亦是如此，"宙斯盾"舰根据 E-2D 预警机的目标数据发射导弹，然后由后者进行导引，末端由导弹的寻的头主动追踪目标。

（二）预警机为舰空导弹提供目标指示

美国海军水面战斗舰艇的防空作战能力经历了几个发展阶段。在早期，战斗机和水面战斗舰艇是分别遂行防空任务的。战斗机主要负责远程攻势防空，根据侦察机获取的目标信息，飞往指定空域，依靠本机的雷达或目视搜索目标。水面战斗舰艇承担近程守势防空，主要靠本舰雷达对空搜索、探测，利用舰炮等拦截目标，相当于步兵的肉搏战，后来装备了舰空导弹，但射程也就是几十千米。现在来看，当时的水面战斗舰艇可用"看不远、打不远"来形容。舰载机和水面战斗舰艇各自为战，各管一段，受条件所限，彼此之间也形不成信息共享。

固定翼预警机上舰后，情况有所改观。预警机前出编队数百千米，凭借探测距离达数百 km 的雷达可以更早地发现目标，指挥战斗机进行拦截作战，为水面舰艇提供目标信息和目标指示。当时的情况是"看得远、打不远"。受数据链能力和网络化程度的限制，实时传输能力有限。

现在，有了"尼夫卡"系统，预警机可为打击群的舰载对空系统提供更及时的情报支援，并为导弹提供导引支援，形成更加完备的防空作战体系，使得防空作战能够"看得更远、打得更准"。航母打击群利用 E-2D 预警机、"宙斯盾"、舰空导弹等构成一个完整的打击链，由 E-2D 预警机对"标准"6 舰空导弹进行中段指令修正制导，实现了舰空导弹对反舰导弹的超视距拦截。预警机获取的信息随时在作战网络中显示，无论本舰是否探测到目标，凭借同一的目标航迹图，也能做好交战准备，或发射舰空导弹。

将来，F-35C 战斗机和 F/A-18E/F 战斗攻击机也将加入这一打击链，在远离航母的地方先行拦截亚声速巡航导弹等来袭目标。

目前，只有美国海军和法国海军的航母装备固定翼预警机，这也是其空战能力较强的主要原因之一。预警机在战斗攻击机的掩护下，全天在航母前方轮流值班，发现敌机后，向战斗机下达命令，机载雷达以及红外、光电等被动探测设备不断获取空中情报。这些信息经机载信息处理设备处理后，传给执行空中战斗巡逻的战斗机，同时传给编指和打击群的作战网络。编指根据来自预警机和其他传感器的情报形成战区作战态势、确定任务的优先等级，进行任务分配，下令航母上的舰载机起飞，执行作战任务，或增援前方的战斗机。担负护航的"宙斯盾"舰可实施获取这些信息，做好交战准备。

二、战斗攻击机与舰空导弹的协同

在遂行防空作战时，一方面需要出动舰载机执行空中战斗巡逻或紧急起飞迎击来袭敌机，另一方面需要利用舰空导弹拦截来袭的敌机或反舰导弹。这时，如何避免误伤己方飞机是指挥官必须考虑的事。为防止发生此类事件，航母打击群为二者划定责任区，各自承担不同区域的防空作战任务，"分片包干"，各管一段。

（一）划定作战区

为了保证安全和有效地对空监视、预警，航母打击群通常在航渡前方或主要威胁方向的 500～800km 的区域作为预警区，350～550km 的区域定为战斗机的交战区，中远程舰空导弹覆盖的区域为舰艇交战区。现在，水面战斗舰艇装备的"标准"2 Block ⅢB 舰空导弹，其射程为 174km，所以舰艇交战区应该在 20～170km 的范围内。装备"标准"6 舰空导弹后，这一区域将进一步向外延伸。在战斗机交战区和水面战斗舰艇的交战区中间的区域为交叉作战区，一般定在 180～350km 的范围内。航母周围半径 20km 的区域为本舰防御区，由舰载"海麻雀""拉姆"导弹，以及近防武器系统等负责。

水面战斗舰艇的交战区根据各型舰空导弹的射程还分为远、中、近三个防空区，构成多层防御圈。根据威胁程度、编队兵力情况，以及实际作战情况，该区域可向外延伸或向内收缩。由于现在舰空导弹的射程在不断增加，同时机载空空导弹换装了射程更远的 AIM-120D，该区域向外延伸的可能性较大，但遭遇大规模空袭，对航母构成严重威胁时，会向内收缩。另外，在航渡时，如果经过海峡、运河等狭长地带时将采取相应措施，变换防空队形。

（二）交战中的协同

航母打击群在航渡时通常采取无线电静默措施，雷达多处于关机状态，预警情报主要依靠前出编队的 E-2C/D 预警机提供。此时只有担负前哨对空警戒的巡洋舰或防空战指挥舰可以使用 AN/SPS-49（V）7/8 雷达。如果指派"阿利·伯克"级驱逐舰担任前哨舰，就只能使用 AN/SPY-1D 雷达，因为它只有这一型对空搜索雷达,而且美国海军规定雷达出现故障必须立即向防空战指挥官汇报。

在防空作战时,重要的是识别敌我目标,航母舰载机要前出执行空中拦截任务,极有可能与来袭敌机的目标混淆在一起。另外,敌机也可能隐蔽尾随在归航的航母舰载机后面。为了避免误伤,各种作战平台在防空作战时,主要采取以下措施:

(1) 利用敌我识别器进行身份验证。空中目标无外乎有己方舰载机、敌机、不明目标、不明但疑似敌机、不明但疑似友军飞机(包括民航客机、敌我识别器故障)。另外,还可根据目视识别、电子信号特征、通信、飞行航路等方法进行识别。

(2) 在开战前规划舰载机的航路(包括飞行高度等),设置安全走廊,并指定一艘防空舰负责敌我识别,监控归航舰载机。另外,归航的舰载机在飞到距航母50nmile的空域后,飞行速度要降到400kn以内。不按规定的航路、速度、时间等飞往航母的飞机都有可能被舰空导弹击落。

(3) 在执行远程空中战斗巡逻的舰载机与敌机空战时,中程空中战斗巡逻的舰载机马上补位,同时甲板待战舰载机立即升空,15min 甲板待机的舰载机进入 5min 待机。对于突破防御网的敌机,舰载机在追击时不得进入水面战斗舰艇交战区,以免误伤,拦截任务由水面战斗舰艇承担。尽可能在交叉区解决战斗,这也是设置交叉区的原因之一。

(4) 在交叉区,舰载机与水面战斗舰艇主要使用话音通信,时刻保持沟通。另外,舰载机与敌机要保持一定距离,以免舰载雷达无法识别目标。当目标进入舰空导弹射程,水面战斗舰艇发出警告后,舰载机必须迅速脱离战斗。

(5) 对于发现的空中目标,当其飞行速度在400kn以下时,舰载机和水面战斗舰艇需经过多次利用敌我识别器进行询问,在确认是敌机后才能实施拦截。如果速度超过400km/h,可能就不是归航飞机,民航客机通常也低于这一速度。所以,舰载机只需经过两次问答,就可以实施攻击。水面战斗舰艇只需一次问答就可以发射舰空导弹进行拦截,不能给对方发射反舰导弹的机会。

三、舰载机与水面战斗舰艇的协同

在分布式杀伤概念指导下,航母舰载机的使用将发生大的变化,加之近年来美国海军加速发展远程反舰导弹也促使其优化海上兵力的运用。未来,美国海军对航母舰载机的运用或进行以下调整,以应对未来作战的要求。概括地讲,就是航空兵力与水面战斗舰艇的任务分工有调整,但协同更加紧密。

未来一个时期,航母仍是美国海军的中坚力量,因为还没能够取代舰载机执行多种作战任务的武器系统。航母舰载机不仅在对陆、对海作战方面,而且在舰队防空、反潜作战中也承担着重要任务。不过,今后航母舰载机的部分防空作战任务将移交给由3艘或4艘舰艇组成的水面舰艇猎杀小队(SAG)。战时，多个SAG部署在航母前方数百海里之处，一是牵制敌方的进攻兵力、干扰敌方的决策，同时这些SAG也为航母打击群构筑了一道防线，攻击航母的航空兵力和反舰巡航导弹，首先会遭到SAG的拦截。

就航母而言，在新形势下要想保住其核心地位，就要调整发展方向和重新规划舰载机的任务。分布式杀伤的核心要义之一是增强水面舰艇的攻击能力，在这一点上与航母舰载机的功能有交叉。水面战斗舰艇可以承担的任务没有必要再派航母舰载机去完成，航母舰载机应主要承担水面战斗舰艇无法完成的任务。航母舰载机今后将主要聚焦远程打击任务。实现这一目标的办法：为水面舰艇编队配备射程更远的反舰导弹，为其他舰船加装导弹垂直发射装置；用F-35C替换F/A-18E/F，同时为了扩大打击纵深，增设无人加油机等。

在分布式杀伤概念指导下，水面战斗舰艇功能将进一步拓展，以前单舰的搜索、打击范围仅限于水平线以内。加装远程导弹、"尼夫卡"系统后，打击范围将延伸到水平线以远。通过多个SAG协同作战，理论上可以覆盖更辽阔的海域，更多地承担对海、对空作战任务。以前，打击敌海上编队，提供制空、战斗空中巡逻、拦截，清除地面威胁或打击高价值目标等是航母舰载机的任务，今后这些任务将主要由水面舰艇承担。而航母将专注于远程打击任务，避免与水面舰艇在火力覆盖、杀伤范围上的交叉，充分体现航母的存在价值，同时降低作战风险。在SAG扫清近海的威胁之后，航母再向前推进，以便对敌更远的纵深实施打击。另外，超视距拦截反舰导弹、飞机的任务由水面舰艇和航母舰载机利用"尼夫卡"协同完成。为了支援"尼夫卡"系统，舰载机联队中的E-2D预警机可能增加到6架，EA-18G电子战飞机可能增加到14架。除了保持原来的空中作战指挥、伴随干扰任务以外，新增力量将主要用于协助水面舰艇遂行防空任务。

四、舰空导弹与近防武器系统的协同

舰空导弹与近防武器系统的协同作战是中远程舰空导弹和近程防空的问题。舰队防空作战新增"尼夫卡"系统后，前出编队的E-2D预警机可以更早地发现目标，获得的目标数据传给"尼夫卡"系统，编队各平台均可共享目标信息。该系统的最大贡献是使整个编队的防空作战实现了一体化。增加"标准"6导弹后，对空拦截距离最远可达370km，而且在舰载雷达探测到目标之前就可以发射导弹，中段由导弹发射平台根据前方预警机传来的目标数据进行中段制导，导弹进入末段后由导弹配备的主动雷达寻的。

（一）一体化的对空防御

在中近程防空方面，主要由"宙斯盾"作战系统负责，使用的装备是"宙斯盾"系统的 SPY-1D/D（V）雷达和射程达 174km 的"标准"2 Block ⅢB、射程为 50km 的改进型"海麻雀"舰空导弹，具备较强的抗击饱和攻击能力。

在实施战区对空作战时，空中目标预警信息主要由 E-2C/D 预警机、EA-18G 电子战飞机、舰载雷达以及电子支援措施等传感器提供，另外还可以通过 JTIDS 获得战区内其他平台的情报信息支援。这些情报信息均可作为"宙斯盾"系统的输入。

当"宙斯盾"系统的指挥决策系统决定由"标准"2 Block ⅢB 导弹实施拦截时，E-2C/D 预警机通过 CEC 系统、"尼夫卡"系统高速数据链路向"宙斯盾"舰传送空中目标数据，"宙斯盾"系统的作战指挥控制系统控制 AN/SPY-1D 相控阵雷达探测、跟踪目标，或是直接利用 CEC 系统传来的目标数据，由 Mk-8 武器控制系统控制发射"标准"2 Block ⅢB 导弹进行拦截。

有了 CEC 系统和"尼夫卡"系统使打击群防空作战的三段拦截形成一体化，"宙斯盾"系统可以根据同一的目标航迹图规划交战任务，同步规划、分配远中近交战武器。远程拦截可以使用"标准"6 导弹（图 6-5），中远程使用"标准"2 Block ⅢB 导弹，近程拦截使用"海麻雀"导弹，前一道拦截网未能击毁的目标，顺利交接给下一道拦截网。这样，可以缩短各武器系统的反应时间，有更多的时间做好拦截装备。

图 6-5　水面战斗舰艇发射"标准"导弹（右上为系统的平台构成，右下为各型导弹的拦截距离）

"宙斯盾"系统的 Mk-8 武器控制系统根据命令生成对空中目标的拦截程序,控制 Mk-41 垂直发射系统,Mk-41 发射系统根据命令自动控制"标准"2 Block ⅢB 舰空导弹的发射。导弹发射后,按预先装定的程序飞行,同时武器控制系统以低数据率的指令信号修正导弹飞行弹道,保证导弹准确飞向目标,导弹末段制导依据由 Mk-99 火控系统的 AN/SPG-62 照射雷达照射目标后的反射波自动导向目标,以触发或近炸方式摧毁空中目标;然后由 AN/SPY-1D 相控阵雷达对毁伤效果做出判断,决定是否需要再次发射舰空导弹对该目标继续进行拦截。对突防第一道防线的飞机、导弹目标,"宙斯盾"系统可选择发射改进型"海麻雀"舰空导弹再次实施拦截改进型"海麻雀"导弹采用与"标准"导弹采用相同的制导体制,可以直接采用"宙斯盾"相控阵雷达实施初段和中段制导,导弹的末制导也采用照射雷达导引。

对于个别突破两道防线的飞机和反舰导弹,"宙斯盾"系统还可控制"密集阵"近防武器系统和"拉姆"导弹(图 6-6),在 0.1~10km 范围内进行最后的拦截;也可控制舰上的 AN/SLQ-32(V)电子战系统、各类无源干扰弹实施软杀伤,对反舰导弹实施干扰。当 AN/SLQ-32(V)3 电子战系统发现进入近程范围的反舰导弹目标时,可全自动或半自动施放干扰,其多波束的有源干扰能同时对付 80 部雷达,并监视干扰的效果,自动调整干扰功率,达到最佳效果;也可释放箔条干扰弹和 TORCH 型红外诱饵。

图 6-6 美国航母装备的 RIM-116"拉姆"舰空导弹

在不使用 CEC 系统的情况下,舰载雷达对反舰导弹的搜索和跟踪距离按 25km 计算,考虑其反应时间,"标准"2 Block ⅢB 导弹对亚声速掠海类反舰导弹的拦截 1 次或 2 次,而对飞行速度大于马赫数 2 的超声速反舰导弹的拦截次数则只有 1 次。导弹进入 10km 以内范围,近程防空武器系统有 1 次或 2 次拦截机会。

因为航母打击群的各平台一般间隔十几到几十海里布置,所以装备 CEC 系统后,只要编队内有传感器发现、跟踪上目标,就意味着所有的 CEC 舰均可在本舰传感器没有探测到来袭目标的情况下仍可获得目标导弹的航迹,目标数据通过高速数据链近实时传输,可用于舰艇武器火控系统解算和导弹制导。装备 CEC 系统后,"标准"2 导弹对于"马斯基特"一类超声速反舰导弹的拦截次数由 1 次提升到 2 次以上,对于亚声速类反舰导弹的拦截次数至少达 3 次或 4 次。由此可见,CEC 系统对防空作战的重要性。

在协同作战方面,各类武器系统分工协作,各防御圈在距离上交叉覆盖,对来袭的远程和中程威胁目标首先使用"标准"和改进型"海麻雀"舰空导弹进行拦截,对突破防线未被摧毁的目标使用"拉姆"/"海拉姆"近程舰空导弹和"密集阵"近防武器系统进行最后的拦截。不过,需要解决的问题是"拉姆"导弹依靠射频或红外进行末制导接近目标,但在"拉姆"导弹之前,在更远地方被改进型"海麻雀"拦截、摧毁的目标高温碎片和爆炸的战斗部有可能干扰"拉姆"导弹的红外制导头,或者目标已被摧毁,毁伤评估出现问题,再发射近程导弹,造成浪费。"宙斯盾"作战系统的 AN/SPY-1D 雷达具有目标毁伤判断能力,但是否能完全避免发生类似情况不得而知。美国海军声称,SSDS 在设计上力求尽量避免这种情况,但在海试中并未取得预期的成果。"密集阵"近防武器系统自带探测/跟踪雷达,从探测、跟踪到开火实现全自动,只有跟踪到快速移动目标,在射程范围内自动射击,应该不存在这种问题。

(二)非"宙斯盾"舰的指挥控制系统

20 世纪 80 年代和 90 年代,美国海军发展了装备"宙斯盾"系统的巡洋舰和驱逐舰,防空作战能力有大幅提升,解决了舰队区域防空的问题。但在交战时,有些反舰导弹可能突破"宙斯盾"舰的防御网,攻击航母,所以航母也必须具备一定程度的对空防御能力。为了解决航母和两栖战舰艇的点防御问题,美国海军整合非"宙斯盾"舰上互为独立的传感器和武器系统,研制了水面舰艇自防御系统。

20 世纪 90 年代中期,美国海军研制成 SSDS Mk 1 系统,首次实现了全自动融合来自各种传感器的数据,以及与快速反应能力相关的武器控制,利用局域网、计算机、显控台等,综合控制全舰的传感器和武器系统,以支持、加强本舰的防御能力。SSDS Mk 1 系统有机整合了 AN/SPS-48E 三坐标对空搜索雷达(图 6-7)、AN/SPS-49 远程对空搜索雷达、AN/SPS-67 对海搜索雷达、UPX-36 敌我识别器、AN/SLQ-32(V)3 电子战系统、AN/SAR-8 红外搜索和目标指示装置、RIM-116"拉姆"近程舰空导弹,以及 Mk-15"密集阵"20mm 近防武器系统等。

此后，在 SSDS Mk1 的基础上，美国海军又研制了 SSDS Mk2 系统。传感器和数量和种类有所增加，并兼容了 CEC 系统。"尼米兹"号航母在 2003 年首次装备了 SSDS Mk2 Mod0 系统，2004 年升级为 Mod1，其他航母在大修时陆续更新。"福特"级航母首舰装备 Mod6C 系统，"尼米兹"级第 5 艘舰"林肯"号 2013 年换料大修后也换装了 Mod 6C 系统，"尼米兹"级第 6～8 艘舰在大修时也将陆续换装，第 9、10 艘在建造时已经装备了 Mod2 系统。

"福特"级航母在此基础上改进了全新的指挥控制系统，与"尼米兹"级航母（图 6-7）不同的是，系统中融进了为"朱姆沃尔特"级驱逐舰研制的全舰计算环境，将船舶控制系统纳入指控系统中。其探测系统中的雷达不再使用旋转式天线，装备了更先进的固定式双波段雷达。顾名思义，它是在两个频段工作的雷达，由 S 波段的广域搜索雷达（VSR）和 X 波段的目标搜索和跟踪/航空管制/舰空导弹控制的多用途雷达（MFR）组成。岛型建筑上的三面分别安装了一大一小两部雷达天线，可以覆盖以岛型建筑为中心的半球范围。

图 6-7　装备 AN/SPS-48E 三坐标对空搜索雷达的"尼米兹"级航母

（三）协同作战的"纽带"

"宙斯盾"舰与"非宙斯盾"舰通过 CEC 系统实现了防空作战协同，此前两类舰靠 Link-11、Link-16 数据链传递信息，带宽窄速率慢，不能满足火控级数据传输的要求。大规模作战时需要同时追踪数以百计的海上与空中目标，靠过去的传输手段远不足能实时传输多艘舰艇的未经过滤的雷达原始数据，而这些数据恰恰是生成目标航迹所必需的。

现在有了 CEC 系统，美国海军的这两类舰之间实现了更密切的协同。在作战网络中，航母、水面战斗舰艇、预警机等网络节点，通过宽带数据传输手段，共享各平台之间的传感器获取的数据，包括目标方位、高度、速度等，并生成目标航迹，各平台依据这个目标航迹拦截来袭目标。目前，"宙斯盾"系统和 SSDS 都嵌入了 CEC 系统，两类舰可以共享目标数据和同一战术态势图（图 6-8）。装备 CEC 系统后，在本舰未获取或未能获取全部目标信息的情况下，仍可发射导弹进行拦截，尤其是"标准"6 和改进型"海麻雀"Block2 舰空导弹装备主动雷达寻的头，不再需要末端雷达照射制导，"远程交战"有了更大的自由度。对于"宙斯盾"舰在中远距离上未能拦截的目标，航母也可通过 CEC 系统获得威胁目标的航迹，利用本舰的"海麻雀""拉姆"舰空导弹进行拦截。

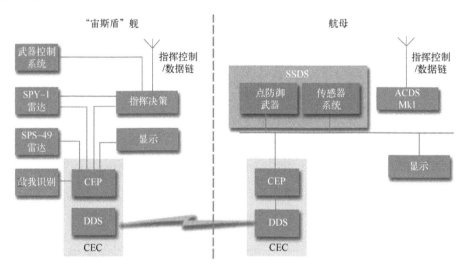

图 6-8 借助 CEC 系统"宙斯盾"舰和非"宙斯盾"舰可互通防空作战信息

CEC 概念最早可追溯到 20 世纪 70 年代后期的"战斗群防空战协调"计划，主要目的是配合"宙斯盾"系统的研制工作，将当时在役的防空舰与即将服役的"宙斯盾"舰结合，提高整个编队的防空能力。1985 年，美国国防部正式提出 CEC 先期概念计划。1990 年开始在 2 艘"提康德罗加"级巡洋舰上进行海试。1999 年在 E-2C 预警机上测试。2009 年进行了预警机和"标准"6 舰空导弹的协同测试。目前，美国海军共接收了 200 多套 CEC 系统。

CEC 系统的核心装备是协同交战传输处理单元（CETPS），是系统的硬件设备。CETPS 主要是接收和处理来自作战网络中各平台传输的数字信息，在网络生成同一的战术态势图和火控态势图。CETPS 分为舰载与机载两个型号，现役装舰型号 AN/USG-2（USG-1 为研制样机），系统质量 1000kg，改进后质量 750kg。载型号是 AN/USG-3，首先装备 E-2C 预警机，其质量为 235kg。

CETPS 分为 2 个主系统与 5 个子系统：主系统是数据分发系统（DDS）和协同交战处理系统（CEP）。5 个子系统分别是数据分配、指挥/显示支援、传感器协同、交战决策与交战系统。DDS 负责装备 CEC 系统各平台之间传输数据，传输速率 5Mb/s 以上，远高于原有的 Link-11、Link-16 数据链。CEP 负责处理 DDS 传输来的所有数据，配有 30 个 68040 处理器。

（四）"拉姆"导弹与"海拉姆"导弹

"拉姆"舰空导弹是美国和德国联合研制了对空防御导弹，主要用于拦截掠海飞行的反舰导弹和高速飞机。因其在飞行过程中弹体旋转，所以也称为旋转弹体导弹（RAM），代号 RIM-116（图 6-9），1991 年开始服役。

图 6-9 美国航母装备的 RIM-116 "拉姆"舰空导弹

"拉姆"导弹"脱胎"于美国的"响尾蛇"空空导弹，外形很相似，弹体呈圆柱形，锥球形头部，采用鸭式气动布局，弹体前部装一对三角形控制翼，尾部装两对梯形稳定尾翼。尾翼前缘后掠角为 60°，后缘与弹体轴线垂直。头部装有红外导引头，鼻锥两旁设两根笔形波束天线（前视天线和后视天线）。动力装置为 Mk-36 Mod 8 固体火箭发动机，质量为 45kg，长约 1.83m，装 27.27kg 的推进剂，射程最大 9.26km，最小射程 926m，最大作战高度 12km。采用被动雷达寻的/红外寻的制导方式，或全程被动雷达寻的制导方式。

目前，美国海军装备"拉姆"和"海拉姆"两型导弹武器系统，使用相同的导弹，但系统组成不一样。"拉姆"系统装备航母，使用"密集阵"的基座，配二十一联装的发射装置，由舰上已有的探测、控制等设备提供信息支持，如"海麻雀"导弹武器系统的 Mk-23 TAS 搜索雷达和 AN/SLQ-32（V）综合电子战系统等。目标搜索、跟踪、识别均由舰载预警、目标跟踪雷达负责，由舰艇作战指挥中心给"拉姆"导弹装订射击诸元，所以其作战离不开母舰系统。

"海拉姆"导弹武器系统 2001 年服役，装备驱逐舰。该系统是用十一单元的发射装置替代原来有 20mm 六管机枪而成的，保留了原来的目标搜索和追踪雷达，并配有高分辨率红外热成像系统辅助瞄准装置，因而可以独立作战，成为一款"即插即用"的防御系统。只要舰上有直径 5.5m 的回旋空间，并能提供所需的电力，就可以安装"海拉姆"系统。

美国海军为配合新的作战需求，提高"拉姆"导弹应对超声速反舰导弹的性能，又研制了"拉姆"Block2 导弹。其主要技术革新：采用双推力火箭发动机，将发动机直径从 127mm 增加到 150mm，使推进剂的装载量增加了 30%，射程也提高到 20km。另外，加装了 1 个 4 自由度的独立控制舵机系统，换装了改进型被动无线电导引头和数字式自动驾驶仪。

从上述改进看，"拉姆"Block2 导弹只是增大了射程，在拦截效率方面却未见有很大提高。不过，增大射程后可以替代"海麻雀"舰空导弹，腾出的发射空间可以 1∶4 的比例增加改进型"海麻雀"导弹的搭载数量，其作用不可小觑。

五、硬杀伤与软杀伤武器的协同

为达到舰艇的全面防护，除了使用舰空导弹、舰炮等武器对来袭目标实施物理摧毁以外，作为另一种防御手段，航母和水面战斗舰艇都配备了软杀伤系统。作战时，防空战指挥官负责全面的防空作战行动，电子战协调官负责协调干扰发射装置的使用。各舰可以根据本舰所处环境和交战需要，随时使用电子对抗手段，确保自身安全。为保障对空作战顺利实施，各舰获取的目标信息可传到信息网络中，并及时报告防空战指挥官。为有效地对付反舰导弹，硬杀伤武器和软杀伤武器通常配合使用。如目标在硬杀伤武器射程内，均使用硬杀伤武器进行拦截。作战时，还可根据情况派出电子战飞机对敌方导弹发射平台实施电子压制，从源头上减轻对空作战的压力。

在电子战方面，美国海军的作战指导思想是主动攻击与被动防护相结合，进攻与防御作战相结合。利用全频段全方位多维的电子战装备，形成作战空间的电子战优势。综合利用各种电子战装备，形成一体化的攻防作战能力，整个编队的作战协调一致，统一指挥、统一筹划、统一行动。在预警机的指挥下，发挥电子战飞机干扰压制能力强的优势，出动电子战飞机和战斗攻击机先行打击敌防空火力网等重要目标，在预警机的引导下，攻击编队低空或超低空接近目标，以降低被敌雷达发现的概率，缩短敌反应时间。

软杀伤硬摧毁相结合，纵深防御与本舰防御相结合。软杀伤方面，以诱饵、干扰弹等为主，诱骗敌导弹偏离目标，或是规避敌导弹的攻击。硬摧毁方面，一是利用反辐射导弹攻击敌雷达，二是利用舰载武器击毁来袭导弹。利用机动优势兵力尽可能扩大防御范围，同时加强本舰的防御能力。水面舰艇的电子战多采取被动防御方式，主要目的是充分发挥反舰导弹防御最后一道防线的作用，使水面舰艇免遭敌导弹的攻击。

美国海军水面舰艇和航母的标配电子战装备是 AN/SLQ-32 电子战系统（图 6-10）。AN/SLQ-32 电子战系统于 20 世纪 70 年代后期开始装备部队，在发展过程中衍生出 5 个型号，主体装备大致相同，各子型号根据平台的需要有所区别，不过主要任务是提供不同等级/组合的信号探测、分析、威胁告警、电子攻击等功能。其中：AN/SLQ-32（V）3 型装备水面战斗舰艇，是舰载电子战系统中的核心，同时具有噪声干扰和欺骗干扰两种功能，并实现了电子战设备的一体化；AN/SLQ-32（V）4 型装备航母，其主要改进是采用计算机控制，具有高度自适应能力。

20 世纪 90 年代，美国海军提出研发水面电子战改进项目（SEWIP），对原有电子战装备进行改进，其主要内容是采用模块化设计和开放式体系结构对原有的 AN/SLQ-32 电子战系统进行升级，目的是提高水面舰艇对反舰导弹的预警探测、分析、威胁告警和防护等性能。

SEWIP 分为四个阶段进行改进，每个阶段各有不同的任务：第一阶段主要是提升系统的反舰导弹防御能力、反定位和反监视能力；第二阶段主要是改进 AN/SLQ-32（V）系统的电子支援系统，灵活分布阵列雷达项目和 Low RIDR，增强辐射源探测能力和测量精度；第三阶段增加了电磁攻击能力，同时也引入集成上层建筑项目中的多波束电子战/信息战/视距内通信样机和 LLRAM&ID 模块技术；第四阶段主要是提供先进的光电与红外（EO/IR）侦察能力。2014 年 11 月，美国海军开始研发 SEWIP 的小型化方案 AN/SLQ-32C（V）6，对天线、接收机和作战系统接口等电子战组件进行了升级，以改进系统的信号探测能力、测量精度与识别能力，提高舰艇的抗电磁干扰和防御能力。SEWIP Block 2 还能与直升机载的机载电子战吊舱通信，向其提示有源电子攻击任务，延伸安全距离，抵御来袭导弹。

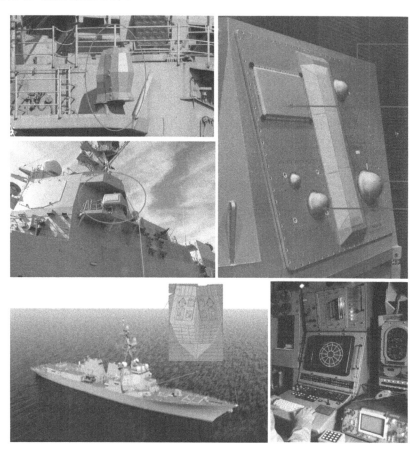

图 6-10　美国海军 SLQ-32 电子战系统的改进型
（左上：AN/SLQ-59；左中：AN/SLQ-32block2；左下：AN/SLQ-32（V）7；
右上：SEWIP Block 3；右下：AN/SLQ-32 系统的显控台）

在水面舰艇上，配合 AN/SLQ-32 系统，装有 2 座 Mk-36 型 Mod2 六管固定式诱饵发射装置。Mk-36 干扰弹发射系统（DLS）是一次性干扰装备，由 Mk-137 诱饵发射器、Mk-158 发射器控制总成、Mk-164（Mod1/2）舰桥控制台、Mk-5 Mod2 或 Mk-6 预置再装填容器等部分组成。每个 Mk-137 发射器有 6 个固定式发射管，可发射 SRBOC、"北约海蚋"、TORCH 等干扰弹种。交战时，Mk-36 发射箔条干扰弹和红外干扰弹，在适当的时机和距离干扰来袭反舰导弹的雷达或红外导引头，使其偏离方向，达到保护己舰的目的。

20世纪90年代后期，美国和澳大利亚联合研制了新一代舷外有源诱饵"纳尔卡"悬停式火箭诱饵，可在空中悬停大约70s，主要用于干扰来袭的反舰导弹。诱饵的发射由AN/SLQ-32系统控制。该诱饵由飞行装置、舰载电子设备、发射装置、有效电子载荷等组成，采用悬停火箭推进系统，朝来袭导弹的方向发射，吸引目标。

2013年左右，美国海军在水面战斗舰艇上加装了新的电子战系统——AN/SLQ-59电子战系统，以填补在SEWIP Block 3之前电子攻击的空白。AN/SLQ-59电子战系统源自便携式电子战模块（TEWM）项目，最初的目的是搭载在无人平台上，提供先进电子战能力，后来在部分水面战斗舰艇上搭载该系统，其任务也是为了应对反舰导弹威胁，该模块尺寸较小，可快速在海上、空中、地面平台间转移。便携式电子战模块在功能上包括电子支援能力和基于宽频数字式射频存储器（DRFM）的电子攻击能力，DRFM不仅可以提供标准的噪声干扰，也能够制造一个舰艇的假目标，干扰来袭导弹，并且可同时产生假目标与遮蔽干扰相结合的多向干扰。TEWM系统还具备快速组网能力，以在多个TEWM间通信和共享数据。

美国海军为了进一步加强水面战斗舰艇的软杀伤能力，开始研制先进舷外电子战（AOEW）系统，为MH-60R和MH-60S舰载直升机加装AN/ALQ-248吊舱，提供增强的电子战监视和对抗能力，在远离母舰的地方对来袭的反舰导弹进行干扰。它还能与AN/ALQ-32（V）6和AN/ALQ-32（V）7电子战系统紧密协作。AN/ALQ-248吊舱计划2021年形成初始作战能力。

六、导弹防御与防空作战的协同

美国海军的海基弹道导弹防御是国家导弹防御系统的组成部分，由海军战区弹道导弹防御系统发展而来。由于装备弹道导弹的国家越来越多，美国海军从20世纪90年代开始加强海基弹道导弹防御能力的建设，特别是在对抗A2/AD中，美国倍感航母的生存存在严重问题，为此不断升级"宙斯盾"系统。

美国海军的海基弹道导弹防御系统"脱胎"于"宙斯盾"系统。20世纪90年代，美国开始大力发展弹道导弹防御系统，并将海军舰艇纳入导弹防御体系，以原有"宙斯盾"系统为基础，开发海基战区导弹防御系统，使搭载"宙斯盾"系统的"提康德罗加"级巡洋舰与"阿利·伯克"级驱逐舰具备反战术弹道导弹的能力，并且将用于拦截弹道导弹的"宙斯盾"系统称为BMD版。该计划的重点是改进AN/SPY-1相控阵列雷达，使其能有效探测、跟踪弹道导弹，使用最新发展的"标准"2 Block ⅣA 导弹和"标准"3 导弹分别承担低空层防御和高空层防御任务，分层拦截来袭的弹道导弹。为此，对"宙斯盾"系统的软/硬件进行了较大规模的改进升级，使之能够满足实时探测、跟踪弹道导弹的需求，并通过数据链与岸基指挥中心、陆基反弹道导弹系统、其他"宙斯盾"舰等传输和接收有关弹道导弹的数据。

21 世纪初期，美国海军根据战略调整和军事转型的需求，将现有兵力重新编成 37 个作战单元，即 12 个航母打击群、12 个远征打击群、9 个水面作战/弹道导弹防御作战群、4 个巡航导弹潜艇作战群。其中 9 个水面作战群专门承担弹道导弹防御的任务编队，由 3 艘巡洋舰和驱逐舰组成。其 2 艘舰具备弹道导弹防御能力，另 1 艘负责指挥，就当时的技术而言，2 艘舰共同完成弹道导弹防御的目标探测、跟踪、导弹发射、控制等任务，1 艘舰在编队负责对空防护。

早期的 BMD 舰作战能力有限，在探测、跟踪弹道导弹时资源显得不足，所以采取分工合作方式，由"宙斯盾"远程监视、跟踪舰和"宙斯盾"交战/监视、跟踪能力舰协同完成对弹道导弹的拦截。BMD4.0 以后版本实现了上述两种功能的合并，使其具备完全的"宙斯盾弹道导弹防御"（ABMD，远程监视/跟踪能力加发射"标准"3 导弹的能力），1 艘舰就可以完成拦截任务。BMD5.0 版本通过软件升级和采用商用成熟技术的计算机等措施，增强了 AN/SPY-1D（V）的功能，并增加了多任务信号处理器，实现了"远程交战"（EOR），使系统能在相同计算机环境中同时执行舰队防空任务与反弹道导弹任务，称为一体化防空反导系统，而 BMD4.1 以前的版本只能执行区域防空或弹道导弹防御一项任务。BMD5.0 版本还兼容了 CEC 系统，并且可以同时导引"标准"3 Block ⅡA 导弹（图 6-11）和"标准"6 导弹执行反导和防空任务。"标准"3 Block ⅡA 拥有更强大的火箭推进器，射程更远、寻的头视野与能力更强、拦截范围更大，能对付中程甚至近洲际等级的远程弹道导弹。"标准"6 导弹可以同时拦截弹道导弹和巡航导弹。

随着具备弹道导弹防御能力的舰艇数量逐渐增多，航母打击群内也开始编入 BMD 舰。根据冲突程度和交战对象国，战时，航母打击群和水面打击/弹道导弹防御作战群互协同作战，或是将其纳入航母打击群统一协调作战。美国海军计划发展的"阿利·伯克"级Ⅲ型舰在设计上就具备同时执行弹道导弹防御和防空任务的能力，1 艘舰相当于现在的 2 艘或 3 艘舰的作战能力。

图 6-11 "标准" 3 舰空导弹,用于拦截弹道导弹

目前有 41 艘巡洋舰和驱逐舰经改装具备弹道导弹防御能力。这些舰有的根据需要平时编配在航母打击群内,有的组成水面战斗/弹道导弹防御大队独立执行任务。美国海军现在为航母护航的水面战斗舰艇都装备"宙斯盾"系统,所以都具备很强的防空作战能力。但航母打击群内并非所有的水面战斗舰艇都加装了弹道导弹防御系统,而且同时存在多个 BMD 版本。因此,在编队中各舰的任务分配也是各不相同,战时需要相互配合。

通常,在打击群内有 1 艘巡洋舰主要承担防空作战指挥任务,协调整个打击群的对空作战,一般不装备 BDM 系统。装备早期 BMD 版本的驱逐舰在执行弹道导弹防御任务时需要 2 艘舰配合使用，有的舰则需要其他舰为其提供对空防护。日本发展"秋月"级驱逐舰也是基于同样原因，在"金刚"级驱逐舰承担弹道导弹防御任务，无法再分配资源用于本舰防御，所以自身防御可能还不及普通的驱逐舰，为此，专门发展了"秋月"级驱逐舰，必要时为"金刚"级驱逐舰提供对空防护。

第七章　美国航母打击群两栖作战协同

两栖作战是指两栖部队从海上向陆地发起的军事行动。从作战空间上看，这种作战需要跨越空中、海洋和陆地。从动员的兵力看，需要海军和海军陆战队联合实施，动用的装备和兵力至少包括航母打击群、两栖戒备大队、两栖登陆装备、陆战装备、支援保障装备等。作战目的是登陆部队在其他兵力的掩护下，将作战力量从海上机动到敌方陆地，夺取抢占滩头或有利达成作战目标的要地，为后续作战做好准备。

由于美国海军两栖戒备大队不具备夺取制海权的能力，夺取制空权的能力有限，因此需要与航母打击群协同作战。从任务分配上看，航母打击群在两栖作战中主要承担火力投送的任务，在夺取制海权和指控权之后，对敌滩头阵地或阻止登陆部队的设施实施火力压制、打击；两栖戒备大队主要承担兵力投送任务，在最有利的位置和时间精确地投送作战力量，登陆部队借助平面和立体登陆装备将地面作战力量快速投送到指定地区。

第一节　两栖作战支援装备

两栖战舰艇在第二次世界大战后期发展成一个技术成熟的舰种，为登陆作战提供了坚实的基础，在诺曼底登陆和太平洋战场发挥了重要作用。20世纪50年代以来，美国海军在"垂直包围""立体登陆""均衡装载建制输送""超视距登陆、舰到目标机动"等两栖作战理论的指导下，先后发展了四级两栖攻击舰，分别为"硫磺岛"级、"塔拉瓦"级、"黄蜂"级和"美国"级，以及多型船坞登陆舰、船坞运输舰，功能日臻完善，综合作战能力逐级提升。美军认为："由1个陆战旅和1个陆战航空联队编成联合登陆部队，是在敌军坚固防御条件下，完成登陆作战任务的最佳兵力组合。"因此，始终保持着规模庞大的海军陆战队和为数众多的两栖战舰艇，以备随时出兵干涉他国事务。

一、两栖作战装备体系

美国海军的两栖作战装备体系大体包括两栖输送装备、两栖火力支援装备、两栖指挥装备、支援报保障装备、海上预置装备、地面作战装备等。

两栖输送装备按投送方式分为平面投送（水平投送）装备、立体投送（垂直投送）装备。按任务、功能主要分为两大类：一是从本土或海外基地向登陆区运送海军陆战队登陆部队和作战装备的大型两栖战舰等，细分为两栖攻击舰、船坞登陆舰、船坞运输舰三类舰；二是从两栖战舰向敌岸输送登陆部队和作战装备的登陆艇、气垫登陆艇、水陆两栖战车、直升机、倾转旋翼机等。其中，两栖战舰艇归美国海军管理、使用，CH-47直升机、CH-53E直升机和MV-22倾转旋翼机等装备归海军陆战队所有。

两栖火力支援装备大体有航母打击群的远程打击装备、陆战队的空中打击装备、中近程火力压制装备等。一是航母打击群的空中打击力量和舰载对陆攻击装备，包括舰载机和空地导弹、航弹，以及对陆攻击导弹和舰炮等；二是海军陆战队装备的F-35B、AV-8B等固定翼飞机、AH-1Z"超眼镜蛇"武装直升机等；三是陆战队的地面火力打击系统，包括榴弹炮、火箭炮、迫击炮等。

两栖指挥装备主要包括两栖指挥舰以及各层级的指挥控制系统等，主要有"蓝岭"级两栖指挥舰及其装备的指挥系统（或称 C^4ISR）、航母打击群的部分指挥系统、两栖战舰艇的指挥控制系统、登陆部队装备的指挥系统等。两栖指挥舰通常用于大规模登陆作战，因为各类舰艇无法容纳遂行大规模战役时临时组建的指挥部，也无法完成大量的指挥协调、通信等任务，所以美国海军现在仍保留着"蓝岭"号（LCC-19）和"惠特尼山"号（LCC-20）2艘指挥舰。

支援保障装备分为情报保障、水文气象保障、后勤保障、维修保障等。两栖作战舰艇因其装备原因缺少对内陆纵深的侦察装备，需要岸基、舰队、航母打击群等机构的情报保障。水文气象保障除了舰上配备的相关水文气象保障装备以外，还需岸基气象保障中心的远期气象预报等；另外，还需要运输补给舰船、维修装备、卫勤保障系统等的支持。为应对大规模作战，美国海军近年还建造了三型远征机动基地舰：一是远征高速运输（EPF）舰（原称联合高速运输（JHVS）舰）；二是远征转运码头（ESD）舰（原称机动登陆平台（MLP）舰）；三是远征海上基地（ESB）舰（原称海上浮动前进基地（AFSB）舰见图7-1），用于支援两栖作战。这些舰船归军事海运司令部管辖。

图 7-1　远征基地舰

海上预置装备是指海军陆战队平时预置在海外基地的作战装备和物资，以备战时缺乏补给基地时为陆战队进行补给。海上预置部队隶属军事海运司令部，现有 2 个海上预置船中队（2012 年削减了 1 个），平时在中东、迪戈加西亚、关岛等海域游弋，每个中队辖 7 艘预置舰，储备着 1 个陆战旅（约 1.5 万人）作战所需的重型装备和可维持 30 天作战的各类物资，是美军大规模两栖对陆作战和地面作战的重要支撑。

地面作战装备是海军陆战队配备的地面作战装备，包括坦克、两栖突击车、悍马车、卡车、火炮、火箭炮，以及步兵轻武器装备等。

二、两栖投送装备

美国海军历来青睐大型舰，对两栖攻击舰的选择也不例外，从"塔拉瓦"级、"黄蜂"级到"美国"级（LHA-6），舰的吨位逐级增大。美国海军两栖战舰艇的发展总体思路是在立体投送和平面投送之间达成平衡，成建制装载。在需要投送的兵力和装备数量已知的前提下，根据需求确定舰的排水量、机库和船坞的大小等技术指标。按照美军的设想，在发生大规模战争时，海军要提供投送三个陆战旅的运力。按照成建制投送的原则，这些部队和装备分布在"美国"级、"黄蜂"级两栖攻击舰、"惠德贝岛"和"哈珀斯·费里"级船坞登陆舰、"圣·安东尼奥"级船坞运输舰三类两栖战舰上。

"美国"级两栖攻击舰是美国海军最新、作战能力最强的一级两栖攻击舰（图 7-2）。20 世纪 90 年代，美国海军为替代即将退役的"塔拉瓦"级两栖攻击舰，维持两栖戒备大队的编制，保持战时投送 2.5 个陆战远征旅的能力，设计建造了"美国"级两栖攻击舰。该级舰开始论证时正值美国海军陆战队提出

"舰到目标机动"作战概念,所以在设计上,优先考虑了空中火力支援、垂直投送等能力。美国海军在经过对多种方案进行论证后,决定在"马金岛"号的基础上设计下一代两栖攻击舰,以节约研制费用。首制舰"美国"号 2009 年 1 月开工建造,2014 年 10 月服役。2 号舰"的黎波里"号 2017 年下水,2019 年服役。该级舰计划建造 11 艘,后续舰预计 2021 年后陆续交付海军。

图 7-2 美国级两栖攻击舰

该级舰沿用了传统两栖攻击舰的外形设计,采用直通甲板,满载排水量 4.5×10^4t,舰长 257.3m,舰宽 32.3m,采用 2 台 LM2500 燃气轮机,航速 20kn。该级舰是美国海军军事转型时期设计建造的一型两栖攻击舰,在船体总体布局、作战运用等方面都呈现出新的特点。

为了能够搭载更多的舰载机,该级舰设计了更大的机库,可以搭载 F-35B "闪电"Ⅱ战斗机、MV-22"鱼鹰"倾转旋翼机和多型直升机。其机库面积比"马金岛"号两栖攻击舰更大,但牺牲了坞舱面积,不过自第 3 艘舰开始将恢复原来的坞舱面积。该级舰作战使用特点是符合"舰到目标机动"作战概念的要求,在舰载战斗机的空中掩护下,利用倾转旋翼机和直升机将作战分队直接投送到敌方重要目标附近。

该级舰的满载排水量比"黄蜂"级增加约 10%，达到约 $4.5×10^4$ t，是目前世界上排水量最大的两栖攻击舰。该级舰具备强大的航空作战能力，可以携带航空燃油 3400t，是黄蜂级的 2 倍多。取消舰尾坞舱腾出的空间主要用于航空保障和货物装载方面，改进的内容包括加大机库面积，增加航空保障设施、备件和相关保障设施储备等空间。其舰载机联队标准编成是 6~10 架 F-35B 战斗机、12 架 MV-22 倾转旋翼机、4 架 CH-53 重型运输直升机、4 架 AH-1Z 武装直升机、3 架 UH-1Y 通用直升机和 2 架 MH-60 特战直升机。战时可根据作战任务灵活编组，执行制海任务时，最多可搭载 23 架 F-35B 战斗机，作战能力远超其他国家的航母。

美国级两栖攻击舰具有更强的装载能力，由于取消了船尾坞舱，货舱容积增加到 160000ft^3，比"黄蜂"级的 125000ft^3 货舱增加了将近 30%，可搭载更多的登陆部队和辎重、给养等。此外，该级舰改进了生命力设计，并预留了更多的改装、升级空间，便于未来进一步提升作战能力。为提高车辆的装载能力，该级舰的车辆甲板面积从"马金岛"号的 1858m^2 增加到 2362m^2。

"黄蜂"级是美国海军继"硫磺岛"级、"塔拉瓦"级之后建造的第 3 级两栖攻击舰（3 级舰可细分为 LPH、LHA、LHD 三种，这里统称为两栖攻击舰）。该级舰是在"超视距"登陆作战理论指导下，以满足使用气垫登陆艇和直升机（后来增加了 MV-22"鱼鹰"倾转旋翼机）等登陆装备为前提进行设计、建造的。在作战使用上，利用舰载 AV-8B 战斗机遂行制海作战、空中支援等任务；利用气垫登陆艇和直升机（在设计时，充分考虑了未来使用 MV-22"鱼鹰"的需求）运送陆战队员，具备从 50nmile 外发起高"超视距"两栖突击的能力。

该级舰于 1989—2009 年建造了 8 艘，其中第 8 艘"马金岛"号是"美国"级的"过渡舰"，引进了很多新技术。满载排水量 $(4.1~4.3)×10^4$ t，舰长 258.2m、舰宽 32.3m，吃水 8m。装备 2 台 LM2500 燃气轮机，航速 22kn，以 20kn 的速度航行时续航力为 9500km。

航空装备方面，为了进一步提高综合作战能力，"黄蜂"级增加了载机数量和种类，船体加长了 7.31m，所以机库也更长，约占全舰 1/3，机库面积 1394m^2，可容纳 42 架 CH-46E 直升机。根据作战需要，该级舰可搭载 AV-8B"鹞"式垂直短距起降飞机，以及 CH-53E"超级种马"、AH-1W"眼镜蛇"、SH-60B "海鹰"等直升机编成的航空联队。典型的编配：30 架混编直升机，6~8 架 AV-8B 攻击机；执行制海或火力支援时可搭载 20 架 AV-8B 攻击机或 F-35B 战斗机，4~6 架 SH-60B 直升机。舰上有 9 个起降点，可同时起降 9 架直升机或 MV-22 倾转旋翼机（图 7-3）。按 MV-22 来计算，每架飞机可搭载 24 人，一个批次就可运送 216 人。

图 7-3　MV-22"鱼鹰"倾转旋翼机可将登陆士兵直接送到指定地区

登陆装备方面,该级舰在塔拉瓦级的基础上扩大了坞舱甲板面积,设计了长 81.4m、宽 15.2m 的船坞,可存放 3 艘气垫登陆艇,提高了兵员运输能力。另外,还增大了车辆甲板面积,提高了装载能力。货舱容积为 2860m³,车位面积为 1858m²,可载 5 辆 M1 型坦克、25 辆轻型两栖车、8 门 198 型炮、68 辆卡车、10 辆后勤车和 12 辆保障车等。

"惠德贝岛"级和"哈珀斯·费里"级船坞登陆舰是美国海军登陆作战的主力舰,1985—1998 年共建造 12 艘,"惠德贝岛"级 8 艘,"哈珀斯·费里"级 4 艘。该级舰的满载排水量为 11300~16200t,舰长 158.8m,舰宽 25.6m,吃水 6.3m,属于中型舰,主要用于运载、投送陆战队的重型装备。该级舰使用 4 台中速柴油机作原动力,航速 22kn,18kn 航速时续航力达 8000nmile。

主要使命任务是配合两栖攻击舰实施大规模快速平面登陆。"惠德贝岛"级船坞登陆舰是美国第一级搭载气垫登陆艇的船坞登陆舰,按照"均衡装载"两栖作战理论的要求,排水量和主尺度都有所增加,特别是增加了船坞的长度,以便能够搭载 4 艘气垫登陆艇。该级舰的设计有很多独到之处,其特点如下:

该级舰总体布置体现了"均衡装载"的设计思想,上层建筑布置在舰中前部,上层建筑后部有宽敞的甲板,可起降 CH-53E 等重型直升机,但未设机库。从任务分工讲,两栖攻击舰执行空中投送任务,船坞登陆舰主要承担平面投送任务。舰上设计了大型坞舱,长 134m,约占舰全长的 3/4,宽 15m,可装 4 艘气垫登陆艇或 21 艘机械化登陆艇。气垫登陆艇可装载 2 辆重型坦克或 10 辆装甲运兵车,机械化登陆艇可装 1 辆坦克或 60t 作战物资。为了保证坦克、车辆等登陆装备快速上下舰，或在舰内便捷地周转，在转运区设置了一个 360°回转的圆盘。坦克、车辆等从舰尾跳板进入坞舱后，通过斜坡板开到转运区，借助转盘旋转 180°，然后直接开到车辆甲板。坞舱内的各型登陆艇也预先装好要运送的坦克，不但可增大装载能力，战时还可提高投送速度。

"惠德贝岛"级和"哈珀斯·费里"级约有 90%的设备是通用的，后者主要以运载物资为主，坞舱减小，只能装载 2 艘气垫登陆艇，但货舱从 141.5m³ 扩大到 1914m³，车辆甲板从 1161m² 增加到 1877m²。两型舰搭载的装备各有侧重，便于战时灵活搭载和使用的装备。

船坞登陆舰和船坞运输舰都有坞舱，都用于装载登陆部队和重型装备，但船坞登陆舰多用于第一波抢滩登陆，所以它的坞舱较大，货舱相对较小，"惠德贝岛"级船坞登陆舰的坞舱可容纳 4 艘气垫登陆艇，目的是提高快速运送登陆部队和装备的能力，而船坞运输舰的作用侧重于第二波运输，待先头部队抢滩之后，再将重型装备运送到岸上，"圣·安东尼奥"级两栖船坞运输舰的坞舱只能容纳 2 艘气垫登陆艇，但货舱比较大，陆战队的辎重多载于该舰。

"圣·安东尼奥"级是美国海军 20 世纪末研制的新一代船坞运输舰，该级舰没有两栖攻击舰那样的直通甲板和大型机库，仅在舰后部设计直升机起降平台和小型机库，搭载 2 架直升机。该级舰与两栖攻击舰和船坞登陆舰编成两栖戒备大队共同参与远征作战，主要承担运送海军陆战队登陆作战部队及其重型装备的任务。

该级舰长 208.3m，宽 31.9m，吃水 7m，满载排水量 24900t，动力装置为 4 台 PC2.5 型柴油机，总功率 29.84MW，最大航速 22kn。首制舰 1996 年开始建造，2006 年正式服役。美国海军计划建造 13 艘该级舰，后 2 艘舰是作为研制新一代船坞运输舰的过渡舰，将采用新的设计和新技术。

该级舰采用隐身设计，全舰外观光洁平滑，上层建筑低矮，侧壁向内倾斜，相交处圆滑过渡；外露的尾门、机库门、起重机、海上补给柱、天线基座等都采用了减小雷达截面积的形状。特别是该级舰首次采用了先进封闭式桅杆/传感器，外观呈八角形，高 28.34m，最大直径 10.67m，舰上的大多数雷达、通信天线等设备装在封闭桅杆里面，桅杆外表面则采用先进的复合材料，具有波段选择性穿透能力，大幅提高了舰艇的隐身性。

该级舰的船体与上一代奥斯汀级舰相比，满载排水量增加约 50%，可搭载更多的车辆、直升机和登陆艇，但货物装载空间略小。舰上设有约 2300m² 的车辆甲板，是奥斯汀级的 2 倍多，占据了中部甲板下的 3 层。坞舱和坞门布置类似"黄蜂"级两栖攻击舰，坞舱内可搭载 2 艘气垫登陆艇或 1 艘通用登陆艇，或 14 辆两栖突击车。飞行甲板可同时起降 2 架 CH-53 直升机或 2 架 MV-22

倾转旋翼机；机库能够停放 2 架 CH-46 直升机或 1 架 CH-53 直升机或 1 架 MV-22 倾转旋翼机。该级舰可装载约 960m³ 的货物，运送 720 名陆战队员，最多为 800 人。

"圣·安东尼奥"级两栖船坞运输舰是典型的多用途舰（图 7-4），作为美国海军远征打击大队的关键组成部分，它集船坞运输舰、船坞登陆舰、坦克登陆舰和两栖货船等功能于一身，且装备有较强的防空系统，能够有力支撑海军陆战队的"三位一体"（包括气垫登陆艇、两栖突击车、"鱼鹰"侧转旋翼飞机）力量投送。

图 7-4　LPD-17"圣·安东尼奥"级两栖船坞运输舰

现代大型两栖战舰在支援登陆作战时已不像过去的坦克登陆舰那样，先冲到滩头，然后打开舱门、放下跳板卸载装备，而是停泊在离目标海岸几十千米以外的海域，然后利用通用登陆艇或气垫登陆艇将重型装备运送上岸。气垫登陆艇的工作机理是将大功率风机产生高压空气压入艇底的柔性围裙，从而在船体与水面之间形成气垫，将部分或大部分船体托起在水面上高速航行。由于气垫登陆艇具有良好的通过性，受潮汐、水深、雷障、抗登陆障碍及近岸海底坡度、底质的限制较小。气垫登陆艇可在全球 70%以上的海岸使用，而排水型登陆艇只适合在 17%的海岸使用。

气垫登陆艇是美国海军两栖作战装备的重要组成部分，主要配备两栖攻击舰、船坞登陆舰等。在登陆作战时，两栖战舰首先将舰上所载的装备和士兵机动到气垫登陆艇上,在预定海域放出,然后气垫登陆艇以高速冲向海岸,将装备和士兵直接送达敌方滩头,迅速占领滩头阵地。气垫登陆艇是满足快速机动的重要装备,在执行两栖登陆作战任务时,它的运送能力比普通的登陆艇要高 50%,比 LCM-6 和 LCM-8 中型登陆艇高 4~7 倍。

美国海军现役气垫登陆艇(LCAC)于 1984 年开始服役(图 7-5),先后共采购了 91 艘,主要用于输送坦克、车辆和陆战队士兵,实施登陆作战。它的标准排水量为 87.2t,气垫状态下艇长 26.8m,宽 14.32m。艇首跳板长 8.78m,艇尾跳板长 4.57m,货舱面积 168.06m^2,能装载 24 名海军陆战队员,一辆主战坦克或 4 辆轻型装甲车或 60~75t 的军用物资,装载上述装备时的航速可达 40kn,编制人员 5 人。动力系统采用 4 台 TF-40B 型燃气轮机,持续功率为 16000hp(1hp=745.7W),艇尾部 2 台燃气轮机分别驱动一部 4 叶调距螺旋桨,用于推进,艇首部 2 台分别驱动 1 台双进气升力风扇。

图 7-5 在坞舱内准备登陆的气垫登陆艇

为解决现役气垫登陆艇日益老化的问题,美国海军正在对气垫登陆艇实施延长使用期计划,另外研制新一代气垫登陆艇 LCAC-100,其特点是主机功率由现在的 1.6×10^4hp 提高到 2.12×10^4hp。与现役 LCAC 相比,载货面积增加 33%,运载能力达到原有的 2 倍,有效载荷(144t),可运送 2 辆 M1A1 主战坦克或 10 辆轻型装甲车(LAV)。

美国海军陆战队还在研制新型气垫登陆艇,2014 年展示了超重型两栖连接器（UHAC）样机（图 7-6）。两栖连接器的外形尺寸为全长 25.6m、宽 15.8m、高 10.4m，可以搭载于现役大型两栖舰的坞舱。具有良好的涉水和越障能力，最大运载能力为 190t，可装运 3 辆 M1A1 或 M1A2 坦克，而 LCAC 一次只能运载 1 辆。UHAC 的货舱面积达到 2732.5m^2，远大于 LCAC 的 1967.4m^2，但航速较低，只有 20kn。不过，美国海军陆战队计划退役所有的主战坦克，该连接器的去留成了未知数。

图 7-6　美国海军陆战队正在研制的超重型两栖连接器

通用登陆艇的航速较低，但装载能力强于气垫登陆艇，所以在两栖战舰上配套使用这两型投送装备，气垫登陆艇用于快速突击，通用登陆艇（LCU）用于运送重型装备。

美国海军现役通用登陆艇是在 1959 年—1971 年建造的，已超过服役年限，所以美国海军从 1999 年开始研制新型通用登陆艇（LCU（R）），替换现役通用登陆艇，作为海上基地的舰对岸运输工具。为了适合在两栖舰上使用，LCU（R）艇长将控制在 40m 以内，宽度不超过 13.7m。登陆艇对吃水有较严格的要求，因为它不但要具备冲滩能力，满足在濒海区域使用的要求，还不能超过两栖攻击舰坞井甲板的水深限制。

美国海军对 LCU（R）航速的要求是不低于 25kn，具备独立部署能力，能够进行为期 10 天的独立部署，续航力将达到 1000nmile。在运载能力方面，LCU（R）将比 LCU 的负载能力增加 42%，可装载 3 辆 M1A1 坦克。

为替换老旧的登陆艇，美国海军正在研制新型 LCU-1700 级通用登陆艇，装载能力增加到154t,计划2022年服役。

MV-22"鱼鹰"倾转旋翼机兼具固定翼飞机和直升机的功能,简单地说,该机可通过旋翼倾转来调节飞行状态,机翼两端各有一个短舱,内装驱动旋翼系统的涡轮发动机。根据需要可在十几秒内绕机翼轴转动使旋翼短舱呈水平状态(向前)变成涡桨固定翼飞机,或呈垂直状态(向上)变成双旋翼直升机。

MV-22机身长19.20m,机宽25.78m,全高6.73m。运载舱呈矩形,长7.37m,宽1.80m,高1.83m,机舱内的容积较大,体积达24.3m^3,可运载24名全副武装的士兵或12副担架及医务人员。空重15177kg,最大有效载荷9072kg(机内),使用2个吊钩时的外挂载荷6804kg。

"鱼鹰"具有多种优异的性能:一是飞行速度快。海平面巡航速度185km/h(采用直升机方式飞行)和582km/h(采用固定翼方式飞行)。二是航程远。满载、垂直起降状态时为2225km,满载、短距起降时为3336km。三是运输能力强。短距起降时,最大起飞重量可达27442kg。四是具备空中受油能力。借助空中加油,从美国西海岸飞往太平洋中部岛屿仅需一天多时间。另外,它还可进行全天候低空飞行和低空导航,维护工时较少。特别是它为满足海军陆战队在两栖攻击舰上着舰的使用要求,机翼可翻转到与机身并行的位置,旋翼可在90s内完成折叠。

在直升机方面,美国海军陆战队现装备CH-46、CH-47、CH-53E等大中型运输直升机,是两栖投送的主要力量。CH-53K直升机于2015年开始陆续服役,该机更新了发动机,采用全新的复合材料桨叶,扩大了机舱内空间,是美军有史以来最大也是最重的直升机。

在两栖突击车方面,MV-22倾转旋翼飞机、LCAC、远征突击车(EFV)曾被称为美国海军陆战队21世纪"超视距"登陆作战的"三大神器"。远征突击车项目因费用和技术等问题研制计划被取消后,未来一个时期AAV-7A1突击车是美国海军陆战队的主要突击装备,未来可能由正在研制的8轮驱动ACV替代。该车战斗全重24.68t(净重21t),车长8.16m,宽3.29m,高3.32m。车体右侧有一座小型全封闭炮塔装置,其四周设置了9具潜望镜、瞄准镜和目视瞄准镜,炮塔可360°旋转;炮塔配备的武器是12.7mm机枪和MK19榴弹发射器。无须任何准备,AAV-7A1就可进行浮渡,浮渡时靠车体后部两侧的喷水推进器前行,每个喷水口的后侧,装有一个电动液压控制的导流器,驾驶员可利用方向盘来控制导流器,通过变换喷水方向,来操控车辆的前进方向,在水中能够做倒行、转向、原地回旋等动作。推进器为铝制混流式水泵,喷水口排水量为52990L/min。水上机动速度13.5km/h,最大航程65nmile。陆上最大速度72.42km,最大行程640km。AAV-7A1的车体后段是载员舱,可搭载25名全副武装的士兵，或根据需要装载 3.63t 作战物资。车尾装有一个供士兵进出的电动斜板式舱门，舱门设有紧急逃生门和潜望镜，另外在载员舱的顶部还装有 3 个可供人员出入的舱盖。

AAV-7A1 采用扭力杆承载系统，底盘两侧各装有 6 对负重轮，其中第 1 和第 6 对负重轮装有液压式减震器，以提高越野机动性与稳定性。该车有三种衍生型号，分别是指挥车、救援车、扫雷车。

三、两栖作战支援装备

美国海军的两栖战舰艇虽具有强大的兵力投送能力，但其自身的反舰、防空、反潜能力很薄弱，需要航母打击群和其他作战平台的支援。从作战任务分工看，在大规模两栖作战时航母需提供制海、制空等支援，利用舰载机和舰载远程打击武器完成战略威慑，夺取相关海域的制空制海权，实施对岸打击等任务，为两栖编队航渡和登陆行动提供全方位的保护。两栖战舰艇的主要任务是利用直升机、倾转旋翼机、登陆艇等实施水平和立体登陆，从海上发起突袭登陆作战。

两栖作战离不开水面舰艇和作战飞机的支援，美国海军在 20 世纪初，在两栖戒备大队（1 艘两栖攻击舰、1 艘船坞登陆舰、1 艘船坞运输舰）的基础上，编入 1 艘巡洋舰、1 艘驱逐舰、1 艘攻击型核潜艇组建了远征打击群，用于执行对抗强度较低的两栖作战。在高烈度或大规模登陆作战时，仍需要航母打击群的支援，为两栖戒备大队提供制空、制海、水雷战等方面的支援。关于航母打击群的防空、反潜、反舰等作战使用情况参见相关章节的论述，这里不再赘述。

两栖指挥舰相当一个前线指挥部，包括航母在内的水面舰艇都没有足够的空间和能力容纳上百人的指挥部，包括各级指挥官、各种作战协调官和参谋人员。战时，有无数的电文需要处理，保证岸舰间、编队间、军兵种间的通信畅通需要大量的通信设备，部署在多维空间的作战平台需要大量的参谋人员从中协调，这些都不是普通舰船可以完成的。不过，随着信息技术的不断进步，两栖指挥舰的作用可能会逐步减弱。目前美国海军现役只有 2 艘蓝岭级两栖指挥舰，分别是"蓝岭"号（LCC-19）和"惠特尼山"号（LCC-20）。

2 艘"蓝岭"级两栖指挥舰于 1970 年和 1971 年服役，满载排水量大于 18000t，舰长 193.2m，舰宽 32.9m，吃水 7.6m。采用蒸汽动力，航速 23kn，16kn 航速时的续航力为 13000nmile。人员编制 821（其中 43 名军官），指挥部人员 253（其中 127 名军官）人。可搭载 700 名登陆人员，装备 3 艘人员登陆艇，2 艘车辆人员登陆艇。

舰上有 7 个指挥中心。旗舰指挥中心堪称大型综合通信及信息处理中心，装备了美国海军各型指挥控制系统，2017年加装了最新研制的综合海上网络与企业服务（CANES）系统，可为舰队指挥、控制、情报、后勤等提供通用计算环境。该中心的作用是对两栖作战中的对空、反潜、反舰兵力及航渡中的登陆编队实施指挥。该舱布置了70多台发信机和100多台收信机，利用通信卫星，能够以每秒3000单词的速度同岸基指挥部和作战部队进行信息交流。接收的全部密码可自动进行翻译，通过舰内自动装置将译出的电文传送给指挥人员。舱内还有两个正方形的大型战术显示屏，随时显示整个舰队的位置和活动情况。

登陆部队指挥舱：登陆部队指挥官的指挥位置，舱内设有海军战术数据系统终端、两栖支援信息系统终端和海军情报处理系统终端，以供登陆部队指挥官全面掌握登陆作战的态势，了解登陆部队的作战行动和后勤保障情况。

对海作战指挥中心主要用于指挥航母打击群和其他作战编队实施对海作战。

反潜战中心与对海作战指挥中心设在同一舱室内，主要用于指挥舰队及潜艇实施反潜和反舰作战。

登陆部队火控中心主要用于协调编队内的火力分配，支援两栖作战，在发起登陆突击之前对敌岸进行空中火力支援和舰炮火力支援，部队抢滩作战时对敌滩头火力进行压制，登陆部队向纵深推进时实施延伸火力支援。

作战情报中心设有由各类显示屏、标图板、通信设备、终端机组成的8部显控台，包括防空战显控台、空中态势显控台、战术系统显示台、威胁判断显控台、武器协调显控台等。

综合通信中心设有200多个显控台，协调控制相关的收发信装置，保障特遣舰队与岸基指挥部，以及下属各作战单元的通信联络。

后勤保障支援方面，为了提高海上运送速度，加强两栖作战时的投送能力和制海能力，以应对所谓"4+1"战略（对抗俄罗斯、中国、朝鲜、伊朗和恐怖主义的威胁）需求，美国海军推出了三型军辅船，它们可独立执行任务，也可搭配使用。2015年，美国海军将它们作为一个新的舰种，分别命名为远征高速运输舰、远征转运码头舰、远征海上基地舰，舷号都以表示"运输"的"T"打头。这三型舰归军事海运司令部管理、使用。

远征高速运输舰满载排水量2500t，舰长103m，舰宽28.5m，吃水3.8m，装4台柴油机，喷水推进，最大航速43kn，续航力2200km。舰上有1858m^2的车辆甲板，大约可容纳100辆悍马通用车，另有312个座席和104张床铺。舰后部设有直升机起降平台。

2010年，美国首批订购了3艘远征转运码头舰，首制舰"蒙特福德角"号（T-ESD-1）、2号舰"约翰·格伦"号（T-ESD-2）、3号舰"刘易斯·伯韦尔·普勒"号（T-ESD-3）在 2013—2017 年交付事海运司令部。2016 年美国海军追加定购了 2 艘远征转运码头舰。该级舰满载排水量 83000t，舰长 239.3m，舰宽 50m，吃水 9m，采用柴油机动力装置，航速 15kn，续航力 17600km，人员编制 34 人。其用途是在作战海区为军事海运司令部的海上预置舰提供向气垫登陆艇上转运车辆和物资的大型浮动平台。船上可装载 10×10^4gal 淡水和 38×10^4gal JP-5 燃油，战时可接驳大型滚装船或海上预置舰，转运大型车辆、装甲车等装备，然后利用舰上搭载的 3 艘气垫登陆艇运送到岸上。

远征海上基地舰属于远征转运码头舰的衍生型，目前已服役 6 艘。该舰排水量 100700t，舰长 233m，宽 50m，吃水 12m，15kn 航速时的续航力为 9500nmile。舰前部有直升机库，可容纳 2 架 MH-53E 直升机，其后是 4831m^2 的飞行甲板，有 2 个起降点，可起降 MH-53E 扫雷直升机、MV-22 倾转旋翼机和 MH-60 直升机。船上可装载 10×10^4gal 淡水和 38×10^4gal JP-5 燃油，任务甲板可搭载 4 部 Mk-105 磁性扫雷具和 7 艘 7m 刚性充气艇。人员编制 44 人，另可搭载 250 名登陆人员。可用于大规模物资转运、支持多种海上任务，包括水雷战、人道主义救援，兼具作战指挥功能，可用作扫雷作业和特种作战的前进基地。

海上基地有了这三型舰，将大幅提升装备的转运速度，过去重型装备全部装在船坞登陆舰和船坞运输舰的船体内，由于空间狭小，有时调用所需装备非常费时且繁琐，有了转运码头舰，各种重型装备停在甲板上，调用相对便利得多。

大规模两栖作战需要消耗大量物资，向战区运送作战物资既耗时又费力，据不完全统计，海湾战争期间，美军共计通过海运运送了 314×10^4t 武器和物资，动用船舶 494 艘次，海运占总量的 85%，其他由空运完成；燃料类 610×10^4t，全部海运。伊拉克战争期间的海运总量是军用物资 20×10^4t 多，其中弹药 95000t、燃料类约 100×10^4t，动用船舶 167 艘次。随着上述三型舰的服役，未来这种向岸上运输的物资和装备将大幅减少，根据海上基地的概念，所需装备大部分存放在这些舰上，需要时可任意调用，作战结束后再返回到舰上，这样可以大幅节省作战成本。

四、两栖作战装备特点

远征作战力量是美国对外军事干预的重要手段之一，它与航母打击群、水下作战力量一起构成美国战争力量的三大支柱，所以长期以来美国海军对两栖作战装备的发展予以高度重视，经过几十年的发展，逐步形成了完备的两栖作战装备体系和远程高效的兵力投送能力。两栖作战装备特点：

（1）机动性强，装载力大。美国海军现役两栖攻击舰都在 4×10^4t 以上，设有全通甲板,可搭载固定翼战斗机,而且载机数量多;船体内有坞舱,可装载陆战队的大量重型装备。船坞登陆舰有直升机起降平台,一般还设有机库。设有大型坞舱,通过其搭载的气垫登陆艇、小型登陆艇和直升机,将登陆兵及其装备输送上岸。船坞运输舰是一种以载运登陆艇、两栖输送车、直升机,渡海和登陆用的两栖战舰,偏重搭载、运送重型装备。

(2)建制装载,反应速度快。两栖戒备大队可以大规模、成建制地装载登陆作战所需的陆战队人员、武器装备及各种物资。每个两栖戒备大队具备可以搭载约 2200 名士兵及其装备,相当于一个步兵营。美国海军的两栖战舰艇整合了过去坦克运输舰、登陆运输舰、两栖运兵船等功能,加之逐步大型化,1 艘舰能完成过去 3 艘或 4 艘普通登陆运输舰所承担的任务,这样不但可以精简装备规模,而且大大提高两栖作战部队的反应速度和作战效能,提高灵活反应能力。

(3)实用性强,用途广泛。美国海军的两栖战舰艇在美国发动的战争、地区冲突中发挥了重要作用。两栖战舰艇凭借其较好的续航能力、较快的航速和强大的作战能力,在其他地区突发危机时,快速部署到战区进行威慑和有限作战,达成预定目标,是解决地区冲突的常用装备。

(4)上陆手段多,能力强。美国海军两栖战舰艇装备有直升机、倾转旋翼机、气垫登陆艇、通用登陆艇等输送装备,满足平面登陆和立体对陆的作战要求。两栖攻击舰的最大优点是可以利用直升机和倾转翼飞机输送登陆兵、车辆或物资等,实施进行快速垂直登陆。一般而论,直升机机降投送,可在敌防御力量薄弱,或重要地点快速部署作战兵力,打乱敌作战节奏,或是执行斩首行动,可明显增强作战效能。

(5)支援火力强,打击纵深大。美国的两栖攻击舰装备固定翼舰载机,F-35B 战斗机的作战半径超过 800km,并具有很强的对地攻击能力,可为登陆部队提供火力支援。如果得到航母打击群舰载机、水面战斗舰艇和攻击型核潜艇的远程对陆攻击导弹的支援,可对敌纵深 1000km 的目标实施打击。海军陆战队上岸后,还可利用自己的"三位一体"火力打击系统对敌防御工事进行火力压制。

(6)完善的指挥控制功能。美国海军拥有专用于大规模两栖作战的两栖指挥舰,可指挥、调度大规模的两栖作战兵力实施作战。大型两栖战舰艇配备有先进的 C^4I 系统,包括指挥官控制中心、作战控制中心、战术空中协调中心和换乘控制中心等,并装有大量电子设备,如登陆战综合战术数据系统等,在各种作战行动中可以分担作战指挥、控制的任务。

第二节 两栖支援作战装备运用

两栖作战需要海军和海军陆战队协同完成，任务艰巨，涉及的装备多，各种指挥协调任务繁杂，而且作战环境和条件十分严酷，制定作战计划、组织实施、指挥协同、后勤保障等都面临超乎想象的困难。在强渡海区、登陆作业区都可能遇到敌方不同程度的攻击。因此，在两栖作战中，必须合理运用登陆作战兵力和支援保障力量。

一、两栖作战指挥

两栖作战是联合作战的主要形式之一，主要有两栖攻击、两栖突袭、两栖佯动、两栖撤退、两栖支援等作战样式。在作战部队的组成方面，美军根据战役规模和任务，采取模块化编组方式，组建两栖作战部队（联合部队），构成要素主要有航母打击群、两栖戒备大队（或远征打击群）、猎—杀水面行动小队、海上预置中队、海上机动基地舰等。参战兵力多、作战程序复杂，所以两栖作战指挥也较为复杂。

美国海军陆战队版本的《21世纪的远征部队》关于指挥控制的定义是"为了确保海域内最有效行动所需的统一指挥，海上的海军陆战队部队通常作为更大的海军特遣部队的一部分，在联合部队海上部队指挥官或舰队司令的指挥下行动。为了进一步增进相互了解和统一努力，我们会增加配属给联合部队海上部队指挥官和舰队参谋部门海军陆战队员的数量。此外，在功能和地区作战司令部内，海军陆战队合成部队指挥官将与其海军和海岸警卫队同行协调，整合资源，支持能够产生更有效的海上力量的计划"。

美军的作战指挥关系分类有四种，即战斗指挥、作战控制、战术控制、支援。战斗指挥是最上位的，主要职责包括：计划、规划、预算以及执行过程输入；指定下级指挥官；与国防部保持联系；组建军事法庭；后勤的直接指挥权。

作战控制是战斗指挥的下位概念，其职责：所有军事行动与训练的指挥；组织、使用司令部和部队；分配下级的指挥权限、功能；情报、监视与侦察需求整理及计划制定；暂停下级指挥官的指挥权。其下位概念包括战术控制权和支援。

战术控制权是指为完成作战任务、部队调动和机动的局部指挥与控制。支援是对其他作战单元的援助、补充、防护、支援保障。

较大规模的两栖作战通常由战区级或舰队级司令负责指挥，担任两栖部队指挥官,他是全面指挥两栖作战的最高级别的军官,当出动"蓝岭"级两栖指挥舰时,最高指挥官的战位在该舰上(图 7-7)。联合部队指挥官可根据实际作战需要组建联合部队司令部,负责整体作战计划的制定工作,以减少联合部队指挥官的控制层级和跨度,提高作战效率和命令下达的速度,使各部队的行动协调一致、恰当运用各种装备、武器系统。

图 7-7 美国海军"蓝岭"号 LCC-19 两栖指挥舰

两栖作战部队通常由两栖特遣部队和登陆部队组成,所以两栖作战部队指挥官在作战准备阶段要指派两栖特遣部队指挥官和登陆部队指挥官。两栖特遣部队指挥官一般由海军航母打击群的合同作战指挥官担任,登陆部队指挥官一般由海军陆战队负责两栖作战的登陆部队指挥官担任。

美国海军的两栖作战指挥采取分散式指挥,各方面作战设置专人负责。根据美军 2014 年 7 月 18 日颁布的新版联合出版物 JP3-02《两栖作战》,两栖作战相关指挥控制有以下几种。

(一)两栖部队的指挥控制

联合部队指挥官可以亲自指挥参与两栖作战的军种司令部的作战,也可以将作战控制权或战术控制权委托给两栖部队指挥官,并保持对两栖部队的统一指挥。联合部队指挥官还可以将此职责指派给一位下属指挥官。如果联合部队按照职能进行编组,那么职能合成部队指挥官仍保持对其原下属部队的作战控制权,对配属的或可用于遂行任务的其他军种部队行使战术控制权。根据任务的目的和范围，他可以被指定为两栖部队指挥官的下级指挥官，包括联合部队海上合成部队指挥官，或者是其下属的海上特遣部队或打击群的指挥官。

（二）水面战和水下战的指挥控制

海上战斗指挥官负责计划、指导、监督和评估水面战和反潜战任务，在两栖部队向两栖战集结海域航渡过程中，以及随着登陆部队进出登陆出发海域过程中，主要承担保护参战部队免受来自水上和水下的攻击。如果没有任命海上战斗指挥官，这些任务由各航母打击群的水面战和反潜战指挥官具体负责。水雷战指挥官通常由海军军官担任，负责相关作战任务的指挥，负责清除水雷威胁。

（三）舰到岸机动指挥控制

在登陆部队从两栖战舰艇向敌岸机动期间，两栖特遣部队指挥官、登陆部队指挥官和两部队所属其他部队指挥官的权限和指挥关系，由作战启动指令做出明确规定。两栖特遣部队指挥官负责装备的卸载和舰到岸机动，直到两栖作战终止。后续部队的装备卸载和伴随船队、岸上后勤作业等指挥任务，由上级指挥机构指定的另一个指挥部负责。海军水面舰艇部队指挥官需及时向两栖特遣部队指挥官、登陆部队指挥官和其他指定的指挥官通报舰到岸平面投送的进展情况，其中包括实际登陆运送的次数和上岸部队的推进情况。

（四）两栖作战期间空中作战的指挥控制

联合部队指挥官通过联合部队空中合成部队指挥官、区域防空指挥官和空域控制机构等，完成空中作战的指挥和控制。根据需要可以设置联合部队空中合成部队指挥官，由他可以根据实际战场态势，与联合部队海上合成部队指挥官协调，向两栖作战区域内的两栖参战部队提供联合空中支援。

两栖战期间的空中作战，由两栖特遣部队和/或登陆部队航空兵参谋机构根据上级指示，组织实施并进行控制。当联合部队指挥官在联合作战区域内划定了两栖作战目标地域时，受援指挥官负责该地域内的所有行动。为两栖作战部队提供支援的，或者对可能影响到两栖作战行动的所有联合空中作战行动，都受到两栖特遣部队指挥官的控制，或者与其进行协调。在两栖特遣部队编成内，海军战术航空兵控制中心一般设置在两栖战指挥舰上，负责控制所分配空域内的所有空中作战行动，包括空中拦截、空中打击、近距火力支援等。登陆部队上岸后，可视情在岸上设置海军陆战队战术航空兵指挥中心，在航母舰载航空兵的支援下，海军陆战队战术航空兵指挥中心可逐步转移到岸上。最先上岸的是海军陆战队战术航空兵引导中心，它隶属于海军战术航空兵控制中心，负责内陆纵深方向的空中作战。

（五）岸上行动的指挥控制

在实施上陆之前，登陆部队指挥官及其参谋机构设在两栖指挥舰上，作为登陆部队的行动中心，负责计划、指导和监控登陆部队的行动。当指挥机构分阶段上岸后，登陆部队战斗行动中心担负起登陆部队行动的控制。随着指挥机构转移到岸上，航母打击群的火力支援协调职责转交给部队火力协调中心和火力支援协调中心。随着航空兵控制权转交到岸上，空中直接支援中心的监督权从海军的战术航空兵控制中心转交给海军陆战队战术航空兵指挥中心。根据待实施两栖作战的类型和范围，也可以不移交指挥权，指挥控制权可以保留在海上。负责实施小规模作战的前沿部署海军陆战队远征分队，通常在海上实施指挥控制。对于大规模的两栖作战，登陆部队指挥官应考虑到舰载通信系统的局限性和可用于指挥控制的空间问题，从而确定要在海上保留多少指挥控制权，以及确定哪些指挥控制要素需要转移到岸上。

二、两栖支援作战指导思想

美军两栖作战的核心是"从海上发起作战机动"，将做好战斗准备的作战部队从海上转运到岸上，目的是获取相对于敌的位置优势。战斗行动期间，在建制火力和支援火力的配合下，在敌军意想不到的地方实施突袭，多点渗透，对重要目标进行远程非接触快速精确打击。

注重海上基地和远征基地能力建设，加强后勤保障的支援力度，注重发展、利用可部署、可维持的有效力量投送手段，提高投送速度和质量，创造敌人无法承受的更快节奏。与海军协同作战，使用信号特征低、航程更远、速度更快的船艇，发展在崎岖的海岸线进行突破的能力。

实施舰到目标的机动，跨越沿海地区实施机动，以战胜区域拒止挑战、获取进入权并在必要时向岸上投送力量。避开或绕过敌方的优势兵力，有效利用防御空隙。

实施分布式海上作战，将海洋作为机动空间，为两栖部队创造行动自由，鉴于两栖作战的复杂性和两栖部队防御能力薄弱，在岸上集结战斗力需要全面整合建制力量，以及整合其他联合和多国部队的力量，并且避免非预定交战或部队在岸上的大规模停留。

三、两栖作战及支援兵力运用

两栖作战是一种典型的联合作战，参战兵力包括海军航母打击群、两栖戒备大队、其他掩护部队、海军陆战队登陆部队，更大规模的两栖作战还可能出动空军空中打击力量和陆军地面作战力量等，这些兵力密切协同、通力合作，共同完成任务。按照美军《联合作战条令》的解释,两栖作战的核心是将战斗力快速地从海上集结到岸上。两栖突击的要求是,配合两栖部队向目标发起攻击,快速、不间断地在岸上集结足够的战斗力。为了取得战役的胜利,两栖部队必须拥有对敌的海上优势、整个战区的空中优势、对敌岸上防卫力量的兵力优势。

(一)两栖作战部队的编组

两栖部队分为两栖特遣部队和两栖登陆部队,它们都是基于任务进行编组的。每个特遣大队都可以独立编组,或者根据作战需求进行合成编组。两栖作战部队的海军部队可以由美国海军和多国的部队组成。实施两栖作战时的大型两栖特遣部队由一位舰队指挥官负责指挥。中等规模的两栖特遣部队可由远征打击群负责指挥。小型的两栖特遣部队由一名两栖戒备大队指挥官负责指挥,单艘舰也可以作为一支实施战区安全合作或其他行动的两栖特遣部队。登陆部队由地面战斗部队及其战斗支援和战斗勤务支援部队组成。

两栖登陆部队主要由海军陆战队组成。美国海军陆战队现编有2个海军陆战队远征军,由陆战旅、陆战队航空联队、部队勤务支援大队组成,另有1个预备役陆战师、1个预备役航空联队和1个预备役部队勤务支援大队,总兵力为18万多人。

陆战队远征旅是海军陆战队目前主要作战单元,其规模并不固定,基本编成:1个加强陆战团、1个混编航空联队(配备固定翼作战飞机)、1个战斗后勤团(8个各种补给、维修支援中队),人员编制3000～20000人,主要装备是M1A1坦克、AAV7两栖突击车、155mm榴弹炮。为了应对不确定的冲突和战争,战时按任务可灵活编成大中小型空地特遣部队,统称为陆战队空地联合特遣部队。

陆战队远征小队的基本编成:1个加强步兵营、1个陆战队混编直升机中队、1个营后勤支援大队,人员编制2200～2500人。

两栖戒备大队是美军海外作战的主要编成方式之一,由美国海军的3艘两栖舰("美国"级或"黄蜂"级两栖攻击舰、"惠德贝岛"级船坞登陆舰、"圣·安东尼奥"级船坞运输舰各1艘)和1个远征小队组成。陆战队及其装备和30天的补给品按建制分装在3艘舰上,这样戒备大队或其中1艘舰到达作战海域后就可以立即执行作战任务,他们可换乘气垫登陆艇实施超视距登陆,或是换乘直升机、MV-22偏转旋翼机实施"舰到目标机动",直接到达目标附近地区。根据作战需要,也可在此基础上,增加水面战斗舰艇和攻击型核潜艇,组建远征打击群,增强防护和远程打击能力。战时,两栖戒备大队(或远征打击群)多与航母打击群一同部署,遂行作战任务。

从美国海军两栖戒备大队的编成和投送装备看,具备以下运用特点:

（1）能够快速部署，战时可迅速向作战海区投送相当规模的兵力。

（2）装备体系完备，成建制装载，可迅速投入作战。3艘两栖战舰艇具备很强的装载能力，可以随队运载重型装备，能够快速投入战斗（图7-8）。

（3）投送手段多样，有完备的平面投送和立体投送装备，登陆作战时，可利用直升机和倾转旋翼机垂直登陆，同时可使用 LCAC、AAV-7A1 两栖突击车进行平面登陆，作为先头部队，抢攻滩头阵地或敌内陆有利地形，为后续增援部队上陆做好准备。

（4）支援火力强，可对登陆部队形成有力的支援。登陆前，可利用舰载机和舰载火力，对敌军阵地实施猛烈的火力预先攻击；部队登陆过程中和上陆后，可持续进行火力掩护和支援。

图7-8　美国海军两栖戒备大队（"黄蜂"级、"圣·安东尼奥"级和"惠德贝岛"级各1艘）

（二）展开区域的划分

按照"舰到目标机动"作战的构想，作战区域主要分为海上作战区和登陆区。

海上作战区通常要划定面积很大的海区，至少不能影响航母打击群和两栖战舰的活动，按照不同的用途又分为三个区：一是靠近海岸的近距支援区域，主要是航母打击群和水面战斗舰艇（巡驱大队），或重要后勤部队的活动区域，是为直接支援登陆作战的战斗部队留出的空间；二是后方支援区域，它是水面战斗舰艇部队的预备区域；三是后方撤退区域，它是为完成登陆输送的舰艇安排的临时撤退区域，目的是避免登陆区的混乱，也可用作遇到恶劣天气时的退避区域。

登陆区是两栖战舰和登陆装备真正实施空海突击登陆的作业区，登陆区由在海岸正面划定的圆形登陆区域及其后面的海上待命区域组成。设在最后的海上待命区域是完成登陆区域作战任务的舰艇，或准备阶段的登陆舰待命的地方。这是防止作战开始时在登陆海岸正面狭窄的登陆区域内集中过多舰艇造成拥堵的一项措施，同时也可以最大限度减少敌岸防部队、内陆部队或海上舰艇发射导弹造成的损伤。在待命区域设有气垫登陆艇出发区，可由此直接向岸上输送装备和士兵。

登陆区分为垂直短距起降飞机区域、内侧登陆区域和外侧登陆区域三个区域。垂直短距飞机区域主要用于海军陆战队的F-35B"闪电"Ⅱ战斗机、AV-8B攻击机、MV-22"鱼鹰"倾转旋翼机和各种直升机从两栖攻击舰上起降，该地区要留出较大空间，目的是要获得飞机起降适合的风速，需要给两栖攻击舰分配一定的自由活动区域。内外两个登陆区域是运送陆战队和货物、车辆的通用登陆艇和气垫登陆艇从两栖战舰船坞出发的区域。按照作战想定，外侧登陆区域一定是在敌方看不到的地平线之外，通常设在距海岸大约40nmile的地方，并且根据需要派遣水雷战部队，进行猎扫雷作业。内侧登陆区域在威胁程度较低时可设在靠近海岸的地方，以保证登陆作业顺利进行。

在登陆区域的前面划有对敌海岸发起突击登陆的攻击开始线（LOD）。登陆部队将分为两类参与作战：一是利用两栖战舰从空中和海上登陆的2支小型空地特遣部队；二是在前者控制一些机场和港口后，利用这些机场和港口陆续展开的远征旅主力部队。在下达命令的7~10天内，远征旅要配合其他作战兵力在作战海域内构建海上基地，做好"从海上发起机动作战"的准备。主要是利用气垫登陆艇运送登陆部队，或是利用直升机等实施垂直登陆。其任务是负责运送2个机械化大队的士兵和装备。垂直输送负责利用两栖战舰搭载的陆战队航空联队的直升机中队从空中运输2个轻步兵大队，到敌海岸或内陆目标区。通用登陆艇也有专用航道，在其侧翼设有火力支援区域，水面战斗舰艇游弋在这一带，必要时利用舰炮实施对陆火力支援。

（三）平面突击和垂直登陆

平面投送的主要任务是将2个加强机械化大队转运到岸上。它们装备重型武器，具备较强的打击能力和防护能力，但不易空运。其主要作战力量是2200多名陆战队员、22辆M1A1主战坦克、25辆轻型装甲车、2辆突击破障车、数十辆两栖突击车等。即便遭遇敌装甲部队的反击，也可从正面予以还击。此外还装备有6门M777型155mm轻型榴弹炮（1个中队）、8套远征火力支援系统的120mm重型迫击炮。远征火力支援系统具备较强的野战和城市巷战所需的火力掩护能力，特点是打击精度高、射程远，适合运输。另外还装备有用于运输和支援的车辆,它们是 26 辆 MTVR7 吨中型战术卡车、180 辆悍马多用途车。

按照作战想定,在平面投送方面,需要在 3 个突击波次内将机械化大队的装备全部运送上岸,并且运送任务要在敌方难以实施反击的夜间完成。车辆和重型物资由气垫登陆艇(未来是 HUAC)和通用登陆艇(未来是 LCU(R))负责转运。两栖突击车上岸后将承担滩头压制任务或向内陆挺进,登陆艇将在海上基地和滩头之间往返多次,完成运送任务。现在部分装备可利用利用远征高速运输舰运抵战区,然后借助远征转运码头舰将其装载到气垫登陆艇上,运到上陆地点(图 7-9)。

图 7-9 远征转运码头舰

要完成上述重型装备的运送,使用气垫登陆艇大约需要 30 艘次,通用登陆艇为 18 艘次,但气垫登陆艇的往返速度快。速度较快的气垫登陆艇主要负责运送部分坦克、轻型装甲车、悍马车等装备,速度较低的通用登陆艇主要负责运送 M1A1 坦克和 2 辆突击破障车(ABV)。

在垂直投送方面,利用倾转旋翼机和直升机将 2 个加强步兵大队送到敌内陆地区,攻击目标是距海岸 85nmile 以内的交通要塞、指挥通信设施等,相当于要从海上基地飞行 110nmile,完成纵深攻击任务。投送的主要兵力:海军陆战队员 2153 人,作为掩护兵力的轻型装甲车(装备 25mm 机枪和"陶"式反坦克导弹)、维持机动能力的各式车辆。

按以往的直升机投送能力来看,空中突击作战只能运载轻型火力支援装备,充其量也就是步兵部队的迫击炮。为提高装备运送能力,美国海军陆战队用

MV-22"鱼鹰"倾转旋翼机替换了老式的 CH-46E 中型直升机，正逐步用 CH-53K 替换现役的 CH-53E 重型直升机（见图 7-10）。

图 7-10 CH-53E 直升机（在 MV-22 服役前，CH-53E 直升机是垂直登陆的主要工具）

垂直投送将与平面投送保持一致，在敌方不易反击的夜间进行。作战时，将从两栖攻击舰上起飞 4 个波次的直升机部队，完成投送所需架次：MV-22"鱼鹰"倾转旋翼机 195 架次，每架次可搭乘 24 人，CH-53E 重型运输直升机 76 架次，合计 271 架次。

向敌方纵深投送部队是一项高风险的作战，所以需要武装直升机和 F-35B 的密切配合，AH-1Z 武装直升机和 UH-1Y 通用直升机要完成 53 架次的飞行任务，AV-8B 攻击机或 F-35B 战斗机要完成 32 架次的掩护任务，这些空中支援架次包括编队的护卫、指挥控制、近距空中支援（对地攻击）、舰对地火力支援的空中观测/目标指示等。

在登陆作战的首日，平面投送部队要控制滩头向内陆挺进，垂直投送部队要向内陆重要目标发起攻击，遮断敌向滩头地区的反击。首战告捷后，还要连续不断地从水上和空中运送增援部队、补给物资。

在垂直登陆部队占领机场后，陆战队远征旅的主力部队开始利用大型运输机和租用客机展开兵力，总兵力超过 13000 人，飞机 142 架。展开方法有三种：一是展开建制内的兵力，F-35B 战斗机 30 架、MV-22"鱼鹰"倾转旋翼机 22 架、电子战飞机 5 架、KC-130 运输机 12 架，兵力 314 人；二是租用客机展开地面兵力，依靠 22 架波音 747 客机运送 9094 人；三是利用大型运输机运送装备，主要是依靠 48 架 C-17 空运 20 架 CH-53、9 架 UH-1Y、18 架 AH-1Z，以及支援装备等。

（四）创新的兵力运用构想

2020 年 3 月，美国海军陆战队颁布了《兵力设计 2030》，表明美国海军陆战队新一轮的改革进入了新阶段。依据 2018 版《国防战略》，美国海军陆战队的未来任务重点已从反恐调整为应对大国竞争，海军陆战队的作战运用也从聚焦大规模两栖强行介入和内陆持续作战调整为支持近海机动和"分布式海上作战""远征前进基地作战"。

在 2030 年前，美国海军陆战队计划裁撤全部坦克、削减火炮兵，增加火箭炮、反舰导弹、无人机等装备，总兵力规模裁减 12000 人。改革的重点是加强能力建设，主要举措：重组陆战远征队（MEU）；构建近海陆战团（MLR）；调整海上预置部队；完善支持"舰队陆战兵力"（FMF）的航空兵；改进支持"舰队陆战兵力"（FMF）的后勤力量；新增反舰能力；建设中程防空能力；改组步兵营；增强无人作战能力；关注目标网络需求；加强训练与教育；预备役。由此可以推断海军陆战队未来的兵力运用将是依托两栖攻击舰和 F-35B 战斗机实施力量投送，兵力投送方面更加强调轻装、立体；火力投送方面更加强调远程、精确；后勤保障方面更加强调预置、精准；兵力运用更加聚焦机动、分布。

四、两栖登陆舰作战基本程序

登陆部队的突击部队一般是从距离敌岸大约 25nmile 的编波待命线发起突袭。将编波待命线设在 25nmile，大概是为了提高舰到岸的速度，加快作战节奏。虽然美国也有人对 25nmile 这个距离表示质疑，因为随着岸防导弹射程的不断增加，这个距离并不安全，但对中小国家，特别是岸防能力较弱的国家是可行的。

美国海军与海军陆战队在发起两栖作战之前，先组建海上基地，在海上构建"浮动"基地。海上基地的构成要素是所有参战平台，包括战斗舰艇、两栖战舰艇、后勤补给船等集结在作战区内的舰船。

假设构成海上基地的远征打击部队是 2 个航母打击群、2 个远征打击群、1 个海上预置船中队。各舰队按照任务的不同，分别发挥海上基地的功能。航母打击群作为空中作战（防空、对地攻击、空中遮断、近距空中支援、侦察与监视等）的出发基地；远征打击大队由以 2 艘两栖攻击舰为核心的 6 艘两栖战舰、6～12 艘水面战斗舰艇、2 艘攻击型核潜艇组成，两栖战舰艇的功能是搭载登陆部队及其装备，作为登陆作战的出发基地，向岸上投送作战力量。

两栖战舰搭载的美国海军陆战队根据作战规模编成的空地特遣部队

（MAGTF），是由司令部、地面战斗部队（GCE）、空中战斗部队（ACE）、战斗后勤支援部队等组成的独立作战部队。地面战斗部队根据作战想定，在开始攻击的D日，从空中和海上发起攻击，主要兵力是4个加强营，人数约为4860人，各式车辆550多辆。负责为地面战斗部队提供掩护和支援的空中战斗部队和战斗后勤支援部队等。

在登陆部队发起攻击前，通常要实施火力打击（包括"战斧"巡航导弹攻击），摧毁守敌的防御工事、重要的指挥设施等，此任务主要由航母打击群和远征打击群中的舰载机完成，水面战斗舰艇的利用制导炮弹进行辅助射击。构成海军舰炮火力支援系统的作战平台还有"朱姆沃尔特"级驱逐舰、濒海战斗舰、"弗吉尼亚"级攻击型核潜艇、"俄亥俄"级巡航导弹核潜艇等。

第三节 两栖支援作战中的协同

在两栖作战中，航母与两栖战舰的协同贯穿整个战役过程。两栖战舰专注兵力投送，所以攻防能力比较弱，战时需要航母提供支持和防护，二者保持密切协同，合理、及时、适当地运用各类装备和兵力，才能实现作战目的。航母的杀伤性和非杀伤性支援火力是两栖作战获胜的关键和基础。此外，情报支援也是必不可缺的，如敌滩头阵地侦察、水文勘测、排除布设在海滩和水下障碍物、清除水雷等也多依靠航母打击群的支持。

一、美国海军与海军陆战队的协同作战

美国海军与海军陆战队有着天然的密不可分的关系，从美国海军航母打击群的使命任务看，夺取制海权、制空权、护航，以及执行水雷战任务等是遂行两栖作战的先决条件，两栖作战时，航母打击群承担为两栖作战提供各种支援的重任。根据《美国军事司法典》和《1947年国家安全法案》的规定，海军陆战队具有三个方面的使命任务：一是保持两栖作战能力，发展相关的技战术和装备；二是遂行陆上作战任务，以支援海军战役和保卫海军基地；三是执行总统下达的其他任务。

美国海军陆战队为确保在美军中的地位，不被边缘化，为在未来战争中发挥更大作用，于2010年颁布了《美国海军陆战队作战概念》，强调重归陆战队的远征作战传统，在连通陆地与海洋的濒海作战中，发挥陆战队空地特遣部队特有的灵活、机动、多能、适应性强的优势，确保濒海进入，打赢小规模战争。2012年又联合陆军上书参联会将海空军提出的"空海一体战"升级为"全球公

域机动与联合介入作战",试图在"反介入/区域拒止"对抗中发挥重要作用。同时,以此加强与美国海军的联合作战和在战术行动中的密切协同。

联合作战的实质就是资源、信息、力量的"一体化"运用。真正实现联合作战,不但需要技术、装备等方面的支撑,而且需要高素质的指挥人员和战斗人员,更特别需要依赖于"一体化"指挥控制与作战理念在军事系统中从上到下形成高度一致。

"联合作战"的核心要求是"一体化"。联合作战的基础,一是协调一致的作战理念,二是先进的装备技术体系,三是科学合理的作战编组,四是优化高效的指挥系统,五是训练有素的作战人员。联合作战只有在资源、信息、力量"一体化"运用成为现实之时才能实现。美国海军和海军陆战队有着天然的联合,随着大国竞争战略的深化,这种联合也在逐步深入。

(一)战略层面的合作

2015年,美国海军、海军陆战队、海岸警备队联合颁布的新版《21世纪海上力量合作战略》(以下简称《战略》)描述了未来将如何设计、组织和部署海上军事力量来支持美国的国家、国防和国土安全战略,进一步明确了三支海上力量平时和战时的合作、协同关系,着重加强联合作战能力。《战略》明确指出:随着军事战略关注点转移到印度洋—亚洲—太平洋地区,美国将增加部署在那里的舰船、飞机和海军陆战队部队。到2020年,美国海军大约60%的军舰和飞机将驻扎在该地区。海军将在日本保留1个航母打击群、1个舰载机联队;在关岛基地增加1艘攻击型核潜艇。美国海军陆战队将在该地区保留1支海军陆战队远征军,在澳大利亚部署1支海军陆战队轮换部队,并利用其他陆基和海基部队提供常规威慑,开展安全合作,应对危机和冲突,并为行动计划提供远征支援。

《战略》明确了海上力量的未来建设方向:加强所有领域的介入能力、威慑能力、海上控制能力、兵力投送能力、海上保安等。这些能力建设不但将提升美国海军和海军陆战队各自的作战能力,同时将加强、提升两军的协同作战能力。

所有领域的介入能力是指为应对不断增加的"反介入/区域拒止"挑战,两军在需要的时间和地点,在所有作战领域,优先发展能够取得和保持进入的能力;发展一支能够在信息屏蔽或者信息减少的环境中有效、独立行动的力量。为此,将尽快实现网络化、一体化,增强远程打击能力和防空反导能力;加强网络空间作战能力。

威慑能力:除了保持原有的威慑力量以外,还将陆续部署新一代航母、水面战斗舰艇、核潜艇和能够实施远程精确打击的作战飞机,同时改善未来远征部队的作战介入能力。

海上控制能力：保持海军的水下优势，为形成对对手的优势，将继续改进固定式和可移动的水下监视网络，部署先进的多功能传感器，并改进战斗舰艇和作战飞机的保护系统，提供高空反潜作战能力，研发无人作战系统。优先开发远程、超视距武器系统，辅助隐身战斗机的能力。这包括远程打击能力，以及在对抗环境中提供可靠的空中、水面、水下打击能力。

兵力投送能力：发展、使用输送装备的能力，包括具有更加隐身、更大航程、更快速度和更大负载的登陆舰艇、两栖战车、舟艇，以及在沿海地区使用的多任务飞行平台，其中包括用于两栖突击的各种高速水上运载装备。

海上保安：加强应对打击恐怖主义、非法贩运、海盗和航行自由的能力。

（二）海上作战概念的演进

美国海军和海军陆战队的两栖作战力量在美国对外武力干预时总是充当"先头部队"的重要角色，航母打击群、远征打击群、核潜艇是美国海军海上作战最重要的三大支柱性力量。现在的两栖作战部队在涵盖陆地、海洋、天空、网络的多维领域实施作战行动，它们是两栖登陆作战的主要突击兵力，也是持久联合作战的后备力量。战时，作为联合部队的前沿部署兵力，承担着艰巨的任务。所以，美国对两栖作战能力建设始终予以高度重视，围绕这三支作战力量的建设，美国海军和海军陆战队不断丰富作战理论，推出新的作战概念。

冷战结束后，美国海军先后提出"前沿存在，由海向陆"战略，以及"海上打击、海军基地、海上盾牌""分布式杀伤"和"分布式海上作战"等作战概念，水面舰艇部队提出"重归制海"战略。与之相配合，美国海军陆战队也先后提出了"从海上实施作战机动"（OMFTS）、"舰到目标的机动"（STOM）、"远征前进基地作战""分布式作战"等作战概念。虽各有侧重，但在总体能力建设上高度趋同，为联合作战奠定了坚实的基础。这些理论和作战概念对指导两军的建设、装备发展、部队训练和演习，作战运用等发挥了重要作用，也是两军联合作战的理论基础。

"重归制海"战略的核心目的是实现和维持美国海军在全球任何地点任何时间的海上控制权，以确保安全投送力量，进行海外干涉，赢得战争。海上控制权是实现海军全域介入、威慑、力量投送和海上安全等各项海军任务的前提条件。分布式杀伤概念的目标：提高所有战舰的进攻性杀伤力；在地理上分散部署进攻性能力；为战舰配置合适的资源，以实现持久作战。

2014年颁布的《21世纪的远征部队》是美国海军陆战队实施转型的新的纲领性文件，其中提出了"回归远征"概念："远征是武装部队为完成特定目标在国外进行的军事行动。美国武装部队参与远征，每个军种都会发挥各自互补性的能力：海军、空军和陆军分别在海上、空中和陆地享有优势，海岸警卫队专注于维护我们的海洋权益。尽管海军陆战队可以从海上或者空中发起和实施作战行动，但并不在任何领域占据主导优势。相反，海军陆战队进行了远征方面的优化——一支足够轻型化能够迅速应对危机的战略机动力量，可能独立完成任务，或者为后续部队的抵达赢得时间和提供选项。"

《21世纪的远征部队》明确提出要"强化与海军的整合"。"我们将加强与海军、海岸警卫队和特种作战部队的伙伴关系，寻求在全球海洋领域（包括濒海区域中向海和向陆的部分）更有效的作战方式。我们将强化陆战队远征旅和海军远征打击群、航母打击群的作战融合。此外，海军陆战队和海军合成部队将与海岸警卫队、特种作战部队和区域合作伙伴协调，明确支持地区作战指挥官需加强整合的领域，从而更有效地运用有限的海军资源。此外，海军部队将继续与特种作战部队建立和完善互补性的关系，让地区作战指挥官在各种类型军事行动中有更多的能力和规模选项。"

"远征前进基地作战"是为应对"反介入/区域拒止"的威胁，执行海上控制或海上拒止作战任务的作战概念，是"全球公域联合进入和机动"的下位概念，远征前进基地作战支持联合部队海上合成部队指挥官、联合部队指挥官或舰队指挥官的机动作战计划，特别是在近海海域和封闭性海域附近，支持海上要地的海上控制和拒止作战行动。

远征前进基地和远征前进基地作战是两个不同的概念[①]，建立远征前进基地，是为了在敌方"反介入/区域拒止"远程精确打击火力范围内保护、支持和维持部队及其传感器和武器系统。远征前进基地要创建更加不固定且难以被敌锁定的前沿基础设施，迷惑或误导敌军的态势感知系统，从而达到支持前沿分布式远征作战的目标。远征前进基地并不是指特定的地点，也不是地理概念上的设施，而是分布式支援能力的集合，支撑和维持内线部队战斗，提供基本的安全保障和充分的战斗支援。

远征前进基地作战是由驻扎在远征前进基地上的部队进行的战术作战和作战支援活动。根据联合部队海上合成部队指挥官机动计划的要求，远征前进基地作战能够形成动态的海上战术纵深防御态势，在空中、地面、水面、水下和电磁频谱域内实施作战，依靠"水平方向分散、垂直方向集中"来实现战术优势的灵活性，以及部队和平台的隐蔽性。

（三）两栖作战能力建设

两栖作战能力建设除了海军和海军陆战队分别具备的制海、制空、投送、登陆等能力以外，重要的是发展海基能力。美国海军在2003年出台的《转型路

---

① 美国海军陆战队作战实验室于2018年6月发布的《远征前进基地作战手册》。

线图》提出"海上打击""海上盾牌""海上基地"三大作战概念。海上基地概念由来已久,不过,该路线图将海上基地定义为利用网络控制分散配置的兵力,并通过机动、自主的作战平台支援联合作战,从海上投送、保护、维持一体化的作战力量。建设海上基地的目的是克服美国海军在历次局部战争中暴露出的问题,在没有陆上基地或其他国家不能提供基地的情况下,仍能保证兵力的顺利部署、展开,提高遂行作战行动的效率。虽然近些年美军在各类报告中较少提及海上基地,但它仍是美国海军运用海上兵力的基础。美国海军和海军陆战队仍保留着这种"绝对自主"的前进基地,在联合部队作战时,无须在敌方控制区或附近建立前进基地,也不会受制于其他国家,可以保证为美军联合作战提供从海上投送和维持多维力量的能力。

简单地说,海上基地就是将参战的所有兵力利用作战网络形成一体化的作战力量。海上基地是海上打击、海上盾牌的基础,海上基地不只是指为作战部队提供后勤保障,还能为作战提供多种灵活选择。就两栖作战而言,海上基地包括航母打击群、远征打击群、战斗后勤部队以及两栖预置部队等。网络化的海上基地不仅仅是众多作战平台的简单集合,而是一种力量投送和维持海上远征力量的新概念。它可以从海上为联合部队提供全球指挥控制、实施火力支援和综合保障,提高联合作战的独立性,加快海上远征部队的部署速度,克服岸上基地和设施易受到攻击的弱点。海上基地将使全球打击和防御部队可从海上实现兵力投送,强调在联合作战区域内不依赖陆上基地的情况下,登陆部队进行高效的集结、准备、投送、保障和维护。

海上基地概念还特别强调美国海军和海军陆战队的协同作战。陆战队的灵活编成能够以更快的速度将战区内外的海军陆战队空地特遣部队与航母打击群的舰载航空兵及其他后续部队相融合。为实现这一目标,海军陆战队空地特遣部队对其训练与战备周期做出了相应的调整。按任务编组的海军陆战队远征旅,将被建设成海基力量投送的重点部队,使美国海军和海军陆战队的空中打击力量一体化,加强两者之间从海上投送作战力量的能力及协同作战能力。同时,发展特种作战部队和前沿陆战队空地特遣部队相互支援、相互补充的能力。

(四)两栖作战方面的装备建设

支援两栖作战除了海上和空中控制、兵力输送等装备以外,火力支援也是必不可少的装备。关于对海和防空装备等,此前已做了详细介绍,本节主要介绍火力支援装备。美国海军和海军陆战队有体系完备的火力支援装备,各有"三位一体"的火力支援体系。战时,根据需要,在不同时段、不同纵深使用。

根据美军《联合火力支援条令》(中译本),火力支援是指使用火力直接支援地面、海上、两栖以及特种作战部队攻击敌方部队、战斗编队和设施,以遂行战术和战役目标的行动。联合火力支援是指使用联合火力（两个或两个以上军种协调投射的火力）协助地面、海上、两栖以及特种作战部队运动、机动以及控制领土、人口和关键水域的行动。联合火力支援是目标获取系统、指挥与控制系统、攻击手段三个子系统的增效结果。

1."三位一体"的火力支援装备

美国海军和海军陆战队的对陆火力支援武器体系是由空中火力支援系统、舰对岸火力支援系统、地面火力支援系统构成的"三位一体"火力支援体系。空中火力支援系统主要有美国海军的 F/A-18E/F 战斗攻击机、F-35C 战斗机 EA-18G 电子战飞机、陆战队部署在航母上的 F/A-18C 战斗攻击机、F-35C 战斗机、部署在两栖攻击舰上 AV-8B 垂直短距起降飞机、F-35B 战斗机和武装直升机等，以及相关的空地导弹和航弹等武器。舰对岸火力支援系统有水面战斗舰艇和潜艇搭载的远程对陆攻击巡航导弹等、Mk45 Mod4 舰炮及其增程制导炮弹。地面火力支援系统主要是海军陆战队装备的远征火力支援系统（EFSS）包括 120mm 迫击炮、M777 型 155mm 榴弹炮、高机动火箭炮系统（HIMARS）。这三型装备也称为海军陆战队的建制"三位一体"火力支援系统。

美国海军向来对航空兵的运用十分重视，主要作战任务都交由舰载机来完成，对地火力支援任务也多由战斗攻击机担负。舰载机在远距离攻击方面确实占据优势，不过，机载武器在持续攻击和快速反应等方面与火炮相比处于劣势，受气象条件的影响较大。以舰炮为主的对陆火力支援系统被认为仍是登陆作战火力支援、压制陆地目标的有效武器，也是"舰到目标机动"作战的重要组成部分。就陆战队的火炮而言，它具有持续射击和快速反应能力，作战时不受天气的影响，作战成本也较低；缺点是射程较近，在对内陆纵深实施火力支援时，火炮和火箭炮等必须转运到岸上。

2. 陆战队的火力支援装备

登陆部队上岸后直到援兵来增援，主要靠自身装备的远近程火力打击装备压制敌残存据点、击退敌军的反扑。根据美国海军陆战队的发展计划，海军陆战队的火力支援系统主要由威力更大的新型 155mm 榴弹炮、陆基高机动火箭炮系统和可用直升机运输的 120mm 迫击炮系统构成。这些系统对于提升美国海军陆战队的综合作战能力非常重要，不仅可用于两栖登陆作战，而且在反恐和非正规战中也能发挥重要作用，因为它可以降低平民伤亡和对当地建筑物的附带损害。

在冷战结束后，美国海军陆战队为适应新的作战样式，一度非常强调战略机动，对陆战队装备的要求是尽可能发展轻型、可部署的装备，如何减轻重量曾是重点关注的问题，而忽视了地面火力支援装备的发展。不过，近年来美国海军陆战队认识到，在其他火力支援手段日益健全，打击效果不断提高的今天，陆战队自身的火力打击装备建设仍是建设的重点，但前提是所有陆战队的装备都要满足能够进行海运或空运的要求，因此，在设计时必须考虑装舰或吊运的可能性。陆战队的火力支援装备不仅对加强陆战队的地面作战能力将发挥重要作用，同时也对两栖战舰的发展提出了新的要求。

1) M777 型榴弹炮

2000 年 9 月，海军陆战队第 32 任指挥官詹姆斯·L.琼斯将军在美国《野战炮兵月刊》上发表文章说："在过去大约 10 年时间里，我们大量削减了火力支援系统，我们在提高部队机动性和效率的名义下让大量的炮兵武器退役，而使我们仅仅依赖于一种炮兵武器——M198 牵引式 155mm 榴弹炮。M198 是一种优秀的炮兵武器，但是它的机动性不够好……我们使海军陆战队的地面炮兵力量降低到了一个危险的水平。"

长期以来，人们认为只有 105mm 火炮是唯一可用直升机吊运的轻型火炮。为了增强地面部队作战的机动能力，美国海军陆战队和美国陆军联合研制了 M777 型 155mm 火炮，其重量只有 M198 式 155mm 火炮的一半，可用"鱼鹰"倾转旋翼机或 CH-53E 直升机吊运。

美国海军陆战队 1997 年开始研制成功 M777 型榴弹炮（图 7-11），2005 年开始装备部队，计划采购 377 门 M777 型火炮。该炮为减轻重量，大架、座盘、摇架、驻锄等部件使用了大量钛合金材料，系统全重只有 4.4t，而 M198 牵引炮重 7.3t。

图 7-11　M777 型 155mm 榴弹炮

该炮的特点是打击精度高。除了可以使用现有 155mm 炮弹以外，还能发射制导炮弹。使用普通炮弹的最大射程是 24.7km，发射增程制导炮弹时可达 30km，使用"神剑"GPS 炮弹，最大射程可达 40km，圆误差在 10m 左右。

2）高机动火箭炮系统

高机动火箭炮系统也是美国陆军和海军陆战队联合研制、装备的一型地面压制装备，可为地面部队提供高价值的火箭和导弹火力支援，每套系统携带 6 枚火箭弹或 1 枚导弹（图 7-12）。2002 年完成研制工作，2006 年形成初始作战能力。

图 7-12 美国海军陆战队装备的"哈马斯"高机动火箭炮

高机动火箭炮系统由 M270 火箭炮的一组六联装发射装置、5t 级 6×6 中型战术卡车底盘、火控系统和自动装填系统等构成。系统全重约 11t，可利用 C-130 运输机、CH-53K 重型直升机等空运，着陆后 15min 就可做好战斗准备，该系统的射速为 1 发/8s，再装填可在 8min 内完成。

使用普通火箭弹的射程是 32km，如果使用最新加装 GPS 的 M30 制导式 GMLRS 火箭弹（内置 420 枚子弹药），有效射程可达 60~65km。

3）远征火力支援系统

美国海军陆战队为扭转地面火力支援能力一路下滑的颓势，21 世纪初决定发展远征火力支援系统，其目的是为海军陆战队远征部队的空中突击部队和两栖登陆部队提供全天候的间瞄火力支援。在论证 EFSS 时，美国海军陆战队提出该系统必须具有两个关键特征：一是该系统必须能够使用与所支援的地面作战分队相同的方法从海上基地部署（海运或空运）；二是上岸后，该系统必须与所支援的机动部队具有相同的机动性能。前者要求在舰到岸机动阶段，系统必须可由 MV-22"鱼鹰"倾转旋翼机或 CH-53E 直升机空运,而第二条要求该系统必须以轻型装甲车、悍马高机动车或两栖突击车为底盘。这些限制性条件决定该系统不能采用 155mm 榴弹炮,原因是 155mm 榴弹炮虽能空运,但可能使飞机会损失相当大的飞行速度、航程和机动能力。由于过大的外部载荷,会极大地降低飞机在突击任务中的生存能力。最初提出的方案是一种能够独立作战使用的 81mm 迫击炮,2000 年将口径改为 120mm,并选择以法德合资 TDA 公司研制的 2R2M 式炮尾装填线膛迫击炮及其弹药作为系统的战斗部分。

EFSS 可以打击的潜在目标包括摩托化部队、轻装甲目标、有生力量、指挥控制系统和敌方的间瞄火力系统。远征火力支援系统主要由一门 120mm 迫击炮和悍马车组成,弹药拖曳尾车采用方形结构制造,车内可装 36 枚 120mm 迫击炮弹,包括高爆弹、烟雾弹和教练弹等。炮重 463kg,火箭助推弹射程 13km,制导炮弹射程 15km。它可用 MV-22"鱼鹰"倾转旋翼机和 CH-53 直升机运输。

同时装备三种间瞄炮兵武器系统,美国军陆战队的设想是,除了依靠海军火力支援系统实施纵深打击,清除威胁陆战队上岸的火力点、重要的指挥设施以外,陆战队也必须具备一定纵深的打击能力,填补中间段的火力覆盖空白,而单一系统不能满足海军陆战队的所有要求。在持久作战时,海军陆战队需要 HIMARS 来完成纵深打击和远程反炮兵任务;155mm 轻型榴弹炮将为陆战旅提供主要的炮兵火力支援,保证纵深打击能力和杀伤力;另外还需要一种中口径中程间瞄火力支援系统,以保证部队向前推进时能够与地面作战分队随行作战,担负起填补 155mm 榴弹炮和营连级别的 81mm 迫击炮之间的火力空白。

上述三型装备的分工是,高机动火箭炮系统覆盖 30~60km 区域,M777 型榴弹炮覆盖 13~30km 区域,远征火力支援系统覆盖 13km 以内区域,可根据作战的需要,使用不同系统对敌实施火力压制。

两栖登陆作战还要考虑另外一个重要问题,也是最危险的问题,即如何清除敌方在海岸一带残存的火力据点、水雷、地雷以及障碍物等。按照美国海军陆战队的作战构想,水深 60m 以上的海域布放的水雷由海军水雷战部队负责清除,浅海、浅滩、拍岸区的水雷、障碍物等由海军特种作战部队负责清除,从拍岸区上岸后的清除任务将由海军陆战队承担。最棘手的是地质松软的岸边布设的雷区,为了在这种危险地区开辟安全通道,美国海军陆战队 2005 年开始装备突击破障车,它具备冒着敌方的枪林弹雨、不惧地雷,强行排雷的能力。ABV 采用 M1A1 坦克的车体,前部安装除雷犁。在雷区开辟通道的基本程序:先抛射引爆索,在沙地上炸出一条宽 16m、长 100m 的通道,然后用 ABV 宽 4.2m 的除雷犁向前推进,将未被引爆的地雷清除。

3. 两栖作战装备的发展

美国海军陆战队瞄准联合作战,在重归远征作战的思想指导下,以分布式作战为牵引,积极推进新一轮装备发展。2020年3月,美国海军陆战队在对美国海军和海军陆战队进行了为期6个月的评估后,提出:"未来需要一支综合性的海军力量进行作战,海军陆战队将承担起过去20年里从未扮演过的角色,就是要控制海洋和打击水面舰船。通过装备岸舰导弹,使海军陆战队具备反舰能力,增强海军部队的杀伤力,并有助于防止对手利用关键的海上地形。"①

为满足"分布式杀伤"作战概念的要求,美国海军计划为两栖战舰艇安装垂直发射系统,使之具备远程精确打击能力。"圣·安东尼奥"级两栖船坞运输舰改装后,将进一步缩小上层建筑,并去掉机库,以腾出空间安装288单元的垂直发射装置,用于发射"战斧"巡航导弹、远程反舰导弹、改进型"海麻雀"舰空导弹等武器。

2018年7月,在"环太平洋演习"期间,美国演示了从一辆卡车上发射NSM,成功击中一艘退役的舰艇。美国海军陆战队于在2019年5月与雷声公司签署了价值4700万美元的合同,为海军陆战队装备NSM进行必要的改装,将其作为海军陆战队远征舰艇拦截系统(NMSIS)的组成部分,也就是将NSM整合到高机动火箭炮系统的改进型上。2019年8月,美国进行了陆基"战斧"巡航导弹发射测试,测试内容是将"战斧"导弹发射装置安装在卡车上。陆战队的目标是使小规模部队拥有远程精确打击火力。通过上述发展计划,海军陆战队将具备远程反舰和对陆打击能力,不但具备在登陆部队上岸后对纵深目标的打击能力,而且在分布式作战中穿插敌后方的陆战队可对敌舰实施攻击,支援海上的友军的制海作战行动。

在编制方面,根据美国海军陆战队2020年颁布的《兵力设计2030》,步兵营、两栖突击连的数量要减少,但新增3个轻型装甲侦察连,达到12个。比较大的动作是削减全部7个坦克连,加农炮连由现役21个减为5个,火箭炮连由7个增加到21个,主要是增加NSM发射装置的数量。

在航空装备方面,海军陆战队已开始陆续装备F-35B战斗机,搭载于两栖攻击舰,按计划到2025年,海军陆战队将装备185架F-35B战斗机,使原有的12艘两栖攻击舰变为12艘"闪电航母",每艘舰搭载10~20架F-35B战斗机和4架MV-22"鱼鹰"倾转旋翼机,以此加强两栖部队的空中打击和投送能力。2021年形成F-35C战斗机的初始作战能力;F-35C战斗机中队仍将搭载于美国海军的航母,继续保持与后面的就的密切协同。海军陆战队还为MV-22

---

① 3月5日,海军陆战队司令戴维·伯杰在国会佐证时的发言。

增加了空中加油功能，使其为 F-35B 战斗机、倾转旋翼机和直升机进行空中加油，以增加各类飞机和直升机的续航力，增大作战半径。V-22 的空中加油系统在 2018 财年形成初始作战能力，2019 年形成完全作战能力。在对地面火力支援方面，海军陆战队改装了 10 架 KC-130J 空中加油机，以替代原有的 AC-130 成为第二代"空中炮艇"。

立体投送方面，海军陆战队已开始接收 CH-53K "种马王"直升机。该机是在 CH-53E 直升机的基础上全新设计的一型直升机，外部有效负载的运输能力是 CH-53E 直升机的 3 倍，吊挂 27000lb 装备时的作战半径可达 110nmile，立体投送能力大幅提高。

《兵力设计 2030》还提议：裁减现役重型直升机中队，由现役的 8 个减为 5 个；中型直升机中队由现役的 17 个减为 14 个；轻型攻击直升机中队由 7 个减为 5 个；现役战斗机中队仍保留 18 个，但每个中队的飞机数量减少到 10 架，空中加油机中队由 4 个增加到 5 个，无人机中队由 3 个增加到 6 个。

二、航母与两栖战舰艇的协同

1997 年，美国海军颁布的《海军作战概念》称，航空母舰具有"提供多种海军火力和很高飞机出击率的能力，可以对冲突进程和结果产生重大影响，尤其在联合战役最关键的初期阶段，当本土部队刚开赴战区时更是如此"。几次战争都证明：在美国总统下达海外部署命令之后几十小时内，至少有 1 艘或 2 艘航空母舰可以到达危机地区海域，进入舰载机可以发起攻击的阵位。海军的这种首先到达和首先展开海上、空中力量的快速反应能力是其他军种所不具备的，而且这对于实施威慑、遏止战争具有十分关键的意义。

两栖戒备大队自身应对中等以上威胁的能力不足，需要水面舰艇编队提供保护。现代战争是信息化条件下的高技术战争，是陆、海、空、天、电多维空间的高强度对抗作战，海上作战面临的是多维的，且更加严峻，对两栖作战协同和支援有更高的要求。

（一）情报、通信的协同

两栖作战是最复杂和动用兵力规模相当大的作战，对兵力部署、重要设施布置情况、重点目标及周边地形地貌、水文气象等情报的需要量巨大，仅靠两栖戒备大队的情报、监视与侦察系统无法满足需求。除了天基系统的战略情报以外，航母打击群的战术侦察能力可以弥补两栖戒备大队的不足。《21 世纪的远征部队》指出："情报是海军陆战队作战不可缺少的一项能力。现代远征作战概念越来越多地依赖于精确制导作战，在日益复杂的环境中，强大的情报、监视与侦察行动是任务成功必不可少的要素。"

海军陆战队情报、监视与侦察体系需要"通过与跨部门、联合、联盟和联盟伙伴的合作"。支持实时决策能力的前提是各种各样数量众多且分层次的传感器和无人机,一个完善的体系结构以及先进的分析能力,再加上从美国本土到战术部署部队无缝整合的国家和战区级情报机构。海军陆战队情报、监视与侦察体系通过融合各层级和各类传感器的情报来支持指挥官的决策。

航母打击群支援两栖作战时提供的主要情报支援手段:为两栖计划、预演和实施及时分发信息的互操作信息系统;指挥控制系统、协同作战所必备的用于信息共享的信息管理系统,以协调情报搜集、处理与分发工作。这些系统可以为陆战队制定计划提供支持,支持两栖特遣部队地平线作战和登陆部队所需的远程情报搜集,支持舰队目标作战的实时情报收集,航母和两栖舰通用的信息基础设施等。

航母和两栖战舰之间需保持时刻畅通的通信联络,以保障航母和两栖战舰艇装备 SSDS 共享作战情报。在没有两栖指挥舰参与作战的情况下,航母还可为两栖作战部队提供通信支援。两栖作战过程中对通信的需要很大,在海上基地范围内,两栖作战部队有自己的通信系统,可满足需求;但当部队进入内陆纵深地带后,航母舰载预警机等可为其提供通信支援。

目前,美国海军和海军陆战队分别装备了美军分布式通用地面站系统的海军分系统(DCGS-N)和海军陆战队分系统(DCGS-MC),由此保证两军之间的信息共享。DCGS 是美国国防部构建的分布式通用地面系统,海军、空军、陆军、海军陆战队分别装备分系统,可近实时接收、处理及分发 ISR 信息。该系统能进行多源 ISR 信息的分布式处理,构建了一个与因特网类似的情报共享网络。美国三军利用这样一种各军种通用的地面站系统,可同时接收、处理和分发从侦察卫星、侦察飞机、无人侦察机以及地面/海上等侦察监视平台传送来的各种情报信息。

DCGS-N 集成了以前的多个情报系统,构建了通用的 ISR 系统,对多源异构的 ISR 数据、火控数据等进行处理、存储、相关、利用和分发。DCGS-N 升级后,可为 ISR 数据的共享和分发建立公共框架和体系结构,系统运行在海军"部队网"体系结构之下,支持各种类型的任务,如信号与通信情报、战场情报准备、特种作战以及精确制导、打击等。DCGS-N 包括打击大队横向扩展系统、战斗方向发现系统(CDFS)、全球指挥控制分系统/综合情报系统(GCCS-M/13)、海军联合服务图像处理系统(JSIPS-N)、舰船信号截获装备(SSEE)、UAV 战术控制系统(UAVTCS)、JSIPS 集中器体系结构和海军战术开发系统(TES-N)等。海军陆战队的 DCGS 包括通用地面站、情报分析系统、技术控制和分析中心、战术开发组。

DCGS-N系统分为三个层级，装备不同级别的平台：第一层级的设备装备岸基指挥部和旗舰系统，用于接收、处理、分发来自战区的情报信息；第二层级的设备装备航母打击群和远征特遣部队，主要节点安装在航母和两栖攻击舰上，目前已安装24套；第三层级的设备用于水面战斗舰艇和攻击型核潜艇。

（二）空中防护

两栖战舰的防空力量薄弱，需要水面战斗舰艇的防空火力掩护，在高危环境中需要航母打击群为其提供保护。两栖攻击舰自身只装备近程防空导弹、火炮和机枪，不具备区域防空能力。两栖攻击舰搭载的固定翼飞机数量有限，也不满足大规模空战、夺取制空权的需求。美国海军"黄蜂"级两栖攻击舰执行对海作战任务时，最多可搭载20架AV-8B垂直短距起降战斗机；最先进的"美国"级也只能搭载不超过23架垂直短距起降落型F-35B战斗机。这些固定翼舰载机数量和作战能力，与"尼米兹"级核动力航母舰载机的数量和作战能力相比差距甚远。可见，在高强度对抗威胁环境中执行作战任务时，两栖攻击舰不仅不能单独进行空战，而且需要航母打击群和其他兵力为其提供空中火力掩护。

就夺取制空权而言，打击地面的机场要比空战更见效，面对旗鼓相当的对手，要在空战中歼灭敌一个飞行中队并非易事，而凭借远程精确打击武器，在不接触的情况下先摧毁敌方机场的指控设施，或探测、导航设备等为上策，次之是利用导弹、炸弹等破坏跑道，使其不能起飞，或有来无回。这两种作战仅派出少数飞机突防，实施轰炸，或使用远程对陆攻击导弹就可解决问题，相比之下，利用舰载机进行空中格斗夺取制空权应算下策。

就区域防空能力而言，目前两栖攻击舰以及其他两栖战舰都不具备这种能力。不过，美国海军根据"分布式杀伤"作战概念，计划在两栖战舰上加装导弹垂直发射装置，如果再加装海军一体化火控-防空系统，融入航母打击群的对空作战网络，将具备较强的区域防空能力。有了该系统可以共享航母打击群的防空情报，与航母打击群协同遂行防空任务。配备远程打击武器则可以自主完成对敌机场的打击任务。

（三）火力支援

在登陆部队发起攻击前1～3天，航母打击群的舰载机和陆战队的战斗机要对敌岸目标实施预先打击，也称为预先火力准备。打击的目标主要是打击导弹发射阵地、防空网、机场、交通枢纽、后勤补给通道、防御工事等，一般要消灭敌方大约50%的重要据点和工事。在开始突击登陆前3h，航母舰载机、舰炮和陆战队的飞机再次对敌重要目标实施密集的火力打击，称为直接火力准备。打击的主要目标是敌滩头阵地、清除抗登陆设施等沿岸防御体系，重点是消灭敌有生力量。

现在的两栖战舰艇未配备远程打击武器,战时对岸火力压制只能依靠航母舰载机、装备远程打击武器的水面战斗舰艇和攻击型核潜艇。舰炮对岸火力打击、支援两栖作战是传统任务之一,但随着岸防武器的发展,特别是岸舰导弹服役后,舰炮的作用一度被忽视。冷战后,美国海军提出"由海向陆"战略,带动了舰炮武器的发展,由此也引发了其他海军主要国家对大口径舰炮的研发热潮。

在舰炮发展方面,美国海军采取多途径并举的发展模式:一是研制新型、革命性的舰炮。二是改进现役装备,通过增程制导炮弹增大射程。其中典型的对陆打击舰炮是美国海军的先进舰炮系统(AGS),装备"朱姆沃尔特"级驱逐舰。该炮采用隐身炮塔,炮管口径155mm,炮管长度为62倍口径,射速为10～12发/min。另一型舰炮是美国海军正在研制的电磁轨道炮,它是舰炮武器系统的一次革命嬗变。电磁轨道炮是一种理想的远程、精确、廉价、高速对陆火力支援武器,美国海军在该领域处于领先地位,已取得较大进展,另外还有多个国家也在研制该舰炮。三是美国海军的Mk45 Mod4型127mm舰炮,该炮的身管长62倍口径,使用EX-175新型高能发射药,能使MK172型子母弹的射程由23.7km增加到38km,正在研制的ERGM的射程可达117km,该弹长采用火箭助推增程,由INS/GPS复合制导,圆概率误差为10～20m。

这些装备的发展在很大程度上是为了支援两栖作战,使用舰炮对舰攻击,效果不是特别明显,因为舰炮发射的弹丸威力有限,而在对陆攻击方面却可发挥其连续射击、密集覆盖的优势,同时作战成本较低,可以大量使用。

(四)航渡和作业区的防护

美国航母打击群在两栖作战的全过程中要为两栖战舰艇提供全方位的防护。两栖作战兵力在集结、向目标区航渡、达到登陆区后都离不开航母打击群的支援。

航渡期间,美国打击群通常是部署在两栖戒备大队的前方20～40nmile处,队形与航母打击群航渡时的队形大致一样,攻击型核潜艇在前,视情派出一艘防空前哨舰,负责对空监视;驱逐舰在航母前方10～20nmile,负责反潜、为航母提供对空防御。航母舰载机同样时刻保持有预警机和战斗空中巡逻的战斗攻击机在航母前方100～200nmile处进行空中警戒;反潜直升机视情进行反潜搜索。远征打击群自身有一定的防御能力,其巡驱舰可部署在编队前后或两翼。

两栖登陆部队通常在实施登陆作战前的2～4h进入两栖作业区。在此之前航母打击群首先进入比邻的作业区,除了进行预先打击以外,还需对两栖作业区进行水雷搜索和反潜搜索,以确保两栖登陆部队的安全。

三、制海与兵力投送

航母打击群对两栖作战支援还表现在其强大的制海能力方面,没有制海权两栖登陆作战也无从谈起。除了上面的对空防护以外,提供反潜和水雷战等防护对各种规模的两栖作战都是必不可少的,特别是在航渡和进入登陆作业区期间。联合部队海上合成部队指挥官要在两栖部队与其他部队(特种作战部队和其他海军部队及联合部队)之间进行协调,以应对和压制敌潜艇、水面作战舰艇、小艇、陆基反舰巡航导弹、水雷,以及通用两栖目标地域途中或其范围内对两栖部队构成的其他潜在威胁,从而获取局部的海上优势。

根据美国海军陆战队作战思路的转变,海军陆战队未来将在制海作战方面发挥重要作用,进一步密切与航母打击群的协同作战。战时可能将配备反舰导弹的小股部队投送敌后或侧翼,抢占有利地形,从敌岸发射反舰导弹,打击敌水面舰艇,为航母打击群的制海提供支援。另外,美国海军的两栖战舰艇也计划装备反舰导弹参与制海作战。

随着海军陆战队的两栖作战转向分散作战,对兵力防护将提出更高的要求,虽然航母打击群具备相当程度的火力集中能力,但支持过多的小股部队渗透的能力仍不满足需求。这也是一把"双刃剑",在牵制敌方兵力,导致其误判、决策失误的同时,对己方也会造成防护兵力不足,增加指挥的难度,陷入顾此失彼的困局。必要时需要分布式作战的 SAG 提供支援。

(一)提供反潜屏障

两栖战舰基本不具备对水下目标搜索和攻击能力,在执行作战任务时,必须有航母打击群和濒海战斗舰等水面反潜兵力的支援。两栖攻击舰自身没有配备声纳、鱼雷等对水下目标的探测装备和攻击武器,海军陆战队也不装备反潜直升机,所以只能依靠航母打击群承担海上基地周边的反潜作战任务。在应对较高强度的水下威胁时,还需要有反潜巡逻机、濒海战斗舰等其他反潜兵力予以支援配合。

两栖编队渡航以及在作业区进行部署等期间容易遭到敌方水面舰艇编队和潜艇的攻击或伏击,这时需要有护航编队为其消除威胁。远征打击群编配 3 艘水面舰艇和 1 艘攻击型核潜艇,具备相当的反潜能力,但不足以应对高强度的水下战威胁,从现役两栖战舰艇的装备看,两栖作战离不开航母打击群的支援。关于航母打击群的反潜作战可以参见"航母打击群的反舰协同和反潜作战协同"。

(二)建制水雷战能力

两栖作战部队在登陆作战时很可能遭遇敌方布设的水雷,对于水雷战能力很弱的两栖战舰艇而言，这是一种严重的威胁。水雷这种传统武器价格低廉、效费比高，被称为穷国的"杀手锏"。第二次世界大战结束以来，美国海军因水雷而损毁的舰艇数量是因其他原因而损毁数量之和的 4 倍。可见水雷在海战中的作用之大。就美国海军现役两栖战舰艇而言，在执行海上力量投送或遂行海上作战行动时需要动用水雷战舰艇是提供支援。两栖攻击舰大多没有装备专门的猎扫雷装备，"黄蜂"级和美国级两栖攻击舰装有反水雷作战指挥系统，可搭载 MH-53E 扫雷直升机，同于拖曳 Mk-105 等扫雷具，不过现在看来这种扫雷方式已经过时，而且搭载的扫雷直升机数量有限，不足以应付大规模的水雷清扫任务。战时，需要航母打击群或水雷战舰艇的支援。

美国海军自 20 世纪 90 年代开始一直在致力于建制水雷战装备的研发，试图通过在水面战斗舰艇、直升机上和攻击型核潜艇加装水雷战装备，使之具备建制水雷战能力。由于远洋作战时，水雷战舰艇因速度慢，难以随编队一同行动，所以增加建制水雷战装备是比较合理的选择。

美国海军已装备的建制水雷系统主要有：

（1）AN/AES-1 机载激光探雷系统（ALMDS）：该系统装备 MH-60R 直升机，系统利用蓝绿激光探测、定位、识别沉底雷、锚雷、漂雷。该系统还可使用声纳和光电传感器，除了提供高精度的定位信息以外，还可以提供水雷和水雷类似目标的高分辨率图像（图 7-13）。

图 7-13　AN/AES-1 机载激光探雷系统（左上图为机载灭雷系统，两者配合使用）

（2）AN/AQS-20A 机载拖曳探雷声声纳：系统装备有 1 部侧扫声纳、1 部填隙声纳、1 部前视声纳和 1 部三维搜索声纳。系统同时还装备有激光雷达，可以对沉底雷清晰成像，从而进行目标识别。

（3）机载灭雷系统（AMNS）：系统的灭雷装置采用德国的"长尾鲨"一次性灭雷具处理由机载探雷系统探测到的水雷目标。

（4）机载快速水雷清除系统（RAMICS）：与机载激光探雷系统配合使用，机载激光探雷系统负责探测、识别水雷，机载快速水雷清除系统负责清除漂雷和浅水区的水雷。探雷系统发现并确认水雷后，机载快速水雷清除系统可在数秒内消灭水雷。

（5）机载灭雷系统（AMNS）：主要用于处理锚雷和沉底雷。该系统由中心控制台和声纳吊舱兼发射装置等构成，发射装置用于携带、布放 4 个一次性灭雷用的小型潜航器。潜航器通过光纤与中心控制台交换数据，利用水下摄像机和声纳系统探测、定位水雷。

（6）AN/WLD-1 遥控猎雷系统：它是美国海军 20 世纪 90 年代初为水面战斗舰艇发展的第一型建制反水雷装备，采取半潜式设计，主体在水下，动力装置的通气管和通信天线露出水面。最大航程 700km，自持力 20～40h，装备 GPS 导航装置、变深声纳、AN/AQS-20A 声纳，用于探测、识别、定位锚雷和沉底雷，并利用激光成像装置进行目标识别，可探测水下 12～60m 布放的水雷。

（7）艇载近期水雷侦察系统（NMRS）、专门为"海狼"级和"洛杉矶"级攻击型核潜艇研制的探雷系统。可在更远的距离探测水雷，增大了潜艇的安全性，并可为航母编队提供有关水雷的重要信息。

（8）AN/ALQ-220 机载拖曳式水下感应扫雷系统（OASIS）：用于清扫布设在水深 25m 浅水区的音响和磁性水雷以及组合型非触发水雷。直升机通过电缆拖曳水下拖体，模拟以 40kn 航速航行的气垫登陆艇所产生的声场和磁场，以引爆水雷。

另外，美国海军近年来还研制了多型用于水雷战的无人潜航器，如美国海军在"蓝鳍金枪鱼"无人潜航器的基础之上研制的"刀鱼"潜航器是濒海战斗舰水雷战任务包的组成部分。"刀鱼"无人潜航器采用模块化、开放式设计，内置声纳，主要用于执行水雷探测任务。2017 年，美国海军研发的无人机搭载的探雷系统，即 AN/DVS-1 海岸战场侦察与分析系统（COBRA）形成初始作战能力。该系统可装在 MQ-8 "火力侦察兵"无人机上，用于探测、定位雷区和障碍物。

上述机载设备部署灵活，也可搭载于两栖战舰上。不过，在网络中心战概念指导下，水雷战已纳入作战网络，两栖战舰艇也可通过网络获取战场的水雷

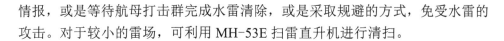

情报,或是等待航母打击群完成水雷清除,或是采取规避的方式,免受水雷的攻击。对于较小的雷场,可利用 MH-53E 扫雷直升机进行清扫。

四、纵深打击与舰到目标机动

纵深打击与舰到目标机动看似毫不相关,实质上纵深打击是舰到目标机动的基础,只有在重创敌重要目标及其有生力量之后,才能实施舰到目标机动作战。另外,舰到目标机动将是美国海军陆战队未来的重要作战样式。谈到两栖作战,人们的第一印象就是抢滩登陆,其实,这种作战行动不仅非常惨烈,而且耗时、浪费资源。按照美国海军陆战队的新版战略,未来作战更多的是分布式作战,一般不再发起大规模的登陆作战,而是利用装备优势和信息优势,采取较小规模的编组,利用空中立体投送的优势,分散、多点作战,以提高作战效率。

编入 3 艘水面战斗舰艇的远征打击群具备一定的纵深打击能力。这种编配最大的优势在于,在编队中整合了"战斧"巡航导弹和"宙斯盾"作战系统这两种威力强大作战系统,增强了攻击的灵活性、拓展了作战领域,不仅可支援两栖登陆作战,而且具备一定的制海能力,还能够完成对陆攻击、作战支援等任务。在小规模作战时,可在没有航母参战的情况下独立作战,在大规模作战时,其打击能力有限,还需与航母打击群编成特遣舰队联合行动。

舰到目标机动作战概念,其核心是改变传统的登陆作战模式,在今后的两栖作战中,海军陆战队不再是首先建立滩头阵地,布置相应的火力支援、后勤保障以及指挥所等,然后向内地纵深发起攻击,而是将作战部队从"海上基地"直接投送到内陆关键目标区附近,以打乱敌人的阵脚,迅速解决战斗。

舰到目标机动之所以能够加快作战节奏,主要是将传统的 3 个机动缩减为 2 个。传统战法是:陆战队首先在舰上机动,将装备移送到气垫登陆艇等输送装备上,士兵登乘登陆艇或搭乘直升机(图 7-14);然后是舰到岸机动,也就是实施平面投送和立体投送,将士兵和装备运送到岸边,发起攻击,抢滩登陆;在建立滩头阵地和临时机场后,迎接增援部队上岸,再向敌内陆纵深挺进。舰到目标机动则改为舰上机动和舰到目标 2 个机动,省去了舰到岸的中间环节。

实施舰到目标机动的关键能力大致有五个:

(1)海上机动能力,包括海基能力,必须有坚实的"后方"支援,装载作战部队和装备的海上平台必须具备较好的机动能力,使敌方无法准确了解己方的作战意图,判断登陆兵力将从什么地方实施进攻。为了拓展这方面的能力,美国海军发展了新一代两栖攻击舰、远征基地舰等装备。

图 7-14 陆战队员全副武装准备登机，完成"舰上机动"

（2）立体直投送能力。直升机可担负此项任务，但由于直升机速度慢、搭载能力有限、机动性能差，无法满足作战需要，所以，美国海军陆战队采购了大批 MV-22 "鱼鹰"倾转旋翼机，并改进了 CH-53K 直升机，目的是提高单次的人员输送能力和吊挂运送重装备和货物的能力，加快投送速度。

（3）平面投送能力。美国海军陆战队发展了新一代超重型气垫登陆艇、两栖岸海连接器等装备，以进一步提高输送速度和单次装载能力。

（4）火力支援能力。强调灵活、精确的火力。美国海军的海、空打击能力现在基本具备覆盖全纵深火力支援的能力，实施舰到目标机动作战时可以得到"三位一体"火力体系的支援，即空中火力、舰载火力、陆战队建制火力。

（5）通信能力。

第八章　美国航母打击群训练与培训

航母作为一种复杂的综合作战系统，从交付到形成战斗力需要经过一个很长的过程。"福特"号航母于2017年5月交付海军，时至今日，已有3年多时间，仍未形成完全作战能力。美国作为世界上拥有数量最多和性能最先进航母的国家，在航母建设和使用上积累了丰富的经验，并形成了一整套成熟的做法，其中一条是所有新服役或大修后的航母都必须按部就班地进行"走程序"，完成试航和训练任务。

第一节　航母交付后试验与训练

航母建成并不意味就能直接上战场，几千名官兵、数以万计的设备和零部件需要长时间的磨合才能正常运转，并不像其他装备那样出厂就可以使用。航母从交付到首次海外部署，至少还需完成飞行甲板认证、人员培训与考核、最终合同试验、返厂后试航等，以及物资装载和设备安装、居住性检查、服役仪式、出海准备等其他工作，并与维修工程和出海训练等工作交替进行，统称交付后海上试验。

完成交付后的试验和试航活动后，通常还有5%左右的工程未完工，还要进行、改进、规模改装、升级等，形成初始作战能力。之后，再进行一段时间的训练、磨合，完成认证考核、战斗系统试验和战斗演练等一系列工作，才能形成完全作战能力，达到执行海外战斗部署任务的水平。

一、交付后的海上试验

交付后海上试验期通常为期18个月（首制舰）或12个月（第2艘以后的或大修后的航母），目的是确保人员和装备达到执行战斗部署任务所需的要求。实际需要的时间没有严格的规定，而是根据具体情况和接舰部队所在舰队的要求确定（图8-1）。

交付后海上试验的主要目的：验证航母在海上环境中的可用性、性能水平和极限，并反馈给设计部门作为今后改进、修正的参考；确定航母达到海军作战部长在顶层需求文件中提出的目标；提高航母舰员操纵舰艇及武器和系统的熟练程度，使之能够全面、有效发挥整体作战能力。所有交付后海上试验都要围绕这些目标展开，但是各种活动并没有明确的阶段划分，需要由海上系统司令部和航母所在舰队司令部统筹安排。

图 8-1 "福特"号航母即将开始海试

为了能够尽快服役，形成战斗力，航母还必须完成以下 9 项重要的工作。这些海试工作从某种意义上讲，也是舰员培训、熟悉装备的一个过程。

（一）物资装载和设备安装

航母交付后，随即转入物资装载和设备安装阶段。一般而言，水面舰艇装载各种设备通常需要 10～90 天，时间长短取决于舰艇的大小和系统的复杂程度，航母则需要更长时间。

在物资装载和设备安装阶段可以继续进行船厂施工，但是施工范围有严格的规定，仅限于检查与检验局提出的对航母形成战斗力或对航母的安全性具有重大影响的方面，其他工作将安排到交付后返厂期进行。

物资装载和设备安装阶段的工作要求：完成剩余机械、设备和武器的装舰及测试，能正常操作、达到性能要求；完成全部系统的性能校验；完成规定维修部件的装舰；完成技术手册上舰；完成舰上人员作战和维修训练所需的设备

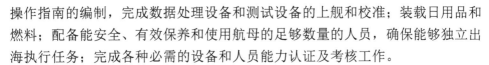

操作指南的编制,完成数据处理设备和测试设备的上舰和校准;装载日用品和燃料;配备能安全、有效保养和使用航母的足够数量的人员,确保能够独立出海执行任务;完成各种必需的设备和人员能力认证及考核工作。

(二)居住性检查

居住性检查是航母正式服役前必须首先完成的一项工作,由航母所属舰队司令部负责管理和监督。进行居住性检查时,船厂的一些建造作业和物资装载、设备安装工作可能同时进行,在组织和实施时需要充分考虑各部门间的协调。

居住性检查的目的是确定舰员居住区和娱乐区是否整洁、安全,并具备提供服务所需要的条件。该项检查不包括对具体技术指标的验证,发现的问题必须在航母服役前由监督官办公室进行修正和解决。监督官办公室将根据发现问题的情况确定修理、改正要求、分工和经费需求,并就每个具体问题向海上系统司令部进行汇报。

(三)航母服役状态管理

常规动力航母在交付后即被标定为"特殊在编"状态舰艇,直到物资装载和设备安装阶段完成才能成为"在役"舰艇。而对于核动力航母,通常在首次海上试航前2周转入"在役"状态。此时,航母上核材料的管辖权移交给舰长,航母本舰及武器系统的管理权也同时移交。

在核动力航母交付后,必须在30天内转为"在役"状态;如果需要进行物资装载和设备安装,则在此阶段完成后转为"在役",并且要由美国海军作战部长签署命令。只有转为"在役"状态的航母才能加入海军作战序列。

航母在加入舰队服役时,必须达到参与舰队值班的全部要求,主要有:居住区和娱乐区达到既定标准;消防、损管和航海设备齐全;作战系统能够满足平时训练和战时应急的要求;仓库、弹药库和弹药配给系统完好、可用;推进装置和航行操控设备功能正常。

(四)出海准备期

航母服役后将进入"出海准备期",时间一般不超过3周。在进入"出海准备期"之前,航母所在的舰队司令部将组织核推进委员会对航母推进装置进行"不开机检查"。

"出海准备期"的主要目的是给舰长留出时间,训练航母舰员在没有外部人员帮助的情况下,即可出海航行的能力。另外,"出海准备期"内还需要确保航母已经为出海执行任务做好了全面准备。在"出海准备期"即将结束时,航母将向所属舰队的司令报告,申请转入返厂前试验试航期,并开始为最终合同试验做准备。

(五)返厂前试验试航期

返厂前试验试航期由航母所在舰队司令部安排,通常从出海准备期结束一直持续到返厂期。返厂前试验试航期是对选定系统进行试验和测试的时期,同时还对航母人员进行训练,使航母具备在海上执行任务的能力。在此期间,将进行以往未开展过的一些试验。

在试验与试航过程中,一般会发现很多问题。具体试验项目有:舰艇电子系统评价试航;声学试验试航;标准化试验;设备校准与武器系统调整;舰上工作组织与舰员战备训练;舰载机航空保障设备安装;熟悉性训练以及在海上航行中对舰艇和系统进行操作试验等。

在返厂前试验试航期内,可能会赶上承包商保证期限到期,此时将停止相关工作,转而进行最终合同试验与试航。

(六) 最终合同试验

最终合同试验通常在航母交付后约 6 个月时进行,由检查与检验局负责。该试验要求在海上进行(图 8-2 和图 8-3),其目的是确定是否存在由承包商负责且仍未解决的问题。

试验要求航母进行全功率航行,由轮机官或检查与检验局人员对部分机械部件进行全面检查,确认在验收试航之后是否有新的问题出现。

图 8-2 "布什"号航母试航

图 8-3 "艾森豪威尔"号航母大修后海试

航母在完成最终合同试验后将返回船厂维修并纠正问题，核动力航母还将继续进行反应堆安全检查，随后进入为期数月的交付后返厂期，对存在的全部问题逐一解决。

在进行最终合同试验前，航母舰长须向海军检查与检验局提交在验收试航中发现的问题，以及验收试航后领受的、至今尚未完成的新的工作任务。轮机官必须准备好相关报告、试验数据和出版物，海军检查与检验局登舰后将首先对其进行检查。

航母舰员在检查与检验局的监督下具体实施最终合同试验。如果由轮机官检查，则由其向舰长提交检查报告，后者将报告、意见和建议上报海军检查与检验局和海上系统司令部。

（七）返厂期与返厂后试验试航

交付后返厂期是航母在全寿期早期比较典型的维修阶段，旨在对最终合同试验中的问题以及验收试航中发现并推迟解决的问题进行修正，并且进行舰载系统的升级。交付后返厂期通常需要持续数月的时间。

承担交付后返厂工作的船厂，通常与物资装载和设备安装的船厂为同一船厂，以发挥其熟悉航母状态的优势。如果该船厂的工期安排不开或距离航母母港过远，也可以换到其他船厂完成返厂工作。

交付后返厂期的工作主要有：修正在"返厂前试验试航期"发现的建造问

题；修正其他由承包商和政府负责采购的设备的问题；完成海军要求的其他需要更改或改进的方面。

在返厂期结束后，海军将与造船厂共同进行返厂后试验试航，通常在2天内完成。返厂后试航的成功，标志着航母建造阶段的全部工作圆满完成。

以"布什"号和"里根"号航母为例，2艘航母在交付后返厂期中均进行了"试航后可用性增强"和"选择性限制项目可用性增强"两项工作，分别用时7个月和5个月。"布什"号航母的交付后返厂期按照实际需要进行了延长，有可能在此期间加入了"最终合同试验"等内容。在7个月的时间里，"布什"号航母主要完成的工作：舱室布局分配和调整；作战系统升级；损管设备更新和完善；灯光照明装饰以及一些小修项目。在返厂后试验中，对"布什"号航母在返厂期间安装和升级的通信设备、导航设备和其他作战系统进行了试验。另外，还对弹射器、喷气偏流板进行了验证，演练了海上搜救和消防能力，检查了伙食供应设施以及舰员住舱情况。在完成返厂后试航后，"布什"号航母返回母港开始为下一阶段的出海部署和海上舰载机连续起降演练进行准备。

（八）特种试验（可选）

如果航母在交付后返厂期结束后，仍然存在与系统性能和作战能力相关的未完成工作，则需要在海军作战部长的指导下，按照检查与检验局、海上系统司令部和舰队司令部的建议和要求，组织一次特种试验。舰队司令部将负责组织和实施工作，检查与检验局和海上系统司令部负责进行检查和试验。

特种试验的目的是选择适当时机对航母进行性能和状态评价，其结论还可用于为后续建造的同级或同型航母提供设计或建造更改建议，从而在以后的工作中避免出现此类问题。

典型的试验项目包括声学试验、电子系统评价试验、震动试验、雷达隐身试验与红外隐身试验等。

（九）返厂后试航与战备训练期

这一阶段主要完成反潜作战系统、反舰作战系统、打击战系统、舰载机联队飞行作业等试验，以及对人员和操作能力的认证考核等。

典型试验项目包括战术数据采集、推进装置作战级检查、战斗系统认证试航、反潜战武器系统精度试验试航、舰艇电磁环境试验等。

返厂后试航与战备训练由航母所在舰队的司令部负责，内容包括对防空作战系统、反潜作战系统、反舰作战系统、打击战系统、舰载机联队飞行作业等进行的试验以及对人员和操作能力进行的认证考核等。

二、部署前的集训

航母的主要作战手段是舰载机,母舰本身除具备点防御能力外未装备其他进攻和防御武器,为保证航母的安全,需要编配其他作战平台,以编队形式在海外部署和执行作战任务。因此,编队中的各作战平台和战斗人员需要进行训练、磨合。

(一)航母舰员的岗前培训

航母在部署前都要进行从零开始的训练。美国航母打击群的编制不是固定的,舰员和军官也是流动的,尤其是军官很少在一个岗位上任职多年。这有利于舰员和军官的晋升,但对团队的协作是有影响的。训练开始时,团队中有老兵、新兵,也有"新老兵",有的人可能以前都没接触过航母上的设备或系统,有的人可能曾在其他舰上服役,但第一次上航母,因此培训和训练非常重要。

从开始训练到经过考核认证的持续时间通常取决于诸多不确定因素,包括装备的维修保养工作如何开展,舰员如何以部门为单位开展训练,以及各单位如何组成打击群作为一个整体开展训练等。此外,还要受舰员配备情况,以及各单位行动节奏等因素的影响。

美国海军官员认为,完备的训练是美国海军部队战备等级不断递进的保障。舰艇每隔一段时间需要进坞维修,在此期间舰员的任务熟练程度不断降低,同时也是一种财力损失。美国海军舰队部队司令部每年将划拨的大部分经费都用在了所谓拥有成本上,包括舰艇和飞机的保养以及人员费用等,部队训练经费约占海军预算的15%。

各型装备均有不同的保养周期,现在美国海军确定大修时间的主要依据是"优化舰队反应计划",实际上是以航母为基准制定的。美国海军航母在部署前需要花费大约6个月的时间完成计划内的增量维修。在这段时间内,航母教学修整、维修或是进行现代化改装。在此期间,航母舰员在院校接受培训,基础理论课程由海军训练司令部确定。

课程设计旨在确保舰员做好接受基础训练、综合训练以及完成舰队作战的准备。其中损管和消防训练是舰员的必修课,在海外部署期间也要定期进行这种训练和演习(见图8-4)。

航空联队方面,飞机在进厂维修保养后,飞行员仍需驾驶最近完成进厂维修的飞机进行训练,以保持状态和操作熟练程度。与此同时,还要参加理论学习,为下一个部署周期做准备。

各型舰船、飞机和潜艇完成保养,组成航母打击群后,舰员开始为期6个月的基础训练。在此阶段,主要完成损管等训练任务,学习如何确保舰艇安全起航和航行，如何顺利返港，如何使用消防器材以及处理损毁等。

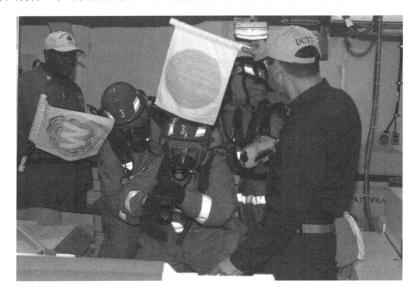

图8-4　损管和消防训练是舰员的必修课和反复训练的科目

在舰员熟悉基本操作后，开始转入面向任务的训练。如编队中的驱逐舰和巡洋舰舰员需要进行各种作战训练，从反潜作战到防空作战、反恐作战、部队防护等无所不包。

航空联队各中队在此期间也开始实施高等级战备计划，战斗机飞行中队要接受理论培训，进行模拟空空和空地作战训练等。他们还要在位于东海岸外、佛罗里达州基韦斯特或加利福尼亚州的训练靶场上进行3周的空战训练，验证双机、4机以及更大规模编队的联合作战能力。EA-18G电子战飞行中队则在电子战靶场进行训练，有的中队在内华达州的海军训练靶场训练。

舰载机飞行员的训练非常严格，规章制度也很多。过去，美国海军的飞行员个人英雄主义倾向很严重，不按规定驾驶导致灾难性事故频发。后来，海军作战部颁布了许多指令性文件，严格纪律，才使故障率大幅降低。其中一条比较有名的铁律是，如果22天没有在舰上进行起降训练，必须回到岸上从头再训一次。可见，航母在部署期间，即便没有作战任务，平时也需要进行起降训练。夜间起降的难度更大，事故率也高，需要经过较长时间的训练和经验积累才能完成这项高难度动作。据说，美国航母舰载机飞行员也不是每个人都能进行夜间着舰的。

在基础训练末期，整个航空联队将飞赴内华达州佛伦航空站，所属的8个中队将进行为期3周的训练和演习，确保联队指挥官能够指挥联队协同实施高威胁作战。

在上述以部门为单位的训练完成后，舰艇和航空联队的官兵均能熟练掌握基础作战技能，随后将进行特定训练条件下的协同训练，在此期间，航母编队启航，在海上进行相关训练。此外，作为特定训练条件下协同训练的一部分，还将举行"大队航行"训练，驱逐舰中队也将与航母和航空联队一起，组成编队进行协同训练。

航母和舰载机的海上联合训练大约持续4周时间，由水面战斗舰艇加入的协同训练则根据水面舰艇的不同情况，持续2～4周的时间。这一训练也是在航母打击群进入全面综合训练，检测编队协同应对高强度对抗能力之前，编队所属作战部队进行的首次合练，目的是验证其在高危环境下协同作战的能力。这也是基础训练与综合训练之间的过渡训练。

航母打击群进行特定训练条件下协同训练时，最后还将演练航母在模拟战斗损伤情况下遂行作战行动的能力。

舰艇结束训练返回母港后，舰员们开始着手为下一阶段的综合训练做准备。综合训练的科目包括各种理论训练和模拟训练等项目，目的是提高指挥员和舰员的各种能力。作战指挥官集中在一起，以研讨的方式，构思部署行动期间可能需要采用的各种战术、技术和流程，并且利用计算机和模拟器进行3次模拟演习，在虚拟环境中对这些战术、技术和流程进行验证。

在综合训练即将结束时，航母打击群将再次出航，在海上实施最后的综合演练科目，即"合成训练部队演习"（COMPTUEX），这也是对编队是否做好部署准备的一次重要检验。在为期3周的海上演习期间，美国海军舰队部队司令部为编队设计了各种真实和虚拟的威胁与挑战，航母打击群从启航时刻开始就面临着各种考验。如离港时会遭到小艇的袭击等，编队必须证明其能在面临海空威胁的情况下安全地在公海和狭窄的海峡通行。此外，作为一支战斗大队，航母打击群还必须演示其与盟军和联合部队作战的能力。

合成训练部队演习的一个特点是通常有来自美国空军、陆军的部队以及盟国海军的兵力参加，具体参演兵力根据计划安排而定。某些科目是严格按照计划进行的，但最后一周左右通常是自由发挥。舰员无法知道会遇到什么情况，可能会面临实际的和假定的袭击，而他们必须按照参训以来执行和设计的战术进行应对。

在合成训练部队演习结束时，航母打击群的海上综合训练也宣告终结。各单位将返港，并进行最后的也是最高级的协同训练，即"舰队联合综合训练"。旗舰指挥官及各级指挥员聚集在一起，在高级别的模拟训练演习中指挥联合部队作战。航母打击群的训练由此达到顶峰，随着演习结束，编队也做好部署准备,并且能够在任何威胁环境下完成作战任务。

至此,航母打击群一个训练周期结束,这种周期是极为系统的,但是并不排除舰队司令部会根据新的威胁与战术需要,对训练大纲进行修改。由于训练大纲是系统化程序化的,便于集成新的战术、技术和程序,因此,很容易对训练大纲进行调整和修订。

(二)形成战斗力的主要标志

美国航母从交付到具备海外部署能力需要经历一系列的试验、认证和演习的考验,其中某些训练和认证需多次重复进行,以保持航母的战备水平。在美军,形成作战能力有两个标志:一是完成"战斗系统认证航行试验"(CSSQT),表示形成初始作战能力;二是完成"联合特遣部队演习"(JTFEX),表示具备完全作战能力。由此可见,形成初始作战能力只是完成了各项试验,人与系统的磨合还只是初步的,并不强调"熟练程度",能够"走通"就可以。而形成完全作战能力需要完成各项相应的训练,完成各项"规定动作",通过考核方可"持证上岗",就可以进行海外部署,或参加战斗了。

"规定动作"是指一艘航母从交付到海外部署,必须经过的"三关":

第一关是基础训练和"战斗系统认证航行试验"。该阶段的"规定动作"主要有作战试验与鉴定中队在航母上进行起降试验、首次"飞行甲板认证""舰队替补中队航母认证"、舰载机联队和训练中队进行飞行甲板认证与航母认证、参加舰队训练、首次服役期评估、日常性出海训练、舰队替补中队航母认证、舰载机联队航母认证、出海训练。

第二关是战斗系统认证试航,结束该阶段的认证标志着航母形成初始作战能力,主要任务有航空训练中队联合进行航母认证、舰队替补中队航母认证、与其他航母和补给舰进行补给演练、日常性出海训练、组成航母打击群并进行舰队替补中队航母认证、航母打击群编队演习和训练、舰队替补中队航母认证、执行海上遇险船只救援任务、航空训练中队航母认证、执行海上人员救助与护送任务。

航母及其舰员在"战斗系统认证航行试验"后转入"一体化训练"阶段,即"合成训练部队演习",根据基础训练达到的水平领受相应的任务。一体化训练阶段的主要目的是提高航母与航母打击群的其他舰艇之间的协同能力,在特定的环境下完成协同训练和行动。该项训练的具体内容可根据美国作战指挥部的实时需要而有所不同,训练时间约为3个月,包括"合成训练部队演习"等重要任务。在完成该演习后,航母就已经达到了"重大战斗行动-应急出动"(MCO-S)战备水平,具有在30天内参与部署任务的能力。

第三关是"联合特遣部队演习",达到最高战备水平。当完成"联合特遣部队演习"任务后,航母将最终达到"重大战斗行动-准备就绪"(MCO-R)水平,具有了与所有正在参与部署任务和前沿部署航母相同的战备水平,同时也是航母打击群最高的战备水平。

此后,航母进入战备水平"保持阶段",在未来约 12 个月的时间内保持这种最高的战备水平,包括一次为期 6 个月的部署任务以及部署前后到下一次保养期开始之前的所有时间。

第二节　军官的晋升

军官是战斗力重要的组成部分,很多场合军官的军事才能是决定战斗胜败的重要因素。在美国,成为海军军官主要有两种途径:一是进入安纳波利斯海军军官学校;二是在地方大学学习本科课程期间加入海军后备军官团。虽然美国海军也鼓励士兵在服满一期合同兵役之后申请转入军官计划,但士兵转军官会比同期入伍者多付出 4 年的士兵经历,在 30 年以后,可能会因超龄原因失去选升高级军官的机会。

一、编队最高指挥官

航母打击群的最高领导是编队指挥官,美国海军称其为合同作战指挥官。航母是美国海军最重要的作战编组之一,所以合同作战指挥官在海上拥有至高无上的权力,负责所有与作战、训练有关的事宜。合同作战指挥官一般为两星少将(O~8 级),有的打击群为一星少将(O~7 级),下辖航母舰长、航空联队长、巡洋舰长、驱逐舰中队长,以及其他部队指挥官,这些指挥官一般为上校军衔。

合同作战指挥官在美国海军中属于"精英",其人数一般比现役航母数量少 1 个,因为总有航母在大修,不能出海。通常,升任合同作战指挥官需要 30 多年时间,要在各项工作中表现出色,参加过重大作战行动,而且在晋升之路上不走"弯路",也就是不被分流到海军的其他大约 200 多个准将和少将岗位,最终才能成为 9 名或 10 名合同作战指挥官的一员。

合同作战指挥官一般出身于海军军官学校,少数人通过地方大学的后备军官团,成长为少将,他们不一定像航母舰长那样必须是飞行员出身,但必须有丰富的海上经验,在海军和国防部机关担任过重要职务。

军校毕业后,或是经地方大学后备军官团加入海军,成为一名军官,被授予少尉或中尉军衔。此时最佳的选择是到海上任职。美国海军有严格且合理的轮岗制度,在海上和岸上分别任职 2~3 年,交替轮岗,随之晋升。同时尽量留在与作战指挥相关的岗位上,避免分流到支援保障和管理岗位。美国海军军衔见图8-5。

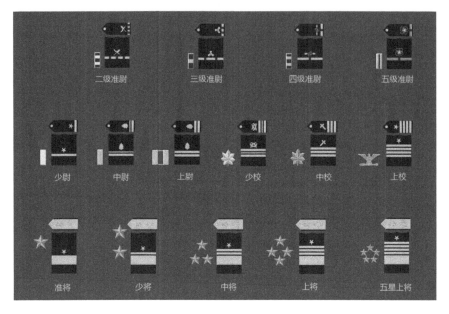

图 8-5　美国海军军衔

对水面战专业的军官("黑皮鞋")而言,成长之路的第一步是在舰艇上担任分队长,在海上学习航海、作战系统、武器系统相关知识,了解其性能和作战运用。主要岗位有值更军官、舱面军官,获得参与作战指挥的资格,如果能获得水面战资格徽章,将是第二次海上任职担任部门长的重要条件。

对飞行专业的军官("棕皮鞋")而言,毕业时已经掌握基本飞行技能,并在舰队后备中队完成了特定机型的改装飞行训练,到舰上主要是获得飞翼章,进入飞行中队任职,学会管理,积累领导经验,获得作战资格。

第一次海上任职结束后,一般选择到岸上机关任职,担任舰队后备训练中队的教官、岸勤飞行保障等,或是进海军研究生院深造,也可选择去大机关任参谋。

在第二次海上任职之前,水面舰艇军官一般是进海军水面作战军官学校,学习部门长的课程,取得任职资格,然后等待任命。飞行员可能去飞 P-3C 反潜巡逻机,或担任双座战斗攻击机的后座武器军官,或是到航母上任弹射器军官或拦阻装置军官、空中交通管制军官、航海助理,也可去编队指挥部、巡洋舰防空战指挥中心、驱逐舰中队指挥中心等担任空中行动助理军官,运气好的话,被任命为编队指挥官的副官。

第二次岸上任职是军旅生涯中非常关键的一步,很多人去华盛顿海军总部,或一些重要的司令部、大基地任职。在华盛顿任低级军官的重要性在于可以了解官僚游戏的"潜规则",为日后升迁奠定基础。

第三次海上任职一般是瞄着驱逐舰舰长、飞行中队长,独立承担行政和作战职责,对提高自身的独立决策、组织协调、管理、用人等能力有很大帮助。此时军衔已经升到中校,是否能晋升为上校全看自己的能力了。表现出色的1~1.5年可能被提拔为副舰长或副中队长,有更多的锻炼机会。40岁左右可能当上舰长或中队长,向合同作战指挥官的职位迈出重要的一步。

第三次岸上任职一般是到海军总部或联合作战司令部,这也是职业生涯中的关键一步,这是参与重大决策,培养战略思维、处理重大事件能力的绝好机会,同时为晋升将官积淀资本、提高知名度。

晋升为上校后,还要到海上任职,不过此时的岗位是驱逐舰中队长、潜艇中队长、巡洋舰舰长、两栖战舰舰长、航空联队长、航母舰长、补给舰中队长等。岸上的重要职务有海军基地和海军航空站指挥官等。

经过一段海上锤炼后,再次回到岸上,也是向合同作战指挥官冲刺的阶段,主要岗位有:海军作战部长、海军各系统司令部等大机关的重要参谋;参联会下属联合参谋部的参谋;海军军官学校学员系主任;舰队司令部参谋、四星上将的副官;长期代理将军岗位等。

被任命为将官后,距合同作战指挥官只一步之遥,但也不能坐等。因为美国海军的200多个准将和少将的岗位大多集中在华盛顿,所以尽可能还要回到海上任职。

二、航母舰长的成长

舰长是航母全舰的最高指挥官,上校军衔,主要职责是负责航母的航行与安全,在日常管理和战时行动中发挥重要作用。为了便于管理,航母上设有多个部门,这些部门的部门长各管一摊,分别处理相关事务,对舰长负责。

航母舰长的成长与前面介绍的合同作战指挥官大体是一致的,或者说航母舰长是合同作战指挥官的"后备干部",他们当中大部分人曾任职航母舰长。这些人大多拥有硕士以上学位,有的人甚至是双硕士学位,都有一张"漂亮的履历表",有多个重要岗位的任职经历,可谓文武双全,多才多艺。

在美国海军,当航母舰长必须是飞行员出身,至少飞过3种以上机型,3000~4000飞行小时的经历,在航母上起降次数也在800~1000次。他们任职过驱逐舰、巡洋舰、补给舰等舰的舰长,有大机关任职经验,任职过参谋、教官、高官助理,有参战经验,懂国际政治。

他们熟悉舰载机在航母上的运作,而舰载机是美国航母最重要的作战力量,承担着防空、反潜、反舰、两栖支援、护航等多种任务,所以曾经在航母上起降过飞机是非常重要的，舰载机起飞、着舰时对航母的速度、方向有特别的要求。对于这些要求，曾驾驶飞机在航母起降的航母舰长自然了如指掌，他们熟悉舰载航空兵的使用特点，能够在海外部署期间既能保障舰艇编队的航行安全，又能为舰载机创造合理的起降条件。丰富的任职履历也为他们在协调各平台的行动方面有很大帮助。

三、航空联队长

美国海军每个航母打击群搭载一个航空联队，每个联队通常由8～10个飞行中队组成，现在机种已由过去的9个或10个减少到5个或6个，分别执行反舰、反潜、防空、岸袭等作战任务。联队长是航空联队的最高指挥官，上校军衔，一般从飞行中队长中选拔，年龄35～40岁。联队长不仅要有高超的飞行技能和领导艺术，而且还要飞过至少3个机种，并取得飞行证书，在飞行战术学校接受为期2周的晋升训练。

美军航母航空联队制度产生于第二次世界大战期间，在10年的越南战争中继续得以应用。越南战争后，世界形势发生了很大变化，航母航空联队所面临的防空力量比以前更强大，作战环境和相应的战术都远比过去复杂。鉴于此，美国海军修改了航母航空联队指挥官的职能。早期的航空联队长由中校军官担任，修改后，由经验丰富的上校军官担任。该军官必须受过多种训练，其中包括航母战斗群的使用，战略和战术指导思想，并接受情报获取和使用方面的训练。这些资深上校除了应担任过飞行指挥官外，还至少要在华盛顿海军总部任职一次，使他们尽可能地熟悉国家安全体制的全局，以便对来自华盛顿的各项命令的真正意图做到心中有数。

航空联队长过去受航母舰长的领导，现在与航母舰长平级，直接受编队指挥官（合同作战指挥官）的领导和指挥。这一调整的原因是航母的系统组成远比过去复杂，航母舰长在打击群部署期间要处理的事务很多，航母舰长有时在编队中还兼任水面战指挥官，在海上必须昼夜关注航母的航行与安全，没有过多的时间和精力参与制定空中打击计划，并指挥实施。舰长没有对航空联队的指挥权，只是在舰载机起飞时，控制航母的航向（选择逆风而行）、航速，以满足舰载机所需的甲板风。航空联队长主要负责航空联队的情报使用、战术行动和计划制定。

第三节 飞行员培训

航母的作战能力主要靠舰载机的能力来体现，所以舰载机飞行员的飞行技能对作战的成败有关键性的影响。舰载机飞行员在航母上是佼佼者,不仅是因为他们从事的职业充满浪漫和冒险,而是因为这种职业资格来之不易,除了严格的选拔以外,在成为飞行员之前还要面临大比例的淘汰。

一、飞行员选拔

美国海军的舰载机飞行员培训应该说非常正规,有成熟的经验,以至英、法海军的舰载机飞行员在本国完成初、中级训练后,一般要到美国接受高级训练。美国海军的飞行员一般在彭萨科拉海军航空站进行陆上训练,只有通过了全部考核的人才能上舰进入下一阶段的海上飞行训练。陆上训练分为五个层次:一是预训;二是初级飞行训练;三是利用螺旋桨飞机进行基础和高级飞行训练;四是利用喷气机进行基础和高级飞行训练;五是模拟在航母上起落、夜航,学习空战、对地攻击等课目。

(一)基本要求

在美国,要想成为海军舰载机飞行员必须通过特殊的测试,还要通过三军种的飞行训练前选拔测试,即"航空选拔系列测试",据说美国每年大约有10000名青年参加这种测试。该系列测试源于第二次世界大战期间,在70年的使用过程中,经过多次修改,但主要内容变化不大,因为它能准确预测参试者是否可以最终获得飞行员资格。

航空选拔系列测试主要由数学和语言测试(评测数学能力和书面表达能力)、机械知识测试(考察简单机械和物理知识)、航空和航海知识测试、空间感受测试(利用驾驶舱看到的地形照片测试学生的态势和空间感知能力)和航空兴趣考察五大部分组成。目前用的测试系统采用通用的多选题方式,全套系列测试题必须在3小时内完成,考完后立即可以知道得分。

美国舰载机飞行员选拔条件:年龄18~32岁,身高不能超过1.96m,男性不能低于1.58m,女性不能低于1.47m;从未接受过激光矫正视力手术,裸眼视力不能低于0.5,矫正视力不低于1.0,不能是色盲,深度视觉不能有缺陷。

除了上述系列测试和体检以外,要想成为飞行员还有其他要求,例如,不能有犯重罪的记录、吸毒史,如果报名人数多,甚至可能因为几次超速驾驶的罚单而丧失录取资格。一般要求在27岁、28岁前被任命为军官,通常是从美国国内的学院或大学内获得学士学位,或是从马里兰州安纳波利斯美国海军学院毕业。按照传统的程序,在该学院每年大约1000名的毕业生中有250名男生和30名女生会接到来自位于佛罗里达州彭萨科拉海军航空站的参加飞行训练的通知。此外,生源还有海军预备军官培训班和候补军官学校的飞行学员。这几所学校开设相关课程并提供培训设施,为海军输送合格的军官。

（二）军事训练

候补军官要在彭萨科拉海军航空站进行为期 13 周的军事训练，主要是针对非军官的"入伍训练"。候补军官学校课程远不如美国海军学院的培养正规。其实，候补军官学校是一种针对已经获得学士学位的毕业生在军事学习和训练方面的速成班，旨在使他们在最短的时间内完成从学生到军人的转变。

在第一周，学员要接受入学教育，主要课程是美国海军的使命任务、基本章程和守则，同时接受基础训练，由教官评估学员的身体素质和心智适应性。

从第二周开始，学员进入营房，并开始着标准军装，学习着装规定等。体能训练是前几周的主要课程，其中很多时间是游泳训练。基础工程课程主要有海军推进系统的基础知识，包括核动力装置、蒸汽动力、燃气轮机、柴油机和航空发动机等，还有基本军事常识、海军文化、传统，以及礼节等。在训练初期，学员印象最深的恐怕陆战队的魔鬼式训练，担任训练的教官多是来自陆战队的士官。

（三）航空教育

所有海军航空兵的飞行员都要在彭萨科拉海军航空站接受飞行前航空教育（API），也就是飞行前的预训练。预备海军飞行员来自海军学院、海岸警备队学院，以及通过预备军官训练课程和候补军官学校获得任命的新军官。

所有参加预训的学员都已经是美国海军军官，具有参加飞行训练的资格。他们将在航空站进行为期 6 周半的航空教育，主要课程有空气动力学、飞行生理学、航空发动机和系统、航空气象学、导航和飞行条例等。这里的教学氛围如同大学，学习内容虽然很广泛，但课程并不难，通过的分数线是 80 分，但大多数学员都能获得 90 以上的高分。

在学习文化课的同时，学员们还要继续体能训练，其中最主要的仍然是游泳训练。这已不再是普通的游泳课，而是要穿戴全部飞行装备完成各种泳姿的 200 码（1 码=0.9144m）训练科目，学习如何使用不同的飞行装具增加浮力，如何使飞行服充气变成救生服，最难的莫过着飞行服完成 1nmile 泅渡。最后不达标的学员将被淘汰，所以学员们只能在晚上加班练习。

在完成初级水中训练之后，他们将接受更具航空特点的水中训练，利用各种特殊设备学习在飞机坠入大海后的逃生技能，例如：在水中被降落伞缠绕时如何自救；大风天被降落伞在水面拖曳时的处置方法；穿戴飞行服时如何爬进救生筏；在直升机救援时如何翻出救生筏并将其沉入海底，因为如果救生筏被卷入直升机的螺旋桨有可能使其坠毁；学习如何使用直升机投下的各种救生装具。潜水逃生也是重要的训练科目，在一个长方形的半潜金属笼子的上面装有一张椅子，椅子翻入水中后，学员要屏住呼吸寻找一个参考点，确定自己所在方位,然后游过狭长的笼子,从另一端游出水面,最后要能够戴着眼罩凭直觉游出来。这是为以后直升机沉箱训练做准备,沉箱训练是考核学员头脑是否冷静和自信、有自救能力(图8-6)。

图8-6　直升机沉箱训练

在这一阶段,学员掌握了基础跳伞技巧后,还要进行滑翔伞训练。由一辆轻型卡车将滑翔伞拉起后,学员离开地面升到几百英尺的高空,训练伞降知识和技巧。另一项训练是低压舱训练,15~20名学员坐在一个小型密封舱中,舱内模仿7000多米高空的气压或稀薄空气,在缺氧状态下,学员们要进行唱歌,或一些简单的活动,通过这种训练可以锻炼学员的心脑功能。

二、飞行员的训练

训练一名合格飞行员可不是一件简单的事,一是训练时间长;二是培训费高。一位飞行教官曾这样总结:成功的秘诀就是给他们飞机,给他们汽油,把他们送上天,让他们飞行,让他们不断飞行,让他们犯错误,最大限度地发挥潜力,但绝不让他们违规。

为了确保战斗力的迅速生成,拥有大中型航母的各海军国家,都在陆地上建造了仿真度极高的模拟训练设施,用于培训飞行员及航母操作人员。

由于在航母上起降和陆地起降差别很大,加上舰载机执行的任务更为多样化,舰载机飞行员的培养远比陆基飞行员复杂得多。一般来说,舰载机飞行员的训练大都从陆地模拟甲板开始,熟练后才能到真航母的甲板上练习。

(一)初级训练

在完成飞行前航空教育之后,学员们便开始初级训练阶段的学习和生活。他们驾驶的第一种机型是 T-34C、T-6A 初教机。T-34 教练机于 20 世纪 50 年代初期问世,在许多国家服役,1955 年 5 月,开始在美国海军服役。T-6B 教练机能在先进的特技飞行与模拟战斗训练任务下训练飞行员,最高飞行速度达 316kn(585km/h)。2000 年,美国海军选中了 T-6A 初教机作为联合初级飞机训练系统,陆续替换 T-34C 训练飞行员与导航员。

美国海军认为,能否成为一名优秀的舰载机驾驶员关键是个人因素,只有通过教室和空中的强化训练,才能获得成功,而成功的条件是学员对新事物的理解能力和努力程度。此外,他还必须严格遵守各项规章制度,必须按"海军的方式",完成各种科目训练,标准化的规程对于飞机运行的效率和安全而言至关重要,教官绝不容忍学员任何违规的行为。

学员在教官 12 次伴飞之后,便到了进行"单飞安全性"的考核时间,这对学员来说是很重要的,如果不能通过,他们将从头再来,重复以前的课程。在单飞之后,学员们要开始特技飞行,主要学习翻筋斗、纵向滚转、横向滚转、半筋倒转等经典动作。

初级训练阶段的另一科目是仪表飞行,海军航空兵经常要在极为恶劣的气象条件下执行任务,所以飞行员必须精通各种仪表。在飞机上进行仪表训练时,学员坐在被遮蔽的后座上,利用他们所学的各种知识驾驶飞机。训练分为基本仪表和无线电仪表飞行两大部分,包括各种不同仪表进场和离场,以及中途导航等,还要学习如何应对各种紧急情况。此后,他们将学习夜间飞行技能。在初级训练的最后阶段还要学习编队飞行。

经过几个月的训练,每名学员平均进行 50 次飞行,飞行时间超过 100h,掌握了基本飞行、仪表飞行、夜间飞行、特技飞行、编队飞行等方面的技能,但大约有 10%的人因各种原因不能通过初级训练阶段,这些"坠落天使"会被分配到其他专业岗位。

(二)高级训练

通过驾驶 T-34B 初级训练后,合格者将前往密西西比州默里迪恩海军航空站或德克萨斯州的金斯维尔海军航空站,在 T-45C "苍鹰"教练机上接受驾驶战术喷气式飞机的训练。还有一部分人被分流到多发飞机专业、E-2C 和 C-2 专业、直升机专业学习,另一有小部分人去学习驾驶 V-22 倾转旋翼机。

一般完成 7 次模拟器飞行和 5 次紧急状况处理训练后,以及多次模拟器上的仪表飞行和有关课程之后,学员将开始学习驾驶 T-45C 教练机。每次上机前,都要到中队等候室聆听教官的简报,了解当天的训练内容、要达到的训练目标。

由于海军舰载机的特点要求,学员必须掌握飞机的飞行品质,适应飞行时的驾驶舱环境。训练重点是基本飞行技能,以及处置紧急情况的技能。在被允许单飞后,将接受更为复杂的特技飞行训练。经过十几次飞行后进入更高级的飞行训练。他们将学习保持很小距离的编队飞行,空中受油等。编队飞行大约要进行 25 次,其中 5 次为单飞,4 次为夜间飞行。

接下来是投弹训练,学员不但要掌握投弹技巧,学习精确使用各种弹药的本领,利用计算机计算弹道,还要学习理论知识。

在 T-45 训练中最难的科目是空战训练,从学习多机战术机动开始,最初的战术训练是双机相距 1mile 并排飞行。在结束战术编队飞行的基础训练后,学员开始掌握空战机动所需的各种飞行动作。在经过单机对抗训练后,两名学员编成一组与资深教官进行对抗训练。训练的最后将是决定学员能否获得在航母上进行训练的资格,美国海军所有战术喷气式飞机都是舰载机,所以他们必须具备在舰上起降的能力。

学员每次降落训练全部按照在航母上着舰的标准进行,从一开始,训练的目的就是能以精确的速度和姿态控制,并严格按飞行航线飞行(图8-7)。他们完成 7 次飞行的独立训练模块,在陆地模仿着舰。第一个训练模块安排在较早时间,以保障学员为以后的训练打下基础。第二个训练模块安排在上舰的前几周,先是学习有关航母的一些基础知识和舰上起降的操纵要点,以帮助他们获得舰载资格。正是有了前期的训练,学员们第一次上舰都是"单飞",教官并不陪着他们进行舰上训练。学员有 11 次在机场模拟着舰的机会,这些训练更加贴近现实,着舰信号官对学员飞行训练的每个动作都要进行评估、打分,并作出评价,还要听取学员的报告。训练的目的是让学员掌握如何使用助降灯,学会如何把握着舰最关键的最后 15~20s,精确控制飞机的速度、迎角、对准甲板的中线等。

在完成战术攻击训练后,学员们还要进行 160h 的训练和 100h 的模拟器训练,为使他们能全面掌握在航母起降的本领,整个战术喷气机的训练要持续 1 年时间,有的人要进行 2 年的训练。普通战斗机飞行员要通过 500~600h 的飞行训练才能执行战斗任务,而舰载机飞行员不仅要完成这些基本内容,还需要克服航母起降的各种困难,训练时间远长于此。从飞行前航空教育到今天,大约有 20%的人在不同阶段被淘汰。获得任命后,喷气式飞机的飞行员必须在海军服役 8 年,过去,他们有 7 型飞机可选,现在美国海军舰载作战飞机只有 F/A-18 战斗攻击机,以后可选驾驶 F-35C 战斗机。

图 8-7　驾驶 T-45 教练机在航母上起降

三、舰上训练

飞行训练是一项长期的任务，即使已经成为舰载机联队的正式飞行员也要不断接受各种训练。一年当中，飞行员周而复始地进行"准备—训练—实战待命—休整"周期，按照美国海军的规定，舰载机飞行员如果连续 22 天没进行着舰训练，将失去着舰资格。他必须回到岸上训练基地重新进行着舰培训，考取资格。

（一）部署时的训练周期

在航母靠泊码头或进船厂维修时，飞行中队则在岸上进行训练。在转场期的后 6 个月将实施一系列复杂的海上训练。一般情况下，海上训练时间为 78 天。其中，飞行中队需要上舰训练 71 天。通常训练飞行时数的累积情况是：转场期的第一阶段达到执行主要任务所需飞行时数的 65%；转场期的第二阶段达到执行主要任务所需飞行时数的 95%；部署期内达到执行主要任务所需飞行时数的 115%。

通常在部署间的训练周期的第 1 个和最后 1 个月没有训练计划。经过长达 6 个月的海外部署，离舰后的第 1 个月通常安排飞行员休假，让他们的身心得到调整、恢复，最后 1 个月进行部署前的准备。中间这段时间，F/A-18 战斗攻击机中队需在舰上进行海上训练，部署到各基地参加小队、联队的训练活动，以及在航空站活动。

（二）舰上训练阶段

在部署间训练周期，战斗攻击机中队按照航母的日程计划进行飞行训练。同战斗攻击机中队一样，航母的训练周期也分为基础阶段、中级阶段和高级阶段。基础训练阶段包括部署后的船体维护，随后的海上试航，以及至少3次的单舰训练验收，以便航母和航空联队能够作为一个整体执行作战任务。在单舰训练验收的Ⅰ~Ⅲ阶段，飞行人员不仅要完成基本任务，而且要进行消防、损管、进水等训练。通常情况下，单舰训练验收Ⅰ阶段和Ⅱ阶段是接连进行的。Ⅰ阶段主要是航空联队飞行员进行航母起降适应训练，Ⅱ阶段则是循环训练各种飞行行动。单舰训练验收Ⅲ阶段的最后3天为最终评估期，由海上训练大队的观察员上舰进行评估。在通过评估后，舰种司令将批准航母进入中级训练阶段。单舰训练验收的Ⅰ~Ⅲ阶段[①]为期25天，包括3天的适应训练和14天的飞行行动循环训练。

中级训练阶段重点强调进行多部队或打击群的联合训练。合成训练部队演习为期3周，由第1和第4航母大队指挥官分别负责实施东、西海岸航母大队的训练任务。对于F/A-18战斗攻击机中队而言，演习不仅为其提供了与航母打击群中其他单位进行协同训练的机会，而且有利于提高完成各种主要任务的训练战备水平。合成训练部队演习的最后3天要进行一次技术难度较大的终期战斗演习，一般不在备用机场进行。负责训练的航母打击群指挥官要对终期战斗演习进行评估，评估通过后，编号舰队司令将批准打击群可执行作战任务，航空联队可执行远洋作战任务。

在高级训练阶段，打击群将与部署周期相近的两栖戒备大队进行3周左右的联合特遣部队演习或舰队演习，目的是提高打击群的联合作战能力或执行多项任务的作战能力。在高级训练阶段，F/A-18战斗攻击机中队将进行实弹演习。

部署间训练周期内，F/A-18战斗攻击机中队上舰训练期间将按照每个训练阶段的进度逐步增加飞行训练的强度。不但要参加航母的训练，还要参加中队的训练。此外，在中级和高级训练阶段，F/A-18战斗攻击机中队将进行实弹演习，并且将利用中队驻地无法提供的各种目标群。部署间训练周期内，航母通常在海上训练86天，航空联队上舰训练67天。

（三）岸上训练阶段

在部署间训练周期还要进行2次重要的岸上训练演习，一是战斗攻击机高

---

① 单舰实用性训练的Ⅳ阶段为7天，由训练司令部和舰队替换中队的学员上舰进行航母起降适应训练，航空联队不用上舰。单舰实用性训练的Ⅳ阶段可以在部署间训练周期内的任一阶段实施，通常只进行一次。

级战备程序演习，二是在法伦航空站举行的航母航空联队分遣队演习。岸上训练只有基础训练阶段和中级训练阶段。

战斗攻击机高级战备程序演习分为空战训练阶段和对陆攻击训练阶段，各阶段均为3周时间。举行的时间和地点各不相同，比如驻扎在东海岸的战斗攻击机中队在基韦斯特航空站进行空战训练，在法伦航空站进行对地攻击训练。战斗攻击机高级战备程序演习是部署间训练周期内实施的第一次系统性训练，也是战斗攻击机中队结束上一轮部署任务后首次重获资源优先使用权。目前，战斗攻击机中队参加战斗攻击机高级战备程序演习的时间为结束上一轮部署任务后的第8个月[1]。

在战斗攻击机高级战备程序演习中，空战训练和对地攻击训练均持续3周，第1周为授课时间，后2周为飞行时间，由来自战斗攻击机武器学校和战斗攻击机中队[2]的战斗攻击机战术教官负责教授相关课程。演习期间，将进行10个飞行架次的对地攻击训练，8个架次的空战训练。F/A-18战斗攻击机的战术行动要求任务编队由2~4架飞机组成。单机执行任务的情况非常罕见。战斗攻击机高级战备程序演习中出动的飞行架次应当基本满足训练与战备矩阵中主要任务领域的要求。在战斗机高级战备程序演习期间，进行1次攻击模拟演练和2次空对空模拟演练。实施模拟演练是对训练与战备矩阵要求的必要补充，也是对战斗攻击机高级战备程序演习的初步预演。战斗攻击机高级战备程序演习旨在使每一名飞行员都能接受全部的飞行训练，但要确保无经验飞行员能够优先飞行。因为资源有限，其中3名飞行员可以有一次实施实弹训练的机会。战斗攻击机高级战备程序演习的主要目的是在2个任务领域实施部队级训练，评估飞行员和中队对于战斗攻击机战术的熟练程度，将战斗攻击机战术教官融入中队的训练组织体系，以及确保战斗攻击机战术的标准化。

航母航空联队分遣队演习为期4周，由法伦航空站的海军打击与空中作战中心负责实施，要求所有飞行中队参加。第1周由任务指挥官进行理论授课；后3周进行渐进式的飞行训练，从小队一级的战术飞行训练，发展到实施航空联队的协同训练，进而实施高级模拟训练和空中作战训练。演习选择在法伦航空站举行，因为那里地域宽广、地貌复杂，便于进行数字记录和演示任务飞行剖面图（供汇报使用）。航空联队通常将部署间训练周期的中级训练安排在法伦航空站实施。

---

[1] F/A-18战斗攻击机中队的训练管理人员指出，在部署间训练周期的最初阶段无法实施战斗攻击机高级战备程序训练，因为飞机和飞机零部件的使用受到一定限制。

[2] 战斗攻击机中队的战斗攻击机战术教官均为战斗攻击机战术教官高级课程班的毕业生，该课程班由法伦航空站的海军打击与空中作战中心开设。

（四）训练的管理

在美国海军，训练与战备矩阵由舰种司令批准，公布于《训练与战备手册》之中。机种联队司令发布的《联队训练手册》是对基本训练与战备矩阵的补充。F/A-18战斗攻击机《联队训练手册》中的训练与战备矩阵详细列举F/A-18战斗攻击机中队的训练要求。飞行员可通过顺利完成训练任务和训练行动达到每项任务领域所需的训练战备水平。根据获得的分值确定成功完成与否。周期性地循环完成适当的训练任务和科目，能够保持战备水平。尽管赋予的分值不同，但每个主要任务领域可能得到的最大分值为100。额外飞行更多的任务并不会累积更多的分值；飞行员在任何主要任务领域的累积分值均不可能超出100。训练战备水平主要由以下几个要素决定，即每个主要任务领域的分值数，在编飞行员的数量和经验等级，以及参加过实弹训练的舰载机飞行员的数量。

训练等级分为4个级别，$T_1 \sim T_4$，T_1为最高级。训练与战备矩阵按优先顺序排列出了目前应当处于各个训练战备等级的飞行员的数量（以百分数统计），并依次与部署间训练周期的各阶段相对应。其目的是帮助中队指挥官确定在部署间训练周期的各阶段应该飞行哪些任务。

训练与战备矩阵明确了中队实施飞行训练所需的各种资源，特别是每名飞行员达到训练战备等级的飞行时数，以及训练使用的武器和模拟器。训练过程中何时进行实飞、何时使用模拟器，在训练与战备矩阵中也有明确规定。

第九章 美国航母打击群的支援保障

航母是海军装备中威慑力和战斗力最强的作战装备,是现代海上作战的中坚力量,要充分发挥航母的作战能力除了平台本身和配套装备技术先进以外,还需要庞大的支援保障体系作支撑,以保证其可靠性和可用性。后勤保障设施和装备是航母形成战斗力的重要基础,也是制约航母战斗力发挥的关键要素。后勤保障工作涉及的内容非常多,本章主要围绕航母能力建设介绍了维修保障、保障设施、海上补给等内容。

第一节 美国海军的后勤保障体系

航母是美国海军海上作战的核心力量,具备很强的战斗力,并且可以同时遂行多种作战任务,除了作战平台先进以外,背后还有强大后勤保障的支撑。美国海军在第二次世界大战期间建立了远征后勤力量,战后围绕航母建设,后勤保障能力不断增强。经过20世纪末的几场局部战争,后勤保障理论更加丰富、后勤保障力量更加强大。

一、后勤保障组织指挥体制

美军装备保障实行集中领导、分散实施的管理体制,国防部设有负责采购与技术的副部长办公室,统一管理全军的后勤保障工作,各军种分别组织实施。美军装备保障主要包含了国防部、各军种、部队三级保障体制。

美国早在1961年就成立了独立于三军后勤之外、由国防部直接领导的国防供应局,后于1977年更名为国防后勤局,负责制定全军装备保障工作的方针、政策和规划,指挥、协调保障有关事项,并承担三军通用物资的统一采购、供应,而三军后勤物资部门则各自负责本军种的专用物资,但仍保留某些物资(如弹药、车辆等)的军种负责制。在此基础上,1987—1997年,美军又相继成立了运输司令部、国防合同管理司令部、国防财会局、国防日用品局，把原来由三军分别管理的各项通用后勤保障工作纳入统一管理，三军联勤体制日趋成熟。

（一）美国海军的后勤保障机构

美国海军的后勤保障由海军作战部主管后勤的副部长统管，其办公室（代号N4）设有3名副部长助理以及若干职能部门，主要包括计划与政策部（代号N41）、后勤计划和政策/战略海运管理计划部（代号N42）、保障能力、维修与现代化改装部（代号N43）、设施工程部（代号N44）、环境保护/安全和职业健康部（代号N45）、岸上设施管理部（代号N46）、竞争资源计划部（代号N47）等。作战部后勤副部长办公室负责制订全海军（包括陆战队）的装备保障计划和发展方针，指导各系统司令部和军事海运司令部的装备保障工作，为作战部队和岸上机构装备保障提供指导。

海军作战部负责美国海军平时和战时的战备、使用及后勤保障，其在装备保障方面的主要职责：

（1）制定详细的战略计划，以执行国家赋予海军的使命。这些计划制定之后将产生的保障需求将交给作战部下属各系统司令部和办公室实施。

（2）对上述需求进行确认并为实施舰船建造、修理和改装计划向国会提出经费申请，制定舰船维修和现代化改装政策和舰船修理及改装的预算及计划。

（3）负责批准海军海上系统司令部在采办过程中对新造舰船或改装舰船提出操作变更的要求，负责批准技术规范的变更。

（4）以海军作战部长指示的形式发布美国海军舰船维修政策（OPNAVINST 4700.7）。

美国海军作战部直属机构中承担后勤保障工作的有5个系统司令部，分别是海军海上系统司令部（NAVSEA）、海军供应系统司令部（NAVSUP）、海军设备工程司令部（NAVFAC）、海军航空系统司令部（NAVAIR）以及空间和海战系统司令部（SPAWAR）；另外，还有负责运输任务的军事海运司令部（MSC）。5个系统司令部主要负责相关保障装备的研发和岸勤工作，军事海运司令部和舰队一样属于行动部队，所辖军辅船承担海运和海上补给任务。5个系统司令部的具体工作如下：

海军海上系统司令部是美国海军五大"系统司令部"中最大的一个，下辖4个海军船厂、4个舰船修造监管处、各种研究中心和武器军械站等，主要负责设计、建造、采购、维修美国海军的舰船及其作战系统等。

海军供应系统司令部是美国海军最主要的后勤机构之一，负责海军官兵及其家属的衣食住行（被服、居住、饮食、邮政、服务社、家居用品的搬运等）等各方面的具体工作。

海军设备工程司令部负责美国海军和海军陆战队全球范围内的战备工作、基地建设、装备保障等工作,确保部队随时可随时参战,并负责海外应急装备保障、维修等任务。

海军航空系统司令部主要负责美国海军航空装备和机载武器系统的研发、采购、测试、评估、训练设施及装备、修理及改造、现役工程及后勤保障等各类业务在内的全生命周期保障。

航天与海军作战系统司令部负责海军岸基、机载、舰载和空间电子设备的研究、发展、试验和评估、采购和维修保养,为海军的空间系统、C^3I 系统、电子战和水下监视系统提供技术维护和保障。

军事海运司令部是海上运输的中坚力量,负责统筹指挥美国海军各型补给舰、保障船、海上预置部队等非作战舰艇,承担各种海上补给、运输、支援以及在全球范围内进行作战物资调配等任务。

(二)舰队级的后勤保障机构

美国海军大西洋舰队和太平洋舰队负责装备保障的机构有舰队参谋部后勤处、舰队水面舰艇部队司令部、舰队航空兵司令部。太平洋舰队司令部下辖岸上设施和机构、第一战斗勤务大队、40多个海军基地和航空站等。大西洋舰队司令部下辖岸上设施和机构、第二战斗勤务大队、30多个海军基地和海军航空站等。

两大舰队司令部在装备保障方面的主要职责:①根据各舰种司令部提供的数据编制预算安排进度以及实施海军作战部的维修和现代化改装计划;②负责开发新的舰船维修程序和步骤,确定舰船部署计划,批准对修理计划的数据变更;③通过各舰种司令部,为舰船维修工作制定先期计划和实施拨款。

大西洋舰队和太平洋舰队均包括水面舰种司令部、航空舰种司令部和水下舰种司令部。舰种司令部的职责:①为维修及相关器材编制预算;②根据海军作战部和舰队司令部指定的准则,为舰船修理先期计划的制定和实施提供经费;③为造船、改装与修理监督官办公室提供编制先期计划的经费;④当修理工作得到确认并记录后,负责对这些工作进行筛选并批准实施,同时为修理和改装提供经费。

舰队参谋部后勤处受舰队负责后勤工作的副参谋长领导,负责制订全舰队的保障计划(包括舰船装备保障内容),舰队负责后勤的副参谋长通过舰队参谋部后勤处、各舰种部队司令部、各海军基地等指挥岸勤部门和保障舰船对作战部队实施装备保障。

舰队水面部队司令部负责管辖除航母外的绝大多数水面舰船,包括负责装备保障的舰船。美国海军担负舰队作战部队海上流动装备保障任务的主要力量是保障舰船，保障内容包括武器弹药和器材的补充、海上维修等。

舰队航空兵司令部负责管辖航母大队、舰队航空兵部队，并对舰队陆战队航空兵和海军航空基地具有业务领导权。美国海军的航空基地负责对舰队航空兵、陆战队航空兵提供维修以及武器弹药和器材的补充，运输航空兵还担负作战部队的武器弹药和器材的运补任务。

美国各海军基地分别隶属于两洋舰队（太平洋和大西洋舰队），基地内的装备保障部队和机构在行政和作战上受基地司令部指挥，在业务上接受海军作战部有关系统司令部和业务部门指导。海军基地所属的装备保障部队和机构主要有海军站、海军船厂及弹药库等，在装备保障方面的主要职责是检查和修理舰艇及武器装备，进行弹药和器材补给。

在装备保障方面，两洋舰队政策有所不同：太平洋舰队所有中继级保障机构由舰队统管，而舰员级保障则由舰种司令部具体负责；大西洋舰队内所有保障权限均在舰种司令部，港口和岸上保障则由预备支援大队管理。

二、后勤保障力量及设施

美国国防部下属国防后勤局，该局设有国防供给总中心、国防工业工厂设备中心、国防工业供给中心、国防电子设备供给中心、国防人员保障中心、管理保障中心、国防后勤服务中心、自动化中心和国防技术情报中心等，同时还管理各地的国防仓库。国防后勤局负责计划、协调和管理海、陆、空三军军事装备的总供给工作。

航母的管理、保障与其他舰种基本一致，没有特殊的变化。美国海军航母后勤管理和保障系统基本上归属美国海军后勤部门，主要包括供给、维修、运输及设施与安装等几个部分。

在后勤保障方面，负责实施的单位有海军舰队和岸上机构。海军舰队从航母到水面战斗舰艇、舰载机，对后勤供给要求不同，需要规模很大的保障力量。岸上机构分为本土和海外的各种岸上机构，包括海军船厂、弹药库、油库、航空站、训练基地、物资供给中心、医院等，负责舰队航母和舰载机的修理和舰员训练等。此外，美国海军各舰队设有专门的物资装备保障办公室，负责航母等有关舰艇、舰载机急需零部件的采购工作。

后勤保障的运作分为三个层级（图9-1）：

第一层级是海军供应系统司令部，负责制定有关政策、法规，提供业务指导，负责供应系统业务的控制、管理和非计划性的物资采购。

第二层级是舰队后勤中心、地区合同签订中心等保障机构，舰队后勤中心设在各主要海军基地附近，是后勤保障的中心环节，主要负责物资的筹措、储备、发放与运输。通用物资由国防部下属各物资保障机构供应，专用物资来源于海军海上系统司令部、航空系统司令部、空间和海战系统司令部、设备工程司令部等机构。管辖各类仓库、机场、港口和运输力量，向各单位实施物资供应，并可直接对舰艇实施综合补给。

第三层级是舰队、岸基部队和海外基地后勤保障机构，直接负责航母打击群等作战部队的后勤保障。

图 9-1　海上物资补给

美国海军在国内设有十大后勤保障机构，分别是美国弗吉尼亚州诺福克海军船厂、美国弗吉尼亚州诺福克海军供给中心、美国南卡罗来纳州海军供给中心、美国犹他州奥格登国防仓库、美国加利福尼亚州海军供给中心、美国新罕布什尔州普斯茅斯海军船厂、美国宾夕法尼亚州费城海军船厂、美国华盛顿州普吉特海峡海军船厂、美国伊利诺伊州海军训练中心和美国加利福尼亚州奥克兰海军供给中心。

在装备维修方面，美国海军实行三级维修保障：第一级是舰员级维修，由舰上的设备操作员和维修人员完成；第二级是中级维修，主要在航母的维修间里完成，如飞机大修、更换发动机等，由舰员和航空联队的技师负责；第三极是基地维修，在船厂或驻泊基地船坞内完成。美国海军的舰船维修已实现了信息化、网络化，建有海军维修和物资驻泊管理系统，全部工程由计算机管理，可随时显示全舰维修的任务清单、维修操作规程等，例如，需要在何时进行检查、维修，如何完成检查、维修，需要使用的工具、设备，以及操作步骤等。舰载机的基地级维修由航空兵系统指挥部总体负责，由海军航空站的修理设施具体承担。

驻泊基地方面，现在11艘航母分属太平洋舰队和大西洋舰队，在非部署期间，航母停泊在各自的母港或驻泊基地内。太平洋舰队最大的海军基地位于加利福尼亚州的北岛，大西洋舰队的最大的海军基地是诺福克基地。航母进港后，编队内的其他舰艇各回各"家"，巡洋舰、驱逐舰、攻击型核潜艇等归建各自的舰种司令部，停泊的码头未必在一地。基地内有干船坞、修造设施、各类仓库、医院、服务设施等。基地服务人员一般都在数千到数万人。基地内各种设施应有尽有，就是一座小城市，不出基地就可满足日常生活所需。基地的公共工程中心设有维修部、装卸部、运输部、公共设施保障部等，主要负责军港水、电的供应、码头蒸汽、高压气、海水（消洗用）、淡水的供应，污水、垃圾的回收，码头设施设备的维修，码头货物的装卸，以及靠泊码头的运输服务等。航母进港后，反应堆停止工作，所以电力、淡水、软水、蒸汽等全部由岸基保障设施提供；另外，还建有垃圾、生活污水和灰/污水接收装置，以及各种港口装卸设备等。航母部署时，还需借助海外的基地与港口对航母编队实施岸基保障。

军事海运和补给方面，军事海运司令部人员编制8000多人，其中军人占6%；下辖110多艘平民操作的非战斗船舶，总吨位约占美军全部舰船的一半，承担各种海上补给、运输、支援、特殊任务，以及在全球范围内进行作战物资的战略性海上预置。作为海上战略运输的中坚力量，该部设有大西洋分部、太平洋分部、远东分部和欧洲分部。其管理的舰船主要分为五大类，分别用于作战后勤、服务和指挥支援、特殊任务、预置、海运。其中，作战后勤舰船包括舰队补给油船、快速战斗支援船、干货/弹药补给舰，服务和指挥支援舰船包括医院船、舰队远洋拖船、救援打捞船、远征高速运输船等，特殊任务舰船包括导弹测量船、海基X波段雷达、潜艇和特殊作战支援船、海洋调查船等，预置舰船包括海上预置部队集装箱船、大型中速滚装船、干货/弹药运输船、海上机动平台、海上基地船、空军集装箱船、海上卸油系统舰船、陆军预置部队滚装船和集装箱船等，海运舰船包括油船、大型中速滚装船、高速船等。这些舰船部分属于美国海军（以USNS为舷号），部分为长期、短期甚至单程租赁的民用船舶。

第二节 航母的维修保障

航母的维修保障是航母后勤工作的重要组成部分，适时的维修、定期的大修是保持航母战斗力、延长使用寿命的重要保障。为此，美国海军在长期的航母使用过程中，建立了可行的维修保障体系、制定了航母使用规则。在航母维修方面，有以海军部长为首的军方维修管理体系、有以海军助理部长为首的航母维修方案制定体系、有以海军船厂为主体的维修实施体系，另外还有航母三级维修体系。

美国海军的航母打击群之所以能够长期保持良好的战备和技术状态，平时保持2艘或3艘航母在海外部署，并在爆发危机时派出5个或6个航母打击群赴海外执行作战任务，主要得益于其完备的维修保障体制和维修能力。美国有百年的航母建造史，在其发展过程中积累了丰富的经验，并形成了庞大的建造和维修体系，以此保证航母的建造和维修。航母的维修保障主要航母母港、国有和私营船厂承担。

一、军方的维修管理体系

从航母大修的管理体制看，与航母换料与综合大修业务相关的人员和机构主要包括美国总统、国会、国防采办执行官、航母项目执行办公室、海军核动力推进项目主任、海上系统司令部、项目经理、航母后勤和保障人员、亨廷顿·英格尔斯公司、纽波特纽斯船厂造船监督人员、海军职能司令部、地区行政长官、环境学家、作战指挥人员等。

美军负责武器装备维修保障的最高决策层是国防部维修政策、计划与资源副部长帮办助理办公室。其中，国防采办执行官（DAE）负责确定和划分航母换料与综合大修项目类别和优先等级，并负责航母换料与综合大修项目"里程碑"的决策。航母项目执行办公室（PEO）承担航母预算、设计、建造和维护等职能，下设PMS312和PMS378两个项目管理办公室，分别负责管理现役航母和在建在研航母。航母换料与综合大修的业务管理、预算、计划编制、实施以及经验教训积累等工作主要由PMS312下设的PMS312D办公室负责。

海军装备的维修分两条线：在海军部由负责研究、发展与采办的助理部长具体承办；在海军作战部由一名副部长主管，海军作战部下设的海上系统司令部、海军航空系统司令部和海军航天与作战系统司令部具体管理、实施各自所管装备的维修。

在核动力航母维修方面，海军核动力推进项目主任（NNPP）与海上系统司令部负责核动力推进系统的副司令（08）共同管理航母反应堆的换料与维护工作。海军海上系统司令部负责换料与综合大修的合同管理和执行状态管理，确保船厂换料与大修工作能够满足合同进度的要求。PMS312D的项目经理（PM）直接负责航母换料与大修过程的监督、进度协调、资源管理等事务。

航母的维修主要由海上系统司令部负责，该司令部由司令部本部、海军水面作战中心、海军水下作战中心、4个海军造船厂、5个项目行政办公室、4个舰船修造监管处、7个司令部直属的项目执行官、水面舰船维修部以及为数众多的现场机构组成，共有52000名军人和文职人员，分布在美国和亚洲33个部门中。

二、航母使用和维修规章

美国海军航母的训练、部署、维修有非常清晰的计划，作战部队、装备管理机构、维修船厂都非常了解各自下一步的计划和任务。美国海军核动力航母早期执行和常规动力航母类似的"工程运行周期"，18个月为一个周期，其中训练和部署各6个月，在航母完成首次作战部署期后，进行3个月的选择性维护升级（SRA）；在完成第二次作战部署期后，进入船坞，进行5.5个月的入坞选择性维护升级（DSRA）；在完成第三次作战部署期后，再次进行3个月的选择性维护升级；在航母完成第四次作战部署期后，进行为期18个月的综合大修（COH）。此后，在航母服役期内重复实施SRA—DSRA—SRA—COH，经过3次这样的大循环后，进行为期39个月的换料与综合大修（RCOH）。

从美国海军公布的资料来看，到目前为止，美国航母的使用与保障规程主要经历了4次重大调整。2003年美国海军为提升航母的作战使用效率，提出了名为"舰队反应计划"的作战使用和维修保障规程，将以前的18个月一个周期延长到27个月。2009年美国海军根据兰德公司的研究报告，再次将作战部署和维修期从27个月延长至32个月、36个月。参加第五节航母的部署与训练。

维修船厂根据上述周期在航母进行中继级基地维修前一年就会进行维修的计划和准备，根据航母当前状态、新技术发展状况、船厂人力资源状况等，决定维修的具体内容。

三、航母的三级维修保障体系

美国海军的舰船维修保障体系分为三级，分别是舰员级、中继级和基地级。这三级维修体系保障了舰艇从服役到退役的全寿期内的有计划分步实施维修，以保障舰艇处于良好的战备状态。

（一）舰员级维修保障

舰员级维修保障顾名思义是由舰员对航母装备、设备和系统等进行日常维护和预防性维修工作。航母很多部门中有专门从事维修工作的士官，许多人曾参与航母建造或大修，在接装之前，早已在舰上与船厂工人一同安装、调试设备，而且有的人服役多年，对各自所管设备十分熟悉。他们的主要工作是预防性维修,利用航母维修器材和设备、工具等,对所管装备进行日常性的维护保养、检修、排除故障。舰员级维修通常由舰长管理,副舰长、各部门长领导舰员根据相关手册,负责组织实施常规维护工作。美国海军为每艘航母配备了"舰船维修和器材管理系统",即3M系统,这是舰员级维修的主要依据。通过3M系统的开发和推广运用,美国海军的年维修经费降低了33%,舰艇在航率提高了20%,解决了海军装备维修管理存在的失修、过修、维修信息管理与传递不畅等一系列问题,同时大量维修信息也可用于指导后续舰艇的设计工作。3M系统的研发与推广,提高了装备维修信息管理水平及科学决策能力、维修保障能力。

为保证舰员级维修的质量,美国海军十分重视提高舰员维修水平。《美国海军航母训练与战备手册》规定:新上舰的舰员必须在6个月内完成3M系统的训练与考核;新舰员进行首次维修任务时,必须由老士官"传帮带",在旁边进行操作指导。

美国核动力航母设航空兵、飞机中继级维修、作战系统、损管、甲板、工程和反应堆、医务、导航、作战、供应、武器、安全12个部门。其中,航海、武器、工程和反应堆等部门负责其所管理装备的使用和维修,供应部门负责购买、接收、储存和发放物资,进行装备统计、零件修理和供应(图9-2)。

图9-2 舰员在维修拦阻装置

工程部门是航母上最大、综合性最强的一个部门,由9个处组成,人员编制约350人，各类人才济济。工程部门负责航母的运行、维护、各种装备和系统的保养，如舰载机弹射与回收系统、舰上生活保障系统（供暖、空调、淡水、电力）等工程部门也负责一些勤务系统的维护，如卫生系统、厨房系统、洗衣系统、废物处理系统。此外，工程部门还负责舰载机升降机、蒸汽弹射器、损管装备、武器系统保障装备、通信系统保障装备的维修与维护。

其中，工程管理处主要负责有关工程方面的评估、指示和工作任务能够快速地执行。维修物资管理处，负责全舰19个部门、152个工作中心的系统维修计划的监督和协调，该处设有3M办公室，主要进行3M训练和对各部门进行检查。维修保障中心负责为全舰152个工作中心提供一体化的技术手册服务，并协助维修过程中的零部件查找和物品识别维修保障中心管理着各种技术手册、图纸和出版物，所需要的各种技术文件都可以在维修保障中心查阅。训练处是工程部门的资格培训中心负责组织新上岗人员的培训，教授舰上工程系统维护和维修方面的基础性课程。综合处负责管理液压工间、蒸汽和热力工间、空调和冷库工间、外部维修分队、环境与舰上垃圾处理工间、小型艇工间、弹射器工间和低温工间等的设备维修。损管处负责全舰损管物资与装备的维护，确保设备的完好性和可用性。电力处负责舰上的电力系统的维护，舰上洗衣室和厨房的电器、机库分隔门和甲板边缘门的电力系统、舰载机升降机电力系统和其他电路等。机械加工处主要承担机械加工、钳工与钣金、木工与雕刻等任务。

（二）中继级维修保障

中继级维修保障是中继级维修机构对航母编队进行更广泛的定期维修保障工作，对超出舰员维修能力的船机电和作战装备、系统进行维护、修理、翻修、安装、校准、测试，以及培训舰员等，在战时为作战部队提供战损修理和其他应急修理能力。

中继级维修机构主要由航母自身的专业维修力量、编队的补给舰、修理舰和舰队所属的岸基中继级维修机构组成。美国航母本身设有专职的维修人员和维修车间、维修设备，并储存一定数量的器材，以实现对航母自身的中继级维修。美国海军设有岸基中继级维修站、舰船技术保障中心等，为海上中继级维修人员和技术支持，在需要时为预先部署的作战部队提供紧急修理。

为保证海上中继级维修技术人员的数量和技术水平，实行海上中继级维修机构与岸基中继级维修机构的维修人员定期轮换制度。

舰载机中级维修部门是航母上编制人数较多的一个部门，人员多为从各飞行中队抽调的航空技师（图9-3）。舰载机中级维修部门主要负责为舰载机提供工业级的维修，可对舰载机发动机、机身、液压系统、雷达和武器系统、弹射系统和航电设备等进行维护和修理,还可对救生降落伞和飞行员的紧急救护设备进行维护,该部门通常配有与地面机场保障能力相同的保障装备。此外,该部门还负责维修工具和测试器械的管理、舰载机零部件的采办等工作。当航母打击群其他的作战舰艇需要技术支援时,该部门还经常派出技术人员和装备进行援助。舰载机中级维修部门一般设以下4个处:维修管理处(IM1),主要负责舰载机中级维修过程中的生产控制、质量控制维修管理、物资控制、单项物资战备管理、损管、航空物资筛选和成本控制;通用维修处(IM2),主要负责动力站、机身维修、航空生命保障系统等,机身维修又分为4个区,即机体维修、液压维修、无损检测和舰载机轮胎维修;航空电子/武器处(IM3),负责各种机型维修所需的航空电子设备和武器设备维修设备;保障装备处(IM4),主要负责机库和飞行甲板使用的保障装备,如舰载机搬运装备、维护装备和灭火装备,此外;在进行海上补给时还负责维护所有的物资搬运与处理装备。

图9-3 舰载机的中级维修

(三)基地级维修保障

基地级维修保障是由海军船厂和私营船厂开展的舰艇修复、改造、改装、大修和更换核燃料等工作,是航母维修中对资源和人员要求最高的,一般在美国本土进行。驻日本横须贺基地的"里根"号航母的进坞修理和在航保障由在横须贺船厂承担。

第九章　美国航母打击群的支援保障

美国海军航母的维修由纽波特纽斯船厂、诺福克海军船厂以及普吉特湾海军船厂和中继级维修站（PSNS&IMF）等机构负责。从各家船厂和机构分工来看，纽波特纽斯船厂作为美国唯一建造核动力航母的船厂，主要负责"尼米兹"级航母的换料大修工作。纽波特纽斯船厂也负责向诺福克海军船厂提供人员和技术支持。

诺福克海军船厂为大西洋舰队所述航母提供维修服务，同时也为舰队的潜艇和两栖攻击舰提供基地级维修。除了在船厂履行航母保障职责外，诺福克海军船厂还向诺福克海军基地例行派送维护人员，为驻泊航母提供维修支持。

普吉特湾海军船厂和中继级维修站为美国太平洋舰队的航母基地提供支持，向布雷默顿海军基地（"斯坦尼斯"号）、埃弗雷特海军基地（"林肯"号）和圣迭戈海军基地（"尼米兹"号和"里根"号）派出维修人员，承担航母维修工作（见图9-4）。同时，普吉特湾海军船厂和中继级维修站也为部署在日本横须贺的"里根"号航母提供维修支持，向日本派遣工人进行与动力装置相关的维修，日本横须贺的地方船厂负责实施除核动力装置以外的维修。

图9-4　"卡尔文森"号航母在基地进行大修

近年来，为适应未来航母舰队的维修保养需求，提高航母改装和维修的成本效益，美军提出"一个船厂"概念，加强海军船厂和私营船厂的合作，要求珍珠港海军船厂、普吉特湾海军船厂、朴茨茅斯海军船厂和诺福克海军船厂4家海军船厂通过资源和设施共享模式，在一家船厂劳动力需求达到高峰时，从另一家船厂调派技术工人，以完成维修工作；让通用动力电船公司和纽波特纽斯船厂等私营船厂承担海军船厂核动力装置维修相关的补充工作。

尽管如此，美国海军船厂仍面临较为突出的问题。2018年12月12日，美国政府问责局（GAO）发布报告，详细分析了美国海军和海军陆战队舰艇和飞机的战备情况。其中，美国海军和私营船厂维修能力不足的问题较为突出，均不能按时完成舰艇维修任务。2011—2014年，仅28%的水面战舰按时完成维修，仅11%的航母可按时完成维修；2012—2018财年，因维修能力不足，航母推迟训练和作战部署时间累计达到1207天，水面舰累计达到18581天，潜艇累计达到7321天；除延误训练和部署外，维修能力不足还导致费用升高。近10年，仅攻击型核潜艇在等待维修和延迟出厂期间，所需费用高达15亿美元。造成船厂维修能力不足的原因包括三个方面：一是船厂基础设施老旧；二是船厂人力资源不足，部分岗位的培训时间长达数年，且大部分船厂工人缺乏经验；三是船厂部分物资供应职能尚未移交国防后勤局，导致成本增加。为此，美国海军计划未来20年为海军船厂现代化工作投入210亿美元，维修能力预计提升65%，计划将船厂部分物资供应转交国防后勤局负责。

四、航母的维修保障设施

美国海军的航母维修保障设施分为民间的维修保障设施和军方管辖的维修保障设施两大类。这两类维修保障设施相对独立，根据工程需要也经常相互支援。

（一）民间维修设施

第二次世界大战后，美国造船业逐渐萎缩，尤其是民船业在国际竞争中不敌中、日、韩等国，所持商业造船订单只占全球总量的1%。造船厂只能靠军方的订单维持，而随着冷战后美国海军规模大幅削减，海军需求也在减少。现在所有的航母建造都由纽波特纽斯船厂承担，并且该厂还负责核动力航母的换料与综合大修。截至目前已完成6艘核动力航母的换料大修，分别是"企业"号和"尼米兹"级航母的前5艘。一般性的大修多在航母母港附近的海军船厂进行，而换料与综合大修这样复杂的维修要在各种设备齐全的纽波特纽斯船厂进行。

美国核动力航母服役22~23年后要进行一次换料与综合大修（RCOH），以保证未来再服役22~23年。航母的换料与综合大修是一项非常复杂、艰巨的系统工程，同时还要对船体以外的设备进行大修或更换，一般船厂没有能力承接。航母综合换料大修一般需要进行为期30多个月的周密规划，整个工程耗时3年左右，需动用工人上千人。与建造一艘航母一样，涉及许多部门、机构、厂家，因此需要协调、组织数量众多的相关机构和技师、工人，才能确保船厂在限定的时间内完成繁重、复杂的航母核反应堆换料、舰载设备和系统的维护、改装和现代化升级等相关工作。例如，"林肯"号航母在换料与综合大修期间，不仅更换了核反应堆，还对航母上2300多个隔间、600个水箱和数百个系统进行了全面现代化升级改造。

（二）军方的维修设施

在20世纪90年代中期，美国开始对海军船厂进行重组，到2004年，原来的9家海军造船厂减少到4家，海军造船厂工人总人数大约裁剪了70%。原来几个著名的海军造船厂，如缅因州的朴茨茅斯海军造船厂、华盛顿州普吉特湾海军造船厂、弗吉尼亚州诺福克海军造船厂、费城海军造船厂现已不再建造军船，而是为美国海军现役舰船提供维修、现代化技术和后勤支援，或是处理退役舰船。但这些造船厂仍有很强的生产能力和技术力量，具备建造航母和核潜艇的能力。

目前负责航母基地维修的船厂有普吉特湾海军造船厂和诺福克海军船厂，另外两家船厂主要负责水面舰艇和潜艇的维修保障。

位于华盛顿州的普吉特湾海军造船厂和中继级维修站是西北太平洋最大的海军岸上设施和华盛顿州最大的工业设施之一，建于1891年，占地$0.7km^2$。它也被称为布雷默顿海军工厂，普吉特湾海军造船厂。现在主要的任务是为海军舰船提供维修、现代化改装和后勤支持等。2018年12月，美国海军首艘"尼米兹"级的"尼米兹"号（CVN-68）航母进入布雷默顿的普吉特海军船厂，开始为期15个月的大修作业，包括各类系统升级。该舰于2019年5月进行海试，2020年重新开始作战部署。

位于弗吉尼亚州的诺福克海军船厂由几个不相邻部分构成，占地总面积为$5.2km^2$，拥有维修核动力航母干船坞设施。除了核动力航母以外，还承担美国海军两栖战舰艇、核潜艇、巡洋舰等的维修和现代化改装任务。"小鹰"号常规动力航母曾于1987年在该厂进行了为期37个月大修。2007年4月"华盛顿"号航母（CVN-73）在该厂完成"计划内入坞增量维修"。经过这次维修之后，"华盛顿"号航母于2008年替换"小鹰"号航母（CV-63）常驻日本横须贺港。2011年6月18日，诺福克海军造船厂对"杜鲁门"号（CVN75）核动力航母进行为期13个月的现代化改装。这期间为更换主桅杆和调运其他设备、部件，租用了一座450t的"利勃海尔"型起重机。普吉特海湾海军船厂和负责中间设备维护的技师和工人也被调至诺福克船厂参与新主桅杆的吊装工作。2019年2月,"布什"号航母在服役10年后进入诺福克船厂进行维修(图9-5)。

图9-5 "布什"号航母在诺福克船厂的船坞进行维修

第三节 航母的驻泊基地

海军基地是保障舰艇驻泊、维修保养,部队作战训练,可提供各种后勤保障的场所。美国海军基地一般分为综合基地、基地、海军站、设施、机构等几类。综合基地为综合性保障基地,属于大型基地,通常为舰队、指挥中心等的所在地,一般拥有几十座功能不同的基地设施,包括航母母港、攻击型核潜艇母港、水面舰艇母港、两栖舰基地、海军航空站、舰载机训练基地、综合靶场、海军武器站、油库、弹药库、后勤保障中心、生活设施、通信设施等,附近有船厂或维修基地。基地、海军站规模次之,一般是中型基地。各种设施、机构等属于小型基地。

海军航空站是保障海军航空兵完成各种任务、提供生活保障等的基地,建有保障作战训练、试验验证、演习、维修保养、人员居住等的各种设施。海军航空站分为可提供综合保障的大型航空站、满足特种需求的中型航空站和小型航空站。

一、航母的母港

母港是指舰艇的"老家"所在地,舰员及其家属子女一般也居住于此,舰艇归属母港管理和维修。所有舰艇在服役时,美国海军都会为其指定一个本土母港,但有的舰也可能因各种原因变更母港。目前,除了"里根"号以日本横须贺海军基地为母港以外,美国海军其他 10 艘航母驻泊在本土东海岸和西海岸的海军基地,分别是弗吉尼亚州的诺福克、佛罗里达州的梅波特、加利福尼亚州的圣迭戈、华盛顿州的埃弗里特基地。其中,诺福克海军基地规模庞大、设施先进、地理位置适宜,是美国最重要的,也是最大的海军基地,驻有 5 艘核动力航母。

(一)诺福克母港

诺福克海军基地(图 9-6)坐落在该城西北部汉普顿水道(詹姆斯河、南塞蒙德河和伊丽莎白河汇合河道)的斯韦尔斯角,位于华盛顿东南 250km 切萨皮克湾通往大西洋的出口处。该基地是美国本土东海岸最大的战略母港,驻有美国海军大西洋舰队司令部和北约组织大西洋联合指挥部。其主要使命是负责大西洋舰队的战备工作,为美军在大西洋、地中海及印度洋运行的海军部队提供相关设施和服务保障。诺福克海军基地包括原诺福克海军站和原诺福克航空站(1998 年重组后并入诺福克海军站后改称钱伯斯场站),其陆域面积达到 18.74km², 水域面积 36km²。

诺福克海军基地是大西洋舰队的重要驻泊地,第 2 舰队 70 余艘舰艇以此为母港,包括多艘攻击型核潜艇、5 艘核动力航母、巡洋舰、艘驱逐舰、两栖指挥舰、两栖攻击舰、两栖船坞运输舰和多艘隶属海运司令部的大型补给运输船。常驻舰艇分别占大西洋舰队的 50%和美国海军总兵力的约 30%。每年约有 3100 多艘次舰艇由此进出,是美国海军最繁忙的基地之一。

诺福克基地在切萨皮克湾中央设置了 8 处可供航母等大型舰艇锚泊位,以作应急之需。在地质条件方面,母港既要考虑航道水深,还要兼顾风浪影响。根据地理位置不同大致分为濒海型和内河入海口型两大类。濒海型母港通常都会选在有半岛和岛链形成天然屏障海滨,利用这些岛屿构筑防波堤可以获得良好的泊稳条件。同时该海域潮流还需强劲,泥沙不易落淤,附近海床基本稳定。内河入海口型通海航道天生就具有动力条件好、含沙量少、河床稳定等优点。诺福克海军基地充分利用了汉普顿水道的有利地形,舰艇驻泊水域设置在汉普顿水道的入海口,出港向东 33.3km 方可驶入大西洋,受到切萨皮克湾海浪影响较小,因此仅在最北段修筑了一小段防波堤,保护停靠在基地最北端码头北侧的舰船。从港区通向大洋的航道条件较好,"尼米兹"级航母的吃水深度为 11.3~11.9m,其对航道要求是不低于 12.9m,从大西洋通往诺福克基地的航道最低深度为 13.72m,虽然近岸水深约为 5.5m,但航道管理部门在水道的边缘设置了大量的浮标等指示性标识,确保航母出入航行安全。

图 9-6　诺福克海军基地鸟瞰

基地的港口设施长达6.44km以上（沿海岸线），建有11.26km长的凸堤式码头和顺岸码头，码头15座。一般情况下，靠北的2座大型码头专供航母驻泊，另有3座仓库储运码头用于舰艇物资装卸载，剩下的11座用于各型舰艇的靠泊。这些码头设施齐全，可供包括航母在内的各类舰艇驻泊，并为其提供补给、物资转运和维修等保障。港内设有大型后勤物资供应中心，基地外周边还遍布着大型油库、武器站和海军船厂等辅助配套设施。

美国海军对母港选址有严格的要求，20世纪80年代曾提出了三项选择标准：一是合乎军事需求，如水源、港池条件，安全和防御能力；二是能否取得所在地民众和政府的支持；三是港城的经济环境，如商港的潜质，地区工业基础，能源及交通设施状况等。除了战略环境以外，气象因素十分重要。母港一般都是水温适中、气候适宜的不冻港，并尽可能避免选择在风灾高发区。在一些受台风（飓风）影响的地区，还应设置防风锚地。由于桩基的原因，诺福克基地码头没有安装固定的港机，主要靠大型吊车和起重驳船，以及航母上的升降机共同完成货物装卸。

除驻泊系留设施，现代化的航母码头通常配置油、水、电、蒸汽供应系统，油污水收纳和消防设备。2000年以来，美国海军对码头进行了加固和改造，规划了专用管道，增设了消防设施。驻泊在诺福克的航母物资、油料供应主要由诺福克舰队和工业品供应中心（FISCN）负责，该中心总占地面积上百万平方米，共有899座建筑物和10座码头，露天贮存场$18\times10^4m^2$，掩蔽库房$74\times10^4m^2$，散装油料库贮存能力为55×10^4t，每年物资发放量占全海军物资总发放量的43%。

该中心主要职能是为大西洋舰队和进入该地区的海军部队和其他军方客户提供各种后勤保障服务，包括物资采购、订货和合同管理，装备管理，交通运输，油料接收、存储和配给，有害材料管理和日常生活服务等。

FISCN的专用物资由各武器系统司令部（如海军电子系统司令部）、海军物资库存控制站和国防供给中心供应，实现了全程信息化管理。诺福克基地内部的两座大型海军补给站和两个油料补给点（分别位于斯韦尔斯角和钱伯斯机场）归属FISCN管辖，其中补给站分设于基地的南北，一个邻近航母码头，便于物资配给，另一个靠近基地南端的集装箱码头，便于物资的转运。

维修方面，诺福克基地有很强的维修能力。西北10km就是纽波特纽斯造船厂，向南8.4km就是诺福克海军船厂，两者均具有核动力航母大修和改装能力。诺福克海军基地内有3个消磁场，能够为航母编队的舰艇实施消磁作业，还为美国政府船只和盟国舰只提供消磁服务。

美国海军十分重视生活服务设施、家属区的建设，为了让舰员得到充分的休息,诺福克海军基地在毗邻市区的位置建设了数座公寓。其中"尼米兹"公寓是一个主要的居住区,能够为舰上和海外基地服役的官兵提供舒适的住宿服务,每年有近30000人次在此休整。同时基地还修建了美国海军设施最先进的单身宿舍,称为"企业"公寓,于1998年开始使用。为了给官兵提供最好的服务,建有海军公园、电影院、健身中心和军人服务站等生活娱乐设施,同时还对一些既有场所进行了便利改造,1989年11月建成海军购物中心,目前的营业面积已扩大到1756m^2。

作为基础设施,诺福克海军基地还在内部设有消防站和气象站,消防站的设置在位于南端物资补给站附近,兼顾舰艇和岸上基建的整体消防需求。气象站为军事和非军事行动提供气象信息服务。

(二)横须贺海军基地

横须贺基地(图9-7)是美国海军最重要的海外基地之一,也是唯一不在本土的航母母港。横须贺位于东京湾入口处东岸,距东京约65km。港内有完备的停泊设施、修船能力、油料和弹药贮存设备及兵员休整设施等。横须贺基地对美国海军来说是第一岛链上的最重要的战略据点,从该地可以随时向各热点地区派出作战兵力。如果美国没有横须贺,其对东亚和印度洋的控制能力将极大地削弱,进攻兵力也将退缩到关岛或夏威夷基地。

图9-7 横须贺港鸟瞰图

横须贺港是美国在远东最大、功能最全的海军基地,占地面积约$230×10^4 m^2$,始建于1865年。1945年8月26日,美国海军接管横须贺基地,并于1947年相继设立了舰船修理部、补给站和港务部。美国根据其远东战略的需要,为牵制苏联和中国,决定长期在日本驻军,并要求日本为其提供基地,由此形成了旧金山和约。其中的日美安全条约规定中明确写明日本政府应为驻日美军提供基地。为此，日本于1952年7月正式将横须贺基地提供给美军使用。

目前，美军在该基地共有各种码头近20座，总长度大于2500m，共有19个泊位，其中小海港区自1966年以来是核潜艇经常停靠的驻泊地，还设有放射性监测点。在基地内，设有驻日美国海军司令部、横须贺舰队基地司令部、第7潜艇群司令部、舰船修理部、补给站、工程中心、地区医疗中心等机构，在吾妻岛建有仓库，另外还有官兵住宅、医院、电影院、军官俱乐部、超市等。

美国海军将母港设在横须贺的原因除了该港具有良好的驻泊条件以外，在横须贺附近有厚木机场可供舰载机联队使用，现已迁往岩国基地。另外，横须贺有完善的修船设施和能力。横须贺海军修理厂有6个干船坞，其中1~5号船坞与日本海上自卫队共用，它们都是旧日本海军时期建成的，可建造、修理（4~8）$\times 10^3$t的舰船，至今仍完好无损。6号船坞最大，其容积为$22\times 10^4 m^3$，为美国海军专用，可用于维修航母，是美国在夏威夷以西地区唯一能容纳航母的船坞，以前常驻日本的"中途岛"号、"小鹰"号航母多次在该船坞进行修理和大规模改装。

航母停靠在母港期间的补给由横须贺海军补给站负责供应，舰艇和飞机用的燃油主要贮存在基地对面的吾妻岛上。该岛上的贮油设施面积约$84\times 10^4 m^2$，有大小油库37座，贮油容量约40×10^7L，满足舰船、飞机所需的各种油料补给。此外，在横滨还有一个柴油库，占地约$52\times 10^4 m^2$，有26个贮油罐，可贮油约42×10^7L，备有两座分别长708m和138m的栈桥码头，可供油轮直接停靠装卸燃油。在基地不远的浦乡还设有弹药库，设施面积约$18\times 10^4 m^2$，并有完善的码头装卸设备。

从1973年10月"中途岛"号航母将横须贺作为母港以来，已近50年。经过不断完善，各种设施较为完备，为迎接核动力航母进驻，美国海军又进行了新一轮的扩建、完善。到2008年9月"华盛顿"号航母进驻前，各项工程相继竣工，基本满足核动力航母停靠和后勤保障的需要。

疏浚河道是"华盛顿"号航母进驻横须贺港配套工程中较大的项目之一。"华盛顿"号航母比"小鹰"号排水量大，吃水多出0.5m，达到11.9m。因此，对水深12~14m的12号码头附近水域深挖了2m，以保证航母进出港的安全。从2007年5月到2008年8月，利用疏浚船、起重船、运沙船等大型设备连续作业，对大约30ha的海底进行挖掘，共计远走约$60\times 10^5 m^3$的泥沙。

为保障核动力航母和潜艇的驻泊，横须贺港还新建了热力发电站、淡水工厂等支援保障设施。核动力航母和核潜艇进港后，通常要"关闭"反应堆，停止供热，因此舰上的发电设备也随之停止供电，淡水制造设备也只好停止工作。为了迎接"华盛顿"号航母，在12号码头右侧的岸上修建了装机功率39MW

的燃气轮机发电厂,其中20～30MW供航母和潜艇停泊时用电。横须贺港原有为在港舰艇供电的发电厂,此次扩建增加了装机容量。启用后由日本电业公司负责运营,所以建造费由厂方出资,美国海军支付电费。

航母停靠码头后,舰上的反应堆虽然停止工作,但其堆芯仍然保持着很高的温度,内部积聚的热量一时无法消散,所以需要大量纯度很高的淡水进行冷却,而这时舰上的淡水制造设备已经停止工作,只能依靠岸上的制造设备供水。为此,横须贺港在12号码头附近又新建了一座淡水场。

美国海军专用的6号船坞在也进行了翻修,主要更新内容包括更换船坞门,工程从2007年11月到2008年3月,耗时4个月。以前驻泊在横须贺的3艘常规动力航母进行大修时都是使用6号船坞。为了保障航母的维修,在12号码头附近原10、11码头的地方,新建了用于停泊2艘新改装的修理船和1艘住宿驳船的码头,当航母大修时将有超过600人的技术人员从美国来到日本,届时大部分人将住在船上美国诺斯罗普·格鲁曼公司在日本设有常驻机构,纽波特纽斯船厂与日本的住友重工也有长期合作的经历。翻修后,可满足核动力航母的大修要求。另外,在横须贺市长和市民的强烈要求下,日本文部科学省在港区新建了核动力舰船监测中心,另外增设了5个监测点。2008年9月正式投入运行,其任务是时刻对大气、海中的放射性物质进行监控。

二、海军航空站

海军航空站是美国海军航空兵重要的基础设施,既担负着海军飞行中队的驻扎、勤务保障和训练保障任务,也负责海军陆战队飞行中队的训练保障和勤务保障,有些海军航空站还担负着海岸警卫队、空军国民警卫队、陆军国民警卫队等部队的保障任务。

美国海军航空站多为多机种、全天候、综合性的航空基地,站内不仅驻扎飞行中队,建有仓库、油库、通信站等配套设施,还包括特种作战训练大队、航空技术培训中心、航空与气象分队、信号官学校、爆炸物处理分队、海军打击与空战中心、训练靶场、海军修建营等机构以及生活设施。由于海军航空站的多功能性,通常具有面积广大、人员众多的特点,航空站面积通常占地数十至数百平方千米,人员多的可达几万人,少的也有几千人。海军航空站不但有完备的训练设施,还有完善的生活设施、优美的自然环境。

(一)航空站的分布情况

目前,美国本土约有20个海军航空站,主要分布在东西海岸及加勒比海沿岸地区(图9-8),海外有意大利的锡格尼拉海军航空站、日本的岩国基地(原在厚木)。

图 9-8 穆古角海军航空站

美国海军的航空站采取使用权与管理权分离的管理模式,海军航空站与驻扎部队没有隶属关系,航空站设施归属海军设施司令部管理,但驻在航空站的飞行部队则按机种分属不同的司令部。

航母抵达母港后,航母进行维护保养,舰员轮流放假休整,舰载机联队则根据机种分别转至不同的航空站继续进行飞行训练。大西洋舰队航母的舰载机联队(第1、3、7、8、17舰载机联队)的战斗机驻扎在东海岸诺福克附近的欧欣阿纳航空站。欧欣阿纳海军航空站占地面积 $24km^2$,共驻有各型飞机 250 架,人员约 2 万人(包括家属和文职人员),拥有 1 条长 3651m、3 条长 2439m 的沥青/混凝土跑道,年保障飞机起降约 25 万次。太平洋舰队的舰载机联队(第2、5、9、11、14 舰载机联队)的战斗机则驻扎在西海岸的勒莫尔航空站;航母舰载电子战中队驻扎在西雅图以北的惠德贝岛航空站;预警机中队则驻扎在亚特兰大航空站。较大的航空站设有航母模拟训练场,飞行员可在此进行模拟在航母上起飞和着舰训练。

(二)海军航空站的主要任务

美国海军航空站的主要职能是为飞行部队提供飞行勤务保障,同时担负飞行训练射击保障、人员生活保障任务,并可作为预备役人员训练基地。

一是提供飞行训练、射击靶场保障。美国海军在部分航空站内设有飞行训练中队,可为飞行学员提供全面的飞行训练保障。美国海军规定,海军飞行学员在院校完成飞行理论课程学习后,首先在怀廷菲尔德海军航空站的第 5 训练中队进行基础飞行训练，然后按照所飞机型种类进入不同的航空站进行中高级飞行训练。螺旋桨飞机飞行学员进入科珀斯海军航空站的第27、28、31训练中队进行为期18周、约140h的中高级飞行训练，考核合格后，学员就可毕业并获得海军金质奖章，正式成为海军飞行员。喷气式飞机飞行学员则进入彭萨科拉海军航空站的第4训练中队进行着舰和射击训练，经考核合格后转入高级训练，然后转到金斯维尔海军航空站的第21、22、23训练中队进行为期140h的高级训练，才能正式成为海军飞行员。

二是提供飞行勤务保障。海军航空站是飞行部队的大本营，能够为飞行提供完善的保障设施和条件。航空站通常拥有飞行跑道、雷达设施、通信设施、用于储存和修理的仓库、训练场和实验场等设施，并可负责武器弹药和航空油料的接收、储存和发放，保障部队的训练和战备需求；另外，还设有航空救援训练机构。部分海军航空站拥有海军飞机中级维修站，是海军飞机维修的主要机构。

三是提供人员生活保障。海军航空站驻扎单位众多，隶属关系复杂。海军航空站具有完善的日常生活服务设施，努力为海军飞行人员创造出舒适的生活环境，能够充分满足海军人员的需要。航空站拥有各种住房，包括军官和士兵的单身和家庭住房、临时周转住房、招待所等，主要生活设施包括医院、军人服务社、旅馆、图书馆、运动场、公园、幼儿园、学校、保龄球馆、游艇俱乐部、健身中心、宠物诊所等，甚至有自己的警察和消防队。有的航空站还有自己的海滩和潜水俱乐部。海军航空站的军人服务社由国防给养局统一管理经营，保质保量并低于市场价。

三、航母驻泊情况

截至2020年6月，美国海军现有11艘航母，其中驻泊在诺福克海军基地的航母有"艾森豪威尔"号（CVN-69）、"罗斯福"号（CVN-71）、"杜鲁门"号（CVN-75）、"布什"号（CVN-77）、"福特"号（CVN-78）航母。

驻泊在埃弗里特海军基地的有"林肯"号（CVN-72）和"尼米兹"号（CVN-68）（该舰原隶属大西洋舰队，母港为美国东海岸的诺福克港，现归属太平洋舰队，母港改为埃弗里特海军基地）。

驻泊在圣迭戈海军基地的有"卡尔·文森"号（CVN-70）。

驻泊在布雷默顿海军基地的有"斯坦尼斯"号（CVN-74）。

驻泊在日本横须贺基地的是"里根"号（CVN-76）。

"华盛顿"号（CVN-73）航母目前在船厂换料大修，预计2021年重归现役。

第四节 航母编队的补给

航母的补给分为两大部分：一部分是为岸基补给保障，航母驻泊期间由基地或母港的后勤保障设施提供。各基地都有多个后勤仓库，包括燃料、弹药、食品、军需物资等仓库。另一部分是海上机动补给。航母编队海外部署时间一般为6个月，执勤时活动范围大、周期长，为了保证航母编队长期在海上航行执行任务，需要不时地进行补给，海上补给通常由补给舰直接为航母编队提供后勤补给。为此，美国海军发展了多型专门为航母打击群进行海上补给的快速作战支援舰等补给舰船，以确保海上机动补给。

一、航母的岸基后勤保障

美国海军部长在美国国防部长领导的国防后勤局指导、授权和管理下，负责海军、海军陆战队和海岸警备队的后勤保障及管理工作。海军部由一位助理部长专门负责装备研究、发展与采购办公室的工作，其领导下的首席副助理部长负责造船与后勤保障的计划和管理。

海军作战部专门有一位副部长负责后勤保障工作，是从事后勤管理工作的首席顾问，有权制定后勤工作计划和提出航母作战兵力后勤保障的各项要求。海军作战部长与北大西洋和太平洋舰队司令一起，对航母作战兵力的后勤保障工作进行具体的协调。

海军作战部直接领导海军供给系统司令部，该司令部设有舰队医院计划处和备件竞争与后勤技术处等机构。其负责管理海军武器装备的供给，出版有关技术资料，制定转售计划，海军库存储备，场地采购，医务工作，运输等。其下设的航空供给办公室，负责航母舰载机设备及零件的后勤保障工作；舰船零件控制中心，负责航母设备及零件的后勤保障工作。海军各舰队航母后勤保障工作由两部分组成：一部分是机动后勤保障舰和海外海军基地；另一部分是国内的海军供给中心及海军船厂。

美国海军由海军部的一位助理部长全面负责后勤运输保障方针的制订和管理。海军作战部负责后勤的副部长管理两个机构，一个是后勤计划部，另一个是物资装备部。物资装备部设有运输政策与管理处。海军作战部下属的海军供给系统指挥部专门设有海军物资装备运输办公室和运输与仓库部，海军作战部直属的各系统指挥部均配有运输指挥官，由海军作战部领导的美国军事海运司令部承担美国本土到海外基地的运输任务，同时还负责调动美国民用船只的运输,利用民船为军运服务。

1艘航母和航空联队有五六千人,加上家属人员过万,容纳多艘航母和其他舰艇的海军基地相当于几十万的小城市。人吃马喂,开销自然可观,而且各种设施不可或缺。仅就航母停靠在码头的用水供应来看,输水管直径就达600mm,每日可供淡水10000t。与此同时,还有大量的污水、废水需要处理。航母反应堆暂停工作后,电力和生活用蒸汽等也需岸基设施提供。口粮、蔬菜、副食品等干货物资也有专供的部门,需要码头的装卸机械和专用机械来运送和吊装,运输到码头的物资通常采用托盘化形式,但也采用独立包装的方式进行传输。利用码头起重机将托盘从码头起吊到航母的升降机上,由叉车运输到接收站。独立包装物资运输到码头时,或被装载到托盘上或采用人工方式直接从码头送到航母接收站。转运到舰上后,货物从利用库甲板的传动带和电梯送到各种仓库内储存。

由于岸基保障的规模大、内容多,全部由军方承担的话,成本高,所以基地补给中心一般是根据需要租用民间公司签订保障合同,由后者来承担,有部分保障装备也是采取租赁方式租用的。

二、海上机动保障和装备

美国海军航母编队海上保障模式有两种:一是将综合补给舰编入航母编队,在航渡或战斗间歇中对航母编队实施伴随保障。根据需要,有时也将油船、弹药船编入航母编队以增强保障能力。但在高威胁区,补给舰一般在安全海域为舰艇实施补给。二是由各类补给舰组成保障编队,往返于基地和指定海域之间,综合补给舰与其会合转运物资和液货,再为舰艇进行补给。

由于美国海军航母打击群多是远征作战和海外部署,其活动的海域远离本土基地,因此海上补给多是采取两种方式并用的方法,有时还会租用民船运送物资。供应级快速战斗支援舰等补给舰通常执行伴随补给任务,随航母编队一起行动,俗称岗位船,可直接编入航母编队。后勤舰船包括军事海运司令部所属的舰队油船、弹药运输船等补给舰,俗称穿梭船,为岗位船运送物资,这些舰船一般不编入作战编队,还有一些船为穿梭船转运物资,这样形成海上补给链,既可保障航母打击群的物资补给,也可保证民船的安全,同时还提高了补给效率。

(一)海上机动补给

美国海军航母编队的海上物资保障主要是利用快速战斗支援舰和专业补给舰,采取伴随补给保障、定点和应召补给保障、分段接力补给保障等方式进行补给。

海外作战离不开补给舰,航母的各种消耗巨大,需要大量的物资随时补给。核动力航母虽不需要像常规动力航母那样需要补充动力燃油,但舰载机所需的燃料和弹药需要经常进行补给。美国海军航母现在一般搭载 70 架左右的舰载机，战时每日可出动 160～220 架次，按一般规律，每出动一个架次需要几百人工时的准备，消耗 10～20t 的燃油、淡水和其他物资，出动 100 架次就需要 1000～2000t 各类物资。执行远程对陆打击时，一般还需要进行空中加油，耗油更高。设计上，核动力航母的弹药储备在 3000t 左右，航空燃油约 9000t。同时美国海军还规定，燃油和弹药消耗到 50% 以前就需要进行补给，所以平时 3～5 天、战时 2～3 天就要补给一次。另外，弹射器每使用 500 次要进行检修，需要有备品、备件（见图 9-9）。

图 9-9　航母在海上接受补给

其次，人员生活物资的消耗也非常大。按美国海军的标准，一名水兵的每日的消耗品为 182～272kg，飞行员为 454kg，包括食品、果蔬、淡水等。除了淡水可在舰上制造以外，舰上有 5000 多名官兵，每日的食品消耗超过 11t，数量很可观。为了维持战斗力，需要经常进行补给。

1．伴随补给保障

伴随补给是将补给舰编入航母编队，成为编队成员之一，实施随队海上补给（见图 9-10）。在这种模式中，补给舰成为该编队的成员，常见于平时的巡航或演习中。在战时，当战斗持续时间较长而直接作战时间较短和战斗规模不大的情况下，尤其是在实施对岸攻击、支援登陆作战及海上封锁等任务时都采用这种模式。补给舰一般配置在编队内层，位于航母附近。当航母编队进入威胁区作战时,有时快速战斗支援舰和综合补给舰等伴随支援舰也留在战区外缘。在战争条件下,编队配属一艘综合补给舰后可使航程增加至 7000nmile,使作战和自持能力提高约 1 倍。在越南战争和海湾战争期间,美国海军经常利用快速战斗支援舰对航母编队进行伴随补给,可使航母编队在 6~8 昼夜内不间断作战,并将获得补给的时间缩短 30%~50%。

图 9-10　海上伴随补给

　　海上伴随保障主要采用横向、纵向和垂直三种补给方式。横向补给是海上航行补给的主要方式,利用船上装备的补给系统,向一舷或二舷平行航行的受补舰进行干货和液货补给。纵向补给是利用艇部补给站对跟随其后的受补舰船,通过浮性软管实施补给,但只能补给液货,现在已较少使用。垂直补给则是利用直升机对受补给舰船进行干货补给。

　　美国海军补给舰的横向液货补给速度最高可达 700t/h,横向干货补给能力可达 3~5t/次、每站 100~120t/h,并广泛使用直升机实施垂直补给。此外,航母上一般均配备手动搬运车、叉车、专用雷弹搬运车等输转设备,主要用于补给物资在舰面和贮存舱室间的输转、贮存和系固,大大提高了补给转运速度,加快补给物资的周转速度。

　　垂直补给是指舰载直升机在悬停状态下对水面舰艇实施补给,具有机动性能强、补给距离远且补给速度快等特点,可同时为 3 艘以上舰只提供快速补给,不存在补给与被补给舰船之间的复杂占位问题。当舰船遭敌袭击时,几乎可以与正常航行一样采取抗击措施,因此是最为迅捷而有效的方式。美国海军补给舰船和航母编队主战舰艇均搭载直升机,目前垂直补给数量已占干货海上补给总量的 30%~40%,其最大局限是不适于大批量补给液货,必须与其他补给方式相配合。

2. 定点补给和应召补给

定点补给是指补给舰队在作战海域附近的指定地点集结待命，需要补给的舰船依次退出战斗驶往集结地进行补给，补给后再重新投入战斗或返航。应召补给是指补给舰根据命令从集结待命地驶往指定海域与作战舰艇汇合进行补给，补给后保障编队返回集结点或前往新的集结点待命。在战斗间隙较短的情况下，采用这种方式可减少作战舰艇往返航行时间。保障编队中各型补给舰的编成主要取决于作战海域的状况、战斗舰艇的投入数量以及战场规模和兵力使用强度等因素，而保障编队的数量则受到补给线距离的直接制约。美国海军通常采用典型消耗率的办法来预测舰艇消耗和制定补给计划，据此来为作战舰艇编队配备遂行保障任务的海上保障编队。如航母打击群的典型海上补给周期是4天1次。假设在中东地区作战，最近的补给基地是迪戈加西亚岛，距波斯湾1700nmile，保障编队往返共需8天，为保障位于波斯湾的航母打击群能够持续作战，至少需要2个海上保障编队。如果只能以苏比克或澳大利亚的泊斯作为补给基地，距离波斯湾均在4000nmile以上，往返共需19天，为保障1个航母打击群持续作战，需4个或5个保障编队。

保障编队中的各型补给舰艇的编成，主要取决于美国海军采用典型消耗率测算。制定补给计划时，首先考虑战海域的状况，其次是战斗舰艇的投入数量以及战场规模和兵力使用强度，以此确定在作战舰艇编队配备补给舰船的数量。此外，还有一项重要的参考数据就是补给基地与作战区域的距离。

3. 分段接力补给

美军在实战中发现，尽管伴随补给的补给舰船的吨位大，补给能力强，但仍不能满足庞大的海上编队长时间航行和作战的需要。在充分吸收其主要优点后，美国海军制定出更适合大型海上编队执行远洋作战任务使用的分段接力式海上补给，即事先在编队的任务路线上设置几个补给汇合点，然后将补给路线分成几段，每一段由不同的补给舰船完成任务。这种模式适用于部署范围广、补给路线长的补给，已为美国海军航母编队广为采用。

分段接力补给是当前采用最多的海上补给模式，它是将上述两种模式的优点结合起来，具体由岗位船、穿梭船和点到点运输船等分阶段采取接力补给的形式完成补给任务。岗位船一般采用航速高、综合补给能力强的快速战斗支援舰队（AOE）或综合补给舰队（AOR），加入航母编队实施一线伴随补给，直接为编队提供所需各类物资的85%～90%。

穿梭船则是为岗位船提供再补给的单功能补给舰，又称为二线补给舰，主要由航速较慢的舰队油船（AO）、战斗补给舰队（AFS）、军火船（AE）和一些经过改装的民用油船组成。这些穿梭船装载品种单一，接受补给的战斗舰艇要依次与几艘船连接才能达到目的，补给时间长且效率低，所以一般不直接为作战舰艇补给。虽然穿梭船的补给品种单一且海上补给能力稍弱，但可根据执行任务海区的不同，将各类补给品从美国本土或从盟国港口和海上基地运往预定海域后对岗位舰船进行补给。这类船只因为航速较低，通常与少量护卫舰只组成补给编队，用于在战斗间隙或在预设补给休整区内为战斗舰只和快速战斗支援舰、综合补给舰等进行补给。例如，在大西洋作战时，穿梭船可从本土或就近的盟国港口装运物资，对随同航母特混编队的综合补给舰进行再补给。航母特混编队在太平洋地区执行任务时，穿梭船可从驻日或关岛及夏威夷等海军基地装运物资进行支援。通过这种办法，伴随补给舰不需脱离编队即可获取物资，从而到达不间断补给的目的。

点到点运输船负责对港口进行补给，一般由美国军事海运司令部下属的运输船，或租用的民用油船、货船、集装箱船和滚装船等完成，负责将各类物资从本土或盟国运往各前进基地储备，确保穿梭船的物资来源，必要时也可在指定的集结地将物资直接补给穿梭船。

根据美国海军的要求，补给作业前要有充分准备，采取严密的防护措施。在受威胁的方向组织护航舰艇和航空兵组成防护屏障，在补给编队的尾后部署驱逐舰跟随航行担负救援工作；补给作业时尽量提高补给速度，横向补给和垂直补给同时进行，缩短补给时间，其补给舰可在 2h 内向航母补充 3500t 燃油、500t 弹药和 1000t 其他物品；补给时间的选择应不影响航母打击群完成主要使命并避开对方的袭击，一般在夜间实施，战时通常多选择在 18 时至次日 6 时之间的夜间进行补给；由于航母和补给舰只的吃水较深，为便于操纵舰艇，须在 36m 以上水深的海区进行补给，并避免在狭窄海区进行补给；海上补给时须使用目视通信工具或有线电话等，避免使用无线电通信。

（二）海上补给舰船

为了适应 21 世纪海上作战任务和巩固海上霸主的地位，美国海军一直保证补给舰数量在舰队中所占的比例。2016 年，美国海军提出 355 艘舰艇规模计划，其中包括 20 艘油料补给舰和 12 艘干货弹药船，补给舰总数在全舰队中的比例接近于 1∶10。因此，补给舰数量基本可为美国海军的全球部署、作战提供必要的保障。

美国海军现役的补给舰共 3 型 31 艘，其中供应级快速战斗支援舰 2 艘、"亨利·凯泽"级油料补给舰 15 艘、"刘易斯·克拉克"级干货弹药船 14 艘，全部归美国军事海运司令部管辖。

根据执行任务的特点、装载品种及装载量的大小，美国海军的海上补给舰船可分为战斗支援舰、舰队油船、干货弹药船等,由军事海运司令部统管,在编制上分属太平洋舰队和大西洋舰队,前者母港设在美国西部华盛顿州的布雷默顿,后者设在东部的纽约厄尔勒港。两大舰队可根据不同的任务需要,将所属舰船派往任何海域执行任务,战时可在4个或5个海区支援航母或两栖编队作战。这些补给舰既可伴随舰队远航,提供燃油、淡水、弹药及食品等各种物资的综合保障。

1. 供应级快速战斗支援舰

快速战斗支援舰集油船、军火船和补给舰三种后勤补给舰的功能于一身,是世界上最大的燃气轮机动力船只,能够长时间伴随航母打击群高速航行,也称为综合补给舰,能够为航母编队补充燃油、弹药以及其他多种物资。美国海军于1981年开始论证综合补给舰,1994年,首艘供应级供应级快速战斗支援舰服役,供应级快速战斗支援舰堪称"海上一站式物流中心",能够接收、储存、转运液货和干货补给品、弹药、消耗品、备品备件等物质;可在5级海情下,同时为2艘舰船进行横向和垂直补给。

该级舰标准排水量$1.97×10^4$t,满载排水量$4.9×10^4$t,舰长229.7m,宽32.6m,装有4台LM-2500型燃气轮机为主机,最大航速30kn,22kn时最大续航力6000nmile。舰上装有大于$2×10^4$t燃油、90t淡水、1800t弹药、400t冷冻补给品和250t其他物资,共设有6个干货补给站和4座10吨级吊车及2台升降机(用于从储藏室向补给站提升货物),补给速度快且补给量大,可在4~6级海情下进行补给。舰上还设有两个垂直补给站,舰尾部设直升机平台和机库,配有3架CH-46E运输直升机。有30%~40%的干货转运利用直升机进行垂直补给(见图9-11)。战时,它从往返运输船上接收油料、军火和其他物资,然后把这些物资分配到航母打击群的各个战舰。这样就减少了其他自卫能力较低的辅助船的停靠次数,从而降低了它们被攻击的危险。

补给舰船可两舷同时进行海上航行补给,还通过专用补给站快速高效地为航母补给。横向液货补给采用统一规格的软管、加油探头与受油头接口,对航母等大型舰船一般采用双探头与双受油头补给,对驱护舰、巡洋舰等则采用单探头与单受油头补给,最大输送量为$2×681m^3$/(h·管)。

航行补给系统的每个补给站的额定量:对空武器每小时35t,给养品每小时21t。每架直升机每小时可以执行大约30次垂直补给,最大负载为2.7t。但在夜间,直升机每小时只能垂直补给15次。3个补给站同时作业时,每小时能传送约105t弹药或物资,还可以利用直升机垂直补给,每架直升机每小时可转运30t干货。因此,使用标准横向补给装置运送400~500t的弹药、储备和维修部件,包括靠拢、连接索具和驶离时间在内,需花4~5h。在此期间,航母要暂停飞行作业。

图 9-11 供应级快速战斗补给舰

2. "刘易斯与克拉克"干货弹药补给舰

美国海军从 20 世纪 90 年代开始陆续退役军火船和战斗补给舰,虽说作战部队的规模也在压缩,但是,大批补给舰退役直接对作战产生了影响,亟待更新。于是,2001 年 10 月,美国海军与国家钢铁与造船公司签定设计、建造新型干货弹药补给舰(T-AKE)的合同,首舰 2003 年 9 月开工,2005 年 5 月 21 号被命名为"刘易斯与克拉克"号,共建造了 14 艘(见图 9-12)。

图 9-12 "刘易斯与克拉克"级干货弹药补给舰

该舰全长 210m，宽 32.2m，吃水 9.1m，标准排水量 25230t，满载排水量 42670t；采用柴电推进装置，有 4 台功率为 8200kW 的柴油发电机、1 台功率为 3500kW 的辅助发电机。2 台推进电机纵向排列，单轴推进，驱动 1 部螺旋桨。按设计要求，以最大连续功率的 80%就可达到连续最大航速 20kn，续航力为 20kn14000nmile。舰上装有辅助推进系统，以便在岸基设施不完备的地方停靠。

该级舰的装载能力为以前"基拉韦厄"级补给舰的 2 倍，包括弹药在内的干货 6000t，液货 2390t，可装载冷冻冷藏食品和淡水，能够进行横向和垂直补给。舰上两舷各有 3 个干货补给站和 1 个液货补给站。舰上有直升机机库和维修间，可搭载 2 架 MH-60S 或 CH-46D 直升机。舰上设有 4 部 5 吨级吊车，可用于在码头吊装货物，为了向舱内转送物资，舰上设 8 部升降机。货仓和弹药库设有海上喷淋装置，机舱、甲板和机库等处设有泡沫灭火系统。

3．舰队油船

舰队油船的主要使命任务是作为穿梭补给舰，从本土基地或海外基地向战斗支援舰补给油料，也可以作为伴随补给舰直接向战斗舰艇补给油料和少量干货。"亨利·凯泽"级舰队油船现役 15 艘（图 9-13），首舰 1986 年服役，按商用油船标准设计，满载排水量约 40000t，可装载约 25000t 油料，布置 1 个小型干货舱，装载少量新鲜和冷冻食品及其他物资，中部有直升机甲板，无机库，不带直升机。全船设 5 个油料补给站（左舷 3 个，右舷 2 个）和 2 个干货补给站（左、右舷各 1 个），能够同时补给两艘舰船，可在航行中为编队舰船或战斗支援舰补给油料和少量干货物资，所携燃油足以对航母打击群进行 3 次燃油补给（见图 9-13）。

图 9-13 "亨利·凯泽"级舰队油船

为替换"凯泽"级油船，美国海军正在建造"约翰·刘易斯"级（T-AO205）舰队油船，计划2020年11月交付，计划建造20艘。该级舰长226m，宽32m，排水量可能近45000t，装2台柴油机，双轴推进，航速20kn，续航力6200nmile。该级舰的改进设计还包括：增加了干货的储备空间，扩大冷库面积，增加了直升机在甲板上的加油能力，减少自身油耗等。

美军在2002年进行的一项研究中认为，未来的舰队油船应身兼数职，在为航母打击群进行油料、弹药和其他物资补给的同时，还应具备从其他舰船接收燃油和弹药干货以及重新分发这些物资的能力。据此，美国海军于2013年建造了"约翰·刘易斯"级舰队油船。

该级舰采用最新型的电力驱动重型海上补给系统，液货补给站5个、干货补给站2个，配置方式与"亨利·凯泽"级相同，不过，左舷站的输油管采用了双管，输油速度倍增，所有补给站都具备接收能力。舰上配备12台燃油泵（泵送能力3000gal/min）和2部5吨吊车。可携带燃油$15.7×10^4$t，干货275t，冷冻品60t，淡水200t，弹药10t。

该级舰将采用成熟的民用技术进行设计，装备低排放发动机，并计划在未来采用电力推进。两舷共设有7个补给站，分别为5个液货和2个干货补给站，同时还设有吊装大型集装箱的大型起重机。在补给设备方面注重采用新技术，重新设计了补给系统，与传统补给站相比，工作效率提高了约1倍。"约翰·刘易斯"级舰队油船支持全天候使用舰载直升机进行垂直补给。该船拥有一个带加油装置的飞行甲板以及一个垂直补给区域，可以支持UH-1"休伊"、MH-53"海上种马"、MH-60"海鹰"等直升机和MV-22"鱼鹰"倾转旋翼机和军事海运司令部的民用直升机。这些直升机可以在船上直接加油，以增加航程。该级舰于2018年开始建造，之后以每年一艘的速度逐步交付，最终替代"亨利·凯泽"级，配属航母打击群和远征打击群，其所携带的燃料基本能满足航母编队及两栖舰等平台的需求。

该级舰看似平淡无奇，与"亨利·凯泽"级的性能差不多，但由于采用全新的电力驱动重型补给系统，替换了美国海军使用了40多年的"标准强化补给停靠方法"（STREAM），海上补给能力和速度将有很大提高。该系统的全称是"重型电动标准张力舷侧补给装置"，原本是为"福特"级航母研制的，研制成功后开始在补给舰上使用。系统采用新型变频电机、可编程逻辑控制器，并增加了多种传感器，使海上补给效率大幅提高。可在5级海情下正常工作，运载能力由5400lb提高到12000lb，可大幅缩短补给时间。使用现役海上补给系统运送400～500t的弹药、储备和维修部件需要花费4～5h，而更重的货物，如航空发动机或是超过9000lb的物体，只能在港口内转运，或是使用一种"工作区"海上补给系统将两艘船连接在一起,并拉紧索具,而且必须在 3 级以下海情进行补给。

在"分布式作战"概念牵引下,美国海军的海上补给也将随之发生变化,首先海上作战单元的分散布置,会使保障兵力分散、战线拉长,对保障能力提出了更高的要求。为此,美国海军提出了"分布式敏捷后勤"概念,其目的是在恰当的时机为分布作战的海上编队提供恰当的武器、备品备件、燃料等补给。实现的方法是利用分布在全球各地的岸上基地、由机动部队构成的海上基地和军事海运司令部的运输船队,借助后勤指挥控制网络、综合海上网络与企业服务系统等网络,结合高效的后勤保障技术,支援前线部队的作战行动。

美国海军三型补给舰基本性能见表 9-1。

表 9-1 美国海军三型补给舰基本性能

	供应级	"刘易斯与克拉克"	"亨利·凯泽"	"约翰·刘易斯"
满载排水量/t	49583	41000	41353	45000
舰长/m	299.9	210.0	206.5	226
舰宽/m	32.6	32.2	29.7	32.2
航速/kn	25+(燃气轮机)	20(柴电)	20(柴电)	20(柴电)
燃料	177000 桶/24430t	23450 桶/3242t	180000 桶/24840t	—/157000t
普通货物/t	500	6675	690m^3	>300
其他	弹药 1950t 淡水 20000gal	淡水 52800gal	8 个冷藏·冷冻集装箱	弹药 10t,冷冻品 60t,淡水 200t
现役数量	2	14	15	20(计划)

第五节 航母作战部署能力

航母编队规模依行动和战争规模而定,没有一成不变的固定模式,在海外部署时,通常采取单航母编队、双航母编队、三航母编队等。单航母编队由 1 艘航母和数艘护航舰艇组成,配备一个航空联队,通常用于前沿部署、显示存在。双航母编队主要用于中低威胁强调的冲突,2 艘航母各搭载 1 个航空联队,攻击和防御能力大于二者相加的能力,可以轮番发起攻击,在 1 艘航母补给时仍可执行攻击行动。三航母编队是美国海军在战争期间使用较多的编成模式,可以应对高强度作战的需求。由于配备为数众多的舰艇和舰载机,使指挥官有更多的选择,并且可以弥补因维修和补给出现的兵力不足。在作战时,3 艘航

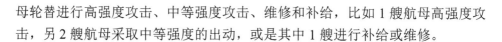

母轮替进行高强度攻击、中等强度攻击、维修和补给,比如 1 艘航母高强度攻击,另 2 艘航母采取中等强度的出动,或是其中 1 艘进行补给或维修。

一、航母的部署能力

航母的数量和部署能力是美国战争能力的基础,也是美国制定战略目标时的考虑因素之一。第二次世界大战结束后的冷战期间,美国海军的航母数量在 15 艘左右,所以一直高调宣称"同时打赢两场战争":一场战争在欧洲,主要是两大军事集团的战争,对手是苏联;另一场战争在东亚或其他地方,对手不明确。

冷战后,随着国际形势和美国军事战略的调整,美国海军的作战任务发生了重大变化,根据时任国防部长拉姆斯菲尔德提出的"10-30-30"美军作战构想:作出动武决定后,美军要在 10 天内完成战斗准备并投送到预定地区,用 30 天时间击败敌人,并且使对手在可预见时间内无力恢复有组织的反击;然后再以 30 天时间调整部署,为全球任何地区的新一轮战斗任务做好准备。根据这个用 70 天打一场仗的模式,美军一年可以打 5 场战争。"我们以更适合于 21 世纪的新途径,取代了已有几十年历史的'打赢两场大规模地区战争'的构想。"其实,这种作战构想是超现实的。不过,对航母的部署能力提出了一个更高的要求。

根据 2004 年《美国国家军事战略》报告提出的"1-4-2-1"安保理念:美军要保护美国本土;在海外 4 个地区(欧洲、东北亚、东亚沿海和中东/西南亚)威慑敌对行动;在同时发生的两场战争中迅速击败敌人;至少在其中一场中取得决定性胜利。这一要求明显高于克林顿时期的"打赢两场同时发生的大规模战区战争"的指标。

冷战后,美国海军的航母保持在 12 艘,美国海军在热点地区长期部署 2 艘航母,执勤时间一般在 6 个月左右,显然很难完成"10-30-30"和"1-4-2-1"的目标。按照当时的部署能力和航母打击群的数量,美国海军不可能达到上述要求,所以试图通过组建远征打击群,加强海军与海军陆战队的一体化作战能力,提高快速反应能力和部署能力,随时应对各种危机。必要时出动远征打击群替代航母打击群应对小规模的作战行动。

航母建成后并不能立刻投入作战,形成作战能力后并不能一直保持,也不是所有的航母都能随时参战,可以长时间持续作战。即便是在平时,航母海外部署也要考虑人的承受能力,所以美国海军将水面舰艇的部署时间定在 6 个月左右,潜艇的部署时间定为 3 个月。超过这个时间,受生理条件所限,人的战斗力会大幅下降。另外,航母也需要定期进行维修、大修、更换核燃料,所以部署、训练、进船坞时间都是按部就班进行的。

美国海军的航母部署训练周期根据作战需求经历了几次调整，其目的是让航母有更多的在航时间可以随时参战。尤其是现在美国海军只有11艘航母，承担着从海上兵力投送到人道主义救援等多方面的任务，还要保持以前的部署能力有些困难。

美国海军的11艘航母平时处于不同的状态：通常有2艘处于常规部署状态，1艘常年在日本前沿部署；有2艘处于在港维修保养状态，2艘处于训练阶段，3艘处于维持阶段，1艘处于换料大修状态。安排得非常紧凑，如果有1艘航母出现故障，如发生火灾、出现大的故障返港维修，会打乱整个的部署训练周期。

美国海军的目前的部署方式分为"紧急战斗状态""战斗准备部署""常规部署"三个级别，以取代过去的"战斗状态""部署状态"方式。航母处于紧急战斗状态是，可根据总统的命令，紧急起航应对突发事件。一般是完成了基本的部署训练周期（IDTC），可迅速进入紧急战斗状态，紧急战斗状态一般在保养维修完成的3个月或4个月后。战斗准备状态是指在IDTC中间阶段能够达到的状态，航母在完成保养周期的6个月内达到战斗准备状态。常规部署状态是根据计划处于海外部署阶段。

遇有突发事件，对处于不同的部署准备阶段的未部署航母，按已经海外部署的航母、即将部署的航母、处于部署后维持阶段的航母、处于紧急战斗状态的航母顺序展开。

为了挖掘航母的使用潜力，美国海军先后提出了"舰队反应计划"和"优化舰队反应计划"，将航母的部署训练周期从27个月提高到32个月和36个月，大幅提高了航母的使用效率。其目的无外乎是想革新航母的作战、训练和维护方式，提高战备完好率和在航率，在危机或爆发冲突时能有更多航母可以参战。

"舰队反应计划"改变了美国海军沿用多年、同时向一热点地区部署2个航母战斗群的做法，取而代之的是美国海军可向全球任何一个热点地区同时部署至少6个航母打击群，并且有另外2个航母打击群可以随时准备增援或者轮换。根据"舰队反应计划"，美国海军将保持6个具有首波行动能力的待命航母打击群，能够随时部署，并保证在30天内抵达全球任何地区；另外，在90天内紧急部署2个航母打击群（"6+2"方案）。"舰队反应计划"的特点是改变了过去的战备形态，用制度的方式为海军提供了更加强大的首波作战能力，根据需要运用部队，实现紧急部署，且反应迅速灵活多变。

二、航母的部署训练周期

部署能力是航母战斗力的一种具体体现,这种能力很大程度上取决于部署训练周期的设定。部署训练周期兼顾了航母的作战使用和维修保养,是合理使用航母的一种规则,关乎航母的使用率和使用寿命。美国海军的作战舰艇舰船通常以三种部署模式体现其"前沿存在":一是"远征部署",即作战舰艇从美国本土母港出发赴海外进行阶段性部署;二是"前沿部署",即执行海外部署任务的舰船母港设在海外,舰员及其家属居住在东道国;三是"轮换部署",即舰艇长时间在海外地区实施部署,但由来自本土的舰员轮换操作。无论采取哪种部署方式,航母在部署前都要按规定完成部署前的训练,美国海军的航母通常按照训练、部署、修整、部署、维修的周期,周而复始地进行。

(一)部署训练周期的演变

航母需要进行持续性的和周期性的保养,其人员需要接受大量的训练以保持良好的战备状态。在给定的一个周期内,一艘航母可能处于三种不同的状态,分别是部署状态、保养状态和非部署可用状态。航母的战备状态取决于航母及其人员的训练情况。

在保养时间、使用时间和两次使用期间隔事先确定的情况下,航母的管理部门需要充分考虑三个方面,以确定最优的航母使用时间表。这三个方面包括:海外部署航母,形成前沿存在力量的需要;使航母进入休整状态,并保持随时可用状态的需要;对航母进行保养的需要。这三个方面是一种"零和"的关系,某一个方面的改进必然导致对另一个方面的负面影响。

当部署前的训练结束时,航母可以在 30 天内达到可用状态。航母在刚刚结束保养并开始进行基础训练时,处于一个较低的战备水平,需要经过 90 天的时间达到正常水平。航母的训练、备战、部署、保养周期所占用的时间、保养的类型(入坞保养和非入坞保养)以及保养的时间选择,影响着航母的可用性和满足作战要求的能力。

几十年来,美国海军对航母的使用周期进行过数次调整,从比较早的"工程作战周期"(EOC)到后来的"增量维修计划"(IMP),再到"舰队反应计划"。IMP 改进方案使每艘航母一个使用和保养周期由 21 个月、24 个月增加到 27 个月。

1975 年,当"尼米兹"号航母服役时,美国海军核动力航母的使用遵从"工程作战周期"的概念。这种方式原是根据常规动力航母的特点设计的。在一个 EOC 周期内,航母在完成一次"船厂修理期"后,进入为期 18 个月使用期。在每个使用期内,一艘航母只部署一次,其他时间主要进行休整和训练。根据

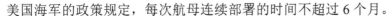

美国海军的政策规定,每次航母连续部署的时间不超过 6 个月。

在第 1 个使用期结束后,航母将进入为期 3 个月的"选择性维护升级"(SRA);在第 2 个使用期结束后,进入为期 5 个半月的"入坞选择性维护升级"(DSRA);此后再重复一个使用期及 SRA 保养,并在完成第 4 个使用期后进行为期 18 个月的"综合大修"(COH),此后再重复这种 SRA-DSRA-SRA-COH 的循环。所不同的是,在第二个该循环结束后,即航母完成第 8 个使用期接受第 2 次"整体大修"时,所需要的时间由第 1 次的 18 个月增加到 24 个月。这是因为在船厂修理期间,所需要的工时和劳动量随着航母服役年限的增加而提高。

由于 EOC 概念最初为常规动力航母设计,与"尼米兹"级航母的不适应性在数年后逐渐显现,主要表现在对航母作战状态和使用成本方面的负面影响。在"整体大修"期间,航母在将近两年的时间内无法进行训练和部署,冗长的保养周期也造成了航母工作人员的更替,使他们难以在航母恢复使用之前始终保持熟练的技能。与此同时,浩大的保养和改装工作不仅对船厂造成了压力,而且导致了核动力航母拥有成本的大幅上涨。

为了解决这些问题,美国海军在 1994 年引入了航母"增量维修计划"。该计划保留了 EOC 概念中以 18 个月作为一个使用期的方案,但增加了航母后方保养的频率。即在第 1 个和第 2 个训练部署期后,航母均需要进入为期 6 个月的"计划内增量修理期"(PIA),在第 3 个训练部署期后进入为期 10 个半月的"计划内入坞增量维修"(DPIA),由此形成一种 PIA-PIA-DPIA 的循环。

当这一循环中的 PIA-PIA 重复三次且航母完成下一个训练部署期后,将进行一次为期 3 年的换料与综合大修 RCOH。通常,一艘航母在此时的服役时间已经接近 23 年左右,在经过 RCOH 后还能继续服役 23 年。

需要说明的是,随着航母服役时间的增长,对保养的要求也在逐渐增加。为此,在 IMP 概念下,第 2 次 PIA 和 DPIA 所需的工作量较第一次均增加 15%,并以此类推,但每次保养所需的时间尽量保持不变。

在"增量维修计划"概念下,一艘航母在进行"换料和整体大修"前后各有 12 个使用期,每个使用期进行一次部署。从总的部署时间和保养时间来看,"增量维修计划"与"工程作战周期"相差无几。但与后者相比,"增量维修计划"的优势在于将航母的后方保养工作更加分散地分布于航母的服役期内,从而提高了整个美国航母舰队的总体可用状态和舰艇本身的物理状态,有利于提高航母舰队的战备水平。

(二)美国航母"增量维修计划"

美国海军新建造的航母在服役后要有一次试航,随后要进行试航后入坞

(PSA)评估，以修正试航过程中发现的问题，并继续完成在建造期内被拖延的舾装等事宜。试航及其后的入坞通常持续近1年的时间，此后航母就做好了战备值勤准备。在随后的20余年内，航母在海上每活动18~20个月，执行规定的训练和部署任务后，就要按照"增量维修计划"的要求接受定期保养（见图9-14）。

图9-14 "华盛顿"号航母在进行增量维修计划

在现行的"增量维修计划"下，主要规定了两种入坞期：一种是"计划内增量维修"，另一种是"计划内入坞增量维修"。前者大约每18个月进行一次，在船厂进行大约6个月的维修或保养，以显著增加航母的作战能力，应对当前和预期出现的各种威胁。后者类似于大修，目的是使航母恢复既定的性能指标。除PIA期间进行的维修项目外，DPIA还要对航母进行必要的水线以下部位的保养。DPIA大约每6年进行一次，一般需要10~11个月的时间。与PIA相比，DPIA将安排更加充足的时间对推进装置进行全面的维修和测试。

除PIA和DPIA外，美国航母还要在服役期内进行2~3次中期现代化改装，或称为"常规动力航母延寿计划"、核动力航母换料与综合大修"。

每次中期现代化改装大约用时33个月，旨在延长航母的服役寿命。事实上，每艘航母在进行中期现代化改装时的具体时间和工作内容可能会有所区别，主要视航母的实际状态而定。作为世界第一艘核动力航母，美国"企业"号的堆芯曾经更换了3次燃料，使服役期延长到52年。

对于常规动力航母而言，在服役时间达到30年时将进行中期现代化改装（"常规动力航母延寿计划"）。这将是一项规模十分浩大的改装工程，航母将在船厂接受船体、发电系统和辅助系统的维修，基本保障系统的升级，以及对飞机发射和回收系统的升级。改装后的航母能更好地满足当前和未来武器系统的要求，并能继续服役15年甚至更长的时间。

对于核动力航母而言，在服役时间达到22～23年时将进行中期现代化改装（"核动力航母换料与综合大修"），完成核反应堆换料、推进装置维修、飞机发射和回收系统以及舰载电子系统和通信系统的现代化升级，此后再继续服役23年以上。"尼米兹"级航母更换堆芯后还可以使用22年或23年。1艘"尼米兹"级航母的全寿期在理论上可以达到49年左右：大约23年的作战使用期，3年的换堆和综合大修期，随后又是23年的作战使用期。

（三）"舰队反应计划"的航母部署训练周期

为了提升航母舰队的总体战备水平，增强应对紧急事件的能力，美国海军在2003年引入了"舰队反应计划"，即危机发生时能在30天内向战区部署6艘航母、90天内再增加2艘航母的"6+2"方案。

按照"舰队反应计划"的要求，航母的使用期从"基础训练"开始，从航母开始进行保养之时到航母驶出船厂之后都要进行此项训练。其目的是确保航母人员能够在上舰时具有安全操纵舰艇、测试设备和进行岗位值班的能力。航母人员在完成基础训练后，将达到"预审核"水平，能够熟练掌握"海军基本使命任务"要求的技能。此时，航母处于"海上安全出击"状态，即在90天内可执行部署任务。在完成基础训练之后，航母及其人员将转入综合训练阶段，根据基础训练达到的水平领受相应的行动任务。综合训练阶段的主要目的是提高航母与航母打击群其他舰艇之间的协同能力，在特定的环境下完成协同训练和行动。该项训练的具体内容可根据美国作战指挥部的实时需要而有所不同，训练时间约为3个月。

一般情况下，在基础训练之后，航母需要完成"合成训练部队演习"和"联合特遣部队演习"两项演习任务。在完成第一项演习后，航母就已经达到了"重大战斗行动-应急出动"战备水平，具有在30天内参与部署任务的能力；当完成"联合特遣部队演习"任务后，航母将最终达到"重大战斗行动-准备就绪"水平，具有了与所有正在参与部署任务和前沿部署航母相同的战备水平，同时也是航母打击群最高的战备水平。

在综合训练结束后，航母进入战备水平"保持阶段"，在未来约12个月的时间内保持这种最高的战备水平，包括一次为期6个月的部署任务以及部署前后到下一次保养期开始之前的所有时间。

"舰队反应计划"的引入,并没有完全放弃"增量维修计划"的概念,实际上是对后者进行了改进,使美国航母舰队能具有更高的总体战备水平,更好地满足美国海军的作战要求。我们姑且将改良后的"增量维修计划"称作 FRP-IMP,它将 IMP 原始计划中 24 个月的航母使用期增加到 27 个月,但保留了 IMP 中为期 6 个月的"计划内增量修理期"和为期 10 个半月的"入坞计划内增量维修",这些都是根据 IMP 多年来实际应用经验进行的有针对性的调整。

根据"舰队反应计划",美国海军航母的典型维修、训练、部署周期为 27 个月,其中分为 5 个阶段,分别为维护(基础训练)阶段(7 个月)、提高熟练度(合成训练)阶段(5 个月)、部署前(高级训练)阶段(6 个月)、部署阶段(6 个月)、部署后(维持)阶段(3 个月)。

(四)"优化舰队反应计划"的部署模式

由于近年来军费削减,新航母建造速度放缓,导致航母 6 个月部署期被延长到 8 个月甚至 10 个月的情况屡屡发生,超期部署造成装备的故障和可靠性事故频发,如 2013 年,"尼米兹"号航母在部署前发生严重机械故障,使得"艾森豪威尔"号航母不得不继续延长部署,导致原来的 27 个月的舰队反应计划难以为继。

在这种情况下,美国海军舰队司令部司令比尔·哥特尼 2014 年 1 月宣布了新的"优化舰队反应计划",将每个航母编队的训练部署周期从 27 个月延长到 36 个月,把其中的部署时间从 6 个月延长到 8 个月。以应对航母不足的情况。"优化舰队反应计划"的核心是将航母和水面舰艇的部署周期统一延长到 36 个月,使得整个航母打击群的各个单位的维护、训练时间安排一致,一起维护一起训练,提高效率,缩短编队总体战备时间。

新的"优化舰队反应计划"于 2014 年 10 月在"杜鲁门"航母打击群开始实践,随后推广到海军所有的航母打击群和两栖戒备大队、潜艇部队、舰艇部队。根据该计划,能够保证美国海军同时有 2 艘航母、27 艘水面战舰在全球处于部署状态。

"优化舰队反应计划"的优势主要体现在如下两个方面:

一是增加航母编队的可部署时间。航母有 19% 的时间用于部署,40% 的时间为 30 天可部署状态,21% 时间为 90 天可部署状态。而水面舰艇有 19% 的时间用于部署,36% 的时间为 30 天可部署状态,26% 时间为 90 天可部署状态,与 27 个月的周期相比,可部署时间有显著提高,从而大大提高了部署弹性,有利于实现灵活部署的目标。

二是降低维修时间所占比例,提高可部署航母的数量。在 27 个月模式下,航母要经历 7 次 PIA 和 3 次 DPIA;在 32 个月模式下,要经历 6 次 PIA 和 2 次 DPIA;在 36 个月模式下,要经历 5 次 PIA 和 2 次 DPIA。可以看出,36 个月周期下 PIA 的数量比 27 个月周期的少 2 次,DPIA 次数比 27 个月周期的少一次。因此,延长维修部署周期,能够降低维修时间所占比例,使得航母有更多的时间用于部署和训练。因此,随着维修周期的延长,可部署航母的平均数量也会增加。

兰德公司对不同部署模式下可部署航母的数量进行测算,分析结果表明,现役 11 艘航母在 27 个月维护周期下,平均可前沿部署航母 2.37 艘,快速动员航母 3.52 艘,训练与维护中的航母分别为 1.48 艘和 3.63 艘;32 个月维护周期下的数值分别为 2.13 艘、4.21 艘、1.41 艘和 3.25 艘;36 个月维护周期下的数值为 1.95 艘、4.72 艘、1.17 艘和 3.16 艘。可以看出,部署周期越长,航母的可部署数量越多。

考虑到美国海军 11 艘航母各处于不同的维修部署状态,在 27 个月、32 个月、36 个月部署周期模式下,美国海军可部署航母的数量见表 9-2。可以看出,在 36 个月的周期下,美国航母在 92.9%时间内可部署 5 艘航母,在 79.6%时间内可部署 6 艘航母,在 56.7%时间内可部署 7 艘航母,在 28.8%时间内可部署 8 艘航母,相比 32 个月、27 个月周期下,可部署航母的数量有显著提高。可见,新的部署模式下,航母部署状态确实有明显的提高。

表 9-2 不同部署周期下可部署的航母数量(比例)

部署航母数量/艘	27 个月周期/%	32 个月周期/%	36 个月周期/%
8	13.8	18.3	28.8
7	32.1	40.8	56.7
6	60.0	76.3	79.6
5	86.7	92.5	92.9

(五)"动态作战"概念下的航母部署方式

美国航母近期的作战部署表明:美国海军在"大国竞争"战略下,航母的部署采取了更加灵活的方式和多航母协同的方式,而且是从本土母港出发直接进入西太和南海;在特殊情况下,美国海军或许放弃以前航母按部就班的部署方式,以免它国在几年之前就可掌握每一艘航母的部署情况。新的做法是事先也不公布行动路线,以增加对手的判断、决策难度。

为改变过去相对固定的部署模式,以防敌国掌握航母部署情况,美国海军于2018年提出"动态作战"概念。"动态作战"概念的核心是"不可预测性、敏捷性和主动部署",使对方决策者无法预测美军的行动,而美军的动态部署的部队拥有更多主动性、可扩展的选择,并根据需求快速部署兵力,同时保持应对突发事件的准备,能够更加灵活地利用现有力量积极塑造战略环境,并确保长期战斗的准备。然而,现在美国海军航母的数量恰好又处于历史最低点,虽有10艘"尼米兹"级和1艘"福特"级航母,但因大修、中期维修、训练等原因,可动用的航母数量是有限的。

2018年,为验证"大国竞争"战略的可行性和航母对其的支撑力度,美国海军利用"杜鲁门"号航母首次验证了"动态部队部署"的可行性,称为"神出鬼没"计划。"杜鲁门"号航母2017年7月完成维护,归建第6舰队,2018年2月结束各种常规训练科目,4月部署到地中海海域,6月经直布罗陀海峡驶往西欧海域。在半年时间里先后奔赴叙利亚、东海岸、巴伦支海、挪威、波斯湾,执行了复杂且多样化的任务。

按照惯例,"杜鲁门"号航母会停留在欧洲西部海域,以威慑俄罗斯,但"杜鲁门"号航母根据"神出鬼没"计划,采取了不同以往的部署方式,7月21日返回诺福克港进行短暂的补给修正后,于8月份再次离港,9月份到达英国北海。

在太平洋方面,2018年10月,"斯坦尼斯"号航母打击群离开位于华盛顿州的母港,11月进入菲律宾以东的太平洋海域,与"里根"号航母打击群举行了双航母协同作战训练。2017年11月,美国海军"里根"号、"罗斯福"号、"尼米兹"号3艘航母曾在日本海举行了演习,显示了美国在冲突爆发时将在西太地区运用多艘航母的意图。结束训练后,"斯坦尼斯"号航母进入我国南海活动,2月,停靠泰国,然后经印度洋驶往中东。以前航母部署多是直接驶向目的地,而且这次美国海军事先没有公布该航母的行动路线。"斯坦尼斯"号航母在波斯湾和红海完成部署任务后,经地中海于5月回到新的母港,抵达弗吉尼亚州的诺福克海军基地。

另外,"卡尔文森"号航母于2017年1—5月和2018年2—3月,两次从太平洋进入我国南海活动。这与美国海军太平洋舰队的航母部署情况也完全不同。而且"卡尔文森"号隶属第3舰队,主要在国际日期变更线以东活动。"卡尔文森"号航母的这次行动均止步于西太—南海以东,未进入印度洋—中东地区。以往美国海军太平洋舰队的航母多是在西太—南海一带短暂停留,然后驶往中东地区。过去,主要是由部署在日本横须贺港的航母执行这种只限于西太—南海的行动。在日本部署长达7年的"华盛顿"号航母只在西太和南海活动,现在的"里根"号也是偶尔抵达印度洋,但从未到过孟加拉湾以西地区。

第十章　航母打击群主要作战平台

第一节　"福特"号核动力航母

"福特"级是美国海军发展的第二代核动力航母。美国的第一代核动力航母是"企业"号和10艘"尼米兹"级,"企业"号是美国发展核动力航母的试验舰,只建造了1艘,然后转入建造"尼米兹"级航母。"福特"级航母汲取"尼米兹"级航母的建造和使用经验,特别是在几场局部战争中的经验教训,在尼米兹级航母的基础上,引入多项新技术设计、建造的(图10-1)。

图10-1　正在进行海试的"福特"号航母

一、发展背景

美国海军1996年颁布了新一代航母的《任务需求书》，标志着新航母的研制工作正式启动。在计划实施过程中，随着研究工作的进展，项目代号由初期的CVX、CVN改为CVN-21。首舰CVN-78原计划2007年建造，2014年服役，接替"小鹰"号航母，但因技术问题未能如期服役。

20世纪90年代初，美国提出了新的国家安全战略，即地区防务战略，它的基础是战略威慑与防御、前沿存在、危机反应、具备兵力重组能力。在战略上强调"国家安全主要是经济安全"；在国防体制上强调"全面调整美国军事力量的结构"、保持美军在重要地区的"前沿存在"。

为配合美国国家战略的调整，美国海军也确定了与之相适应的新战略，即"前沿存在，由海到陆"。其战略调整的实质内容是要加强海军对陆攻击能力。经过对未来国际形势的分析、判断，美国认为航母在21世纪仍是远征作战必不可缺的装备，新一代航母必须满足战略调整提出的作战需求，特别是航母战斗群的对陆攻击能力。

"尼米兹"级航母虽然是世界上最先进的航母，具有很高的战斗力，但是其设计、布置和设备等是20世纪60年代中后期的技术，已有许多不适应现在的作战需要，而且暴露处很多问题。虽然在30多年的建造过程中，多次更改设计建造方案，并在服役期内进行了现代化改进；但是有些问题是难以解决的，存在着人员编制多和维修量大、因储备排水量不足难以大规模改装等问题。基本船体已经达到了设计极限。要维持12艘的航母体制，必须有接替的新航母。为此，美国海军制定了以"尼米兹"级第10艘"布什"号航母作为过渡到研制新一代级航母的发展计划。

1995年，美国海军开始CVX航母的前期论证。1996年，克林顿政府拨款1270万美元进行航母系统开发工作，并明确规定其中830万美元要用于开发可能在CVX上使用的新技术，国会后来将经费提高到3570万美元，用于研发先进的飞机弹射系统、先进武器概念、紧凑型上层建筑设计等方面。

CVN-21的总体方案选择、论证等工作于1999年10月完成，历时4年。1996年3月，美国国防部采办委员会授权美国海军组织开展新一代航母总体方案的先期论证。总体方案分析主要涉及两种类型的评估和分析工作：海军海上系统司令部设计小组、费用估算办公室主要负责设计工作和相应的费用估算；海军分析中心负责作战效能、可靠性等论证研究工作。总体方案分析紧紧围绕拟定《任务需求报告》展开，对新一代航母的作战能力、生存能力、适应性、未来改装、降低全寿命期费用等核心问题开展了大量论证工作。在此期间，军方主导完成了两份重要文件：一是 1996 年 11 月发布的《任务需求书》，对整个航母项目进行宏观性的指导；二是 2000 年形成的《作战使用需求书》。在形成作战使用需求书期间，项目组对各种备选方案进行了比较论证，确定了新一级航母飞行甲板、动力、人员等总体指标，并形成了作战需求文件。

方案分析三个阶段的主要工作：第一阶段的工作于 1997 年 10 月完成，重点比较了小型航母、大型航母、常规起降和短距起飞垂直降落航母的性能及可行性，研究人员先后对大约 70 种不同方案进行了比较探讨，其中包括舰载机数量和类型等；第二阶段工作截止于 1998 年 9 月，主要完成了大中型航母、动力装置类别等的论证；第三阶段工作于 1999 年 10 月完成，主要对各种总体布置进行了费用估算，并研究了其他相应的关键技术和分系统等内容。

经过三个阶段的论证，得出的结论是：新一代航母继续沿用常规起降、大吨位、大甲板、核动力等设计方案。3 万吨级以下的航母适合采用短距起飞垂直降落（STOVL）方式，4 万吨级以上搭载 40 架飞机的中型航母可以不采用 STOVL 方式。而新一代大型航母如果采用 STOVL 方式，只能节约 6% 的费用，代价却是要牺牲作战能力。发展中型航母虽然可以节省一些经费，但同样影响航母的作战能力。研究表明：建造 1 艘搭载 55 架飞机的航母全寿命期费用仅比搭载 75 架飞机的航母节约 8%，而在作战时，搭载 55 架飞机的航母所能提供的出动架次率大约是搭载 75 架飞机航母的一半。2 艘搭载 40 架飞机的航母在作战能力上基本与 1 艘搭载 75 架飞机的航母大体相当，但费用却要高出一半。由此可见，大型常规起降航母的效费比高于其他类型的航母。

通过对核动力、燃气动力、蒸汽动力和柴油动力的比较，研究人员认为核动力是首选动力装置。采用核动力的全寿命期费用虽然比常规动力高出约 10%（与石油价格有关），但是，在同等条件下，其他动力装置则要增大船体的排水量（4%～12%）。可见核动力装置的优点是不言而喻的。

2005 年 8 月 11 日，CVN-21 航母首舰 CVN-78 在纽波特纽斯造船厂切割了第一块重达 15t 的钢板。此时，海军估算 CVN-21 航母的研发与建造总经费将高达 137 亿美元，其中研发经费为 32 亿美元，建造费用（含所有先期的规划、准备）高达 105 亿美元，有 1/3 的经费早在 2001 年就已列入预算；前 3 艘 CVN-21 预计将耗资达 360 亿美元，其中 317 亿 5000 万美元为建造经费，43 亿 3000 万是研发经费，成为美国海军有史以来造价最昂贵的舰艇。

2009 年 11 月 13 日，"福特"号航母开始敷设龙骨。到 2011 年 8 月，"福特"号航母结构完工 50%；2012 年 4 月，结构完工 75%。2012 年 5 月，高 20 多米，总重量超过 680t 的球鼻首吊入干船坞，这意味着已经完成了航母 80% 的建造工作。

2013 年 1 月 26 日，"福特"号航母安装舰岛，航母基本成型；2013 年 8 月

15 日,最后一台飞机升降机完成安装;2013 年 10 月 3 日,"福特"号安装完成 30t 的螺旋桨;2013 年 10 月 11 日,举行船坞下水仪式,11 月 9 日,正式下水。

2016 年 1 月,开始舾装,2017 年 4 月 8 日,开始海试。但因电磁弹射器、先进拦阻装置、武器升降机等设备接连发生故障,"福特"号航母至今仍未形成全面作战能力。

二、能力要求

2003 年,在美国海军作战部长出台的《21 世纪海上力量》报告和现阶段的军事转型中明确了航母在未来海军建设和作战中的地位,它将是美国海军未来"海上基地"最重要的组成部分,同时又是"海上打击"最重要的手段,而且还将承担为战区和本土提供防护的"海上盾牌"。

美国当时有 12 艘现役航母,分别是 2 艘常规动力航母"小鹰"号(CV-63,1961 年服役)和"肯尼迪"号(CV-67,1968 年服役),1 艘核动力航母"企业"号(CVN-65,1961 年服役),9 艘"尼米兹"级(CVN-68 至 CVN-76,1968 年至 2003 年服役)核动力航母。美国认为,12 艘航母可以支撑美军同时在欧洲和亚太地区打赢两场大规模战争。"小鹰"级 2 艘和"企业"号航母即将退役,要维持 12 艘的编制,必须建造新航母填补空白。

美国海军锁定作战需求,基于能力规划,将新一代航母的使命任务确定为:和平时期在无陆上基地支援的情况下,能够提供可靠的、持久的、独立的前沿存在;危机发生时,可作为联合的/盟军的海上远征部队的坚强后盾;在联合作战中发挥更大的作用,打击敌陆上、水面或水下目标,为己方部队提供全维防护,具备持续作战能力。

美国海军对新一代航母的作战能力概括起来,可归纳为以下六点:

(1)战略机动能力。必须具有独立地快速部署和反应能力,无论何时何地都能配合海上远征舰队作战。

(2)持续作战能力。在远离基地,持久作战的情况下,必须具有很强的自持力、支援飞机和掩护其他兵力的能力。

(3)生存能力。必须具有很强的自身防御能力;一旦被敌方击中,仍具有一定的抗损、抗毁、抗沉和机动能力。

(4)精确打击能力。必须能够指挥足够数量的战术飞机实施精确作战;必须为联合作战提供战术空中支援。

(5)联合指挥和控制能力。必须具有联合作战能力,其通信设备必须完全能够与海军其他舰艇或编队、远征部队、联合部队及盟军的通信设施兼容;必须能够作为指挥与控制中心,将情报信息综合分析后形成连贯、清晰的战术图像为联合作战提供技术支撑;必须具备与基地和其他战术平台实时交换数据的能力和较强的数据融合能力。

(6)灵活性和增长潜力。必须具有搭载现役和新一代舰载机的能力;必须具有同时执行多种任务、随时做好改变作战任务准备的能力;必须具有适应未来威胁、使命、技术等变化的能力。

三、技术特点

"福特"级航母是美国海军最大的水面舰艇,全长332.8m,船体宽40.8m,飞行甲板宽78.0m,满载排水量超过10×10^4t。"福特"级航母仍采用单体船型,外形与"尼米兹"级很相似,只是换装重新设计的隐身舰岛,体积大幅度减小,重量减轻,安放位置调整到右舷舰后部,采取集成化设计,更加便于航空作业。水下部分进行了较大改进,装有球鼻首和双尾鳍,以减小兴波阻力,改进水动力特性,水线以上采用较大外飘的形状。飞机升降机由4部减为3部,航母右舷设置武器升降机,并新舷外武器升降机,采取"一站式保障",以提升出动架次率。机库占两层甲板,中间由1道防火门分为2个隔舱,"尼米兹"级航母的机库占3层甲板,由2道防火门分为3个隔舱。机库总长度与"尼米兹"级大致相同。中部舱室设置集中式就餐服务区。

(1)改进航母的上层建筑构型,增强隐身性能。"尼米兹"级航母的上层建筑没有采取隐身措施,其雷达反射面积相当于1艘"阿利·伯克级"驱逐舰。因此,为了提升隐身性能,"福特"级航母在设计上采取了当今流行的隐身措施和集成上层建筑技术(图10-2),将雷达、通信设施等进行综合集成,双波段雷达天线、联合精确进场着舰系统的导航雷达、电子战系统等整合在一个体积较小的岛型建筑上,主桅杆也进行了精简,天线数量从"尼米兹"级的83个减少为21个。双波段雷达可以替代原来6~10部雷达,采用固定式天线,嵌入上层建筑外墙,去掉了旋转式天线,也节省了布置空间。

"尼米兹"级航母的舰桥分为3层,航海、编指、航空各占一层,在"福特"级航母上航海和编指共用一层,航海、编指舰桥上方布置了多功能雷达,其左侧是航空舰桥,因其关注的重点是飞行甲板,主要用于控制飞机的舰面运作和舰载机的起降,所以不需要很大空间。航海、编指舰桥下方左侧也布置了一个较小的舰桥,用于监视飞行甲板运作和摄像。与"尼米兹"级的舰岛相比,"福特"级的布置非常紧凑,不仅可降低雷达截面积,而且大幅减少了舰桥的重量,从而有利于降低全船的重心。同时,也不影响舰长和指挥部人员掌握舰面的飞机调度和武器、物资运转等工作,随着信息程度的提高,编队指挥部的参谋几乎不需要在舰面观察,更多的是在作战指挥中心看显示屏。

图 10-2 "福特"级航母的上层建筑和舰桥布置

（2）优化飞行甲板布局，提升舰载机出动能力。飞行甲板看上去平淡无奇，只是一个平坦的飞机跑道，其实采取什么样的布局对舰载机的甲板运作和起降能力有很大关系。早期航母采用直通甲板，从舰首到舰尾呈长方形。这种甲板不能同时发射和回收舰载机，后来，英国人发明了斜角甲板，在不改变舰的长度和宽度的前提下，仅对左舷侧进行了一些改动，适当增加了舰"肩部"的宽度，便形成了起飞和着舰两条跑道，大幅提升了舰载机的使用灵活性。

"福特"级航母根据"尼米兹"级航母几十年的使用经验，改变了舰载机在舰面的动线，将原来的 4 部弹射器减为 3 部，因为海浪常涌上左舷前部的升降机，使用频率较低，所以被省略了。现在的布置方式更有利于舰载机的舰面作业。舰载机通过升降机升到甲板后，首先达到补给区，舰载机着舰后也可以很便捷地达到补给区，完成油气弹补给，然后再驶入停机区，或是进入起飞区，等待再次弹射起飞。另外，3 部武器升降机也集中布置在"一站式保障"区，"尼米兹"级的3部武器升降机则分别位于舰首1、2号弹射器的中间,右舷2座飞机升降机之间以及舰岛旁边。并在右舷"肩部"新增了一部舷外武器升降机,在此可进行弹药组装。另一特点是"福特"级航母增加了舰尾两舷的宽度,扩大了停机区的面积,其改进主要包括斜角甲板外侧与弹射器后方的遮焰板等处向外延伸,右舷舰岛后方以及左舷升降机后方的甲板也予以延长,使"福特"级航母的可用飞行甲板面积比"尼米兹"级更大(图10-3)。

图10-3 "尼米兹"级和"福特"级两型航母的舰面布置

(3) 采用新型压水堆,合理调配用电。"福特"级航母在论证初期确定了14项关键技术(表10-1),其中之一是新开发的A1B核反应堆。与"尼米兹"级使用的A4W反应堆相比,A1B更为紧凑、安全、有效,其反应堆堆芯的使用时间更长,在50年的寿命期内无须换料。这相应增加了航母3年多的可用时间,并且可以节省几亿美元的换料大修费用,其效费比是"尼米兹"级的A4W反应堆的4倍。

表10-1 "福特"级航母的14项关键技术

技 术	主 要 功 能
电磁飞机弹射系统	取代蒸汽弹射系统,利用电生成的驱动磁场,从而推动飞机达到起飞速度
先进拦阻装置	现役航母和未来航母均可部署。与原有系统相比,重量更轻。采用软件控制,减少了人力
先进武器升降机	利用电磁场取代线缆完成升降机的移动,升降机可以采用水平门来隔离各弹药库,减少了人力和维护成本
航空数据管理控制系统	最优化武器库存管理和排列放置。为新技术装备(如电磁飞机弹射系统、先进拦阻装置)的操作和管理提供界面
双波段雷达(多功能雷达和广域搜索雷达)	广域搜索雷达用于远程搜索探测小目标,多功能雷达用于对海/对空搜索和目标跟踪、制导、气象等

（续）

技　术	主　要　功　能
改进型"海麻雀"导弹	各作战系统和导弹之间通过数据链传递信息，进一步提高导弹的突袭能力
1100t 空调设备	与原有系统相比，制冷能力更强，所需部件更少
巨量航行中补给	采用强度更高的钢缆提高舷侧补给速度，使航母与补给舰之间的距离从 180ft 扩大为 300ft，货物传递量从 5700lb 提高为 12000lb
65、115 高强度、低合金钢	钢材重量轻，降低了整舰的重量
联合精确进场着舰系统	采用 GPS 技术，使飞机能够全天候昼夜着舰
核动力推进与电力设备	将核能转换为电能。发电量是以前航母的 2.8 倍
等离子弧垃圾处理系统	利用高温将纸、纸板、塑料、衣服、木头、食物、金属和玻璃等垃圾转化为气体排放，每天可处理 6800lb 上述垃圾
反向渗透海水淡化系统	无须蒸汽分配系统就可进行海水的脱盐处理，生成可饮用的淡水
舰载武器装填装置	自驱动、自动装填武器的设备，能够在 5～6 级海况下，运送装填 3000lb 的弹药

注：海军后来将 1100t 空调设备、航空数据管理控制系统从关键技术列表中删除，海军认为这两项技术已经成熟，不再需要进行进一步的研发

"福特"级的发电能力是"尼米兹"级的 2.5～3 倍，由于采用电磁弹射器，未来还将装备电磁轨道炮，因此"福特"级采用全新的配电系统，综合管理全舰各系统的用电。上述两型装备均为瞬时用电大户，普通的电力管理系统无法满足这种用电。在"福特"级上使用了 13800V 的配电系统，"尼米兹"级航母仅为 4161V，电压的升高是为了更有效地传输电力，并且采用了直流区域式配电网络。在全舰各处设置分区供电系统，使电力分配合理化。这种新型发配电系统完全不同于常规的交流电力系统，将采用两条直流母线沿左右舷布置，船体沿纵向分为多个配电区域，各个区域内采用电力电子变换器完成转换，为当地负载提供多种形式的交、直流电。这种直流区域式配电结构具有供电可靠性高、生存能力强、灵活性和通用性好、维护工作量小等优点，更重要的是它能够传输大功率电能，因此十分适用于航母这样的大容量电力系统。

"福特"级航母还采用了全电力辅助系统。由于大功率综合全电力推进技术目前还不成熟，单机推进功率无法满足"福特"级航母的需求。"福特"级航母采用 4 轴推进，要求每个推进电机的功率高达 50MW，而目前技术成熟的推进电机功率不过 36.5MW（装备英国"伊丽莎白女王"级航母和美国"朱姆沃尔特"级驱逐舰）。因此，"福特"级航母前几艘舰不会使用综合全电力推进系统。

（4）配备双波段雷达，增强信息感知和控制能力。双波段雷达是"福特"级航母标志性技术之一，是美国海军为"福特"级航母和"朱姆沃尔特"级驱逐舰研制的新一代舰载雷达，包括 AN/SPY-3 型 X 波段的多功能雷达（MFR）和 AN/SPY-4 型 S 波段的广域搜索雷达（VSR）两型雷达（图 10-4）。两者结合使其既可远距离搜索警戒，又可精确跟踪，整体性能得到了质的提升。加上

采用的多种先进的杂波抑制、目标搜索等算法和计算处理技术，使得该雷达能够同时完成多部雷达才能实现的目标搜索与跟踪、目标照射、目标信号获取、导弹跟踪、导航、气象等十几种功能，按照美国海军的计划，双波段雷达将最终替换舰上原有的6～10部雷达。

图10-4 "福特"号的岛型建筑和双段波势达

AN/SPY-3型多功能雷达是一种X波段的固体主动式相控阵雷达，天线2.7m×2.1m，探测距离324m，具有很高的目标精确跟踪与分辨能力，可完成地平线搜索、有限的超地平线搜索、跟踪和照射等任务。该雷达最突出的设计特点是能够自动探测、跟踪、照射低空来袭导弹。MFR的设计目标是能够探测到绝大多数最先进的、特征信号值低的反舰巡航导弹，并为改进型"海麻雀"导弹，以及未来发展的反巡航导弹导弹提供末端照射。

AN/SPY-4型广域搜索雷达是一种三坐标警戒雷达，天线4.1m×3.9m，探测范围120°，探测距离625km（比AN/SPY-1雷达提高了25%），能够搜索、探测、跟踪极远距离地平线上的飞机、导弹、无人机、直升机。VSR能够为多功能雷达提供目标提示。具有截面积小、人力需求少、费用低的优点。AN/SPY-4型广域雷达有较强的抗电子干扰能量强，而且提高了抗沿海海杂波的目标探测能量。目标跟踪数量约为2000个，是SPY-1雷达的10倍，但实际情况是目前还没达到设计要求。

双波段雷达虽然技术先进，但作为航母来说，装备双波段雷达有些超过实际需求；另外，因为技术成熟度不达标，故障率较高，而且1套雷达的价格超过4.92亿美元，这也是导致福特级航母造价上涨的原因之一。最初的预算为2.02亿美元，到2013财年，价格涨幅高达144%，所以美国海军决定后续航母采用价格较低的"企业"雷达。

（5）采用电磁弹射器，改善舰载机的发射。"福特"级航母用 4 部电磁弹射器替代了"尼米兹"级的 4 部蒸汽弹射器。电磁弹射器的正式名称为电磁飞机弹射系统（EMALS），是"福特"级航母的标志性技术之一，其特点是体积小、重量轻、成本低，而且具有更高的弹射效率，可弹射重量更小或更大的舰载机，并且对舰载机结构的影响更小，由于实现了较高程度的自动监控，具备故障自我诊断能力，所需的操作和维护人员比蒸汽弹射器减少了约 30%。

电磁弹射系统主要由弹射电机系统、电力电子转换系统、能量储存系统、控制与状态监测系统等组成，系统的关键技术主要包括线性感应电机技术、电力调节系统技术、舰载储能装置技术、控制系统技术等。电磁弹射系统的优点：

① 能量密度大。电磁弹射电机具有很高的推力密度，半尺寸模型显示在其横截面上有约 $92.98 kg/cm^2$ 的推力，而蒸汽弹射器只有约 $31.65 kg/cm^2$，电磁弹射器的推力密度是蒸汽弹射器的近 3 倍。

② 体积小，重量轻。能量密度的提高，意味着可以减小系统的体积，可以留出更多的空间用于布置其他重要设备。对于美国海军而言，舰载设备的重量和体积可能成为越来越重要的考虑因素，由于财政预算缩减，新建造军舰的体积很可能也要缩小，这就要求未来的系统设计必须在更小的体积上获得更好的利用率，这就需要提高舰载系统的自动化程度和空间利用率，而电磁弹射系统具备这些优势。

③ 自动化程度高，维修性好。电磁弹射器的另外一个重要优点是能够通过自检自动发现和修理故障，节省了人力需求，这是对现有蒸汽弹射系统的重大改进。现有的蒸汽弹射系统要求有详细的检修和维护手册，需要进行大量的机械维护维修工作，而电磁弹射器相当于从机械化迈进到电子化、自动化，提高了系统的可维修性。蒸汽弹射器每弹射大约 500 次就要进行维修，这意味着航母每 3~4 天就要撤出战斗，进行弹射器的检修，而电磁弹射器的理论平均故障率在 3000 次以上，但目前并未达到这一标准。

④ 简化了系统结构，可靠性、安全性更好。蒸汽弹射器一次弹射要使用约 600kg 的蒸汽，弹射器前端的水制动器也需要淡水。整个系统非常庞大，占据很大空间，需要复杂的管线、泵、发动机、控制系统等。电磁弹射器的弹射、制动、回收将由弹射电机完成，减少了所有辅助设备，简化了整个系统，完全不需要用于蒸汽弹射系统的液压油、压缩空气等辅助装置，每次弹射需向环境中排放的汽缸滑油也将消失，电磁弹射器可称为纯粹的电力系统，系统结构与蒸汽弹射器相比简单很多。系统还具备固有的可控制性，而且电子机械的安全性更好。

⑤ 为航母及其舰载机设计提供了更大的灵活性。电磁弹射器是一个独立

的，甚至可称为孤立的系统，完全独立航母的其他系统之外，这使全舰在设计上更具有灵活性。一套电磁弹射器可以很简单地根据平台大小设计安装在母舰平台上。

⑥ 电磁弹射器降低了对飞机机身的影响。电磁系统的加速度曲线平缓，峰均值比相对较小，最大只有 1.05，根据计算，其施加于飞机上的应力比蒸汽弹射系统减小了 31%。"尼米兹"级航母使用的蒸汽弹射系统的加速度峰均值比一般为 1.25，最大可以达到 2.0，弹射飞机时会对机身施加很高的应力。

（6）装备新型拦阻装置，提高安全着舰系数。先进拦阻装置（AAG）是一种新型舰载机拦阻系统，将替换"尼米兹"级航母使用的 Mk7 Mod4 型液压拦阻装置。先进拦阻装置的核心硬件设备是涡轮电力系统，它在水轮机系统的基础上改进而来，这种涡轮电力系统采用了更轻的合成电缆系统和电机，能够满足美国海军对性能的要求，还能在拦阻飞机的动态过程中主动采取措施降低拦阻索的张力峰值，精确控制飞机尾钩负载及飞机停留在甲板上的位置。在舰载机与拦阻索接触并张紧的时候，先进拦阻装置的拦阻索冲击缓冲器可起到缓冲作用，降低对舰载机尾钩的瞬时拉力，使整个拦阻过程更加平缓。

与 Mk7 型液压拦阻装置相比，先进拦阻装置能够回收更重、速度更快的飞机，并能够回收轻质的无人机。先进拦阻装置还有运行更可靠、对人员需求少、维护工作量少、保障费用低、安全性更高等优点。采用先进拦阻装置后，可减少人员编制 41 人，使用成本比 Mk7 型拦阻装置降低 26%。另外，舰尾部的设计也有所改动（图 10-5）。

图 10-5 "福特"号航母（其舰尾与"尼米兹"级有所不同）

"福特"级航母（见图 10-5）上应用的新技术对航母的整体性能提升有很大影响，美国政府审议署 2008 年的《美国海军"福特"级航母首舰审计报告》中，关于关键技术对航母的性能影响做出的评估结论详见表 10-2。

表 10-2　关键技术对航母性能的影响

技术	对架次率的影响	对减少编制的影响	对其他能力的影响
电磁飞机弹射系统	高	32	不适用
先进拦阻装置	高	41	比传统的系统质量轻 50t
先进武器升降机	中到高	超过 20	不适用
航空数据管理控制系统	低	6	不适用
双波段雷达	高	28	减少设计重量，提高互用性
改进型"海麻雀"导弹	无	0	提高互用性
1100t 空调设备	无	减少维护保养人员	不适用
巨量航行中补给	高	减少人力动员时间	不适用
65 高强度低合金钢	无	0	设计质量减少 700t
115 高强度韧性钢	无	0	设计质量减少 175t
联合精确进场着舰系统	低	减少维护保养人员	提高互用性
核动力与电力设备	低	与反向渗透海水淡化系统一起减少 220 人	与反向渗透海水淡化系统一起共减少设计质量 1350t
等离子弧垃圾处理系统	无	减少垃圾分类时间	减少垃圾与设备重量
反向渗透海水淡化系统	无	见核动力设备人力减少	减少重量（见核动力装置）
舰载武器装填设备	中	每个装填设备可减 4 人或 5 人	不适用

注：摘自《美国海军福特级航母首舰审计报告》，2008 年

四、对作战的影响

"福特"级航母是一型全新的信息化作战平台，它对未来海战将产生非同一般的的影响。"福特"号航母在服役时集成了美国海军几十年 C^4ISR 的建设成果，能够全面地支持美军的网络中心战、分布式海上作战等作战概念。它将是美国海战网络中的重要节点，舰上的先进传感器和舰载机等形成了更为强大的战略预警指挥控制和交战网络体系，并可对整个编队内各种传感器、通信系统、指挥控制系统、武器装备等综合控制和利用，提升信息传输速度、简化作战程序、增强打击威力。

"福特"级航母首制舰的造价确实非常高，不过扣除前期论证、设计费用，后续舰的建造成本会有所降低。此外，从性能角度看，"福特"级的舰载机由于

对甲板布置进行了优化，日最大出动架次率可达 220~270，比"尼米兹"级（120~160）多出 100 多架次，单就这一点看，2 艘"福特"级航母可相当于 3 艘"尼米兹"级的作战效能。从全寿期费用看，"福特"级通过引入先进技术，提高自动化程度，减少了约 1250 人的编制；其次新型核反应堆无须服役期间进行换料，可节省大笔的维持、使用费用。

在指挥控制方面，"福特"级航母装备新研制的综合作战系统（IWS），这是一型开放式、可升级、支持即插即用功能的综合作战系统，比"尼米兹"级装备的 SSDS Mk2 性能更为先进，配合双波段雷达、联合精进系统，以及舰内信息网络等，对战场的感知能力和对舰载机的控制能力更为强大、精准。未来还将装备"海军一体化火控-防空"系统，编队防空和本舰防御能力都将产生不同程度的影响。

增加舰载机的出动能力意味着战斗力的增强，据报道，"尼米兹"级航母在以往的作战中，平均每天可打击约 250 个目标，而且"福特"级航母因提高了舰载机的出动能力，加之 F-35C 战斗机的入役，所以日打击目标数量可超过 1000 个。F-3C 战斗机的日起飞次数高于现役的 F/A-18E/F 战斗攻击机。

改变甲板布局，调整补给点和武器升降机的位置等对舰载机的出动能力都有积极的作用。"尼米兹"级航母将其中 1 部武器弹药升降机布置在 2 部弹射器中间，原因是弹药库设置在垂直下方。这种布置方式对舰载机的弹射起飞有影响，当使用武器升降机时，2 部弹射器必须暂停作业。此外，武器送上甲板后，还需要借助弹药车分别运送到每一架需要挂弹的飞机附近。另外，飞机的加油作业与挂弹不在一处，需要移动飞机。在"尼米兹"级上，舰载机进行加油挂弹等作业，大约需要耗费 2h。福特级设置了"一站式保障"区，节省了很多时间，可保障舰载机着舰后，快速进行补给，然后再次投入作战。

新增舷外武器升降机的意义在于提高了武器的装配效率。在"尼米兹"级航母上，舰员先通过升降机，将武器从弹库（分置于底层甲板）送至机库下面的 03 甲板，然后借用 03 甲板的餐厅（机库是严禁装定弹药和加/卸载燃油的），在餐桌上完成武器的组装设定，然后弹药车将弹药运至甲板武器升降机的部位，才能送上飞行甲板。在"福特"级航母上，可以通过武器升降机直接运送到第 2 甲板，然后在一个宽阔的区域装订弹药，然后移动到舷侧，利用升降机送到飞行甲板上，大幅提高了弹药的准备时间。另外，采用新型弹药运载装挂设备也减轻了舰员的劳动强度。这一点对于连续作战是很重要的。

新型电磁弹射器可以满足未来弹射无人机的需要，可以弹射从不足 1t 到 40t 的舰载机和无人机，并且对机身结构的影响较小，解决了无人机在舰上使用的最大问题。先进拦阻装置同样具备这种能力，目前装备的 Mk-7 拦阻装置无法拦阻中小型无人机。

在"福特"级航母上，主要编配 F/A-18E/F、F-35C 作战飞机和 E-2D、EA-18G、MQ-25 等支援保障飞机。舰载机数量与"尼米兹"级航母大体一致，但因 F-35C 隐身飞机的加入，隐蔽突防能力将极大提高。因为目前各国对隐身飞机的探测能力还较弱，F-35C 战斗机可以在敌方毫无察觉的情况下，潜入敌内陆纵深实施攻击。"福特"级航母战术性能见表 10-3。

表 10-3 "福特"级航母战术性能

满载排水量	1016050t
舰长	332m
舰宽	78.0m
吃水线宽	40.8m
吃水	12.4m
飞行甲板	332.8m×78.0m
飞机升降机	3 部
弹射器	4 部电磁弹射器
航速	>30kn
动力系统	2 台 A1B 压水式核反应堆，4 轴，螺旋桨
武器装备	2 座 Mk-29 导弹发射装置，配 RIM-16D2 改进型"海麻雀"舰空导弹，射程 55km；2 座 Mk-49 导弹发射装置，配 RIM-116"拉姆"舰空导弹；3 座 Mk-15 20mm6 管"密集阵"近防武器系统
舰载机	F-35C、F/A-18E/F、EA-18G、E-2D、MH-60R/S、"黄貂鱼"无人机，约 75 架
着舰控制	JPALS
雷达	CVN-78 装双波段雷达，AN/SPY-3 对空搜索兼火控，I 波段；AN/SPY-4 广域搜索，E/F 波段；SPS-73V(12)导航；CVN-79 装"企业"雷达，SPQ-9B；SPN-46
对抗系统	SLQ-25C 鱼雷诱饵
战斗数据系统	UGS-2B 协同作战能力（CEC）及 Link-4、Link-11、Link-16 号数据链
舰员编制	45504 人

配备 MQ-25B"黄貂鱼"无人加油机后，可将 F-35C 战斗机的作战半径提高到 1600km，几乎与"战斧"巡航导弹持平。这样，航母打击群可部署在距离敌岸更远的地方，以免遭受敌方岸基反舰导弹的攻击。

第二节 "尼米兹"级核动力航母

"尼米兹"级航母是美国海军发展的第二型核动力航母（图 10-6）。该级舰设计、建造始于 20 世纪 60 年代末期，在长达 40 年的建造过程中，每次建造新舰都融进了当时最新的技术和装备,并在大修和改装时,对老舰上的设备、系统等进行更换,使之始终保持着世界领先水平。"尼米兹"级航母自服役以来参与了多次战争和武装冲突,成为美国对外干涉必不可少的重要作战装备,在军事行动中发挥着无可替代的作用。

图 10-6　美国海军"尼米兹"级"布什"号航母

一、发展背景

1961 年 11 月,美国建成世界上第一艘核动力航母"企业"号(CVN-65)后,围绕航母今后的发展问题,海军和国会之间曾有过激烈的争论。结果反对派意见占了上风,他们认为在以反舰导弹为代表的对舰攻击武器已经相当发达,即使是大型核动力航母也不堪一击,并且该舰的造价是福莱斯特级航母的 2.5 倍,因此不如用造价较低、数量更多的中小型常规航母取而代之。受这种思想的影响,国防部决定放弃核动力航母,改建"小鹰"级常规动力航母。

但是,美国海军并未以此放弃发展核动力航母的决心,在一份提交国会的报告中提出,大型航母尤其是核动力航母是实现美国全球战略的支柱,是实施炮舰外交、对外炫耀武力不可缺少的工具,只有大型航母才能有效遂行反舰、防空和反潜等多种作战任务,只有大型核动力航母才具备强大的攻击力,超群的机动力和无限的续航力,具备快速反应能力,能够在最短的时间内赶往冲突地区发挥作用,特别是大型核动力航母是在充分考虑防御反舰导弹的基础上设计的,具有较强的自身防护能力,建造中小型航母固然省钱,但是"价廉物不美",无法完成海军担负的任务,根据美国海军的计算 2 艘中型航母的作战能力大体与1艘大型航母相当，可造价则要高出许多。而大型常规航母的综合作战能力无法与核动力航母相比。

1965年，越南战争，使得美国军界和国会也认识到，"航母过时论"的观点是片面的；在空军尚未建立，或无法建立陆上基地的情况下，舰载机是空中作战的主力，而且大型核动力航母确实具有更强的作战威力和更好的效费比，因而主张建造大型核动力航母一派最终得到了美国国会多数人的支持，在此背景下，美国海军开始了"尼米兹"级核动力航母的可行性研究。

"尼米兹"级航母首舰"尼米兹"号的建造计划于1967财政年度提出并批准，于1968年6月在纽波特纽斯造船厂开工建造，1972年5月13日下水。1975年5月3日服役，从始建到服役长达7年。美国现役共10艘"尼米兹"级航母服役（表10-4）。

表10-4 "尼米兹"级航母同级舰

舰　名	舷号	开工时间	下水时间	服役时间
"尼米兹"（Nimitz）	CVN-68	1968.6.22	1972.5.13	1975.5.3
"艾森豪威尔"（Dwight D.Eisenhower）	CVN-69	1970.8.15	1975.10.11	1977.10.18
"卡尔文森"（Cael Vinson）	CVN-70	1975.10.11	1980.3.15	1982.3.13
"西奥多·罗斯福"（Theodore Roosevelt）	CVN-71	1981.10.31	1984.10.27	1986.10.25
"亚伯拉罕·林肯"（Abraham Lincoln）	CVN-72	1984.11.3	1988.2.13	1989.11.11
"乔治·华盛顿"（George Washington）	CVN-73	1986.8.25	1990.7.21	1992.7.4
"斯坦尼斯"（John Stenns）	CVN-74	1991.3.13	1993.11.11	1995.12.9
"杜鲁门"（Harry S.Truman）	CVN-75	1993.11.29	1996.9.7	1998.7.25
"里根"（Ronald Reagan）	CVN-76	1998.2.12	2001.3.4	2003.7.12
"布什"（George H.W.bush）	CVN-77	2003.9.6	2006.10.9	2009.1.10

二、技术特点

"尼米兹"级航母基本沿用了"福莱斯特"级航母以后的船型和总体结构，采用封闭式机库，机库甲板以下的船体为整体式箱形结构，机库甲板以上为上层建筑，形成岛式结构；斜直两段式飞行甲板上安装有蒸汽弹射器、舷侧飞机升降机以及自动化的飞机着舰系统等。

"尼米兹"级在原有航母的基础之上采用了不同于常规航母的设计建造方法和新设备、新技术，形成了自己的特点。

"尼米兹"级航母前3艘舰的舰长为332.9m，水线长为317m，舰宽为40.8m，吃水为11.3m，飞行甲板长332.9m，宽76.8m，标准排水量74086t，满载排水量92955t；第4艘舰"罗斯福"号舰标准排水量增至75160t，满载排水量增至

97933t；从第5艘舰"林肯"号开始，该级航母满载排水量增至103637t，因为后续建造的航母增加了水下防护装甲。"尼米兹"级航母装有2台威斯汀豪斯/通用公司生产的PWR 42W/A 1G压水堆、4台涡轮机，209MW；4台应急柴油机，8MW；4轴推进，航速超过30kn。

排水量和主尺度的增大可增加飞行甲板的面积，能搭载更多的燃油和弹药；舰内的空间相应增加，可改善舰内人员的生活环境和居住条件。"尼米兹"级航母的飞行甲板比以往建成的航母更为宽阔，其由斜角甲板和直通甲板组成的整个飞行甲板，包括着舰区、起飞区和停机区三大部分，面积相当于3个多足球场大。其中，斜角甲板为着舰区，布置在左舷，长为237.7m，斜度见与航母中心线的夹角约为12°。飞行甲板上设有4部C-13型蒸汽弹射器和4道（有的航母为3道）Mk7-3型拦阻索。该级舰设有两个锚，每个锚质量达27.2t，锚链总质量为114t。在发生紧急情况时，可远距离进行操锚作业。

"尼米兹"级航母从龙骨到桅顶高76m，相当于一幢20多层楼房。机库甲板以上共分9层，机库甲板以下为4层，飞行甲板以上的岛型建筑为5层。机库和飞行甲板之间为吊舱甲板，布置有航空联队的办公区和作战指挥舱室。机库长208.48m，约占舰长的2/3，宽32.92m，约占船宽的3/4；机库高为8.07m，占3层甲板。机库的四周布置有飞机维修车间和仓库，机库的前方是士兵住舱和锚甲板，机库的后方由一道防火消音隔壁隔出飞机发动机维修车间（表10-5）。

表10-5 "尼米兹"级航母战术技术性能

排水量	标准：CVN-68/69/70为74086t，CVN-71为75160t。满载：CVN-68/69/70为92955t，CVN-71为97933t，CVN-72～77为103637t
主尺度	长332.9m，水线宽40.8m，吃水11.3m
飞行甲板	长332.9m，斜角甲板长237.7m，宽76.8m
飞机升降机	4部
弹射器	4部蒸汽弹射器
航速	>30kn
动力系统	2台A4W/A1G压水堆，4台涡轮机，功率为280000hp（209MW）；4台应急柴油机，功率为10720hp（8MW）4轴，螺旋桨
武器装备	2座Mk-29导弹发射装置，配RIM-16D2改进型"海麻雀"舰空导弹，射程为55km，速度为马赫数3.6；2座Mk-49导弹发射装置，配RIM-116"拉姆"舰空导弹，射程为9.6km；3座Mk-15 20mm6管"密集阵"近防武器系统
舰载机	基本编成为44架F/A-18E/F、5架EA-18G、4架E-2C/D、MH-60R/S等
雷达	对空：SPS-48E/G三坐标，E/F波段；SPS-49A(V)1，C/D波段；SPQ-9B； 对海：SPS-67(V)1，G波段 飞机引导：SPN-41、SPN-43C、2部SPN-46，E/F/J/K波段；/TPX-42A(V)空中管制； 导航：SPS-73(V)12，古野900航行警告接收机，I/J波段 火控：4部Mk99，I/J波段，控制Mk-29八联装"海麻雀"舰空导弹发射系统 塔康：URN-25

(续)

电子战	SLQ-32(V)4
对抗系统	SLQ-25C 鱼雷诱饵；Mk-53 Mod 7 "努尔卡"诱饵发射装置（CVN-69/72/73）
战斗数据系统	GCCS-M。卫星通信系统（SATCOMS）：SRR-1(CVN-68/70/71/72/74)，WSC-3(UHF)(CVN-69/73/76/77)，WSC-61(SHF)(CVN-68—72、74—77)，WSC-9 和宽带卫星通信（CVN-73）WSC-6（SHF）、WSC-8（SHF）、USC-38(EHF)、SSR-2（GBS）；SSDS Mk2；UGS-2B 协同作战能力（CEC）；Link-4、Link-11、Link-16 数据链
舰员编制	5750（军官 505，航空 2480）+70 名编指人员

"尼米兹"级航母比"小鹰"级常规动力航母的岛型建筑要小得多，因为没有烟囱，所以占用甲板面积较小，可以有更多的空间停放舰载机，或进行航保作业。航空舰桥位于岛的最上层，其下是航海舰桥，再下是编指舰桥。各种电子设备舱室和飞行甲板作业设备的支援舱室也都布置在岛内。岛形建筑下面是该舰的中枢部分，设有舰长室、航空司令办公室以及作战指挥中心等。

岛型建筑的顶部设有格子桅，上面布满了各种通信、导航天线和其他作战雷达天线，前几艘航母在岛型建筑上的后部设有安装对海搜索雷达的塔状桅杆，从"里根"号和"布什"号航母的塔状桅杆移至岛型建筑上（图 10-7）。

图 10-7 美国海军"布什"号的岛型建筑

"尼米兹"级航母采用封闭式机库，机库甲板以下的船体是整体的水密结构，由内、外两层壳体组成。除了船体外墙的钢板厚度满足防御要求以外，内墙壁由防护装甲组成一个装甲壳体，保护动力舱、燃油舱、弹药舱等重要部位。飞行甲板、吊舱甲板和机库甲板都有约 50mm 厚的装甲钢板防护，水线以下的两舷侧设有 4 道纵隔壁的防雷结构，垂向分为 8 层，沿舰长每 12～13m 设 1 道水密横隔壁，共 23 道水密横隔壁。另设 10 防火隔壁。纵横向隔壁共将船体分成 2000 多个水密隔舱，保证了舰的抗沉性。

由于"尼米兹"级采用核动力、体积大、舱室多，因而舰上的生活条件比常规动力航母舒适得多：避免了蒸汽锅炉鼓风机发出的令人烦恼的噪声，舰员身体也不再受到烟囱排放的烟气和有害气体的影响。该舰的淡水处理设备每天可生产 1500 多吨淡水，相当一个数万人小城镇的日常需求，舰上淡水供应充足，使用淡水（如淋浴和洗衣等）不必象常规动力航母那样受到限制。

此外，舰上设有电影电视厅、邮局、健身房、图书馆等，还可教授大学课程，从而给舰员的生活、学习和文化娱乐提供了极大方便，对提高舰员士气和工作热情起到很大的作用。

鉴于在"福莱斯特"号、"企业"号等多艘航母上曾发生过严重的火灾事故，"尼米兹"级舰十分重视消防设备、"三防"和损管。在危险性最大、事故发生率最高的机库内除设置有 16 台喷淋/泡沫消防设备外，还安装有两道滑动式防火门将机库分成三个区段，以便在危急时将火灾区和中弹区段隔开。在舰面各个升降机开口处均装有可密闭的滑移式舱门，这些门封闭后机库与外界隔离，可以防御核辐射、生物和化学污染。在飞行甲板上也设有 18 台大流量的喷淋/泡沫喷射装置，供消防和"三防"之用。在弹药库、航空燃油库等处还配置有监视系统、快速喷水系统和防险设备，以防止随时可能出现的事故。

三、对作战的影响

10 艘"尼米兹"级航母的建造历时几十年，随着技术进步，新造航母或多或少都增加了新的装备，在改装时加装新的装备，所以 10 艘航母的作战能力不尽相同。"布什"号作为向福特级的过渡舰更是进行大规模的改进，引入了很多新技术和新装备。

"尼米兹"级航母之所以作战能力强，其主要原因是甲板布局合理，采用直斜两段甲板，飞行甲板长 332.9m，宽 76.8m，斜角甲板长 237.7m，布置 4 部弹射器，可交替起飞舰载机。在只使用直甲板的 2 部弹射器时，可允许舰载机着舰，即所谓的同时起降飞机。加之其飞行甲板面积大，可停放约 40 架战斗机待飞，满足大波次出动的要求。这是其他国家中小型航母望尘莫及的，除法国航母外，其他国家的航母采取滑跃起飞方式，上翘的滑跃甲板占据了很大甲板空间，停机数量受限。

斜角甲板上设有 4 道拦阻索和 1 道应急拦阻网，"尼米兹"级航母的第 1 道拦阻索设在距舰尾 55m 左右的地方，两道拦阻索的间隔为 14m。在舰载机中，"鹰眼"舰载预警机的滑跑距离最大，为 97.5m，另外还要留出用于飞机掉头的

26m 空间。"尼米兹"级航母的 237m 长斜角甲板完全满足舰载机的着舰,即便是尾钩挂在第 3 道拦阻索上,也可安全着舰。根据飞机的性能确定了拦阻索的位置后,还要考虑拦阻系统的各种设备(如导向滑轮、制动器等)是否会影响到舰内其他系统的布置;拦阻索还要留出移动 2m 左右的自由度,以便以后可以为特定的飞机计算拦阻索的延伸,也就是说,对于每种飞机,根据拦阻索的类型和着舰条件,都要有安全着舰的长度。

"尼米兹"级航母装 4 部 C-13 弹射器,前 4 艘装 C-13-1 型,后 6 艘装 C-13-2 型。C-13-2 型的汽缸直径从 18ft 增加到 21ft,意味着汽缸内可充入更多的蒸汽。蒸汽弹射器实际上是一种活塞冲程很长的往复式蒸汽机,利用舰上蒸汽锅炉、蒸汽发生器产生的蒸汽作动力,将其压缩到特定压强后存储到储气罐中,弹射飞机时,储气罐释放蒸汽,使其通过弹射阀进入弹射主机汽缸内,驱动汽缸内的活塞运动,活塞再带动往复车,将飞机弹射出去。

设置斜角甲板的作用还在于为飞机回收提供便利,舰载机着舰后可集中停放在航首部,或是直接驶往补给区,准备执行下一个飞行任务(图 10-8)。

图 10-8 "布什"号航母完成舰载机回收后的状态

航母上的 4 部弹射器可同时开启弹射飞机，实际使用时一般是交替弹射，舰首部的弹射器和斜角甲板的弹射器可同时弹射。弹射器的数量对舰载机的出动能力和出动波次大小有直接关系，大波次出动要求弹射器在短时间内将所有参与作战行动的舰载机弹射升空，否则先起飞的飞机要在空中等待很长时间，造成不必要的燃油消耗。实际上，"尼米兹"级航母也很难保证连续高速弹射飞机，因为航行和弹射都需要使用蒸汽，连续弹射会导致航速降低，而航速低于 22kn 时则无法保证安全弹射飞机。

蒸汽弹射器技术较为成熟，可靠性较强，满足航母作战的需求。其也存在着一些固有的缺陷，例如：维修复杂，维护成本大；蒸汽弹射器部件多，构成复杂，维护时需要投入较多人力，特别是密封带需要频繁更换（图 10-9）；弹射的机型受限，如无法弹射无人机等；无法进行精确控制，有时候会对飞机产生不必要的应力，导致舰载机的寿命缩短等。

图 10-9　舰员在维修蒸汽弹射器

"尼米兹"级从"罗斯福"号舰起在最初的功能性设计上是有所不同的。以往建造的航母均作为攻击型航母设计，减弱了反潜作战能力，只是在设计定型、建成服役后才增设反潜设施，搭载反潜飞机，改装成多用途航母；"罗斯福"号以后建造的航母从开始就按多用途航母设计，最大变化是设置了专用的反潜飞机检修设施，建立了反潜战控制中心，并增加了反潜作战人员。

飞行甲板上设有 4 部飞机升降机，每部升降机可同时运载 2 架飞机。舰上有 10 多部武器升降机，飞行甲板上设置了 3 部武器升降机，每部承载弹药的能力为 4t。此外，在飞行甲板上设有 14 个航空燃油加油站。可满足舰载机在飞行甲板上进行补给。"尼米兹"级的弹药库有 44 个，可装载 2970t 弹药。核动力航母不需要装载动力燃油，所以可搭载更多的航空燃油。"尼米兹"级航母的航空燃油载量为 1.32×10^7L，能够维持舰载机连续作战 3～5 天，而"小鹰"级常规动力航母需要装载动力燃油，所以仅装载 9.7×10^6L 航空燃油。

航母上有完备的指挥控制系统，可分为编队指挥控制系统、本舰指挥控制系统和其他一些有关作战、后勤保障的指挥控制系统。目前，编队指挥控制系统主要是"旗舰数据显示系统"，它是在原战术旗舰指挥中心的基础上发展而成的。上述系统是美国海军指挥控制系统的海上节点，它们与岸基节点联系，并向战术旗舰指挥官提供作战态势图，协调指挥官规划、指挥和监视作战行动。战术旗舰指挥中心在编队的防空、反潜、电子攻防中发挥着极为重要的作用，它既是情报中心，又是指挥决策中心，是编队 C^4I 系统和情报侦察的中枢。

战术旗舰指挥中心的主要设备有战术数据处理系统、综合通信系统和数据显示系统。借助计算机网络技术和高速总线将各舰传感器有机结合，实现编队对海的短波、超短波、微波、毫米波、声波、可见光、激光、红外和紫外光的探测与监视；指挥协调编队中的有源和无源干扰设备；引导和控制编队的软/硬武器对付威胁目标。

该级舰早期装备先进作战指挥系统（ACDS），ACDS 是在 NTDS 的基础上发展而来。现在基本上都在大修期间换装了舰艇自防御系统 SSDS Mk1/2。探测系统主要由机动传感器和固有传感器两部分构成。机动传感器主要包括 E-2C 预警机、S-3B 反潜机、作战飞机挂载的侦察吊舱等。固有传感器指舰本身配备的传感器，主要包括 AN/SPS-48E 三坐标雷达、AN/SPS-49 对空雷达、Mk-23 目标获取系统等组成。近年来，美国航母为了增强对空防御和拦截掠海飞行巡航导弹的能力，部分舰加装了"协同作战能力"（CEC）、"海军火力网"、"时敏目标打击系统"等信息系统。

由于美国航母打击群的作战任务主要由舰载机来承担，所以相比苏联航母而言，舰载武器较少，只配备近程防御武器系统，目前装舰的武器系统主要有

"海麻雀"舰空导弹(图 10-10)、"密集阵"近程武器系统,为了加强防空自卫能力,有些舰加装了"拉姆"导弹武器系统(图 10-11)。另外,为了对付小艇配备了机枪。

图 10-10 "布什"号航母装备的改进型"海麻雀"舰空导弹

图 10-11 "尼米兹"级航母改装时加装"拉姆"近程舰空导弹

第三节 "提康德罗加"级巡洋舰

"提康德罗加"级是美国海军建造的"宙斯盾"巡洋舰,在航母战斗群/打击群中主要担任防空指挥舰（见图 10-12）。该级舰与"斯普鲁恩斯"级、"阿利·伯克"级驱逐舰使用相同的船体，由于从 20 世纪 80 年代开始美国海军的巡洋舰将陆续退役，因此决定将该级舰划为巡洋舰。该级舰共建造了 27 艘（表 10-6），未装导弹垂直发射系统的前 5 艘舰已经退役。除了"托马斯·盖兹"号以外，舰名都是以美国历史上著名的古战场命名，其中有 12 艘沿用了第二次世界大战时期的航母舰名。

图 10-12 "提康德罗加"级"维克斯堡"号巡洋舰

表 10-6 "提康德罗加"级巡洋舰同级舰

舰　　名	舷号	建造船厂	开工时间	下水时间	服役时间
"提康德罗加"（Ticonderoga）	CG-47	英格尔斯造船厂	1980.1	1981.4	1983.1
"约克城"（Yorktown）	CG-48	英格尔斯造船厂	1981.10	1983.1	1984.7
"文森斯"（Vincennes）	CG-49	英格尔斯造船厂	1982.10	1984.1	1985.7
"福吉谷"（Valley Forge）	CG-50	英格尔斯造船厂	1983.4	1984.6	1986.1

（续）

舰　名	舷号	建造船厂	开工时间	下水时间	服役时间
"托马斯·盖茨"（Thomas S.GAtes）	CG-51	巴斯钢铁公司	1984.8	1985.12	1987.8
"邦克山"（Bunker Hill）	CG-52	英格尔斯造船厂	1984.1	1985.3	1986.9
"莫比尔湾"（Mobile Bay）	CG-53	英格尔斯造船厂	1984.6	1985.8	1986.2
"安提坦"（Antietam）	CG-54	英格尔斯造船厂	1984.11	1986.2	1987.8
"莱特湾"（Leyte Gulf）	CG-55	英格尔斯造船厂	1985.3	1986.6	1986.9
"圣哈辛托"（San Jacinto）	CG-56	英格尔斯造船厂	1985.7	1986.11	1987.2
"张伯伦湖"（Lake Champlain）	CG-57	英格尔斯造船厂	1986.3	1987.4	1987.6
"菲律宾海"（Philippine Sea）	CG-58	巴斯钢铁公司	1986.5	1987.7	1987.9
"普林斯顿"（Princeton）	CG-59	英格尔斯造船厂	1986.10	1987.10	1988.1
"诺曼底"（Normandy）	CG-60	巴斯钢铁公司	1987.4	1988.3	1988.8
"蒙特里"（Monterey）	CG-61	巴斯钢铁公司	1987.8	1988.10	1989.2
"钱瑟勒斯威尔"（Chancellorsville）	CG-62	英格尔斯造船厂	1987.6	1988.7	1989.12
"考佩斯"（Cowpens）	CG-63	巴斯钢铁公司	1987.12	1989.3	1990.6
"葛底斯堡"（Gettysburg）	CG-64	巴斯钢铁公司	1988.8	1989.7	1989.11
"乔辛"（Chosin）	CG-65	英格尔斯造船厂	1988.7	1989.9	1991.6
"休城"（Hue City）	CG-66	英格尔斯造船厂	1989.2	1990.6	1991.1
"夏洛"（Shiloh）	CG-67	巴斯钢铁公司	1989.8	1990.9	1991.9
"安齐奥"（Anzio）	CG-68	英格尔斯造船厂	1989.8	1990.11	1992.5
"维克斯堡"（Vichsburg）	CG-69	英格尔斯造船厂	1990.5	1991.8	1992.11
"伊利湖"（Lake Erie）	CG-70	巴斯钢铁公司	1990.3	1991.7	1993.7
"圣乔治角"（Cape St.George）	CG-71	英格尔斯造船厂	1990.11	1992.1	1993.6
"维拉湾"（Vella Gulf）	CG-72	英格尔斯造船厂	1991.4	1992.6	1993.9
"罗亚尔港"（Port Royal）	CG-73	英格尔斯造船厂	1991.10	1992.11	1994.7

一、发展背景

20世纪六七十年代，苏联海空装备发展取得了很大进展，尤其是针对美国的航母战斗群发展了大量的反舰装备，舰载、空射和岸基反舰导弹有近20个型号。面对严峻的海上威胁，美国海军决定发展新装备，替换大批第二次世界大战时期建造的水面舰艇，更新当时水面舰艇装备的3T导弹，即"黄铜骑士""小猎犬""鞑靼人"舰空导弹。这三型导反应速度慢、射程近、发射速率低，已不能应对苏联海军的饱和攻击。为此，美国海军决定发展新一代导弹巡洋舰，命名为"提康德罗加"级。

当时，美国海军对该级舰提出的军事需求是为以航母为核心的海上舰艇编队提供对空防护、具备反潜能力，同时可对海上和岸上目标实施攻击。具体要求：一是在航母战斗群中担任对空防御任务，具备抗饱和攻击的能力；二是能够拦截和攻击海上目标，虽然该级舰为加强编队防空能力而设计、建造的，但在装备方面力求均衡，将"鱼叉"反舰导弹等武器系统也纳入"宙斯盾"作战系统，进行一元化管理；三是具备反潜作战能力，配备先进的搜潜攻潜种装备，装备 LAMPS III SH-60B "海鹰"反潜直升机、AN/SQQ-89 综合反潜战系统，反潜作战能力处于世界先进水平；四是航母编队对空作战指挥及诸兵力协调能力，该级舰装备先进的 C^4ISR 系统，不但能在编队中担负防空作战指挥控制任务，根据美军联合作战的需求，还可对空军的作战飞机进行引导；五是根据需要支援两栖作战和封锁作战等。

后来，为了加强对岸上目标的攻击能力，该舰装备了"战斧"对陆攻击巡航导弹，可在海上直接打击内陆的目标，所以，在美国海军战略调整，推出"前沿存在……由海向陆"战略之后，该级舰无需进行大规模改装，便可以对新战略予以有力的支持。

该级舰的核心装备"宙斯盾"作战系统源于 20 世纪 60 年代中期，美国海军开始实施的"先进水面导弹系统"（ASAM）计划，其目的是为水面战斗舰艇研制一型先进的舰载战斗系统，以增强对航母的护卫能力。该系统在设计上拥有出色的防空控制能力，能同时处理大量目标并有效应付来自空中、水面与水下的威胁。1970 年由美国无线电公司开始系统研制。1976 年 4 月，美国海军开始研究在"斯普鲁恩斯"级（DD963）驱逐舰的基础上设计"提康德罗加"级导弹驱逐舰，同年 12 月，国防部通过了拨款法案，至此，研制正式进入工程实施阶段。

"提康德罗加"级舰原定为驱逐舰，1980 年起，划为巡洋舰，代号定为 CG-47。首舰由英格尔斯船厂设计建造，1980 年 1 月 21 日开工，1981 年 4 月 25 日下水，1983 年 1 月 22 日服役。

二、技术特点

该级舰属长首楼船型，首楼甲板一直延伸到尾主炮的后部导弹垂直发射区。船体首部有明显的外张，一直延伸到舰首部上层建筑处，舰中部有一段平行船体。上层建筑在中部连成一体，约占船体长度的 30%，形成前后两个岛式结构。前部上层建筑共 5 层，相控阵雷达的两个阵面置于前壁的右侧及右侧壁处，分别向内倾斜 15°～20°，上层建筑的下部壁面则为直立式。

船总体方面,"提康德罗加"级巡洋舰采用了"斯普鲁恩斯"级驱逐舰的船体设计,但为了尽可能提高 AN/SPY-1 雷达的布置高度和增加舰内容积,上层建筑增高了一层甲板。为了减轻上层结构重量,大量采用轻质的铝合金,以弥补因上层建筑加层而带来的结构重量增加,降低船的重心,保障适航性。另外,还采取了增加排水量的方法,以低改善受损时的复原性。船体设计排水量上限从"斯普鲁恩斯"级的 8800t 提高到超过 9000t,后期建造的舰满载排水量超过10000t,导致吃水有所增加。舰首增设了高 1.1m 的挡浪板,船体长度增加了1.2m。

舰桥顶部左右对称布置 2 部舰导弹照射雷达,后部错落设置了 2 部照射雷达天线,左前方有一个卫星通信天线(另一个卫星通信接收天线在后上层建筑的右舷)。此外,在桥楼顶板的前端还有一个水平布置的盘状天线。该级舰设置有前后桅杆,后桅高于前桅。直升机平台和机库布置在 01 甲板的后部。在直升机平台后部是导弹的后垂直发射区,在尾甲板后主炮的左后方,布置了 2 座四联装"鱼叉"导弹发射装置,与中线面成 90°布置。

"提康德罗加"级装备 4 台 LM-2500 燃气轮机,持续功率 86000hp,因排水量增加,最大航速比"斯普鲁恩斯"级驱逐舰降低了 1~2kn,只有 30kn,不过随航母编队海外作战没有问题。续航力在航速 20kn 时为 6000nmile,与"斯普鲁恩斯"级完全一样。该级舰设计上考虑了降噪减振与抑制红外辐射,例如许多设备加了减振座,设置了气幕降噪系统,烟囱采取了红外抑制措施,具有一定的声隐身和红外隐身效果,但未采取雷达波隐身措施(表 10-7)。

表 10-7 "提康德罗加"级巡洋舰技术性能

满载排水量	10117t
主尺度	172.8m(长)×16.8m(宽)×9.5m(吃水)
航速	>30kn
续航力	6000nmile/20kn
动力装置	2 台 LM2500 燃气轮机,功率 80000hp(59.7MW),双轴
导弹	Mk-41 导弹垂直发射装置,128 单元,其中 122 单元装载导弹; 战斧巡航导弹;八联装"鱼叉"反舰导弹发射装置,射程为 240km,速度为马赫数 0.9; "标准"2 Block ⅢB,射程为 174km,速度为马赫数 2.5; "标准"3 Block 1A,射程为 1200km,速度为马赫数 3; "标准"6,射程为 370km,速度为马赫数 3.5; RIM-162A 改进型"海麻雀",射程为 55km,速度为马赫数 3.6,战斗部质量为 38kg; "阿斯洛克"反潜导弹,射程为 16.6km,战斗部为 Mk46 或 Mk50 鱼雷
舰炮	2 座 Mk-45 Mod1 127 毫米舰炮,射程 23km,射速为 20 发/min;2 座 Mk-15 Block 1B20 毫米 6 管"密集阵"近防武器系统,射速为 4500 发/min;2 挺机枪
鱼雷	2 座三联装 Mk32 Mod14 鱼雷发射装置,备 36 枚 Mk46 Mod5 反潜鱼雷,航程为 11km,航速为 40kn,或 Mk50 鱼雷,航程为 15km,航速为 50kn

（续）

武器控制系统	SWG-3 控制"战斧"，SWG-1A 控制"鱼叉"、Mk7 Mod4 多目标跟踪，Mk-99 火控；Mk-116 Mod 6（53B 声纳）或 Mod7（53C 声纳）反潜火控系统；Mk-86 Mod9 控制舰炮
雷达	SPY-1B 相控阵，E/F 波段；SPS-49A(V)7 对空，C/D 波段，探测距离为 497km；SPS-55 对海，I/J 波段；SPS-64(V)9 导航，I 波段；SPQ-9B 火控；SPG-62 照射，I/J 波段；URN-25 塔康；UPX-29 敌我识别
声纳	SQQ-89(V)5 综合反潜战系统；SQS-53B(CG52-57)、SQS-53C 舰壳声纳；SQR-19 拖曳阵声纳；有的舰装 SQQ-89A(V)15 和 AN/SQR-20 综合多功能线列阵声纳（MFTA）系统
电子战	SLQ-32(V)3/SLY-2
对抗系统	Mk-36 Mod2 SRBOC6；SLQ-25C 鱼雷诱饵；Mk-53 Mod 7 "努尔卡"诱饵发射装置
战斗数据系统	CEC 系统；NTDS 附带 Link-4A、Link-11、Link-14 数据链；GCCS-M 和 Link-16 数据链；卫通系统：WRN-5、WSC-3（UHF）、WSC-38（EHF）；SQQ-28 用于 LAMPS 系统的直升机数据链
舰载机	2 架 SH-60B LAMPS Ⅲ 或 MH-60R
人员编制	330 人（军官 30 人）+47 张备用铺位

作战系统方面，"提康德罗加"级导弹巡洋舰是首次装备"宙斯盾"作战系统的水面舰艇，并引发了舰艇防空作战的一次新的革命。该级舰的"宙斯盾"系统主要由 Mk-1 指挥决策分系统、Mk-1 武器控制分系统、SPY-1A 多功能相控阵雷达、Mk-99 照射控制分系统、Mk-41 导弹垂直发射分装置和 Mk-1 战备状态测试分系统组成。

Mk-1 指挥决策分系统的主要功能是确立战术原则，管理各种传感器，处理雷达跟踪数据，进行目标识别和分类、威胁评估和，以及武器分配等。Mk-1 武器控制分系统承担一部分作战指挥功能和火力控制功能，其具体任务是接收相控阵雷达输入的目标数据，根据指挥决策系统传来的指令信息和己舰武器状态，实施目标指示和武器分配、直接控制使用 Mk-41 垂直发射系统、为照射雷达分配目标、计算导弹中段制导指令，并通过相控阵雷达发送给"标准"Ⅱ导弹。AN/SPY-1A 相控阵雷达分系统的任务是快速搜索和跟踪目标，搜索距离最远达 460km，可同时跟踪数百个空中目标，另一功能是向飞行中的导弹发送制导指令。Mk-99 火控控制分系统的功能是接收武器控制分系统的指令，控制 AN/SPG-62 照射雷达，为"标准"Ⅱ舰空导弹照射目标。Mk-41 垂直发射分系统的功能是装载和发射舰空导弹，除了舰空导弹以外，还可装载和发射"战斧""阿斯洛克"等多种导弹。"提康德罗加"级巡洋舰的垂直发射系统有 128 个发射单元，最多可装 122 枚"标准"Ⅱ和"海麻雀"导弹，另外 6 个单元安装了导弹吊装设备，前后部发射装置各 1 座。Mk-1 战略状态测试分系统的功能是保证全系统随时处于联机自测状态，以协调"宙斯盾"系统各部分的工作。

4 块 AN/SPY-1A 相控阵雷达天线分为两组布置，每块天线负责探测 90°

的空域，前方以及右方的天线安装在舰首楼结构上，后方以及左舷的天线安装在机库结构上方（图 10-13）。两组阵列天线各有一个并联式雷达发射机提供射频能量。由于当时计算机技术的限制，SPY-1A 雷达后端无法处理雷达带来的庞大信息量，所以系统只在 85km 以内的半球实施密集搜索，平时对于 300km 以外的目标只偶尔分配一些波束（每分钟只扫描数次），无法满足持续性的长程对空监视要求。所以，"提康德罗"加级还装备了 1 部 AN/SPS-49 二坐标远程对空搜索雷达，对 450km 的远程空域实施持续性的搜索。一旦发现可疑目标，再由 SPY-1A 雷达进行跟踪。

图 10-13　SPY-1A 相控阵雷达天线

"宙斯盾"系统的主要特点：具备速度反应能力，相控阵雷达从目标搜索转为跟踪仅需 50μs，可以对掠海飞行的超声速反舰导弹进行拦截；抗干扰能力强，可以在复杂电磁环境中，或海杂波和恶劣气象环境下正常工作；系统可靠性高，能够在海上可靠地持续工作 40～60 天；火力强，可综合利用舰上的各种武器，同时拦截来自不同空间的 16 个目标，具有对付饱和攻击的能力；全空域作战，能对付高、中、低空目标以及掠海飞行的反舰导弹。

该级舰的另一个特点是首次采用导弹垂直发射装置。从第 6 艘舰"邦克山"号开始安装导弹垂直发射系统,是世界上最先安装这种装置的水面舰艇。Mk-41 垂直发射系统高 7.67m,质量 13.29t,可混装舰陆、舰空和反潜导弹。整个系统装在甲板下面的舱室里,舰首舰尾各一套。Mk-41 垂直发射系统的总备弹量和弹种可以根据不同的战斗使命灵活选择。目前 Mk-41 垂直发射系统有三种型号:"攻击"型用于发射舰对舰导弹,如"战斧"巡航导弹;"战术"型主要用来发射远程舰空导弹和反潜导弹,如"标准"和"阿斯洛克"导弹;"自卫"型主要用于发射点防御导弹,如"海麻雀"舰空导弹。"提康德罗加"级装备的是前两种型号。

此外,该级舰装备 2 座 Mk-45 127mm 舰炮,舰首和舰尾各 1 座。前 5 艘都在舰首与舰尾各配备一座 Mk-26 Mod5 双臂导弹发射器,每座备弹 44 枚。除了"标准"SM-2 舰空导弹之外,也可发射"阿斯洛克"反潜导弹或"鱼叉"导弹。此外,舰尾左舷设有 2 座四联装"鱼叉"反舰导弹发射装置(图 10-14),舰尾楼两舷内部各有一座 Mk-32 三联装 324 毫米鱼雷发射装置。

图 10-14　舰尾布置的"鱼叉"反舰导弹发射装置

"提康德罗加"级舰虽然大量采用自动化现代设备使得人力精简,但由于船体相对较小,且安装的设备和装备多,所以居住性较差,舰内生活空间拥挤不堪。

三、改装情况

"提康德罗加"级巡洋舰共计建造了 27 艘,从 1980 年首制舰开始建造到末舰 1994 年入役历经 15 年。在这 15 年里,随着新的电子设备和武器装备的出现,实施了当初制定的"分批改进计划"。

首制舰 CG-47 到"菲律宾海"号（CG-58）装备 SPY-1 或 1A 相控阵雷达，从"普林斯顿"号（CG-59）开始装备 SPY-1B 相控阵雷达；首制舰到第 5 艘舰"托马斯"号（CG-51）装备 Mk-26 导弹发射装置（首尾各 1 座）和"标准"2 舰空导弹；从"文森斯"号（CG-49）开始用 LAMPS III轻型机载多用途系统替代了早期舰的 I 型系统；从第 6 艘舰"邦克山"号（CG-52）以后换装了 Mk-41 导弹垂直发射系统，取代了前 5 艘舰的 Mk-26 臂式导弹发射装置，使得"标准"舰空导弹和"阿斯洛克"反潜导弹的装载量由原来的 68 枚提高到 122 枚，并开始装载具有远程对岸、对海打击能力的"战斧"巡航导弹，大大提高了综合作战能力，从而引领水面舰艇的武器系统发生了一次巨大的变革；"圣哈辛托"号（CG-56）以后的舰加装了 AN/SQQ-89 综合反潜战系统。舰上"密集阵"近程武器系统装备红外跟踪器，用以瞄准近距离的小型飞行器。12 艘舰从 2004 年起装备先进战术"战斧"巡航导弹，增强了对陆攻击能力。

随着"宙斯盾"系统的升级，该级舰的性能也在逐步提升，但并非所有舰都装备了最新的系统，因为经费不足以支撑全面升级改造。在近 40 年的使用过程中，该级舰随着技术进步，结合实际作战需求，各舰的作战能力也逐步拉开了档次，根据任务侧重，可分为防空舰、CEC 舰、BMD 舰等，舰上装备的"宙斯盾"版本、相控阵雷达、声纳系统、AN/SQQ-89 综合反潜战系统、武器系等存在很大差异。

四、对作战的影响

"提康德罗加"级巡洋舰首次装备"宙斯盾"作战系统，使海上防空作战发生了巨大变化。"宙斯盾"作战系统的应用使水面舰艇的 C^3I 系统跨入新阶段，将全舰的各武器系统进行管理、调配、有机地结合，构成了一个快速反应、几乎无需人工干预的作战系统；系统中不但配置了远、中、近防空装备，而且集成了对陆攻击、反舰、反潜等，后来，还增加了弹道导弹防御能力，成为一型全能的水面舰艇。

装备多功能相控雷达，提高了防空作战能力。美国海军从 1969 年开始研制相控阵雷达，1983 年首次在"提康德罗加"号上装备，外观上，最显著的设备是 AN/SPY-1B 雷达天线。该雷达有 4 个固定阵面，每个阵面可覆盖 110°的空域，阵面为八边形，每个阵由 4480 个发射阵元组成，实际工作的发射阵元为 4100 个，接收阵元为 4352 个。每 32 个发射阵元构成一个子阵，所以每个阵面共有 140 个子阵组件，其中 128 个用于发射和接收，8 个只用于接收，4 个用于电子对抗。AN/SPY-1 雷达的探测距离远，对非隐身飞机的探测距离超过 400km，波束发射由计算机控制，可在几微秒或更短时间内使波束指向指定的方向。该雷达还具有良好的抗干扰性，借助于计算机能根据实际环境确定最佳的工作方案，灵活控制波束和合理调节分配功率。AN/SPY-1 雷达可通过"宙斯盾"系统直接为舰载武器系统的目标照射雷达提供目标指示数据，以导引"标准"舰空导弹，缩短了对空防御系统的反应时间。该级舰早期装备"标准"2 中程舰空导弹，射程 74km，现在装备"标准"2 Block ⅢB 导弹，射程增加到 176km，对空防御范围进一步扩大。

装备综合反潜战系统，提高了反潜作战能力。舰上装备 AN/SQQ-89 综合反潜作战系统，它既是独立的反潜作战系统，又是"宙斯盾"作战系统的组成部分。系统的主要探测手段是 AN/SQS-53B/C 舰壳声纳系统和拖曳阵声纳。AN/SQS-53B/C 声纳系统是一型高功率的远程声纳系统，可探测、跟踪和识别水下目标，进行水下通信，对抗音响水中武器，能测出目标的距离、方位和深度。该型声纳有水面波道、海底多次发射和会聚三种工作方式。舰上配备了"阿斯洛克"反潜导弹和鱼雷等反潜武器，在确定目标位置后，可利用"阿斯洛克"反潜导弹实施远程攻击。

装备"战斧"巡航导弹，提高了对陆攻击能力。过去，水面舰艇的对陆攻击主要是依靠舰炮打击，后来有了舰载机，但当敌方拥有严密的防空火力网时，舰载机突击难免遭受损失。因此，美国海军为水面舰艇研制了"战斧"巡航导弹，使水面舰艇的火力覆盖范围从舰炮的几十千米延伸到 1600～2500km（图 10-15）。战时，可利用该导弹先期摧毁敌方的重要军事设施和地面防空火力网，为舰载机扫清障碍。

图 10-15　Mk-41 导弹垂直发射装置与"战斧"导弹发射

装备导弹垂直发射系统，提高了综合作战能力。从第 6 舰"邦克山"号开始装备 Mk-41 导弹垂直发射系统，全舰共可携带 122 枚各型导弹，发射速度为每秒 1 枚，比原来的 Mk-26 悬臂式发射装置提高了数倍，且不用装填，可对付饱和攻击。该发射系统还可"战斧""海麻雀""阿斯洛克"等多型导弹，既减少了舰面系统的布置，也实现了舰载武器的统一管理、统一控制。

第四节 "阿利·伯克级"驱逐舰

美国海军为了加强航母战斗群的对空防御能力，1983—1994 年建造了 27 艘"提康德罗加"级巡洋舰，该级舰装备"宙斯盾"作战系统，大幅提升了美国海军的综合作战能力；但也存在许多先天不足的缺憾，为了减轻重量、降低重心使用了大量铝合金材料，没有像以往巡洋舰那样的重装甲防护，而且该级舰的造价很高，限制了大批量建造。为了以取代当时即将退役的"亚当斯"级等舰队防空舰，美国海军决定建造一级作战能力相当"提康德罗加"级巡洋舰 75%，建造费用尽可能低的"宙斯盾"驱逐舰，这就是"阿利·伯克"级驱逐舰（图 10-16）。

图 10-16 "阿利·伯克"级"希金斯"号驱逐舰

一、发展背景

1981年，里根任美国总统后，开始加大对海军建设的投入，为在美苏对抗中抢占优势，积极推行"海上计划2000"（"前进战略"），加上国会对海军以"高低搭配"策略发展的"佩里"级护卫舰持否定态度，众议院武装部队委员会明确表示不支持以经济性为由牺牲作战性能的设计理念。海军部长小莱曼上任伊始就抛出了著名的"600艘舰艇"海军发展计划，并提出组建以15艘航母和4艘战列舰为核心的19个战斗群。美国海军当时的驱逐舰规模不足以支撑这一庞大的计划。为此，美国需要建造一批数量可观的驱逐舰，主要用于伴随航母战斗群和水面行动战斗群遂行对空、对海和对潜作战，着重担负空防任务，以对付反舰导弹对战斗群形成的空中威胁。这一背景为"阿利·伯克"级驱逐舰的发展提供了巨大空间。

"阿利·伯克"级驱逐舰现有三型舰，Ⅰ型舰的设计、建造始于20世纪80年代中期。首舰DDG-51于1980年度进行概念设计，1981年度开始初步设计。1983年度完成初步设计，1988年12月，首舰"阿利·伯克"号开工建造，1989年9月下水，1991年2月28日完工，交付海军使用。3型舰的建造数量：Ⅰ型建造21艘，Ⅱ型7艘（Ⅰ型和Ⅱ型舰在技术性能和武器配备上大体相同），ⅡA型计划建造47艘（表10-8和表10-9）。

表10-8 "阿利·伯克"级Ⅰ型和Ⅱ型驱逐舰同级舰

舰　名	舷号	建造厂	开工时间	下水时间	服役时间
"阿利·伯克"	DDG-51	巴斯钢铁公司	1988.12.6	1989.9.16	1991.7.4
"约翰·巴里"	DDG-52	英格尔斯船厂	1990.2.26	1991.5.10	1992.12.12
"保罗·琼斯"	DDG-53	巴斯钢铁公司	1990.8.8	1991.10.26	1993.12.18
"柯蒂斯·威勃"	DDG-54	巴斯钢铁公司	1991.3.12	1991.5.16	1994.3.19
"斯托特"	DDG-55	英格尔斯船厂	1991.8.8	1992.10.16	1994.8.13
"约翰·麦凯恩"	DDG-56	巴斯钢铁公司	1991.9.3	1992.9.28	1994.7.2
"米切尔"	DDG-57	英格尔斯船厂	1992.2.12	1993.5.7	1994.12.10
"拉布恩"	DDG-58	巴斯钢铁公司	1992.3.23	1993.2.20	1995.3.18
"拉塞尔"	DDG-59	英格尔斯船厂	1992.7.24	1993.10.20	1995.3.20
"保罗·汉密尔顿"	DDG-60	巴斯钢铁公司	1992.8.24	1993.7.24	1995.3.27
"拉梅奇"	DDG-61	英格尔斯船厂	1993.1.4	1994.2.11	1995.7.22
"菲茨杰拉德"	DDG-62	巴斯钢铁公司	1993.2.9	1993.6.29	1995.10.14
"斯特德姆"	DDG-63	英格尔斯船厂	1993.5.11	1994.6.17	1995.10.21

（续）

舰　名	舷号	建造厂	开工时间	下水时间	服役时间
"卡尼"	DDG-64	巴斯钢铁公司	1993.8.3	1994.7.23	1996.4.13
"本福尔德"	DDG-65	英格尔斯船厂	1993.9.27	1994.11.9	1996.5.30
"冈萨雷斯"	DDG-66	巴斯钢铁公司	1994.2.3	1995.2.18	1996.10.12
"科尔"	DDG-67	英格尔斯船厂	1994.2.28	1995.2.10	1996.6.8.
"沙利文"	DDG-68	巴斯钢铁公司	1994.7.27	1995.8.12	1997.4.19
"米利厄斯"	DDG-69	英格尔斯船厂	1994.8.8	1995.8.1	1997.11.23
"霍珀"	DDG-70	巴斯钢铁公司	1995.2.23	1996.1.6	1997.9.6
"罗斯"	DDG-71	英格尔斯船厂	1995.4.10	1996.3.22	1997.6.28
"马汉"	DDG-72	巴斯钢铁公司	1995.8.17	1996.6.29	1998.2.14
"德凯特"	DDG-73	巴斯钢铁公司	1996.1.11	1996.11.10	1998.8.29
"麦克福尔"	DDG-74	英格尔斯船厂	1996.1.26	1997.1.18	1998.4.25
"唐纳德·库克"	DDG-75	巴斯钢铁公司	1996.7.9	1997.5.3	1999.12.4
"希金斯"	DDG-76	巴斯钢铁公司	1996.11.24	1997.10.4	1999.4.24
"奥卡纳"	DDG-77	巴斯钢铁公司	1997.5.5	1998.3.28	1999.10.23
"波特"	DDG-78	英格尔斯船厂	1996.12.2	1997.11.12	1999.3.20

表10-9　"阿利·伯克"级ⅡA型驱逐舰同级舰

舰　名	舷号	建造厂	开工时间	下水时间	服役时间
"奥斯卡·奥斯汀"	DDG-79	巴斯钢铁厂	1997.10.9	1998.11.7	2000.8.19
"罗斯福"	DDG-80	英格尔斯造船	1997.12.15	1999.1.10	2000.10.14
"温斯顿·丘吉尔"	DDG-81	巴斯钢铁厂	1998.5.7	1999.4.17	2001.3.10
"拉森"	DDG-82	英格尔斯造船	1998.8.24	1999.10.16	2001.4.21
"霍华德"	DDG-83	巴斯钢铁厂	1998.12.9	1999.11.20	2001.10.20
"巴尔克利"	DDG-84	英格尔斯造船	1999.5.10	2000.6.21	2001.12.8
"麦坎贝尔"	DDG-85	巴斯钢铁厂	1999.7.15	2000.7.2	2002.8.17
"肖普"	DDG-86	英格尔斯造船	1999.12.13	2000.11.22	2002.6.22
"梅森"	DDG-87	巴斯钢铁厂	2000.1.20	2001.6.23	2003.4.12
"普雷贝尔"	DDG-88	英格尔斯造船	2000.6.22	2001.6.1	2002.11.9
"马斯廷"	DDG-89	英格尔斯造船	2001.1.15	2001.12.12	2003.7.26
"查菲"	DDG-90	巴斯钢铁厂	2001.4.12	2002.11.2	2003.10.18
"平克尼"	DDG-91	英格尔斯造船	2001.7.16	2002.6.26	2004.5.29

（续）

舰　　名	舷号	建造厂	开工时间	下水时间	服役时间
"莫姆森"	DDG-92	巴斯钢铁厂	2001.11.16	2003.7.19	2004.8.28
"钟云"	DDG-93	英格尔斯造船	2002.1.14	2002.12.15	2004.9.18
"保罗·尼采"	DDG-94	巴斯钢铁厂	2002.9.17	2004.4.3	2005.3.5
"詹姆斯·威廉斯"	DDG-95	英格尔斯造船	2002.7.15	2003.6.25	2004.12.11
"班布里奇"	DDG-96	巴斯钢铁厂	2003.5.7	2004.10.30	2005.11.12
"哈尔西"	DDG-97	英格尔斯造船	2003.2.5	2004.1.9	2005.7.30
"福里斯特·舍曼"	DDG-98	英格尔斯造船	2003.8.12	2004.6.30	2006.1.28
"法拉格特"	DDG-99	巴斯钢铁厂	2004.1.7	2005.7.9	2006.6.10
"基德"	DDG-100	英格尔斯造船	2004.3.1	2004.12.15	2007.6.9
"格里德利"	DDG-101	巴斯钢铁厂	2004.7.30	2005.12.28	2007.2.10
"桑普森"	DDG-102	巴斯钢铁厂	2005.3.14	2006.9.17	2007.11.3
"特鲁斯顿"	DDG-103	英格尔斯造船	2005.4.11	2007.4.17	2009.4.25
"斯特雷特"	DDG-104	巴斯钢铁厂	2005.11.17	2007.5.20	2008.8.9
"杜威"	DDG-105	英格尔斯造船	2006.10.4	2008.6.18	2010.3.6
"史托戴尔"	DDG-106	巴斯钢铁厂	2006.8.10	2008.2.24	2009.4.18
"格雷夫利"	DDG-107	英格尔斯造船	2007.11.26	2009.3.30	2010.11.20
"韦恩·E.迈耶"	DDG-108	巴斯钢铁厂	2007.5.17	2008.10.19	2009.10.10
"贾森·邓汉"	DDG-109	巴斯钢铁厂	2008.4.11	2009.8.2	2010.11.13
"威廉·P.劳伦斯"	DDG-110	英格尔斯造船	2008.9.16	2009.12.15	2011.6.4
"斯普鲁恩斯"	DDG-111	巴斯钢铁厂	2009.5.14	2010.6.6	2011.10.1
"迈克尔·墨菲"	DDG-112	巴斯钢铁厂	2010.6.12	2011.5.8	2012.10.6
"约翰·芬"	DDG-113	英格尔斯造船	2013.11.18	2015.3.28	2017.7.15
"拉夫·詹森"	DDG-114	英格尔斯造船	2014.9.12	2015.12.12	2018.3.24
"拉斐尔·比拉达"	DDG-115	巴斯钢铁厂	2014.10.19	2015.11.1	2017.9.29
"汤马士·哈德拿"	DDG-116	巴斯钢铁厂	2015.11.6	2017.4.23	2018.12.3
"保罗·伊格内修斯"	DDG-117	英格尔斯造船	2015.9.11	2016.11.11	2019.7.27
"丹尼尔·井上"	DDG-118	巴斯钢铁厂	2018.5.14	2019.6.22	2021
"德尔波特·布莱克"	DDG-119	英格尔斯造船	2016.5.23	2017.9.8	2020
"卡尔·M.莱文"	DDG-120	巴斯钢铁厂	2019.2.1	2020	2021
"小弗兰克·E.彼德森"	DDG-121	英格尔斯造船	2017.2.13	2018.7.13	2021
"约翰·巴斯隆"	DDG-122	巴斯钢铁厂	2020.1.10	2020	2021

（续）

舰　　名	舷号	建造厂	开工时间	下水时间	服役时间
"莱纳·H.苏特克利夫·希格比"	DDG-123	英格尔斯造船	2017.11.14	2020	2021
"小哈维·C.巴纳姆"	DDG-124	巴斯钢铁厂	2020	2021	2022
"帕特里克·加拉赫"	DDG-127	巴斯钢铁厂	2020	2021	2023

苏联解体后，对美国海军而言，海上威胁环境发生了变化，加之军费开支的削减，美国海军决定ⅡA型舰在Ⅱ型（图10-17）的基础上进行规模较小的改进。而且，当时美国海军调整了其海上战略，所以ⅡA（图10-18）型的设计思想主要是满足沿海战任务的需求，在设计上侧重大续航力、浅海水域反水雷能力、对陆打击能力、联合作战能力四个方面的作战能力。其主要作战使命是以未来沿海战环境为主，既能独立作战，也能与航母战斗群、两栖戒备大队中承担防空、对海、反潜和对岸陆打击等作战任务。首舰"奥斯汀"号(DDG79)于1997年10月开建，2000年服役。

图10-17 "阿利·伯克"级"希金斯"号驱逐舰

图10-18 "阿利·伯克"级"钟云"号驱逐舰（上层建筑与Ⅱ型舰有所不同）

二、技术特点

受建造成本限制，在进行船体设计时，尽可能采用了小型化的船体，而且为了优先考虑在舰桥上布置 SPY-1D 雷达天线，在总体布置方面，包括水线以上的主船体、烟囱等上层建筑结构、武器配置等都不同程度地受到了限制。

在总体布置方面，"阿利·伯克"级Ⅰ型和Ⅱ型长 153.8m，水线长 142m，水线宽 18m，最大宽度 20.3m，长宽比 7.9，吃水 6.7m。ⅡA 型的舰长因增设机库，增加了 1.5m，为 155.3m。为了确保安装 SPY-1D 雷达的上层建筑有足够的宽度，上甲板的最大宽度与水线比达到了 6.96，从保持推进性能的角度讲，主船体也不得不采取较大的倾斜。另外，舰桥、上层建筑、烟囱的倾斜也取决于天线的射界和安装角度，这种倾斜形状恰好非常有助于降低雷达反射面积，提高雷达隐身性能。在初期设计方案中，该舰采用桁格桅，为了进一步提高隐身性能，改成了现在的三角桅（表 10-10 和表 10-11）。

表 10-10 "阿利·伯克级"Ⅰ型和Ⅱ型驱逐舰技术性能

满载排水量	8364t，8814t（DDG-72~78）
主尺度	153.8m（长）×20.3m（宽）×6.7m（吃水）
航速	32kn
续航力	4400n mile/20kn
动力装置	2 台 LM2500 燃气轮机，功率 80000hp（59.7MW），双轴
导弹	Mk-41 导弹垂直发射装置，96 单元，其中 90 单元装载导弹；"战斧"巡航导弹、八联装"鱼叉"反舰导弹发射装置，射程为 240km，速度为马赫数 0.9；"标准"2Block ⅢB，射程为 174km，速度为马赫数 2.5；"标准"3Block1A，射程为 1200km，速度为马赫数 3；"标准"6，射程为 370km，速度为马赫数 3.5；RIM-162A 改进型"海麻雀"，射程为 55km，速度为马赫数 3.6，战斗部质量为 38kg；"阿斯洛克"反潜导弹，射程为 16.6km，战斗部为 Mk46 或 Mk50 鱼雷
舰炮	2 座 Mk-45 Mod1/2127 毫米舰炮，射程为 23km，射速为 20 发/min；2 座 Mk-15Block1B20 毫米 6 管"密集阵"近防武器系统，射速为 4500 发/min；2 挺机枪
鱼雷	2 座三联装 Mk32 Mod14 鱼雷发射装置，备 36 枚 Mk46Mod5 反潜鱼雷，航程为 11km，航速为 40kn；或 Mk50 鱼雷，航程为 15km，航速为 50kn
武器控制系统	SWG-3 控制"战斧"，SWG-1A 控制"鱼叉"、Mk7Mod4 多目标跟踪，Mk-99 火控；Mk-116Mod6（53B 声纳）或 Mod7（53C 声纳）反潜火控系统；Mk-86Mod9 控制舰炮
雷达	SPY-1D 相控阵，E/F 波段；SPS-67(V)3(DDG-51~71)或 SPS-67(V)5(DDG-72~78)，G 波段；SPS-73(V)12 导航，I 波段；SPG-62 照射，I/J 波段；URN-25 塔康；UPX-29 敌我识别
声纳	SQQ-89（V）6 或 SQQ-89（V）15 综合反潜战系统；SQS-53C 舰壳；SQR-19B 拖曳阵
电子战	SLQ-32(V)2（DDG-51~67）或 SLQ-32A（V）3（DDG-68~78），或 SLQ-32A（V）2；有的舰装备 SLQ-59；SRS-1D（从 DDG-72 开始装）；综合电子支援系统：AN/SRS-1A（V）战斗测向系统；个别舰装备舰船信号采集装备（SSEE）的 E 型号或 F 型号

(续)

对抗系统	Mk-36 Mod2SRBOC6；SLQ-25C 鱼雷诱饵；Mk-53 Mod7"努尔卡"诱饵发射装置
战斗数据系统	CEC 系统；卫通 SRR-1，WSC-3（UHF）、WSC-38（EHF）、USC-38（EHF）、WSC-9（NMT）；SQQ-28 用于 LAMPS 的直升机数据链；TADIXB 战术信息交换系统；NIFC-CA
舰载机	2 架 SH-60BLAMPSⅢ
人员编制	286（DDG-63，DDG51～62、64～71），283（DDG-72～78），其中 25 名军官

表 10-11 "阿利·伯克"级ⅡA 型驱逐舰技术性能

满载排水量	9880t
主尺度	155.3m（长）×17.98m（宽）×6.7m（吃水），9.8m（声纳罩）
航速	31kn
续航力	4400n mile/20kn
动力装置	2 台 LM2500-3D 燃气轮机，功率为 100000hp（74.6MW），双轴
导弹	Mk-41 导弹垂直发射装置，96 单元； "战斧"巡航导弹； "标准"2Block ⅢB，射程为 174km，速度为马赫数 2.5； "标准"3BlockIA，射程为 1200km，速度为马赫数 3； "标准" 6，射程为 370km，速度为马赫数 3.5； RIM-162A 改进型"海麻雀"，射程为 55km，速度为马赫数 3.6，战斗部质量为 38kg； "阿斯洛克"反潜导弹，射程为 16.6km，战斗部为 Mk46 或 Mk50 鱼雷
舰炮	2 座 Mk-45 Mod21 27mm 舰炮（DDG79/80），射程为 23km，射速为 20 发/min；Mk-45Mod4127/62 舰炮（DDG-81 以后的舰）；2 座 Mk-15Block1B 20mm 6 管"密集阵"近防武器系统（DDG-82 以后的舰装 1 座）
鱼雷	2 座三联装 Mk32 Mod14 鱼雷发射装置，备 36 枚 Mk46Mod5 反潜鱼雷，航程为 11km，航速为 40kn，或 Mk50 鱼雷，航程为 15km，航速为 50kn
武器控制系统	SWG-4 或 SWG-5 控制"战斧"，SWG-1A 控制"鱼叉"，Mk-99 Mod3 火控；Mk-116 Mod7 反潜火控系统；Mk-86 Mod9 控制舰炮
雷达	SPY-1D/1D（V）（DDG-91 以后）相控阵，E/F 波段；SPS-67（V）5（DDG-79～118，G 波段；SPQ-9B（DDG-119～124，127），I 波段；SPS-73(V)12 导航（DDG-79～89、91～93），I 波段；斯伯里海事公司"舰桥管理者"（DDG-90、94～124、127），I 波段；SPG-62 照射，I/J 波段；URN-25 塔康；UPX-29MkⅡ敌我识别器
声纳	SQQ-89（V）15 综合反潜战系统；SQS-53C 舰壳，中频主动搜索（升级）；多功能拖曳阵列（MFTA）（DDG-79～90、93～95、97、99、101、102、113）
电子战	SLQ-32（V）2（DDG-51～67）或 SLQ-32（V）3（DDG-68～78），或 SLQ-32A（V）2；有的舰装备 SLQ-59；SRS-1D（从 DDG-72 开始装）；综合电子支援系统：AN/SRS-1A（V）战斗测向系统（DDG-79-95）；通信电子支援措施系统(COBLU)(DDG-96～104)；舰船信号采集装备（SSEE）增量 E（DDG-105～112）、增量 F（DDG-113 和指定舰）
对抗系统	Mk-36 Mod2SRBOC6；SLQ-25C 鱼雷诱饵；Mk-53 Mod7"努尔卡"诱饵发射装置（DDG-91 以后）、SLQ-25A 鱼雷诱饵；Mk-59 诱饵；北约"海蚊"反导诱饵系统、SLQ-95AEB 诱饵装置；SLQ-39 金属箔条干扰
战斗数据系统	TADIXB 战术信息交换系统、CEC 系统；Link-4A、Link-11、Link-16 或 Link-22 数据链；卫通 SRR-1，WSC-3（UHF）、WSC-38（EHF）、USC-38（EHF）、WSC-9（NMT）；NIFC-CA
舰载机	2 架 MR-60R
人员编制	329 人（其中军官 32 人）

为了确保雷达天线的射界，"阿利·伯克"级ⅡA 型后部的直升机平台降低

了一层甲板,"阿利·伯克"级Ⅰ型和Ⅱ型舰在设计时也考虑了甲板高度、预备浮力等要素。另外,考虑到推进效率,舰尾的水线以下部分采用了楔形结构。虽然在设计时也充分考虑了直升机的起降问题,但是ⅡA型舰以前的舰都没有装稳定鳍,大概是由于早期建造的舰主要用于伴随航母战斗群行动,不会像其他国家海军那样对高海情下起降有严格的要求。

该级舰的粗壮型船体在美国海军造舰史上极为罕见,曾有人怀疑它在高海情下是否能保持高速航行,但多年的使用情况证明,这种设计是成功的,也没有发生与船体相关的故障。按设计要求,该级舰在各种状态下,可抵抗横向100kn的风速,在舰全长15%受损(进水)的情况下,仍能保持稳定性。

"阿利·伯克"级的船体结构基本沿用了"斯普鲁恩斯"级的设计,结构材料也大体相同,只是上层建筑没有采用铝合金。不过,由于受到排水量的限制,为了降低重心,烟囱和桅杆不得已采用了铝合金材料。主船体没有采用装甲防护,只是在战术情报中心、AN/SPY-1D雷达系统相关舱室等重要区域采用了双层结构和加装凯夫拉材料等措施,以抵御反舰导弹的攻击,减少受损程度。据说"阿利·伯克"级Ⅰ型舰装的凯夫拉材料的用量达130~150t。

除了AN/SPY-1D雷达的配置以外,该舰在主机、主电机的设计、配置等方面与"斯普鲁恩斯"级基本相同。从舰桥到烟囱部位的上层建筑,受雷达射界的限制,与以往驱逐舰的设计有较大的不同。由于前后布置了垂直发射装置,舰尾直升机平台又降低了一层甲板,所以舰内容积的裕度很小。加之,"宙斯盾"系统相关舱室占地很多,导致人均居住面积没有大的改善。

"阿利·伯克"级ⅡA型舰集中体现了美国海军冷战后重视沿海作战的战略思想,与前两型舰相比,在设计上有较大的变更。首先是增设了直升机库。"阿利·伯克"级Ⅰ型舰出于当时的任务需求和费用的考虑,没有设置直升机库。"阿利·伯克"级ⅡA型舰设计了双机库,设置了直升机回收与安全移动系统,以及控制台、航空车间、弹药库、储藏室和办公室等航空用舱室,可搭载2架SH-60B直升机,并为其提供维修和弹药再装填等保障,从而大大提高其在沿海作战中的综合作战能力。而且,除能够对本舰直升机执行的反潜任务提供支援外,当其他军兵种直升机在海上执行联合作战任务时,也能从该舰上起降、加油和装填弹药。为了确保增设机库以后的雷达射界,后部AN/SPY-1D雷达天线的布置位置提升了一层甲板的高度,由于增加直升机库及其相关设备,AN/SQR-19B拖曳声纳被取消,其舱室也被航空设备所占据。

该型舰加强了舰底部结构和舱壁的抗爆炸冲击能力。为了抵消因增设直升机库等设施引起的重心上移,在舰底壳体部分增大了板材和扶强构件的尺寸,以往为了降低舰的重心多采用铅压载的方法。爆炸物在舰内外爆炸时会产生强烈气浪超压，对舰体损伤造成毁伤，抗冲击舱壁明显提高舰体的承受能力。

"阿利·伯克"级ⅡA型舰取消了舰上高压空气系统，从而节省了相应的费用。在设计时研究了若干个向高压空气用户设备供气的方案。为便于应急，采用辅助动力装置向其动机提供抽气，隐蔽地起动舰上燃气轮机发电机。装置分别安装在发电机上面的减震箱体内，由集中控制舱完成对各个机旁控制面板的控制。

三、改装情况

"阿利·伯克"级ⅡA型舰主要技术性能和装备与第一代"阿利·伯克"级Ⅰ、Ⅱ型相差不是很大（图10-19），不过，新造舰的"宙斯盾"系统版本为当时最新的，"阿利·伯克"Ⅰ型、Ⅱ型舰在大修时，根据需要换装了新版本的"宙斯盾"，有的舰增加了弹道导弹防御功能。三型舰除了排水量和舰长度的增加以便提高负载和人员活动空间以外，还表现在综合作战能力全面提高上。

图10-19 "阿利·伯克"级"奥斯卡·奥斯汀"号ⅡA型驱逐舰上层建筑的正面

一是设置直升机库。"阿利·伯克"级Ⅰ型、Ⅱ型出于20世纪80年代的任务需求和费用约束的考虑，舰上没有设置直升机库，而"阿利·伯克"级ⅡA型舰新增设了直升机机库，可搭载2架SH-60B直升机，并增加了维护和弹药存储、装填等保障设施，从而大大提高其在沿海战中的综合作战能力。

二是增加舰载导弹数量。"阿利·伯克"级Ⅰ型、Ⅱ型前后两组垂直发射系统各有1部占3个发射单元的导弹吊装机，但导弹在海上吊装费时费力，得不偿失，后被取消。装载导弹的单元数量由"阿利·伯克"级Ⅰ型、Ⅱ型的90个增加到96个，增强了舰的攻防作战能力。

三是换装更先进的AN/SPY-lD(V)相控阵雷达，并在该系统中综合进Link-16数据链，在移动目标指示器设计方面有许多重要创新，满足本舰与战斗群其他兵力单元之间数据传输的要求，进一步增强本舰在沿海战中的联合作战能力。

四是应用更先进的电子战武器。用具有拦截和干扰双重功能的 AN/SLQ-32（V）3型电子战系统，取代了"阿利·伯克"级Ⅰ型、Ⅱ型装备的仅仅具有干扰能力的AN/SLQ-32（V）2型电子战系统，增强了该舰在沿海战中的自防御能力。

五是配备更先进的改进型"海麻雀"舰空导弹，该型导弹在1个Mk-41垂直发射单元内可以装载4枚，相应增加了导弹的搭载数量。从DDG-83舰开始不再装"密集阵"近防武器系统和"鱼叉"反舰导弹。不过，根据美国海军最近提出的"分布式海上作战"概念，今后有可能装备"战斧"Block VA或"海军打击导弹"。

六是为适应沿海作战的需要，增设"王渔船"探雷声纳。

四、对作战的影响

在目标探测方面，"阿利·伯克"级的探测系统主要由AN/SPY-1D相控阵雷达、AN/SPS-67对海搜索雷达、AN/SQS-53C舰壳声纳、AN/SQR-19B型拖曳阵声纳等组成。"阿利·伯克"级ⅡA型驱逐舰中，从DDG-94号开始换装了更适合近海作战的AN/SPY-1D（V）相控阵雷达。该雷达是AN/SPY-1D的发展型，主要增强了对付沿海海区目标的探测能力，尤其是提高了抗背景杂波性能和弹道导弹探测、跟踪能力。

"阿利·伯克"级驱逐舰的防空反导武器系统由AN/SPY-1D多功能相控阵雷达、Mk2指挥和决策系统、Mk8武器控制系统、Mk-99 Mod3导弹火控系统、Mk41垂直发射装置、"标准2"Bloc·KⅢB（有的舰装备"标准"3/6导弹）、改进型"海麻雀"导弹、AN/SLQ-32（V）3电子战系统以及"密集阵"近程武器系统等构成，具备强大的区域防空和点防御能力，可为航母编队提供坚实有效的对空防护，目前的航母打击群之所以只编配少量的护航舰艇，与该级舰的性能有直接关系。1 艘"阿利·伯克"级驱逐舰相当几艘"亚当斯"级的作战能力。现在部分舰还新增了 CEC 和 NIFC-CA 系统，防空能力进一步提高。

"阿利·伯克级"驱逐舰具有很强的反潜作战能力。舰载 AN/SQQ-89（V）6/10（现在有些舰装备了(V) 15 版本）综合反潜战系统对潜搜索主要使用 AN/SQS-53C 舰壳声纳、AN/SQR-19 拖曳线列阵声、装备 LAMPS Ⅲ 系统的 SH-60（现换装了 MH-60R）反潜直升机的声纳系统。AN/SQS-53C 舰壳声纳是当前美国海军水面舰艇使用的现代化程度很高的主/被动数字化舰壳声纳，其使命任务是远距离探测潜艇，作用距离满足鱼雷和反潜导弹的射击要求。直接声传播时其作用距离为 18～28km；利用海底反射时为 28～37km；利用会聚区时为 56～65km。该声纳是 AN/SQQ-89 水面舰艇综合反潜战系统的主要声纳之一，1994 年在该系统中又加进了 AN/UYS-2 增强型模块信号处理器；1995 年，为加强其在浅海的作战能力，AN/SQS-53C 改成开放式系统结构。AN/SQR-19 拖曳线列阵声纳，其探测距离为 130km。攻潜武器主要有两种：一是垂直发射的"阿斯洛克"反潜导弹，其射程为 1.6～10km（见图 10-20）；二是 Mk46 Mod5 或 Mk50 型管装鱼雷，Mk46 Mod5 鱼雷航速 40kn 时的航程为 11km（图 10-21）。

图 10-20　发射"阿斯洛克"反潜导弹，前面是 Mk45 Mod5 127mm 舰炮

图 10-21　Mk46 鱼雷从 Mk32 鱼雷发射装置中发射

对陆、对海作战方面，"阿利·伯克"级驱逐舰装备有"战斧"BlockⅢ（图 10-22）或Ⅳ巡航导弹，巡航高度为 15～100m，采用地形匹配导航系统制导；带常规弹头时，射程超过 1600km，圆概率误差 10m，具有很强的对岸基目标的攻击能力。过去，曾装反舰型"战斧"巡航导弹，射程为 460km，战斗部质量为 454kg，由预警机进行超视距探测和中继制导。未来将装备"战斧"Block VA 型远程反舰导弹。早期的"阿利·伯克"级Ⅰ型、Ⅱ型舰装备 2 座四联装"鱼叉"反舰导弹，"阿利·伯克"级ⅡA 型舰平时不装反舰导弹。

电子战方面，"阿利·伯克"级的电子战系统主要包括 AN/SLQ-32（V）2/3 型电子对抗和电子干扰系统、Mk36 箔条发射装置、AN/SLQ-25B 型鱼雷诱饵、敌我识别系统。AN/SLQ-32（V）3 是美国目前大量装备的先进电子战系统，主要用于对付反舰导弹。它的最大特点是：采用功率管理，可以同时对多个目标进行有源干扰，并且通过功率合成把有源干扰的有效辐射功率提高几十倍。从"阿利·伯克"级Ⅱ型舰开始装备先进的 AN/SLY-2 综合电子战系统。该系统在沿岸环境中采用了分层电子对抗方式，它将所有"软杀伤"系统都连接到舰艇的对空防御系统中。研制过程分为两个阶段：第一阶段是引入被动电子支援功能，并使用精确测向天线、改进的发射器识别装置和高截获概率子系统，具有精确的测向性能。此外还将综合进 Mk53 诱饵发射系统以及 Mk214、Mk216、Mk34"纳尔卡"和 Mk245"巨人"舰外对抗措施；第二阶段将引入先进的射频/红外电子攻击子系统和舰载/舰外协同电子攻击控制软件。

第十章 航母打击群主要作战平台

图 10-22 "战斧" Block Ⅲ 巡航导弹

AN/SLQ-25B 型鱼雷诱饵系统作战使用时，从舰尾拖放，浮体发出的噪声可淹没舰艇推进装置的噪声，使敌方声制导鱼雷偏离航向。AN/SLQ-25B 的核心是一套多传感器鱼雷识别及告警处理器，它可根据来自各种传感器的信息显示鱼雷来袭情况。除了原有的舰壳声纳、拖曳阵声纳、声纳浮标以外，诺斯罗普·格鲁曼公司还为 AN/SLQ-25B 系统研制了新的探测/干扰设备，其中包括拖曳式音响对抗系统（TAC）和拖曳阵传感器（TAS）。二者利用缆线拖曳在舰后方，通过光纤连接舰上的 MSTRAP 系统，前者可以发出假音响或音响回迹干扰主/被动寻的鱼雷，后者是一个专门探测鱼雷的声纳。

第五节 "洛杉矶"级攻击型核潜艇

20 世纪六七十年代，苏联海军潜艇快速发展，并研制建造了多型专用于攻击航母编队的飞航导弹核潜艇，美国感到了巨大的威胁，并且认为以前建造的"鲟鱼"级潜艇在战时很难应对苏联海军高航速、大潜深的核潜艇，于是针对苏联核潜艇的威胁，发展了"洛杉矶"级攻击型核潜艇（图 10-23）。

图 10-23 美国海军"洛杉矶"级攻击型核潜艇

一、发展背景

20 世纪 60 年代末，苏联核潜艇的战术技术性能已逐渐接近美国、数量超过美国，其特点是航速高、潜深大、武器多、威力大，特别是装备 SS-N-7 飞航导弹的苏联 C 级核潜艇对美国航母作战编队构成严重威胁。美国海军认为应对这种威胁的最有效方法是将攻击型核潜艇部署在航母编队的前面，为航母航渡提供安全保障；在航母驻泊，或进入作战区域后，在航母周围巡逻，击退伺机攻击航母编队的敌潜艇。因为这些核潜艇要随编队行动，所以对核潜艇的战术性能有很高的要求，此前发展的几型攻击型核潜艇已难以对付苏联的飞航导弹核潜艇和攻击型核潜艇。为此，美国海军决定论证如何提高核潜艇性能，并依据研究成果研制新一代攻击型核潜艇。

在新一代攻击型核潜艇的需求论证阶段，围绕其性能指标，美国海军方曾有过"高速"型和"安静"型的方案之争。高速派的代表人物是时任美国海军反应堆办公室主任海军中将海曼·乔治·里科弗，他认为美国必须尽快研制出在总体性能方面比苏联潜艇更先进的核潜艇，主张新一代攻击型核潜艇的研制重点应放在如何提高水下最高航速上。1964年4月，里科弗指示通用电船公司作出一个新一代攻击型核潜艇的初步方案。7月，里科弗将方案提交给时任海军潜艇作战部队司令威尔金森少将。

安静派的代表是麦克纳马拉和海军海上系统司令部，他们主张发展一种更宜居的安静攻击型核潜艇，水下最高航速稍低，在美国海军内部称为"康福姆"（CONFORM）。"康福姆"得到多数人认可的原因是，该型具有较小的主尺度，高效的推进装置，并能获得相对较高的水下航速，这些优点对潜艇作战部队和设计师来说颇具吸引力。

里科弗的设想在当时并未得到多数人的认可，属于少数派，但凭借其在海军核动力领域的威望，力排众议，从实用角度，说服了美国海军作战部长。其理由是使用当时在役核潜艇装备的S5G型反应堆，可以在不增加尺寸的情况下使其功率增大到2×10^4hp，而如果将其装备在新一代核潜艇，采用齿轮减速汽轮机和双螺旋桨推进，再加上"鲟鱼"级的武备系统和"长尾鲨"级的大潜深能力，将会形成一型十分"完美"的核潜艇。于是，海军作战部1966年8月18日拟定了一项有关新型核潜艇的特别研制项目，提出性能超过"鲟鱼"级，航速要更高，装备经过改进的各种先进设备，形成对苏联海军潜艇的优势。1967年4月17日，海军作战部提出一份关于研制新艇的技术分析报告。接着，海军作战部指示相关部门深入开展新一代核潜艇的可行性研究和成本分析。

为验证安静型和高速型的优劣，美国海军决定在"鲟鱼"级潜艇的基础上派生出安静型的"利普斯科姆"号和高速型的"一角鲸"号实验艇。经过实艇验证和探测跟踪试验，美国海军决定批量建造高速型的"洛杉矶"级核潜艇，放弃了安静型的"康福姆"。美国海军的选择并不能简单地归结为"高速"型战胜了"安静"型，应该说是"洛杉矶"级艇较好地处理了高航速和低噪声之间的关系。水下高航速是攻击型核潜艇的重要战术技术指标，因为它关系到潜艇战术使用的完成，关系到攻击和规避的效果，关系到与航母作战编队协同作战等能力。航速高可提高攻击的可能性和命中率，也有助于追踪目标和占领有利阵位，增加敌反潜兵力的作战难度。新研制的潜艇只有具有较好的安静性，才能与苏联的飞航导弹核潜艇进行水下攻防。

1969年3月"洛杉矶"级初步设计工作开始,1969年8月中旬确定了洛杉矶级核潜艇的主尺度。首艇于1972年开工,由美国纽波特纽斯船厂承建,1976年建成服役。该级艇共建造了62艘(图10-24),至1996年全部建成,目前该级艇正逐步被弗吉尼亚级核潜艇所替代,截至2019年底还有28艘在役(表10-12)。

图10-24 美国海军"洛杉矶"级攻击型核潜艇,水平舵移到艇首部

表10-12 "洛杉矶"级攻击型核潜艇同级艇

艇　　名	艇号	开工时间	下水时间	服役时间	退役时间
"洛杉矶"(Los Angeles)	SSN-688	1972.1.8	1974.4.6	1976.11.13	2010.1.23
"巴吞鲁日"(Baton Rouge)	SSN-689	1972.11.18	1975.4.26	1977.6.25	1995.1.13
"费城"(Philadelphia)	SSN-690	1972.8.12	1974.10.19	1977.6.25	2010.6.25
"孟菲斯"(Memphis)	SSN-691	1973.6.13	1976.4.3	1977.12.17	2011.4.11
"奥马哈"(Omaha)	SSN-692	1973.1.27	1976.4.13	1977.12.17	1995.10.5
"辛辛那提"(Cincinnati)	SSN-693	1974.4.6	1977.2.19	1978.6.10	1996.7.29

(续)

艇　　名	艇号	开工时间	下水时间	服役时间	退役时间
"格罗顿"（Groton）	SSN-694	1973.8.3	1976.10.9	1978.7.8	1997.11.7
"伯明翰"（Birmingham）	SSN-695	1975.4.26	1977.10.29	1978.12.16	1997.12.22
"纽约"（New York City）	SSN-696	1973.12.15	1977.6.18	1979.3.3	1997.4.30
"印第安纳波利斯"（Indianapolis）	SSN-697	1974.10.19	1977.7.30	1980.1.5	1998.2.17
"布雷默顿"（Bremerton）	SSN-698	1976.5.8	1978.7.22	1981.3.28	
"杰克逊维尔"（Jacksonville）	SSN-699	1976.2.21	1978.11.18	1981.5.16	
"达拉斯"（Dallas）	SSN-700	1976.10.9	1979.4.28	1981.7.18	
"拉霍亚"（Lajolla）	SSN-701	1976.10.16	1979.8.11	1981.10.24	
"菲尼克斯"（Phoenix）	SSN-702	1977.7.30	1979.12.8	1981.12.19	1998.7.29
"波士顿"（Boston）	SSN-703	1978.8.11	1980.4.19	1982.1.30	1999.1.18
"巴尔的摩"（Baltimore）	SSN-704	1979.5.21	1980.12.13	1982.7.24	1998.7.1
"科珀斯克里斯蒂"（Corpus Christi）	SSN-705	1979.9.4	1981.4.25	1983.1.8	
"阿尔伯克基"（Albuquerque）	SSN-706	1979.12.27	1982.3.13	1983.5.21	
"朴茨茅斯"（Portsmouth）	SSN-707	1980.5.8	1982.9.18	1983.10.1	2004.9.10
"明尼阿波利斯·圣保罗"（Minneapolis·Saint Paul）	SSN-708	1981.1.30	1983.3.19	1984.3.10	2007.6.22
"海曼·里科弗"（Hyman Rickover）	SSN-709	1981.7.24	1983.8.27	1984.7.21	2006.12.14
"奥古斯塔"（August）	SSN-710	1982.4.1	1984.1.21	1985.1.19	2008.1
"旧金山"（San Francisco）	SSN-711	1977.5.26	1979.10.27	1981.4.24	
"亚特兰大"（Atlanta）	SSN-712	1978.8.17	1980.8.16	1982.3.6	1999.1.22
"休斯敦"（Houston）	SSN-713	1979.1.29	1981.3.21	1982.9.25	
"诺福克"（Norfolk）	SSN-714	1979.8.1	1981.10.31	1983.5.21	2014.12.11
"布法罗"（Buffalo）	SSN-715	1980.1.25	1982.5.8	1983.11.5	
"盐湖城"（Salt Lake City）	SSN-716	1980.8.26	1982.10.16	1984.5.12	2006.1.15
"奥林匹亚"（Olympia）	SSN-717	1981.3.31	1983.4.30	1983.11.17	

(续)

艇　　名	艇号	开工时间	下水时间	服役时间	退役时间
"火奴鲁鲁"（Honolulu）	SSN-718	1981.11.10	1983.9.24	1985.7.6	2007.11.2
"普罗维登斯"（Providence）	SSN-719	1982.10.14	1984.8.4	1985.7.27	
"匹兹堡"（Pittsburgh）	SSN-720	1983.8.15	1984.12.8	1985.11.23	
"芝加哥"（Chicago）	SSN-721	1983.1.5	1984.10.13	1986.9.27	
"基韦斯特"（Key West）	SSN-722	1983.7.6	1985.7.20	1987.9.12	
"俄克拉荷马"（Oklahoma）	SSN-723	1984.1.4	1985.11.2	1988.7.9	
"路易斯维尔"（Louisville）	SSN-724	1984.9.16	1985.12.14	1986.11.8	
"海伦娜"（Helena）	SSN-725	1985.3.28	1986.6.28	1987.7.11	
"纽波特纽斯"（Newport News）	SSN-750	1984.3.3	1986.3.15	1989.6.3	
"圣胡安"（San Juan）	SSN-751	1985.8.16	1986.12.6	1988.8.6	
"帕萨迪纳"（Pasadena）	SSN-752	1985.12.20	1987.9.12	1989.2.11	
"奥尔巴尼"（Albany）	SSN-753	1985.4.22	1987.6.13	1990.4.7	
"托皮卡"（Topeka）	SSN-754	1986.5.13	1988.1.23	1989.10.21	
"迈阿密"（Miami）	SSN-755	1986.10.24	1988.11.12	1990.6.30	2014.3.28
"斯克兰顿"（Scranton）	SSN-756	1986.6.29	1989.7.3	1991.1.26	
"亚历山德里亚"（Alexandria）	SSN-757	1987.6.19	1990.6.23	1991.6.29	
"阿什维尔"（Asheville）	SSN-758	1987.1.1	1989.10.28	1991.9.28	
"杰斐逊城"（Jefferson City）	SSN-759	1987.9.21	1990.3.24	1992.2.29	
"安纳波利斯"（Annapolis）	SSN-760	1988.6.15	1991.5.18	1992.4.11	
"斯普林菲尔德"（Springfield）	SSN-761	1990.1.29	1992.1.4	1993.1.9	
"哥伦布"（Columbus）	SSN-762	1991.1.7	1992.8.1	1993.7.24	
"圣菲"（Santa Fe）	SSN-763	1991.7.9	1992.12.12	1994.1.8	
"博伊西"（Boise）	SSN-764	1988.8.25	1990.10.20	1992.11.7	

（续）

艇　　名	艇号	开工时间	下水时间	服役时间	退役时间
"蒙彼利埃"（Montpellier）	SSN-765	1989.5.19	1991.4.6	1993.3.13	
"夏洛特"（Charlotte）	SSN-766	1990.8.17	1992.10.3	1994.9.16	
"汉普顿"（Hampton）	SSN-767	1990.3.2	1991.9.28	1993.11.6	
"哈特福德"（Hartford）	SSN-768	1992.4.27	1993.12.4	1994.12.10	
"托莱多"（Toledo）	SSN-769	1991.5.6	1993.8.28	1995.2.24	
"图森"（Tucson）	SSN-770	1991.8.15	1994.3.19	1995.9.9	
"哥伦比亚"（Columbia）	SSN-771	1993.4.24	1994.9.29	1995.10.9	
"格林维尔"（Greenville）	SSN-772	1992.2.28	1994.9.17	1996.2.16	
"夏延"（Cheyenne）	SSN-773	1992.7.6	1995.4.4	1996.9.13	

二、技术特点

"洛杉矶"级攻击核潜艇沿用了"鲟鱼"级的外形设计，但长宽比更大一些，比"鲟鱼"级更修长。"洛杉矶"级采用拉长水滴形艇体，艇首和艇尾仍然是标准的水滴形，艇首圆钝，设有玻璃钢声纳罩。整个艇体中段为细长的圆柱形。指挥台距艇尾距离较长。艇尾为纺锤形，较尖瘦；垂直舵和水平舵布置呈十字形。水平舵外缘装有长约 1.22m、高 1.83m 的小型垂向稳定鳍（端板）；水下航行时，特别是高速航行时，有利于航行稳定性。

从 1983 财政年度建造的艇开始，首水平舵重新移到艇体上，主要目的是提高冰区的操纵性。该级艇耐压壳体内分为首舱、作战指挥舱、反应堆舱、辅机舱和主机舱。首舱上层为士兵居住舱，下层是水声探测电子仪器舱。指挥舱分成 4 层，设有指挥室、操纵室、作战室、报房、军官室及住室、空调室、厨房、餐厅等（图 10-25），下层甲板还设有鱼雷舱和"鱼叉"导弹设备。该级艇十分重视降噪，从艇体外形到指挥台围壳，从推进装置、辅机到机械减振都采用了大量的降噪、隔声和消声措施，安全作战深度可达 450m。

"洛杉矶"级的另一个特点是指挥台围壳相对较小，且布置在距艏部较近的位置，优点是可降低水下航行阻力。但由于指挥台围壳较小，装在它上面的水平舵没有足够空间转动到垂直位置，使该级核潜艇在北冰洋冰层下的上浮受到限制（图 10-26）。为此，后续艇的围壳舵改为艇首可收缩的水平舵，以保证潜艇在北极海域浮出水面时围壳不至受损。

图 10-25 "洛杉矶"级攻击型核潜艇的驾驶台

图 10-26 "洛杉矶"级攻击型核潜艇的指挥台围壳和水平舵

"洛杉矶"级攻击核潜艇装备 1 台 S6G 型压水反应堆,该反应堆是在美国海军导弹巡洋舰装备的 D2G 型压水堆的基础上改进的。其主要特点:当"洛杉矶"级低速航行时,反应堆可以不必启动一回路中的循环主泵而采用自然循环方式运行,以尽量降低艇上的噪声。但是,当反应堆以高功率运行使核潜艇高速航行时,一回路中的循环主泵必须要启动运行。S6G 型压水堆能够提供 35000hp 的功率,比前几型核潜艇的反应堆增大了 1 倍左右,满足大型攻击型潜艇高速航行的要求。S6G 型压水堆的堆芯工作寿命为 12 年。主机为 2 台蒸汽轮机,通过单轴驱动一个五叶螺旋桨。辅助推进系统是由 1 台电动机驱动 1 个三叶螺旋桨,可以收放于艇壳内。在主推进轴发生故障或低速巡航时,可用辅助推进器航行。

"洛杉矶"级攻击核潜艇配备了较强的攻击武器。艇中部装有4座533mm鱼雷发射管，可以发射Mk48鱼雷、"战斧"巡航导弹、"鱼叉"导弹等武器（图10-25）。Mk48鱼雷是一种既能攻潜又能攻击水面舰艇的多用途鱼雷（图10-27）。Mk48鱼雷从1990年开始装备"洛杉矶"级艇。该级艇上最多可配备26枚由鱼雷管发射的雷、弹，如可配8枚"战斧"和4枚"鱼叉"导弹、14枚鱼雷。1983年开始装备战斧巡航导弹，1978年开始装备"鱼叉"导弹，但从1997年开始从艇上撤除了"鱼叉"导弹，原因是"鱼叉"导弹的射程有限，在反潜直升机普及的今天，潜艇发射导弹后，很容易被发现。

图10-27 "洛杉矶"级的鱼雷舱（图中上部的圆孔是鱼雷装填口）

"战斧"导弹在SSN-688~718艇上由鱼雷发射管发射。因为潜艇出航时难以确定武器的配备比例，所以为了加强对陆攻击能力，SSN-719以后的艇在耐压壳外首部BQQ-5球阵声纳之后的压载水舱区设置了12单元垂直发射装置，专用于发射"战斧"巡航导弹。这样，1艘艇可配备24枚"战斧"巡航导弹或更多。此外，艇上可搭载Mk60自导水鱼雷，它是Mk46 Mod4反潜自导鱼雷和水雷的结合体；也可携带Mk67自航式水雷，该雷布放后先像鱼雷一样自主航行一段距离后沉入海底，伺机攻击过往的舰船。

该级艇装备AN/BQQ-5D/E综合声纳系统，系统由9部声纳组成，分别是AN/BQS-13DNA主动球型阵声纳、快速被动式测距声纳（RAPLOC）、AN/BQR-20被动测向声纳、目标识别声纳、WQC-5通信声纳、AN/WLR-9A侦察声纳、AN/BNQ-17回声测距声纳，以及TB-23/29拖曳阵被动探测声纳、探雷和避障声纳。声纳系统可以同时探测、识别、定位和跟踪多个目标，而且识别能力率较高。该级 SSN-668～750 艇装备 CCS Mk-2 作战数据系统（图 10-28），其余艇装备 AN/BSY-1 作战数据系统，可综合声纳、火控、导航、通信等系统提供的信息数据统一进行处理，提高了艇的综合作战和快速反应能力（表 10-13）。

表 10-13 "洛杉矶"级攻击型核潜艇技术性能

排水量	7011t（水面），7124t（水下）
主尺度	109.73m（长）×10.1m（直径）×9.9m（吃水）
航速	33kn
动力系统	1 台 S6G 压水堆，2 台涡轮机，功率为 35000hp（26MW）；1 台辅助推进电机，功率为 325hp（242kW），单轴
导弹	"战斧"巡航导弹，射程为 1600km，速度为马赫数 0.7，战斗部质量为 454kg，SSN-719 号以后装备 12 个垂直发射装置
鱼雷	4 具 533mm 鱼雷发射管，配 Mk48 Mod5/6/7 鱼雷，航程为 50km，航速为 40kn/50kn，战斗部质量为 257kg，作战深度为 900m；鱼雷舱备弹 26 枚，可搭载 12 枚"战斧"、14 枚鱼雷
水雷	Mk67 和 Mk60
鱼雷对抗	鱼雷诱饵
电子战	BLQ-10 雷达和通信信号截获与分析
雷达	AN/BPS-15H 对海搜索/导航/火控
声纳	AN/BQQ-10 综合声纳系统，TB-23/29A 拖曳阵，BQS-15 近程避障声纳，"声学成熟技术快速植入"（ARCI）
战斗数据系统	AN/BYG-1 火控
人员编制	143 人（其中军官 16 人）

三、改装情况

"洛杉矶"级攻击型核潜艇共建造了 62 艘，按照建造计划和建造批次，在发展中形成了三个子型号，其中 688-Ⅰ型改进较大，不仅提升了安静性，而且修改了部分艇身设计。

该级艇的作战指挥系统先后数次更新换代。SSN-688～750 号装备 CCS Mk-2 型，SSN-751～773 号装备 AN/BSY-1 型。

CCS Mk-2 是 20 世纪 80 年代由 Mk-1 型改进而成的，而 CCS Mk-1 是在 Mk-117 火控系统的基础上发展的，系统保留了一些 Mk-117 火控系统的硬件。该系统主要包括双机柜 AN/UYK-7 计算机和 3 个 Mk-81 WCCS 及其功能部件。UYK-7 处理来自 AN/BQQ-5 系统的声纳数据和导航数据，并向武器提供预算结果和目标运动分析（TMA）。系统还增加了第 4 台 Mk-81 Mod3 武器显控台，用来处理超视距目标数据，并与雷达室联通。

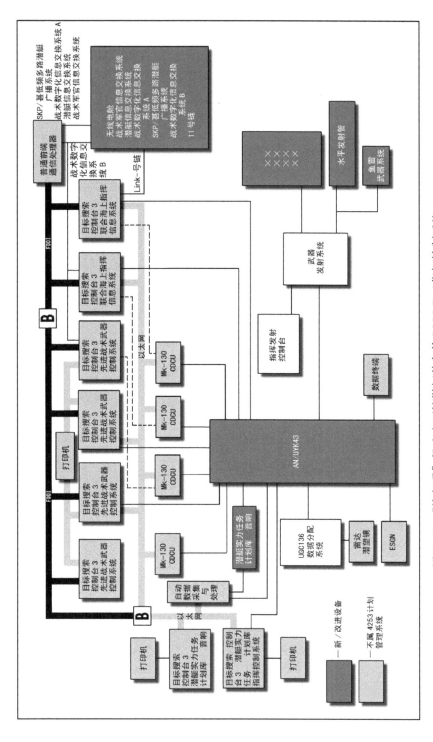

图10-28 "洛杉矶"级攻击型核潜艇装备的CCS Mk-2指挥控制系统
CDCU—通信数字控制装置；ESGN—机电式陀螺导航仪。

Mk-0型系统可用于控制从鱼雷发射管发射的"战斧"导弹系统,提高对地攻击及反舰能力;1型系统可用于控制Mk48鱼雷系统;Mk-2型系统可用于控制发射"战斧"导弹的Mk-36垂直发射系统;Mk-3型为Mk-1型、2型的组合。

AN/BSY-1指挥控制系统是在Mk-2型基础上发展的,它由AN/BSY-1指挥控制系统和AN/BSY-1水声系统组成。作战系统各部分与Mk-1具有相同的结构,保留了UYK-7和UYK-44计算机,它们与作为MMI Mk-81武器显控台一起组成中心处理单元,负责系统控制和操作。系统增加了一个本艇数据系统(OSDS),它替代了潜艇的导航/本艇数据分布系统的几种功能。

CCS Mk-1/2及AN/BSY-1指挥控制系统的主传感器是AN/BQQ-5综合声纳系统,通过换装性能更好的跟踪器和传感器,增加新型显控台,提高了整体的性能。指挥控制系统与Mk-117火控系统相连,在AN/BSY-1系统中,AN/BQQ-5综合声纳系统由多型声纳组成,获取的信息由UYK-43计算机进行数据处理,并将数据传送到与AN/BSY-1作战系统相连的计算机(UYK-7或UYK-43)。在AN/BSY-1系统中,安装在艇体上的设备包括AN/BQQ-5综合声纳系统的改进型艇首主/被动球状阵列子系统和以AN/BQR-7声纳为基础的艇首阵列子系统。两者安装在一起,配合使用。为了探测冰山和水雷,用高频子系统替换了AN/BQS-14和AMTEK AN/BQS-15声纳。该系统由单元阵列组成,并呈马蹄形配置,以实现在航路上前向定位。

该级艇是美国海军建造持续时间最长、数量最多的一型潜艇,在建造过程中和服役期间,引进新技术,进行改装及换装的情况很多,除了加装导弹垂直发射装置以外,还有以下几个方面的改进(表10-14)。

表10-14 "洛杉矶"级攻击型核潜艇的建造批次及其排水量变化

型 号	艇 号	数量/艘	水上排水量/t	水下排水量/t
第一批(31艘)	SSN-688~699	12	6080	6927
	SSN700~714	15	6130	6977
	SSN715~718	4	6165	7012
第二批(31艘)	SSN719~725、SSN750	8	6255	7102
	SSN751~770	20	6300	7147
	SSN771~773	3	6330	7177
688-I型(23艘)	SSN751~773	23	—	—

（1）从 SSN-751 号艇起，为了适应北极冰区巡航和作战需要，加装了探雷测冰系统（MIDAS）。

（2）该级早期艇上的指挥与火控系统 Mk-113 被 Mk-117 代替，用于指挥与控制发射鱼雷、导弹。

（3）20 世纪 90 年代后期，WLY-1 测声及声对抗系统取代了 AN/WLR-9A/12 测声仪。

（4）从 SSN-751 号艇起后续艇上装有 AN/BQQ-5E 和 TB-29 声纳。

（5）该级艇新装备了近期水雷侦察系统（NMRS），该系统还带有 AQS-14 侧视声纳，从鱼雷发射管发射与回收。

（6）1997—2002 年实施声学商用技术快速嵌入（A-RCI）计划，以使 BQQ-5 声纳与艇体结构进行最佳配合。

（7）1999 年在 SSN-688、SSN-690、SSN-700、SSN-701 以及 SSN-715 艇上加装即时通话系统（DDS）。

（8）1999—2003 年在另外 4 艘艇上加装新型特战队员输送系统（ASDS）。

（9）1999 年在该级艇上进行了新型对陆攻击"战术战斧"巡航导弹（TACMS）进行发射试验。

（10）1998 年在该级某艇上进行了 C-303 声干扰发射机装艇试验。

四、对作战的影响

"洛杉矶"级攻击核潜艇在建造时装备了高性能的 AN/BQQ-5 型综合声纳系统，后分别升级为 AN/BQQ-5D 或 AN/BQQ-5E 型，由 9 部各自独立的声纳组成，AN/BQS-13DNA 主动声纳、AN/BQR-20 噪声测向声纳、被动拖曳线列阵声纳、快速被动测距声纳、目标识别声纳、探雷与避障声纳、侦察声纳、通信声纳和回声测深声纳等（图 10-29）。其中 AN/BQS-13DNA 球形基阵曾在"海豚"号深海实验潜艇上进行过较长时间的试验。其主要功能是以主动工作方式对水中目标进行定位，把目标的距离和方位等数据连续地提供给射击指挥系统。另外，该声纳还具有被动探测和跟踪等辅助性功能。当艇上的其他被动声纳失效时，它可以用于对水中目标进行被动式的探测和跟踪。因为其利用数字式多波束扫描方式取代了早期声纳的机械扫描方式，因此可以同时跟踪多个目标。AN/BQS-13 DNA 球型基阵在设计上，以 AN/BQS-6、AN/BQS-11/12 型等为基础，基阵体积由 AN/BQS-6 系列的 3.6m 扩大到了 4.6m，连续发射功率达到了 75kw，主动工作频率在 3.5kHz，被动工作频率在 1～3kHz 频段。主动工况下的探测距离最远可达 65km，被动工况采用表面反射声道为 30km 左右，利用海底一次反射时的探测距离为 60km，而利用深海声道汇聚区效应最远探测距离可达 90km。

图 10-29 "洛杉矶"级攻击型核潜艇的声纳显控台

艇上装备 TB-29 细线阵，声阵长达 634m，拥有 416 路通道，现在使用的 TB-29A 的声阵段长达 825m。细线阵和粗线阵两种拖曳线列阵声纳各具优势，互为弥补，为美国海军保持水下信息优势提供了物质基础。细线阵高速航行时的流体噪声对于声学段的干扰较大，所以只能慢速拖曳；但细线阵声阵较长，声阵孔径更大、探测距离更远。粗线的 TB-16 拖曳航速较高，布放速度较快，可以弥补拖曳 TB-29 时航速慢（一般为 3kn 左右）、布放时间长的弊端。它们不但是综合声纳系统的组成部分，而且是 AN/BSY-1/2 潜艇作战系统的重要数据信息来源。

为加强综合作战能力，"洛杉矶"级其中 5 艘潜艇还艇加装了特种作战专用"先进蛙人输送系统"（ASDS）。而在进一步的现代化改装计划中，还要增加携带水下无人航行器（UUV）和遥控扫/猎雷艇的能力。美国海军已于 1998 年在"洛杉矶"级核潜艇上装备了"近期水雷侦察系统"的 UUV 原型机，该系统包括前视、侧视、寻找并对接声纳等传感器，能在超过 12m 的浅水和深水中工作，航速 4~7kn，续航时间 4~5h，全部探测数据传回母艇处理，使用专用的收放装置从潜艇右舷上部鱼雷管进行收放。

第六节 "弗吉尼亚"级攻击核潜艇

"弗吉尼亚"级攻击核潜艇是美国海军针对冷战后的作战需求研制的一型攻击型核潜艇，是"洛杉矶"级核潜艇的替代艇。该级艇在设计上强调多用途，兼顾近海对陆攻击和远海反潜能力（图10-30）。该级艇可承担美国海军6大战略任务中的5项，即制海权、力量投射、前沿部署、海上安保以及威慑。在战术运用方面，该级艇可完成情报监视侦察、支援航母作战编队、对陆攻击、水雷战、支援特种部队作战等任务。

图10-30 美国海军"弗吉尼亚"级攻击型核潜艇

一、发展背景

为了替代20世纪70年代设计的"洛杉矶"级攻击型核潜艇，美国海军开始论证新一代攻击型核潜艇（NSSN）。当时，美国海军正在建造"海狼"级攻击型核潜艇，但该级艇是按照冷战时的设计理念建造的，设计重点主要集中在三点：一是安静性，降低核潜艇噪声重于一切；二是操纵特性，强调高航速、大潜深和优异的机动性；三是功能完备的作战系统，配备数量众多的武器和具备对付多目标的能力。

冷战结束对美国海军装备发展产生了很大影响。在核潜艇发展方面，一是美国海军停建了针对苏联海军飞航导弹潜艇和攻击型核潜艇，设计、建造的海狼级攻击型核潜艇，因为该级艇只适合深海作战，且造价过高；二是美国海军调整了舰艇装备的结构，确定未来保持约55艘攻击型核潜艇；三是重新梳理了新型潜艇的研制计划。依据美国海军战略调整，未来海军作战的主要海区是第三世界国家的近海，因而提出潜艇作战能力与重点要适应作战任务和海区的变化，新一代攻击型核潜艇要具备传统的大洋深海反潜战和反水面战任务的能力，而且要考虑在沿海环境的作战使用。

在方案论证阶段，美国海军针对原有 6 种设计方案，即"洛杉矶"级潜艇改进型、新设计的"百人队长"级、"海狼"级、"海狼"级改进型、"俄亥俄"级改进型、常规潜艇，进行了费用分析和方案选择，最终决定选择了"百人队长"级方案，并在此基础上进行改进。美国海军的设计要求：保留"海狼"级攻击型核潜艇的降噪技术；降低最高航速和最大潜深等指标；在"海狼"级的基础上改进作战系统的性能，减少武器的搭载数量；减少人员编制。

美国海军新一代攻击型核潜艇的发展策略是以"海狼"级 2/3 的费用获得作战能力相当于"海狼"级 2/3 的新艇。1991 年美国海军投资 640 亿美元，分 5 批订购 33 艘该级艇，并根据渐进式发展原则，不断引入新技术，以后还将订购第 6、第 7 批，根据美国海军的发展计划，最终可能采购 66 艘该级艇，2050 年前全面替换"洛杉矶"级攻击型核潜艇。

首艇"弗吉尼亚"号核潜艇于 1998 年 9 月 30 日在电船分公司开工，2003 年 8 月 16 日下水，2004 年 10 月 13 日正式服役（表 10-15）。

表 10-15　"弗吉尼亚"级攻击型核潜艇同级艇

艇　名	舷号	建造厂家	开工时间	下水时间	服役时间
第一批 Block Ⅰ：4 艘，配备 BQQ-10 艇首声纳、12 单元导弹垂直发射装置					
"弗吉尼亚"（Virginia）	SSN-774	通用电船	1997.8.15	2003.8.8	2004.10.23
"得克萨斯"（Texas）	SSN-775	纽波特纽斯	1998.8.26	2005.4.9	2006.9.9
"夏威夷"（Hawaii）	SSN-776	通用电船	1999.10.26	2006.4.28	2007.3.5
"北卡罗来纳"（North Carolina）	SSN-777	纽波特纽斯	2002.1.29	2007.2.5	2008.3.3
第二批 Block Ⅱ：6 艘，配置与 Block Ⅰ型基本相同，但建造分段数量由 10 个减少到 4 个，建造成本降低 3 亿美元					
"新罕布什尔"（New Hampshire）	SSN-778	通用电船	2002.10.9	2008.2.21	2008.10.25

（续）

艇　　名	舷号	建造厂家	开工时间	下水时间	服役时间
"新墨西哥"（New Mexico）	SSN-779	纽波特纽斯	2004.3.4	2009.1.17	2010.3.27
"密苏里"（Missouri）	SSN-780	通用电船	2005.2.24	2009.11.13	2010.7.31
"加利福尼亚"（California）	SSN-781	纽波特纽斯	2006.2.15	2010.11.13	2011.10.29.
"密西西比"（Mississippi）	SSN-782	通用电船	2007.2.19	2011.10.13	2012.7.2
"明尼苏达"（Minnesota）	SSN-783	纽波特纽斯	2008.2.19	2012.11.3	2013.9.7
第三批 Block Ⅲ：8 艘，20%的部分重新设计，装备 2 座"弗吉尼亚有效载荷发射管"（VPT，装 6 枚导弹）					
"北达科他"（North Dakota）	SSN-784	通用电船	2009.5.2	2013.8.2	2014.10.25
"约翰·华纳"（John Warne）	SSN-785	纽波特纽斯	2010.5.2	2014.9.10	2015.6.25
"伊利诺伊"（Illinois）	SSN-786	通用电船	2011.3.2	2015.8.8	2016.10.29
"华盛顿"（Washington）	SSN-787	纽波特纽斯	2011.9.2	2016.4.13	2017.10.7
"科罗拉多"（Colorado）	SSN-788	通用电船	2012.3.2	2016.12.30	2018.3.17
"印第安纳"（Indiana）	SSN-789	纽波特纽斯	2012.9.2	2017.6.9	2018.9.29
"南达科他"（South Dakota）	SSN-790	通用电船	2013.3.2	2017.10	2019.2.2
"特拉华"（Delaware）	SSN-791	纽波特纽斯	2013.9.2	2018.12.12	2020.4.4
第 4 批 Block Ⅳ：10 艘，新型声纳 LAB、VPT，建造费比 3 批艇减少 4 亿美元					
"佛蒙特"（Vermont）	SSN-792	通用电船	2014.5.1	2019.4	2020.4.18

(续)

艇　　　名	舷号	建造厂家	开工时间	下水时间	服役时间
"俄勒冈"（Oregon）	SSN-793	通用电船	2014.9.30	2019.10.5	2020
"蒙大拿"（Montana）	SSN-794	通用电船	2015.4.1	2019	2020
"海曼·乔治·里科弗"（Hyman G. Rickover）	SSN-795	通用电船	2015.9.30	2019	2021
"新泽西"（New Jersey）	SSN-796	通用电船	2016.3.2	2020	2021
"衣阿华"（Iowa）	SSN-797	通用电船	2016.9.2	2020	2022
"马萨诸塞"（Massachusetts）	SSN-798	纽波特纽斯	2017	2021	2022
"爱达荷"（Idaho）	SSN-799	通用电船	2017	2021	2023
"阿肯色"（Arkansas）	SSN-800	纽波特纽斯	2018	2022	2023
"犹他"（Utah）	SSN-801	通用电船	2018	2022	2024
第5批 Block Ⅴ：从该批第2艘开始艇长增加25.5m，排水量增加2000t，装备4座"弗吉尼亚载荷模块"（VPM，装7枚导弹）、无人机、潜航器					
"俄克拉荷马"（Oklahoma）	SSN-802	纽波特纽斯	2022	2024	2026
"亚利桑那"（Arizona）	SSN-803	通用电船	2022	2024	2026

二、技术特点

"弗吉尼亚"级核潜艇集成了先进的核反应堆技术、综合隐身技术、模块化技术和共形阵声纳技术等，并采用开放式体系架构和更加先进的自动化操控设备。在分批建造过程中，不断植入新技术，从第3批艇开始改变艇首声纳（全寿期内只需要更换1次发射换能器）和发射装置的设计，从第5批"弗吉尼亚"级潜艇开始采用多功能负载模块设计，以加强对陆攻击能力。

"弗吉尼亚"级核潜艇采取了更为先进的减振降噪措施，具有很好的安静性。

一是该级核潜艇的主机舱采用浮筏式减振的整体模块设计，大幅度降低了艇上噪声；二是采用了多项"海狼"级的静音技术，如精心设计的轮机/管路设置、艇体表面采用聚氨酯整体浇筑式消声瓦、降低水流噪声的艇体外型设计、主机的弹性减震基座以及新型泵喷式推进器等；三是增设传感器，全艇共装有600个噪声/振动传感器（"海狼"级只有26个），随时监控艇上各处的振动情况，发现异常便立刻处理。该级艇数字化程度进一步提高，各种仪表盘（板）全部由液晶显示器所替代（图10-31）。此外，为了降低引爆感应水雷的机率，本级艇也使用了消磁技术（表10-16）。

图10-31 "弗吉尼亚"级潜艇指挥台一角

表10-16 "弗吉尼亚"级攻击型核潜艇技术性能

排水量	7925t（水下）
主尺度	114.8m（长）×10.36m（直径）×9.3m（吃水）
航速	34kn
动力系统	1台S9G压水堆，2台涡轮机，功率40000hp（29.84MW）；1台辅助推进电机，单轴，泵喷推进

(续)

导弹	12个垂直发射装置（SSN-774～783），2部"弗吉尼亚"发射装置（VPT）（SSN-784～801）"战斧"Block Ⅳ巡航导弹，射程大于1600km，速度为马赫数0.7，战斗部质量为454kg
鱼雷	4具533mm鱼雷发射管，配Mk48Mod5/6/7鱼雷，航程为50km，航速为40kn/50kn，战斗部质量为257kg，作战深度为900m；鱼雷舱备弹38枚
水雷	Mk67、Mk60
鱼雷对抗	鱼雷诱饵
电子战	BLQ-10雷达和通信信号截获与分析
雷达	AN/BPS-16对海搜索/导航/火控，I/J波段
声纳	AN/BQQ-10综合声纳系统，TB-16/34粗线和TB-23/29A/29X细线无源拖曳阵列，WLY-1水下告警，"声学成熟技术快速植入"（ARCI）
战斗数据系统	AN/BYG-1
人员编制	132人（其中军官15人）

"弗吉尼亚"级的内部布置基本沿用了"海狼"级和"洛杉矶"级的设计方式，从艇首至艇尾布置了首部球形声纳、导弹垂发系统、前压载水舱、武器舱和指挥控制舱，新增了特种部队的装备存储舱、住舱、反应堆舱、主机控制舱、主机舱和后压载/平衡水柜。

在设计上，采用开放式结构，大量使用成熟商业技术，艇上许多系统和设备实现了即插即用。在结构上利用光纤局域网和计算机集成声纳、指挥、武器系统、雷达、电子战、舰船控制、通信、导航、数据等4大类23个子系统，实现了全艇主要信息和数据的综合处理和统一管理，为指挥员进行决策提供参考。整个作战控制系统安装在一个长约为18m、体积为9450m^3、质量为204t的双层结构模块中，该模块作为一个完整的单元装在潜艇耐压壳体内。设备高度集成，非常方便日后升级和嵌入新技术，不但节省了建造成本，而且便于平时的维护、维修。随着电子信息技术的发展，该级艇装备了雷声公司研制的AN/BSY-3型战斗系统，该战斗系统整合了艇上所有探测、通信与作战装备，大大提高了作战效率并节省了人力，该系统的架构与CCS Mk-2型类似，采用开放式系统，大量使用民品，系统中有76%的软件为商用软件，商用硬件设备占系统全部硬件的78%，因此数据处理能力得以大幅提高。AN/BSY-3战斗系统的数据处理能力据称可以达到AN/BSY-2型的7倍，成本只有AN/BSY-2的1/6。

"弗吉尼亚"级核潜艇装备了一座S9G型压水堆，它采用了价格更低、效率更高的蒸汽发生器，而且在服役期内无需换料。动力装置还包括2台蒸汽轮机，功率17900kW，单轴，喷水推进，备有1台辅助推进电机。该级艇没有再一味追求高航速，最大航速只有28kn。动力舱的显示与控制设备也全部由液晶显示器所替代（图10-32）。

图 10-32 "弗吉尼亚"级潜艇的动力机电舱，控制设备实现了可视化显示

该级艇在艇首球形声纳的后面布置了 12 个导弹垂直发射筒，用于发射"战斧"巡航导弹，后续艇装备 2 座多用途发射装置，可装 12 枚导弹（图 10-33），艇上共计备弹 38 枚。第 5 批艇计划在艇后部装备 4 座"弗吉尼亚"有效载荷（VPM），可装载 28 枚"战斧"导弹，"战斧"导弹的发射装置数量达到 40 个。未来，该级艇还可搭载在研的大直径无人系统，提升海空监视能力。据称，加装 VPM 后的火力打击能力可提升 230%，而建造成本只增加 15% 左右。另外，在指挥台围壳前端艇身两侧，导弹垂直发射装置的后部区域还装备了 4 具 660mm 鱼雷发射，与"海狼"级相同，鱼雷发射管也具有涡轮气压泵（ATP），免除了发射前因注水而产生噪声的老问题。鱼雷发射管还可以发射、回收鱼雷型的无人潜航器。潜航器搭载声学和非声学传感器、无线电频率和视频信号接收装置、目标识别和分类设备等，可以在潜艇前方担负警戒、侦察以及反潜战等方面的任务，尤其是在攻击型核潜艇潜艇难以驶入的浅海水域可以发挥重要的作用。

"弗吉尼亚"级装备有最先进的 AN/BQQ-10 综合式声纳系统，包括首部球形主/被动 BQQ-10 型综合声纳、两舷侧各 3 部 AN/BQG-5A 宽孔径被动测距声纳、装备在指挥台围壳前部和首部下方的 CHIN 型高频主动声纳、TB16 型和 TB-29A 拖曳阵声纳各 1 部以及 WLY-1 型侦查声纳。CHIN 型高频主动声纳主要用于水雷探测，同时还具有很强的海底地形图测绘能力，大幅加强了潜艇近岸操作与反水雷能力。另外，声纳操作人员将该声纳获取的海底地形信息与电子海图进行比对,可及时发现潜艇是否偏离航线。此外,CHIN 声纳还具有支援特战队的功能,利用声纳的绘图功能,可以预先探测水下可能存在的各种危险、障碍等,降低潜艇和特战队员面临的风险。

图 10-33 "弗吉尼亚"级潜艇的导弹垂直发射装置(每筒装 6 枚导弹)

"弗吉尼亚"级设计了更先进、实用的指挥台围壳,不仅大幅提高了潜艇在浅海水域的隐身性,而且增大了围壳内空间。该级艇还利用两根非穿透壳体的光电桅杆替换了传统的光学潜望镜。桅杆系统包括内置 GPS 的电子桅杆、可通过卫星高速传送巡航导弹所需目标数据的高数据交换率桅杆、无线电收发桅杆以及 2 根可调整任务的 AN/BVS-1 型光电搜索/攻击潜望镜桅杆组等(图 10-34)。AN/BVS-1 型光电桅杆中设置了微光摄影机、光学摄像机、红外线摄像机与激光测距仪等,可伸出水面后几秒内对海面进行 360°扫描,摄像机自动记录数字化的影像数据后,直接将高清图像传至控制中心的大屏幕显示器上,快捷、高效,也便于指挥台的灵活布置。

"弗吉尼亚"级的电子对抗措施主要装备:可重新装填的诱饵及反鱼雷诱饵发射装置,其中诱饵发射装置艇外 14 部,艇内 1 部;与"海狼"级相同的 AN/WLY-1 水下警告/反制系统、AN/BLQ-10 型雷达天线及无线电通信侦查分析装置;此外,还装备了 I/J 波段的海面搜索雷达。

图 10-34 "弗吉尼亚"级潜艇的光电桅杆（前面 2 部深色桅杆）

三、对作战的影响

"弗吉尼亚"级核潜艇的作战指挥系统由洛克希德·马丁公司研制，计划名称为 NSSN C^3I，装备代号是 AN/BSY-3。AN/BSY-3 是美国海军研制的首型开放型综合作战系统，它利用一个光纤局域网将艇上几乎所有的电子设备集中在一起，包括雷达、声纳、电子干扰、情报、指控、导航、通信以及全艇监控系统，形成了一个全分布式处理系统。该系统可以完成目标探测，数据处理和分析，目标识别、跟踪、航迹分析；武器分配，对抗措施的预装定、武器的发射与控制；增强了与其他作战平台通信和交互能力；通过增强信息获取能力和改进电子战功能，进一步提高情报监视侦察能力。AN/BSY-3 系统采用最新开发的 AN/UYQ-70 彩色显控台和 TACX 计算机，利用最新的图形技术、通信软件、海军海上指挥信息系统（JMCIS）和"战斧"武器控制软件等。指控舱内设有两个大屏幕显示器，一个用于全景战术显示，另一个用于局部态势显示，提高了指挥员和操作员的态势感知、决策能力（图 10-35）。

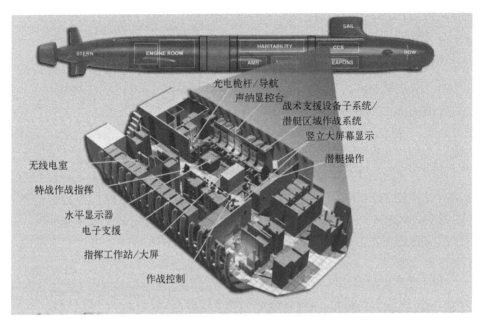

图 10-35 "弗吉尼亚"级潜艇的指挥舱布置

在艇首声纳方面，美国海军正在为后续艇研制宽孔径艇首声纳（LAB），替代目前使用的 AN/BQQ-10 球形主被动声纳。该系统由 1800 个接收单元构成一个半圆形阵列，接收单元除了装有探测声波的换能器以外，还装有一个三轴声矢量感测装置，由两种传感器获取信息，使 LAB 的先进信号处理系统可以合成比传统声纳阵列更窄的接收波束，从而获得更高的信噪比和测向精度，更加有利于潜艇在背景噪声高的近海水域使用。以前，要获得更大的有效接收孔径，更窄的接收、更高的测向精度波束，通常是采取增大阵列的方法，但受到艇首空间的限制，很难有较大的改善。

"弗吉尼亚"级潜艇装有两部 AN/BVS-1 型光电桅杆，它由传感器头、桅杆装置以及光电桅杆显控台和指挥工作站等构成，包括多种光电探测器及电子战、通信天线等设备，由高解析度摄像仪、微光摄像仪、红外摄像仪拍摄到的影像通过光缆传输到操控室内的平面全景显示器上，其激光测距仪可迅速准确地测出目标距离。指挥台围壳上还装有一根改进的电子侦察桅杆和一根通信用多功能桅杆，将来还要安装一根供执行特种任务用的桅杆，以增强艇的灵活性和作战能力。

光电桅杆不穿透艇壳，布置灵活，而且在上面集成了光学探测、导航、电子战、通信等多种设备。与传统光学潜望镜相比，非穿透艇壳光电桅杆具有以下优点：一是短时间内可获取大量信息，只需在水面停留几秒，就可拍摄水面的彩色图像，然后进行脱机分析，可将潜艇的被探测概率降至最低；二是保证艇壳的完整性，内部设计也有更大的灵活性；三是采用先进的图像处理技术，提高图像和目标分辨率，增强探测精度；四是传感器稳定性好，不受潜艇运动的影响；五是减少人力需求，降低使用成本。

美国还在为"弗吉尼亚"级后续艇研制新型导弹发射装置，用 2 个"多弹发射装置"（MAC）替代了原来的 12 个 Mk-36"战斧"导弹发射装置。该系统在结构上与"俄亥俄"级巡航导弹核潜艇的七联装发射装置很相似，只是改成了六联装。该装置不仅可以发射海军现役各种舰空导弹，还可兼容未来可能出现的弹径超过 533mm 的导弹。此外，美国海军还在研制一种上浮发射装置，即"隐身、低成本储弹系统"（SACS），SACS 可借助适配器装载多型导弹，在释放前设定延迟发射的时间，待潜艇离开后自动发射。这样，可以最大限度地避免潜艇暴露自己的位置。

美国海军攻击型核潜艇上装备的水声对抗系统由 AN/WLR-17 型水声警戒报警系统（包括 DT-592A、DT-593A 多模水听器）、CSAMK 型发射装置、ADC Mk3 低频悬浮式声诱饵、ADC Mk4 高频悬浮式声诱饵以及 ADC Mk2 高频悬浮式干扰器等构成。该系统将目标监视、威胁告警、指挥控制、发射系统以及软/硬对抗手段组合成一个完整的系统。美国海军目前开发了"下一代水声对抗"（NGCM）。NGCM 的物理尺寸与潜用悬浮式声诱饵 ADC Mk2 相同，直径 76.2mm，长 990mm，既可在水中静止悬停也可移动。通过水声通信链，具备网络中心战的能力，这将大大提高同时使用多个 NGCM 时的综合效能。NGCM 将成组发射，最多可同时发射 6 枚。发射后，各个 NGCM 有其不同的作用，有的作为静止式宽带噪声阻塞干扰器，有的作为活动诱饵。NGCM 采用全双工通信方式，依靠水声通信链传递战术信息，各 NGCM 之间以及与发射平台(水面舰艇/潜艇)之间不断交换和更新数据。

在支援特战作战方面，该级艇上设有一个可容纳 9 人及其装备器材运载器的水下出入舱。该运载器可以采用新型的海、陆、空特种作战部队输送系统微型潜艇或干坞掩护艇。微型潜艇长 19.8m，直径 2.74m，水下航速 8kn，续航距离 125n mile；前部设有探测声纳，侧面设有水雷探测声纳；其上设有 2 个升降装置，左舷为潜望镜，右舷为通信和全球定位系统。这种运载器可用于运送特种作战人员进行秘密登陆，以执行战略侦察、破坏敌方重要目标等任务。该级艇可以在北极高寒地区使用（图 10-36）在鱼雷舱内设置了可搭乘 40 名特种部队人员及装备的空间。

图 10-36 即将下水的"弗吉尼亚"级攻击型核潜艇

第七节 F/A-8E/F"超大黄蜂"战斗攻击机

20 世纪 90 年代初，美国海军为了弥补 F/A-18C/D 战斗攻击机作战半径较小、续航力有限等缺陷，替换即将退役的 A-6E 攻击机，开始寻求新型舰载机，提出新的 A-X 先进攻击机计划，要求发展一种"高端作战"舰载多用途战斗机，后来更名为 A/F-X 先进战斗攻击机，计划发展一型兼具空战和对地作战能力的超声速战斗攻击机接替 A-6 攻击机和 F-14D 战斗机。但在 A/F-X 服役之前，美国海军的舰载攻击机将面临断档的局面，而对 A-6 攻击机进行延寿改装不具经济性，所以只好另辟蹊径，寻求应急的弥补措施。

一、发展背景

为了获得一种过渡机型，美国海军从 1992 年开始投资支持麦道公司提出的 F/A-18E/F"超大黄蜂"方案，在 F/A-18C/D 的基础上进行扩展。该机具有可增加 33%内载燃油的机身延伸段、放大的主翼、机翼边条、垂直尾翼与水平尾翼，还有推力提高 25%的新型发动机，航电系统则与 F/A-18C/D 通用，以降低成本。在过渡机型的竞争中，诺斯罗普·格鲁曼也提出了一种以 F-14 战斗机为基础的改进方案，但美国国会认为除航程具有优势外，对地能力并未超过现有的 F/A-18C，能够挂载的武器种类较少。该公司很快又提出"超级雄猫"21 方案，以及进一步改良的攻击"超级雄猫"21。尽管该方案具有明显更好的载荷和更大的航程，却背离了美国海军以最少的费用、在最短的时间内获得足够数量过渡机型的初衷，以及当时预算削减的大趋势。"超大黄蜂"方案由于在风险、成本、项目周期、承包商计划管理能力以及方案选择所能获得的政治支持等方面具有优势，最终在竞争中胜出（图10-37）。

图 10-37　F/A-18E "超大黄蜂" 战斗攻击机（单座）

"超大黄蜂"虽以过渡机型列入计划，但最终成为美国在2020年前的主力舰载机。出于对能力需求和经费的考虑，克林顿政府上台后，为检查前任政府遗留计划在新时期的必要性，授权美国国防科学委员会在1993年对当时美军的所有战术飞机计划进行了全面审查。该委员会认为，由于经费不可能负担所有飞机开发计划，要求海军在A/F-X和F/A-18E/F间进行取舍。面对日益老化的A-6攻击机和紧张的预算，"超大黄蜂"方案由于更便宜、能更快装备部队而再次胜出。认为A/F-X虽具有高生存性与多功能性，并且在开战初期具有很高使用价值，但后冷战时代对这种需求并不十分迫切。1993年年底，A/F-X计划彻底终止，美国海军对下一代隐身攻击机的需求并入与空军联合研制的新计划中，即联合先进打击技术（JAST）计划。为提高经济效益，该计划集海、空军飞机，传统起降，垂直短距起降等多种需求于一身，注定了进程的长期性和复杂性，而美国海军短期内对于战斗机的需求只能由F/A-18E/F来满足，从而使其地位得到显著提升。F/A-18E/F发展项目于1992年4月开始详细设计，1998年开始投产，2001年加入美国海军航空兵部队，其中F/A-18E型为单座，F/A-18F型为双座（图10-38）。

F/A-18E/F项目虽在军费紧缩的大环境中得以保留，但也同样难以摆脱研发资金不足的问题。为此，该机不得不采用一种折中的设计方案，在充分考虑经济可承受性的前提下，保持原有"大黄蜂"基本性能不变以降低研制风险，同时通过增加机体尺寸、机翼武器挂点和燃油存放量等，提高飞机的作战效率、航程、续航时间和武器载荷，以及较慢的着舰速度和全面优化的操纵特性，来满足美国海军航空兵在21世纪的作战需求。

图 10-38　F/A-18F "超大黄蜂"战斗攻击机（双座）

二、主要改进情况

美国海军改进 F/A-18C/D "大黄蜂"战斗攻击机之前，曾经论证了几个舰载机项目，但均因各种原因被终止。在这种情况下，美国海军只好提出改进升级"大黄蜂"战斗攻击机，在"联合攻击战斗机"（JSF，现在的 F-35 战斗机）服役前，发展过渡型舰载机。

研发之初，美国海军对"超大黄蜂"提出了 5 项基本要求：一是增加带弹着舰时的载荷。着舰时，允许载弹和燃油总质量从"大黄蜂"的 5500lb 提高到 9000lb。二是提高载荷能力和挂载灵活性。增加 2 个可用于携带空对空或空对地武器的挂载点，使全机挂载点总数从 9 个增加到 11 个。三是增大航程。执行空战任务时的航程为 780km，执行攻击任务时为 910km，最大航程较"大黄蜂"战斗攻击机提高 40% 左右。四是提高生存能力。避免敌方威胁伤害的能力提高 8 倍。五是提高升级潜力。为日后增加新硬件预留空间，供电与冷却功率裕量提高 65%。

要满足这些要求，在 F/A-18C/D 的基础上进行改进显然是不行的，原因是该机自服役后做过几次大的改进，几乎没有再改装的余地。因此，麦道公司提出对"大黄蜂"的机体进行了扩大的方案，包括：机体与主翼放大；外侧前缘襟翼翼弦延长；翼前缘延伸面面积增加 34%，并修改外形轮廓；提高主翼厚弦比；增加一对翼下挂载点；修改进气道结构等。

在隐身的问题上，美国海军指出，"超大黄蜂"不必过度依赖隐身特性，因为今天的隐身性能在未来未必同样有效。相对于更多的可用于安装电子对抗设备、较大动力装置等的空中优势而言，该机在设计上更加看重尺寸上的增大，对于所带来的隐身性能下降，美国海军采取了使用座舱表面涂层、前缘特殊材料和特殊处理以及采用类似 F-22 战斗机发动机进气道等措施，减少前部雷达截面积。尽管这些措施的效果难以令人满意，但如果对其进行隐身改装，不仅会面临经费困难，而且重新设计需要更长的时间，因此美国海军最终决定放弃隐身改装工作。

美国海军特别要求"超大黄蜂"能克服舰载战斗机"浪费弹药"的缺点。由于受到着舰载荷的限制，原有的"大黄蜂"战斗攻击机在着舰前必须抛洒超重的燃油，抛弃超重的弹药，以防止重量过大造成机翼损坏。新的"超大黄蜂"装有较强结构的机翼，从而提高了舰载机的带弹着舰能力，在着舰前不再需要抛洒燃油或抛弃弹药。

F/A-18E/F"超大黄蜂"战斗攻击机（图 10-39）被认为近年来的现役装备改装的成功范例，一是研发费超支很少，单价较合理，二是基本上如期交装。在管理方面，也取得了一些经验，例如该机按照渐进式的发展模式，将服役后的升级改造分为 7 个阶段。

图 10-39　准备弹射起飞的 F/A-18E 战斗攻击机

《国外舰载机发展回顾》对 F/A-18E/F 在气动和结构设计、发动机和机载设备等方面的改进总结了 11 条，摘录如下：

（1）通过增大翼展，使机翼面积增加到 $46.45m^2$，比 F/A-18C/D 型多 25%，机翼展弦比从 3.52 提高到 4.0，前缘襟翼外段弦长增大，形成锯齿。

（2）边条翼面积增加到 $7m^2$，比 F/A-18C/D 型的 $5.2m^2$，增加 34%；平尾和垂尾面积分别增加 36% 和 15%，偏转角增至 ±40°。

（3）取消垂尾之间的减速板，通过多个控制面的综合作用产生减速效果。

（4）放宽了纵向静稳定度，提高了飞机生阻比和俯仰敏捷性。

（5）内部最大燃油量从 C/D 型的 4.92t 增至 6.55t，提高 33%。碳纤维复合材料占结构重量的比重由 10% 提高到 22%，铝合金比例从 47.6% 降到 29%。

（6）将飞机的检查口盖、进气道上下唇口、舱门外缘和机翼前缘设计成平行，采用菱形金属罩盖所有孔隙，在发动机风扇前安装吸波导流板，局部使用吸波涂料，降低了雷达反射面积。

（7）进行全机结构易损性分析设计，飞行控制系统可在平尾作动器等发生故障时重构控制律，提高了中弹后或事故发生时飞机的生存力。

（8）采用双后掠双压缩固定式进气道，在满足新发动机空气流量提高 18% 的同时，提高了性能，在马赫数 0.8、1.5 和 1.8 时的总压恢复系统分别为 0.985、0.960 和 0.910。

（9）采用 F414 发动机，推力提高 25%（与后面来自外刊的数据不一样）。

（10）第 1 批次及其以前的飞机机载设备有 90% 与 F/A-18C/D 型通用，软件部分在传感器和飞控计算机中分别有 99%、67% 与后者通用。

（11）每个机翼下增加 1 个可携带 680kg 载荷的外挂点，外挂点总数达到 11 个，最大外挂载荷也增至 8000kg（表 10-17）。

表 10-17 F/A-18E/F "超大黄蜂" 战斗攻击机技术性能

机长	18.38m
机高	4.88m
翼展	13.62m（含翼尖导弹）
机翼折叠	9.94m
机翼展弦比	4.0
机翼面积	$46.45m^2$
空重	14552kg
最大燃油重量	63544kg（机内），7381kg（外挂）
最大弹射载量	15422kg

(续)

最大弹射重量	29937kg
最大起飞重量（陆基）	30209kg
最大着舰重量	22952kg
战斗着舰载重	F/A-18E型4991kg，F/A-18F型4082kg
最大平飞速度	马赫数1.8
最大巡航速度	602km/h
进场速度	232km/h
实用升限	>15240m
转场航程	2854km
作战半径	见技术特点
发动机	2台F414-GE-400涡扇
续航时间	6.25h，4.4h（距航母320km处）

依据美国海军的"螺旋式渐进发展"（近年来，很少再用"螺旋式"的提法）策略，F/A-18E/F战斗攻击机采取了分批次不断改进提高的采办方式。美国海军计划采购556架F/A-18E/F战斗攻击机，根据美国海军与承包商签订的2002财年至2006财年采购合同生产的机型为Block Ⅰ和Block Ⅱ型，其中Block Ⅱ型从2005年开始交装，2007年以后订购的为Block Ⅱ+和Block Ⅲ。F/A-18E/F的采购将持续到2016年前后，届时将开始采购F-35C战斗机。

Block Ⅰ和Block Ⅱ最大的区别是装备AN/APG-79有源相控阵雷达（图10-40）。Block Ⅱ型的前3架飞机仍装备了AN/APG-73雷达，2009年度开始陆续对以前生产的135架飞机换装新型雷达。另一个区别是更换了先进座舱，主要设备有导航前视红外设备（NAVFLIR）、AN/ASQ-228先进瞄准前视红外系统（ATFLIR）、光栅型平视显示器、夜视风镜、数字彩色地图、独立的多功能彩色显示器等。

AN/APG-79雷达可以在多种搜索跟踪模式中快速变换，可同时搜索跟踪多个目标，具备空对地探测跟踪移动或固定目标、搜索海上移动目标、电子战防护等工作模式。该雷达还就具备合成孔径雷达的功能，地面目标图像的显示清晰度分为4级，还可用于测绘、导航、侦察等方面。获得的目标数据可通过数据链传送给其他作战平台。该雷达还具备实施电子攻击的功能，可对100km内的敌雷达或导弹发出高功率微波实施电子攻击，只是F/A-18E/F没有EA-18G电子战飞机那样的电子攻击组件，所以攻击能力较为有限。

图 10-40　AN/APG-79 电扫相控阵雷达

三、对作战的影响

F/A-18E/F 战斗攻击机服役后对航母战斗群最大的影响是简化了舰载机联队的机型，它替代了 A-6 攻击机和 F-14D 战斗机的功能，还接替了 S-3B 的空中加油任务，身兼数职。现在航母上基本是"大黄蜂"和"超大黄蜂"一统天下，EA-18G 电子战飞机也是同型机。这种编配方式相应简化了舰载机的指挥控制、维修保养等工作。过去曾有人对用 F/A-18E/F 替代 A-6 攻击机和 F-14D 战斗机持有疑义，认为它是多用途机型，专项能力不足。现在看来，由于配备了精确制导武器，其打击能力绝不低于 A-6 攻击机。A-6 的挂弹能力固然强，但使用的是普通炸弹，攻击一个目标通常需要多个架次才能完成，而 F/A-18E/F 使用精确制导武器，一个架次可以完成两个以上的目标打击任务。由于装备了 AN/SPG-79 相控阵雷达和 AIM-120C/D 空空导弹，其空战能力也在 F-14D 战斗机之上。

F/A-18E/F 新增了 AN/ASQ-228 先进瞄准前视红外系统吊舱（表 10-18），用于替代原来 F/A-18C/D 战斗机装备的 AN/AAS-38（图 10-41）、AN/AAS-46 瞄准前视红外吊舱和 AN/AAR-55 导航前视红外吊舱等 3 型吊舱。另外，通过 USQ-14（V）多功能情报分发系统，F/A-18E/F 可与其他作战平台双向交换目标数据，进行筛选后显示在驾驶员和武器控制员前面的显示器上。而且，前后显示器可显示不同的目标信息，从而使驾驶员和武器控制员可同时对不同目标进行交战，也就是可同时进行空战或对地打击。

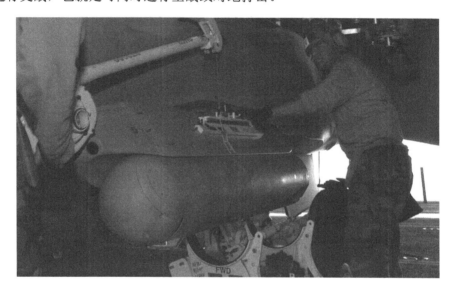

图 10-41　士兵为 F/A-18F 战斗攻击机挂载 AN/ASQ-228 先进瞄准前视红外系统吊舱

表 10-18　F/A-18C/D 与 F/A-18E/F 机动性能比较

高　度	机动性能指标	F/A-18C	F/A-18E
海平面	持续转弯率/（°）/s	19.2	18
	转弯时的瞬间减速率/（kt/s）	54	65
15000ft	持续转弯率/（°）/s	12.3	11.6
	转弯时的瞬间减速率/（kt/s）	62	76
注：测试条件为挂载 2 枚 AIM-9、2 枚 AIM-120，60%机载燃油，无副油箱			

"大黄蜂"战斗机的综合性能在同时代的战斗机中大体居中间水平，舰载机因为要在航母上起降，有特殊要求，通常比陆基起降飞机略逊一筹。不过，"超大黄蜂"通过改进，各项性能有较大提高，与同期战斗机相比，并不亚于竞争

对手，而在多用途性方面，则其他战斗机无法与之相比。推重比、转弯半径、爬高性能和加速性能这些因素固然重要，但其重要程度较以前比已有所下降，当前出现的高科技装备，如头盔装载的感应显示系统、电子扫描相控阵雷达和新型中近程空空导弹，对空战任务的影响已越来越大。

"超大黄蜂"的改装潜力大是其优点之一，只要不断进行升级，便能应对各种威胁。这些改装包括雷达特征进一步减少、航程和有效载荷大幅度提高、自卫电子系统性能提升、情报和监视数据及时获取、新型远程打击武器的使用、飞行人员作战训练质量提高等。

F/A-18E/F 战斗攻击机的机作战半径有所增加，按照美国海军提出的要求，在挂载 4 枚 1000lb 的炸弹，2 个 480gal 副油箱的情况下，采取高—低—低—高的飞行剖面，作战半径应达到 721km。有人认为这个作战半径过小，只比 F/A-18C/D 型多出 20%，而且指责这还不是通过改进设计得到的，主要得益于容积增加的副油箱，如果让 F/A-18C/D 型挂上新的副油箱也可达到相近的航程。美国海军对此的回应是，如果挂载 2 枚 2000lb 精确制导炸弹、3 个 480gal 副油箱，采取燃油效益更高的高—高—高飞行剖面，可达到 1230km，完全可以满足作战需求。S-3B 加油机退役后，F/A-18F 还兼作加油机，承担"伙伴加油"任务（图 10-42）。

图 10-42 F/A-18F 战斗攻击机进行"伙伴加油"

2010 年，波音公司推出了"超大黄蜂"国际化路线图，针对国外用户提出了多种可选择配装的新技术，如保型油箱、内置式武器吊舱、内置式红外搜索跟踪系统、改进 F414-EPE 发动机（推力提高 20%）、座舱内的 19in 触摸式显示器等。

第八节 EA-18G "咆哮者"电子战飞机

美国海军上一代电子战飞机 E-6B "徘徊者"于 1971 年服役，已近服役年限，所以美国海军于 1993 年开始着手下一代电子战飞机的先期研究，主要内容包括工程设计、技术开发与实验等。项目由波音公司主承包，主要负责航电系统和飞机的概念设计、工程分析、风洞试验、电磁干扰/兼容试验、天线工作范围测试，以及大量的人机界面研发等。经过多方论证，美国海军最后选定 F/A-18F "超大黄蜂"战斗攻击机改装电子战飞机（图 10-43）。

图 10-43　美国海军 EA-18G 电子战飞机

一、发展背景

舰载电子战飞机主要执行电子侦察和电子进攻，在作战飞机遂行攻击任务时提供远距离干扰或伴随电子支援干扰，或使用反辐射导弹直接摧毁敌方防空火力网的雷达设施，是软硬杀伤一体化的进攻型电子战装备。

由于 EA-6B 电子战飞机接近服役期满，美国海军为了节约研发经费，尽早换装，决定采取改装的途径，在 F/A-18F 战斗攻击机的基础上发展新一代电子战飞机。美国海军从 2000 年下半年开始进行了新一代电子战飞机的方案选择。

2001 年 11 月 15 日，波音公司成功完成了 EA-18G 机载电子攻击概念的演示。这次演示使用一架 F/A-18F "超大黄蜂"战斗机吊挂 3 个 AN/ALQ-99 干扰吊舱和 2 个副油箱（图 10-44），对噪声和振动数据进行了测量并对飞机的飞行性能进行了评估。2002 年 4 月 5 日，波音公司成功进行了第 3 次飞行演示。本次演示同样使用一架 F/A-18F 战斗攻击机，所挂载的载荷也和首次飞行演示相同。波音公司的合作伙伴诺斯罗普·格鲁曼公司利用 AN/ALQ-99 干扰吊舱收集了噪声和振动信息。与前两次演示相比，这次飞机飞得更高、更快，并且所有测试都证明 EA-18G 可以满足美国海军提出的作战需求。

图 10-44　EA-18G 挂载的干扰吊舱和反辐射导弹

2003 年 12 月，美国海军与波音公司签署了价值 10 亿美元的 EA-18G 电子战飞机系统设计和开发（SDD）合同。合同期从 2004 财年开始至 2009 财年结束，历时 5 年，包括从零部件到全系统的实验室、地面和空中的试验。根据合同，最初交付的 2 架飞机的编号为 EA-1 和 EA-2。

2004 年 6 月开始，波音公司在多个实验室进行 EA-18G 风洞试验。至 2005 年 1 月，5 组风洞试验全部完成，共计 1412h。这些风洞试验证明了 F/A-18F 的机身能够很好地执行电子攻击任务，并且为 EA-18G 项目的下一步工作收集了重要数据。

2005 年 6 月，EDO 公司向波音公司交付首个为 EA-18G 开发的干扰对消系统（INCANS）。同时，美国海军组织相关公司对 ALQ-99 战术干扰吊舱系统进行了综合测试。

2005 年 10 月，波音公司开始在 EA-1 样机上安装 RF 电缆。这些 RF 电缆用于连接各种执行机载电子攻击任务的专用电子设备。当月，诺斯罗普·格鲁曼公司的电子战系统综合实验室进行了剪彩典礼，该试验室主要支持电子攻击系统的开发。

2005年11月，波音公司完成了EA-18G飞机上INCANS的初始实验室检验，并在帕图克森河海军航空站进行的地面测试中验证了该系统的性能。由美国海军、波音公司和EDO公司的技术人员组成的团队测试了该系统的固有无线电频率对消性能，并检查了在挂载于机腹的吊舱释放干扰时的语音通信质量。

2006年2月，美国海军批准波音公司的试验计划，随即开始将几个关键子系统集成到EA-18G飞机的武器系统中。2005年11月开始进行试验准备工作，主要包括机上软件相关的几个关键部分，如任务计算机、电子攻击单元、载荷管理系统、干扰消隐单元、ALE-47对抗系统、EA-18G仪表系统、数字存储设备的任务分配和综合。2006年6月末，波音公司一架改装后的F/A-18F飞机进行了首次飞行，此次飞行是飞行品质和舰机适配性测试的一部分。

2006年8月4日，波音公司在圣路易首次公开展示EA-18G"咆哮者"机载电子攻击飞机，编号EA-1。8月16日，进行了首飞。9月下旬和11月，美国海军分别接收了1架样机。

2007年，美国海军接收首架EA-18G，这是一个重要里程碑。美国海军计划2013年前共购买85架EA-18G"咆哮者"电子攻击机。第2架EA-18G于同年12月份交付。此后，波音公司转入批量生产。按美国海军的计划，EA-18G于2009年形成初始作战能力，2010年随航母舰载机联队进行首次部署。现在，该机已经完全取代了EA-6B电子战飞机。

二、主要改进情况

EA-18G堪称战斗机中最强的电子战飞机，电子战飞机中最强的战斗机。因为它的各分系统和零部件90%与F/A-18E/F战斗攻击机通用，可以挂载AGM-88"哈姆"反辐射导弹、AIM-120C先进中程空空导弹、AIM-9"响尾蛇"空空导弹；在电子战装备方面，有70%的电子战系统与EA-6B通用，主要电子战设备是在EA-6B"能力改进Ⅲ"的基础上改进的。此外，机首和翼尖吊舱内的AN/ALQ-218V（2）战术接收机还是目前世界上唯一能够在对敌实施全频段干扰时仍不妨碍电子监听功能的系统；该机的干扰对消系统在对外实施干扰的同时，采用主动干扰对消技术保证己方特高频（UHF）话音通信的畅通。另外，用AN/ALQ-217替代USQ-113通信干扰装置；机上装有AN/ALR-67（V）3雷达告警系统、综合防御电子对抗系统等设备，作为"部队网"的关键节点，该机还装备了Link-16数据链。

EA-18G"咆哮者"电子战飞机装备的 AN/APG-79 雷达是雷声公司为 F/A-18E/F"超大黄蜂"研制的有源相控阵雷达（AESA），主要用于替换原来配装的 AN/APG-73 雷达。该雷达通过高分辨率合成孔雷达获取的图像信息进行实时目标定位，并将目标数据提供给武器系统。

AN/APG-79 雷达的主要功能有远距搜索、远距提示区搜索、全向中距搜索（速度距离搜索）、单目标和多目标跟踪、AMRAAM 数传方式（向先进中距空空导弹发送制导修正指令）、目标识别、群目标分离（入侵判断）、气象探测等。扩展功能主要有空/地合成孔径雷达地图测绘、改进的目标识别、扩大工作区。其主要特点如下：

（1）AN/APG-79 的价格与 AN/APG-73 雷达相差无几，但可靠性提高约 5 倍。过去采用机械扫描的雷达天线支架，在航母上起降时会产生冲击和振动，而 AESA 雷达天线没有机械转动装置，抗冲击性能优于 AN/APG-73 雷达。

（2）雷达作用距离大幅提高。由于 AESA 雷达 T/R 模块中的射频功率放大器与天线辐射器紧密相连，而接收信号几乎直接耦合到各 T/R 模块内的射频低噪声放大器，这就有效地避免了干扰和噪声叠加到有用信号上去，传输给处理器的信号更为"纯净"，因此，AESA 雷达微波能量的馈电损耗较传统机械扫描雷达大为减少。据说该雷达的作用距离比原 AN/APG-73 雷达有较大提高，可靠性提高 7 倍。

（3）可靠性好。由于信号的发射和接收是由成百上千个独立的收/发和辐射单元组成，因此少数单元失效对系统性能的影响不大。试验表明，10%的单元失效时，对系统性能无显著影响，不需立即维修；30%失效时，系统增益降低 3dB，仍可维持基本工作性能。这种"柔性降级"特性对作战飞机是十分必要的。

（4）维修性好。雷达外场维修可以到达 SRU 级。过去 AN/APG-73 雷达发生故障时，只能把故障隔离到 LRU，如接收机或者是激励器，然后进行更换。AN/APG-79 雷达则可以把故障隔离到插件板，只需更换出现故障的插件板即可。然后将这些插件板运回制造工厂，待修理后返回。

（5）该雷达可同时完成多项任务，在跟踪和制导武器的同时，还可以对一定的空域进行搜索扫描，这是机械扫描雷达所不能做到的。另外，雷达在对飞机前方空域搜索时，还可以同时对地面进行高分辨率地图测绘。它还能将捕捉到的目标信息传输给其他飞机，由后者进行攻击。

AN/APG-79 雷达还可为 F/A-18E/F 飞机提供电子保护、电子攻击和电子支援等功能，同时也可为飞机提供自瞄准能力，即在将来可能实现由一架装有 AESA 雷达的飞机采用 SAR 对地面目标进行瞄准定位，然后将目标的精确坐标数据传送给另一架没有装备 AESA 雷达的飞机，由这架飞机向目标发射 JDAM 武器。

EA-18G 电子战飞机最关键的设备是体积庞大、结构复杂的 AN/ALQ-99 战术干扰吊舱（图 10-45）。在发展 EA-18G 时，美国海军为了节省经费，没有再重新研制干扰吊舱，而是利用了原 EA-6B 的干扰吊舱。原因是 AN/ALQ-99 刚完成 ICAP III 改进，而且目前世界上还没有能与之相比的干扰吊舱。AN/ALQ-99(V)的用途是干扰敌方岸基、舰载和机载指挥控制通信系统和雷达，使之功能丧失，不能完成预警、目标捕获监视、控制/导引武器等任务，从而保障己方机群的作战行动。

图 10-45　AN/ALQ-99 电子干扰吊舱

AN/ALQ-99(V)于 20 世纪 60 年代研制，结合实战经验经过多次改进。如扩展能力（EXCAP）计划、3 次能力改进（ICAP）计划，性能逐渐增强，干扰波段也从最初的 4 个增加到现在的 10 个，覆盖范围为 64MHz～18GHz，每个干扰舱可以覆盖 7 个频段中的 1 个。干扰的频段和频率覆盖为波段 1（VHF）、波段 2（VHF/UHF）、波段 3（0.3～0.5GHz）、波段 4（0.5～1.0GHz）、波段 5（1.0GHz）、波段 6（2.7GHz）、波段 7（2.6～3.5GHz）、波段 8（4.3～7.0GHz）、波段 9（7.0～10.0GHz）、波段 10（12～18GHz）。

每个吊舱内装 2 部特大功率的干扰发射机、1 部跟踪接收机、必要的天线和发电设备。干扰系统的核心设备是 CPU，它有干扰机管理、威胁数据处理和操作员显示生成 3 项主要任务。系统一体化接收机（SIR）组向 CPU 提供基本威胁数据，将此数据与可编程信息库中的脉冲重复频率、波长、战斗序列和位置信息加以比对，就可识别出发射体。然后 CPU 推荐干扰选择方案或自动地做出选择，控制发射波束并检测发射机调谐精度，可近实时更新威胁状态数据。

EA-18G 电子战飞机可根据作战选择挂载吊舱的数量和种类,低频干扰吊舱通常挂在机腹下,高频吊舱挂在机翼下。AN/ALQ-99 有自动、半自动、手工 3 种工作模式。

机载电子对抗方面,机上装有 AN/ALE-50 拖曳诱饵,由干扰物投射装置、先进机载诱饵(AAED)、投射控制装置等构成。投射装置内装 3 枚诱饵弹,诱饵弹装在密封的弹筒内,弹筒可按用户要求安装在飞机上。诱饵弹投射后拖曳在飞机后面,引诱雷达制导的导弹偏离攻击目标。

AN/ALE-55 光纤拖曳诱饵(FOTD)由美国海军和 BAE 系统公司组成的项目组联合研制,是综合防御电子干扰(IDECM)系统的重要组成部分,它可为 F/A-18 E/F、EA-18G 提供未来所需的先进射频自保能力。FOTD 系统进行了 60 多次的风险规避飞行,主要测试它在模拟战斗环境下投射的安全性和可靠性。

综合防御电子对抗系统,其核心部件是 AN/ALQ-214 射频干扰器,同时还可以集成 ALR-67(V)3 雷达告警器系统、AAR-57 通用导弹告警器、ALE-50/55 光纤拖曳诱饵(可以发射电磁波,吸引雷达制导的导弹)等对抗设备,形成一个总体的光电和电子对抗系统。在 EA-18G 上还可能采用激光红外对抗系统,用激光器发射特定波长的激光对红外导引头进行主动干扰。

AN/ALR-67(V)3 是美军第四代雷达告警接收装置,它在 ALR-67 的基础上扩大了频率范围,特别是在频谱的高端,因此威胁告警能力更强。另外,还增强了信号处理能力,能分析出更多的威胁辐射源,并能分辨出几乎同时接收的两个雷达脉冲信号(图 10-46)。

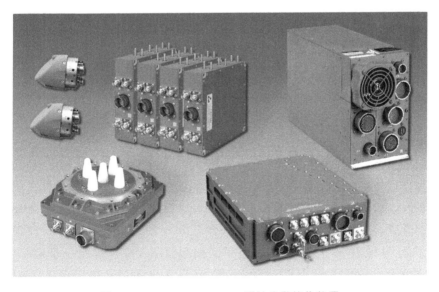

图 10-46　AN/ALR-67(V)3 雷达告警接收装置

ALR-67(V)3 由 13 个可更换组件构成，包括 4 个象限接收机、4 个天线检波器、1 部电子对抗接收机、1 部计算机、1 部低波段天线、1 个控制状态单元和座舱指示器。

在通信对抗系统方面，EA-18G 采用了雷声公司的新型通信对抗系统，替换原来准备安装的 AN/USQ-113(V)3 通信干扰机。它是在 AN/USQ-113 基础上研制的换代产品，美国海军没有公布其具体技术性能。美国海军之所以选中雷声公司的产品，是因为该公司曾与英国 BAE 公司联合研制了 EC-130H "罗盘呼叫"通信干扰飞机的战区外电子攻击系统。

AN/ALQ-218(V)2 主动电子干扰系统装在机翼的翼端，干扰半径为 160km。可在对敌方电子设施进行干扰的同时，保持电子监视和雷达频频的侦测，以及接收信号的功能，其接收机和任务计算机的性能，与现役 EA-6B 电子战飞机相比有大幅提高。

EA-18G 的电子战模式是在新型通信干扰系统、AN/ALQ-218(V)2、机载雷达发射电子波束时，接收机先中断工作，然后系统以分时方式完成工作，这种能力称为"接收机间隔探测"。

美国海军从 2002 年开始研发新一代干扰吊舱（NGJ），以取代现役 AN/ALQ-99 吊舱。

三、主要技术特点

EA-18G 是 F/A-18F 和 EA-6B 的完美组合，它继承了两型飞机的优点，成为全球唯一能超声速飞行，对敌方防空网、指挥所，以及各类电子设备实施全频段干扰并同时进行监听、与友军保持通信联络的电子战飞机。与 EA-6B 相比，EA-18G 具有以下优点：

（1）外挂点更多，作战能力更强。EA-18G 电子战飞机去掉了原来的航炮，保留了 11 个外挂点（翼尖 2 个，机翼下 6 个，机腹下 3 个），除了 AN/ALQ-99 干扰吊舱外，还能挂载空空导弹等 F/A-18E/F 战斗攻击机使用的各型武器，执行任务时无需战斗机护航。相比之下，EA-6B 电子战飞机只有 5 个外挂点，用于携带干扰吊舱、副油箱、高速反辐射导弹等。EA-18G 机上的 11 个武器挂点可根据作战任务，选挂攻防武器和最多 5 个吊舱。在执行防区外干扰和护航干扰任务时，通常挂 2 个副油箱、1 个低频吊舱、2 个高频吊舱、2 枚 AGM-88 反辐射导弹、2 枚 AIM-120 中程空空导弹、2 个 AN/ALQ-218（V）2 翼尖天线舱。执行时敏打击任务时，可挂 AN/ALQ-218(V)2、机腹副油箱、2 个 AN/ALQ-99 吊舱、2 枚 AGM-88 反辐射导弹、2 枚 AIM-120 中程空空导弹、2 枚 JSOW。在执行全谱监视（FSS）时，可挂 2 个副油箱、1 个侦察吊舱（SHARP，机腹挂点)、2 枚 AIM-120、2 个 AN/ALQ-218(V)2。

（2）采用多项新技术，性能先进。EA-18G 采用了多种新技术，使作战能力有大幅度提高，具有全频段电子监视能力，能够对敌方的雷达和通信网络进行有效的电子攻击。例如，ALQ-218(V)2 主动电子干扰系统可在对敌实施干扰的同时，进行信号监测和接收，干扰半径达到 160km。用通信对消系统替代了原计划使用的 USQ-113(V)3 通信干扰系统。EA-18G 可通过分析干扰对象的调频图谱自动跟踪发射频率，并且多架飞机可通过长基线干涉仪对辐射源进行更精准的定位，以执行"跟踪—瞄准式干扰"。

（3）超声速飞行，作战效率高。EA-18G 具有和 F/A-18F 相同的飞行性能，可与编队机群同步行动，执行伴随干扰任务，解决了以前亚声速电子战飞机速度慢的问题；携带的干扰吊舱具备与 EA-6B 相同的作战能力，增加 ALQ-218 吊舱、AAPG-79 雷达后，其能力超过 EA-6B。因此，EA-18G 以 EA-6B 一半的出动架次率，就可满足编队的护航干扰任务。

（4）通用性好，维修使用费用低。EA-18G 与 F/A-18E/F "超大黄蜂"有 90%以上的部件可以互换使用，保留 F/A-18F 的所有外挂点，质量只比 F/A-18F 增加 159kg；EA-18G 有 70%的电子战系统与 EA-6B 通用。因此，EA-18G 的研发费用为 15 亿美元，1 架 EA-18G 的成本估计在 6600 万美元左右。EA-18G 项目耗资约 400 亿美元，如果在 EA-6B 的基础上改进升级为 EA-6C，并研制采用新技术的吊舱，大约耗资 340 亿美元，可见选择 EA-18G 的效费比更高。另外，在航母上配备 EA-18G 不仅可以减少舰载机的机型和备件数量，便于修理，还可减少人员编制，2 名驾驶员就可以完成原来 4 个人的工作。

能力改进Ⅲ系统可为美国海军的机载电子攻击提供两种至关重要的能力：①电子战飞机在执行电子干扰任务时，只能通过发射较宽频率范围的电子信号来"瘫痪"敌方雷达。而能力改进Ⅲ系统则能在捕捉到敌方雷达后，针对该雷达的特定频率进行有选择的集中干扰。如果被干扰雷达企图快速改变工作频率来躲避干扰，能力改进Ⅲ系统还可以随之改变干扰频率，使干扰更为有效。②能力改进Ⅲ系统使用"长基线干涉测量法"技术，可以对敌方雷达进行更精确的定位、瞄准与摧毁。通过能力改进Ⅲ系统，电子战飞机可以瞄准特定的目标，并对敌方的电子威胁快速做出反应，因此极大地增强了电子战飞机的生存力和有效性。

2003 年 6 月，首批 10 架 EA-6B 飞机开始进行能力改进Ⅲ改装。2005 年，能力改进Ⅲ系统形成初始作战能力。后来又将 AN/USQ-113 通信干扰机与能力改进Ⅲ系统集成，与多任务先进战术终端（MATT）和综合数据调制解调器（IDM）连接起来，使所有电子战飞机的机组人员都可以获得来自这些系统的信息，更有效地融合所搜集的数据。

美国海军与雷声公司开发的下一代干扰机（NGJ）系统计划于 2020 年投入使用，NGJ 将为 EA-18G 电子战飞机增加新的能力。NGJ 吊舱采用基于氮化镓器件的有源相控阵天线，其效率更高，能够生成敏捷、稳定、集中的干扰能量波束（图 10-47）。该吊舱可根据敌雷达频率，自主选择干扰频段，一旦锁定威胁，就能接收其信号，并对其频率和波形中的变化等反干扰措施做出反应。下一代干扰机分高中低频段的 3 个型号，其中低频段的 NGJ-LB 将率先服役。

图 10-47　美国海军正在研制的新一代干扰吊舱

EA-18G 电子战飞机的技术性能参见 F/A-18E/F "超大黄蜂"战斗攻击机。

第九节　E-2D "先进鹰眼" 舰载预警机

E-2 "鹰眼"舰载预警机是目前世界上最先进，也是美国海军使用最广的机载监视与指挥控制平台。该型机最早是诺斯罗普公司于 20 世纪 50 年代为美国海军开发和设计航母舰载早期预警机，首架生产型机于 1964 年交付美国海军，此后的 40 多年里，该型机不断改进改型，发展到今天，仍然是美国海军 21 世纪主力支援保障飞机（图 10-48）。

舰载预警机主要用于探测、搜索、监视空中和海上目标，并指挥引导己方飞机遂行对空对海作战任务，是美国航母编队的空中作战指挥中心。

一、发展背景

美国海军早在 1942 年就意识到，由于舰载雷达覆盖范围有限，海军特混编队在遭到敌机低空飞攻击时几乎没有多少时间预警，海上编队的生存受到严重

威胁。于是，时任美国海军总司令的金将军向科学研究与发展局提出了开发雷

图 10-48 E-2D"先进鹰眼"舰载预警机

达中继系统的要求，以便在舰艇之间交换雷达信息。NA-112 雷达中继系统项目遂于 1942 年 6 月开始实施，但进展较为缓慢。1944 年年初，在重新评估该项目后，决定将工作重点从开发雷达中继系统转变为开发一套机载预警系统，并开发了 AN/APS-20 雷达。第二次世界大战结束时，美国海军首先在"复仇者"雷达轰炸机上装载 AN/APS-20 雷达，旨在充当预警机，遂行空中预警任务，扩大航母的对空预警、探测能力。在 20 世纪 50 年代之前，美国海军还将 AN/APS-20 雷达装载在其他一些舰载机上使用，这是预警机的先躯。

（一）早期的预警机

随着战后新建的作战能力更加强大的新型航母服役，美国海军航空局于 1955 年提出需要一型先进的航母预警与空中拦截控制飞机。但是航空局的官员们也意识到，一型高规格、高性能的新型预警机要到 20 世纪 60 年代才可投入使用，因此作为一种过渡方案，决定采购由格鲁曼公司 S-2F"追踪者"反潜机改装的一型简易的预警机，即 WF-2"追踪者"飞机，1962 年改称 E-1B，这是世界上第一型实用型预警机，在机背上装备有圆盘状的 AN/APS-82 雷达和类似于战术数据链的设备，尽管是一种过渡方案，但该型机一直服役到 20 世纪 70 年代，并且参加过越南战争。

E-1B 作为一种过渡方案，功能有限，难以满足美国海军的需求，因此，

美国海军决定加速研究更先进的解决方案。在综合考虑各种方案后，于1957年选中格鲁曼公司的"123型"机，最初称为W2F-1，1962年改称E-2A飞机。

E-2A预警机是世界上第一型专为遂行空中预警任务设计的舰载机，在研制过程中格鲁曼公司解决和克服了很多难题，首批建造了3架原型机。首架原型机于1960年10月首飞，首架配置齐全的原型机于1961年4月首飞。此后在原型机成功完成多次测试后，美国海军开始批量生产该型机。E-2A预警机在使用过程中不断升级改进，至今已发展了E-2A、E-2B、E-2C、E-2D四种型号，E-2C型预警机是衍生型最多、使用时间最长、用途最广的一个机型。

E-2A型机是"鹰眼"飞机的最初生产型，首架飞机于1964年交付美国海军，到1967年共向美国海军交付59架。该型机最大起飞重量为22.4t，巡航速度500km/h，续航时间5.6～6h，装备2台T56-A-8/8A涡轮发动机，单机功率3020kW。机组人员包括1名飞行员、1名副驾驶和3名电子系统操控员。作为预警机，核心装备是机载战术系统，其主要组成部分包括AN/APS-96雷达、计算机系统、数据链和敌我识别器。AN/APS-96雷达工作在UHF波段，工作波长约为1m，在9150m高度飞行时探测距离为370km，并具有能够抑制海面杂波、自动跟踪目标的能力。雷达天线安装在机身顶部一个独特的碟形旋转天线罩内，天线罩直径为7.13m，工作时每分钟旋转6次，敌我识别器的天线装在雷达天线后方，每次扫描时雷达扫描可与敌我识别器询问系统交替工件。

E-2A型机的主要任务是在编队周围巡逻，探测来袭的敌机、导弹或海上兵力，提供攻击和空中交通管制，区域监视、搜索与救援引导，导航支援和通信中继等支援保障。服役后，曾搭载在"小鹰"号和"突击者"号航母上参加了越南战争，发挥了重要作用。

但E-2A型机在投入使用后，也暴露出一些问题，例如：电子系统可靠性不高，特别是任务计算机存在明显缺陷，机身抗腐蚀能力差等，性能并不完全令人满意。由于可靠性差，该型机曾一度停飞。为此，美国海军在1965年初期停止订购E-2A型机，并着手进行升级改进。

针对E-2A型机的问题，格鲁曼公司和美国海军加紧进行了改装，用利顿公司的L-304数字计算机替换了性能不稳定的任务计算机，加大了垂直尾翼的平衡舵。1969年首架改装后的E-2B型机试飞，到1971年共有49架E-2A型升级到E-2B型的标准，2架改装为TE-2A训练机，2架改装为C-2运输机的原型机——YC-2A，2架改装为E-2C的原型机——YE-2C。升级后的E-2B型机不仅可靠性加强，而且提高了监视与指挥控制能力。

尽管改进后的B型机在可靠性和性能上都有所提高，但美国海军认为这一性能水平远未达到该型机最初的设计目标，因此，在升级E-2A的同时，于1968

年启动了另一项"预定产品改进"(P3I)计划,对"鹰眼"飞机进行彻底改进,发展了 E-2C 型机。E-2C 型机是美国海军现役舰载预警机,自 1973 年服役以来,该型机持续进行改进,不断引进新技术,并根据作战环境的需要发展新的能力。目前已经衍生出多个型号。

(二) E-2C 预警机

美国海军早在 1965 年就着手发展 E-2C 的基础工作,1965—1967 年,在 E-2A 型机上进行 AN/APS-111 雷达的改进试验,并开发了装备 C 型机使用的 AN/APS-120 雷达。1971 年 1 月由 E-2A 型机改装的 E-2C 原型机完成首飞(图 10-49),并获得成功。美国海军遂开始订购生产型机,1972 年 9 月首架生产型即基础型 E-2C 飞机进行首飞,1973 年 11 月开始服役。基础型 E-2C 飞机除装备有 AN/APS-120 雷达外,还有如下改进:

图 10-49 准备起飞的 E-2C 预警机

(1)加长机头,装备 AN/ALR-59 被动探测系统,用于安装探测和定位射频发射器,机头加长后,飞机长度相应增加了 33cm,达 17.5m。

(2)装备利顿公司 OL-77 计算机系统,由 2 台利顿 L-304 计算机组成。

(3)装备 AN/ASN-92 航母惯导系统和 AN/ASN-50 航向与高度基准系统。

(4)装备有 5 台 UHF 电台和 2 台 VHF 电台,Link-4 对空数据链和 Link-11 空地数据链,改进的 AN/APX-72 或 76 敌我识别器。

(5)换装 T56-A-422 发动机,单机功率 3660kW,或稍后换装 T56-A-425 发动机,二者额定功率相同,只是用复合材料推进器替换了金属推进器。

(6)机身顶部驾驶舱后方装备有大型制冷设备。

从 1976 年起,基础型飞机的雷达升级为 AN/APS-125,具有多普勒处理能力，并可自动跟踪陆上目标。

为进一步提高该机性能，从 1980 年起美国海军对基础型机进行了全面改进，升级为 GROUP O 型配置，到 1988 年，美国海军共接收了 55 架基础型和 GROUP O 型机。在发展了 GROUP Ⅰ 型机后，美国海军也曾想将 GROUP O 型机升级到 Ⅰ 型配置，但如果在升级过程中考虑到延寿因素，成本同建造新飞机几乎相当，因此美国海军最终并未升级 O 型机。GROUP O 型机可跟踪 300 个目标，自 20 世纪 80 年代开始服役，一直服役到 90 年代被 GROUP Ⅱ 型机替代（图 10-50）。

图 10-50　在航母上弹射起飞的 E-2C 预警机

GROUP O 型机的主要改进：

（1）雷达系统升级为 AN/APS-138，该系统装备有"全辐射孔径控制天线"，可抑制旁瓣的产生，增强了抗干扰能力，提高了探测距离和探测精度。

（2）改进了电子支援系统，换装 AN/ALR-73 被动探测系统，扩大了雷达的覆盖范围，提高了目标定位精度。

（3）加装了 AN/ARC-182 "快响应" HF/VHF/UHF 电台。

（4）计算机存储器容量增加了 16KB，总共达到 48KB。

GROUP Ⅰ 型的主要改进表：1988 年起，美国海军对 E-2C 进行了新的升级，1988—1991 年生产了 18 架 E-2C GROUP Ⅰ 型机，全部在大西洋舰队服役。

GROUP Ⅰ型机的主要特点：

（1）雷达系统升级为AN/APS-139，结合功能更强大的利顿处理系统，跟踪目标的数量由600个增加到2400个。

（2）装备性能更强的航空电子设备冷却系统。

（3）装备新型T56-A-427发动机，单机功率3800kW，不仅可靠性提高，而且耗油量减少13%。

GROUP Ⅰ型机实际上只是E-2C发展到性能更高的GROUP Ⅱ型机的一个过渡方案。20世纪90年代初，随着AN/APS-145雷达的研制成功并装备E-2C型机，该型机升级为GROUP Ⅱ标准，并于1992年进入海军服役，GROUP Ⅰ型机中有12架升级到GROUP Ⅱ标准。目前，美国海军E-2C全部为GROUP Ⅱ型机。升级后的E-2C飞机雷达作用范围增加了96%，目标跟踪能力增加200%，显示目标数量增加1000%，目标识别能力也得到提升。

GROUP Ⅱ型机的主要改进：

（1）换装AN/APS-145先进雷达处理系统，能够完全自动地探测和跟踪陆上目标，跟踪目标数量增加了一个数量级，灵敏度也有所提高，探测距离比AN/APS-139雷达扩大了40%，而且抗干扰和抗杂波能力增强。与以往雷达天线罩转速固定为每分钟6转不同，升级后转速可变，即可从每分钟5转调节到6转。

（2）改进了敌我识别器，识别距离达到了雷达作用距离，能够同步进行多模式作业，有自动干扰监视功能，提示操控员在工作波段有干扰。

（3）换装了L3公司的"增强型主显示器"，目标符号显示容量增加了1000%，具有多彩显示功能、缩放功能，与老式雷达示波器相比，新式11in彩色显示器可识别不同的目标，并提供其他信息。主显示器下有一台小型单色显示器可提供文字数据。

（4）为处理增加的雷达跟踪数据文件，在任务计算机中集成了增强型高速处理器，使E-2C飞机能够处理2000多批跟踪目标。

（5）除早期的Link-4数据链和Link-11数据链外，还加装了三通道"Link-16数据链/联合战术信息分发系统"，不仅保证了连续语音和数据通信，而且提高了与空军预警机和F-15等平台的互通能力，从而使E-2C飞机成为舰队和联合作战的基础。此外，机上还有2套HF、3套VHF-UHF和2套UHF系统支持语音和数据链通信。

（6）加装全球定位系统，扩展了航母惯性导航系统的功能，提高了导航和数据链参考精度，对战术作战行动具有至关重要的作用。Group Ⅱ型机在航母舰载机中首次装备全球定位系统，使其能够利用卫星网络在数米的范围内瞬时计算飞机的位置（表 10-19）。

表 10-19　6 型 E-2C 预警机性能比较

Group 0	Group I	Group II（X）	Group II (N)	Group II (M)	Group II (C)
APS-138 雷达	APS-139 雷达	APS-145 雷达			
APX-72 敌我识别器		APX-100 敌我识别器			
ALR-73 被动探测系统					ALQ-217
L-304 计算机	L-304 计算机与增强型调整处理器			升级的任务计算机	
主显示器	单色显示器	新型战术显示器（增强型主显示器/多功能显示器）		新型战术显示器（先进控制指示器）3 台多功能显示器	
2 台 HF/3 台 UHF 电台					
3 台 VHF/UHF "快速响应" 电台					
					ARC-210 电台
					协同作战能力
联合战术信息分发系统					
Link-4A 数据链、Link-11 号数据链、Link-16 号数据链					
全球定位系统					
卫星通信微型按需分配多路存取设备（AEC）					前段卫星通信设备（FEC）
ASN-92/50 导航设备			ASN-139 导航设备（2 部）		
10t 冷却系统	12t 冷却系统				15t 冷却系统
T56-A-425	T56-A-427 发动机				

首架 GROUP II 型机入役以来，至今已经有十余年，这期间美国海军并未停止对该型机的升级改装，因此同一型飞机又发展了 Group II (X)/Group II (N)/Group II (M)/Group II (C)四种次衍生型机。几型飞机的主要区别表现在电子支援系统、导航系统和战术显示器等不同，其中 Group II 型的 N 表示增强了导航设备的性能，M 表示换装了任务计算机，C 表示加装了"协同作战能力"（CEC）。Group II (N)也称为"鹰眼"2+，Group II (M)/Group II (C)型的另一个名称是"鹰眼 2000"预警机。

（三）"鹰眼" 2000 预警机

"鹰眼" 2000 预警机在数据管理、系统吞吐量、操作界面、连通性和态势感知等方面有显著改进，从而有效支援海军的战区防空和导弹防御任务（图 10-51）。该机是在 Group II 型机的基础上发展而来的，保留了 AN/APS-145 雷达系统、改进的敌友识别系统、联合战术信息分发系统、全球定位系统，以及 CAINS（舰载机惯性导航系统）Ⅱ导航系统。其雷达系统和敌我识别器能够探测 300n mile 以外的目标，电子支援系统可在雷达作用范围之外探测目标并对其进行分类。机载通信和数据处理/分发子系统能够将战术图像传送到海上或岸上的指挥中心，是一种理想的作战管理、指挥与控制中心。首架"鹰眼"2000 飞机于 2001 年 10 月 20 日交付美国海军，美国海军共采购了 21 架新型机，并计划改进约 50 架现役的 E-2C Group Ⅱ型机，按计划 2010 年全部换装"鹰眼 2000"预警机。

图 10-51　E-2C "鹰眼" 2000 预警机

该型机的改进主要表现：

（1）"鹰眼" 2000 利用雷声公司生产的 940 型计算机取代了前辈机安装的 L-304 计算机。这是一种开放式中央任务计算机，作为机上的核心配置，其充分利用商用技术，可提供足够的储存、处理功率和数据吞吐量，支持"鹰眼" 2000 扩展的任务功能。与 L-304 相比，不仅重量减轻一半，体积缩小三分之二，而且处理能力增加了 14 倍。机上加装了数据加载/记录单元，可写入战术计划，并记录任务情况。战术计划和其他与任务有关的数据输入一个移动式存储单元中，在每次执行任务前插入系统，任务完成后，将存储器取出，可回放和评估任务数据。此外，"鹰眼" 2000 还集成了洛克希德·马丁公司的先进控制指示系统（ACIS），为每个操作员在显示管理上提供了极大的灵活性。

（2）升级的座舱。为满足联邦航空局和国际民航组织为实施空中交通管理所提出的通信、导航和监视要求，以及海军作战部长的有关要求，"鹰眼"2000的座舱进行了升级，主要包括符合 8.33kHz 的无线电通信信道间距要求，装备改进的 S 模式应答机，以及具备在国内和国际空域活动时所需的区域导航能力。此外，通过升级多功能计算机显示装置，用 6in×8in 和 9in×12in 的平板有源矩阵液晶显示器替换传统的航速、高度和姿态显示仪，改进了飞行管理软件的计算机处理功能。在副驾驶位置上增加了第 4 个战术操作员阵位，必要时可由其充当第 4 名战术管制官。

（3）新增先进控制指示器。"鹰眼"2000 装备有洛克希德·马丁公司研制的彩色战术工作站，即先进控制指示器（ACIS）。该工作站采用基于商用成熟技术的开放式体系结构，主要包括 1 部 20in 的高分辨率平板显示器，其人机界面使操控员能够完成多种战斗管理职能。ACIS 及其类似微软"视窗"系统的功能，仅需要 3 个操作员就能完成其他系统需要更多机组人员才能完成的任务。

（4）装备"协同作战能力"。"鹰眼"2000 集成了对战区空中和导弹防御任务至关重要的"协同作战能力"系统。协同作战能力机载通用设备（CES）为各种平台、航母指挥中心以及水面舰艇之间提供了大容量的详细目标信息数据交换能力，从而提高了整个舰队的连通性和态势感知能力。机载通用设备由协同交战处理器以及数字分发系统组成，后者拥有一部 54in 的圆形天线，安装在机身中下部。协同交战处理器作为"协同作战能力"系统的核心，与飞机的中央任务计算机相连，利用网络交换机载战术信息（雷达、敌我识别器），并发挥中继功能，扩大水面舰艇的远程连通能力。这种新系统能使机载传感器和外部传感器的信息进行数据融合，提高舰队生成战术合成图像的能力。例如，预警机接收到舰载系统发送的初始通信数据后，机上的 CEC 系统检验这些数据，识别飞机同时跟踪同一目标，增加其自己监测的相关雷达数据后，再次将所有的信息发送回母舰。这一过程允许网络内的所有作战平台在其传感器的监视容量内同时看到完整的空中图像，并且协同应对各种威胁。

（5）加装具备卫星通信设备。"鹰眼"2000 具备完全集成的卫星通信功能，极大地扩展了通信能力。通过集成卫星通信无线电通信设备和先进的多功能战术终端，为"鹰眼"飞机提供了超视距宽带和窄带语音与数据通信能力，提高了飞机的远程连通能力，使其能够进入各种战术数据库，增强了态势感知能力。而且飞机可以和舰队或者地面指挥中心保持远距离的联系。这样 E-2C 预警机就可以在没有战区前沿通信支援的情况下指挥远离航母编队的机群遂行作战任务，从而扩大了航母编队独立作战的范围。

（6）换装 AN/ALQ-217 电子支援系统。"鹰眼"2000 换装了功能更强大的新型 AN/ALQ-217 电子支援系统。该系统组件较少，系统体积和重量显著减少，同时增强了对电子辐射的探测、识别与监视功能。作为对主动传感器系统的有效补充，系统采用了一套被动系统，用于探测各种空中和水面发射源，确定发射源的信号参数与方位，将其与机载档案资料对比后加以识别。

（7）采用 NP2000 螺旋桨。从外形上看，"鹰眼"2000 最突出的是用 NP2000 八叶螺旋桨系统取代了传统的四叶螺旋桨。新系统由汉密尔顿标准公司生产，通过改进桨叶尖端的设计，减缓桨叶进入声速的时间，以及增加桨叶数量等方式，提高了螺旋桨的推进效率，使发动机在轴马力输出不变的情况下，产生更大的出力。螺旋桨叶片采用复合材料制成，安装在单块钢制毂上，采用数位控制。此外，新系统还降低了噪声和震动，提高了可靠性和可维护性。

二、技术特点

E-2D "先进鹰眼"预警机是美国海军为满足《21 世纪海上力量》发展构想的需要而研制的最新型舰载预警机。作为美国海军未来发展的构想指南，《21 世纪海上力量》提出要构建"海上打击""海上盾牌""海上基地"三大能力支柱，并通过"部队网"这一"黏合剂"将其连接在一起，形成以网络为中心的作战力量。在这一网络中心作战构想中，舰载预警机作为重要的作战节点，不仅需要充当舰队的耳目，而且需要发挥战场情报整合，实施战场管理的作用，还要担当通信中继机，成为"部队网"的重要赋能工具。为完成上述使命，功能更强大、性能更先进的 E-2D "先进鹰眼"飞机应运而生（图 10-52）。

图 10-52　E-2D 预警机采用了 APY-9 相控阵雷达

"先进鹰眼"飞机发展计划于 2001 年正式提出,这期间由于预算原因导致进度推迟,2003 年 8 月 4 日,美国海军授予诺斯罗普·格鲁曼公司综合系统分部 19 亿美元的系统开发和验证合同,用于开发新一代"先进鹰眼"飞机,从而标志着该计划正式起动。合同中包括生产 2 架"先进鹰眼"原型机。2005 年 4 月 25 日,首架原型机开工建造,同年底第二架也开建。目前,2 架飞机已先后完成了首飞,之后,开始低速生产,2011 年具备初始作战能力,2013 年正式开始量产。美国海军计划采购 75 架 E-2D "先进鹰眼"飞机,其中包括 2 架原型机,用于替换现役 E-2C 飞机。届时,美国海军 10 个舰载机飞行中队将各配备 5 架 E-2D 飞机,另外 25 架则部署在后备役中队。

"先进鹰眼"飞机虽然是在"鹰眼" 2000 的基础上发展而来的,从外形上看二者差别不大,但系统配置差别极大,可以说是一架全新的机型。E-2D "先进鹰眼"飞机的特点主要表现在:

(1) 换装新型雷达,增加探测能力。E-2D 与以前的机型最大的不同之处在于换装了新型 AN/APY-9 相控阵雷达,该雷达集成了空-时自适应处理软件,可除去杂波和定向干扰,滤出低空及地面运动目标信号,因此能够在复杂的地形环境和城市密集的濒海环境中探测到低空飞行的雷达截面积较小的目标,如巡航导弹,提高雷达在干扰环境中的探测能力和探测精度。

换装新型 AN/ADS-18 电子扫描阵列天线,该天线有以下特点:①采用 18 个天线模块,实现电子扫描。②保留机械扫描方式,在 360° 机械扫描基础上,当旋转雷达罩静止时,能以机械加电子扫描的组合扫描模式,锁定重点区域进行电子扫描。③采用全新设计的旋转耦合器。作为内置电子设备和旋转天线之间的接口,可将来自旋转天线的各种无线电频率信号传送转发到机内电缆中。新型天线的优点是探测距离远,侦测能力强,可同时扫描并跟踪海面与空中的目标,而且旁波瓣低,可减少对手侦察系统或反辐射导弹实施攻击的机会;集成新型 Mk12 敌我识别器,该系统与新型雷达和天线阵相结合,可为 E-2D 的决策系统提高支持,可在整个战场空间内,探测敌方飞机和导弹,进行数据融合,并引导飞机实施攻击。此外,新型雷达天线体积小,可将敌我识别器天线和卫星通信天线完全集成到天线罩中,而无需另外加装整流罩,减小了飞机的衍生阻力。

E-2D 预警机 2011 年开始服役,在距航母 50n mile 以外,该机是战场的管理、指挥控制者。该机装备 AN/APY-9 新型相控阵雷达,其控制范围是 AN/APS-145 雷达的 250%,探测距离增加了 20%。尤其是在探测远距离小型目标的能力方面有很大提高,与"宙斯盾"舰配合使用,可使"标准" 2 导弹拦截巡航导弹的能力提高 2 倍;与 APS-145 雷达相比,引导 F/A-18E/F 战斗攻击机空战，拦截飞机的能力可提高 5 倍。

（2）采用全新战术座舱，增强态势感知能力（图 10-53）。E-2D 预警机采用诺斯罗普·格鲁曼公司研制的"综合战术座舱"，这是一种新型"全数字舱"，使驾驶员具备全任务能力。在座舱内，用 3 部 17in 的战术多功能彩色显示器取代了传统的飞行仪表，它们既可显示飞行数据，也可显示空中战术图像，不仅增强了飞行员的态势感知能力，而且可以迅速"转换"成第 4 操控员战位。虽然机组人员仍有 5 人，一旦飞机完成起飞阶段，驾驶员或者副驾驶就可将系统指示界面切换到操控员界面，获得与操控员相同的显示信息，使驾驶员成为第 4 名任务系统操作员，协助操控员遂行任务，增强了空中指挥控制/管理能力。但是，受驾驶杆和节流阀的影响，操作效率低于机舱内的专业操控员的工作效率。此外，在驾驶舱后方，还加装了 1 部 17in 的战术导航座舱显示器和辅助座椅，该显示器可根据战术态势及时显示空中管制信息或提示告警信息，使操控员能够共享最新情况而不必占用自己的显示屏。

图 10-53　E-2D 预警机的驾驶舱

（3）能力全面提升，支持未来海战作战。除上述先进系统外，E-2D 预警机还装备有先进的卫星通信系统、协同作战能力系统以及其他一些为确保性能提高的新系统和新装备，同时该型机还采用开放式体系结构，能够随时集成新技术和新设备，为系统不断升级奠定了基础。此外，美国海军计划使其具有空中加油能力，将空中的滞留时间从 4.5~5h 增加到 8h 左右，延长任务时间。总之，E-2D 预警机服役后，美国航母编队的综合作战能力将进一步提升，功能将进一步扩展（表10-20）。

表10-20 E-2C/D预警机技术性能

	E-2D	E-2C
机长/m	17.60	17.60
机高/m	5.58	5.58
翼展/m	24.56	24.56
机翼折叠/m	8.94	8.94
机翼展弦比	9.3	9.3
机翼面积/m²	65.03	65.03
空重/kg	1936	18363
最大燃油重量/kg	5624	5624
使用外翼段辅助油箱/kg	8990	8990
最大起飞重量/kg	26083	24687
最大平飞速度/(km/h)	648	626
最大巡航速度/(km/h)	602	602
进场速度/(km/h)	200	191
实用升限/m	10577	11278
转场航程/km	2780	2854
续航时间/h	6，8（使用副油箱），12（1次空中加油）	6.25（最大燃油），4.4（距航母320km处）

在支持"海上盾牌"作战概念方面，一是成为分布式导弹防御系统的核心；二是为舰队防空提供早期预警信息，机载雷达可探测陆上移动平台发射的巡航导弹，通过CEC系统持续向"宙斯盾"舰传递目标信息，直到"宙斯盾"舰摧毁目标为止；三是通过卫星指导无人机精确定位和识别敌方的导弹发射平台，并将信息传送给攻击机，由后者发射精确制导武器在平台重新定位目标或发动二次打击前将其消灭。

在支持"海上打击"作战概念方面，改进的浅海和陆上探测与跟踪能力，及其强大的网络连通能力，使E-2D能够在时敏目标瞄准和打击时敏目标时发挥重要作用。

在支持超视距防空作战概念方面，E-2D预警机是"海军一体化火控-防空"系统的核心装备，发挥着预警、探测、指挥控制和导弹引导等重要作用，E-2D

预警机对航母打击群综合作战性能的提升是至关重要的装备,它是美国海军21世纪海上作战的中坚力量。

第十节 F-35C"闪电"Ⅱ战斗机

F-35战斗机是美国联合其同盟国开展的21世纪前半叶最大航空装备项目,常规起降与垂直短距起降集于一身,一机多型,适用多种平台(图10-54)。F-35战斗机主要承担攻击任务,具备很强的隐身突防能力,可以使用现役几乎所有的空地、空空武器,不仅可在陆上基地起飞,还可在航母或两栖舰上起降。在研制阶段已有多国四军种投资采办,也是一个先例。

图10-54 F-35C战斗机试飞

一、发展背景

F-35C"闪电"Ⅱ战斗机是美国海军为替换 F/A-18C/D"大黄蜂"战斗攻击机,填补航母打击群因 A-6 攻击机退役后对地攻击能力的不足而研制的新型舰载机。当时,美国空军在 F-22 战斗机服役后,也需要一型与之匹配的隐身战术对地攻击的战斗机;美国海军陆战队为替换即将退役的 AV-8B 垂直短距飞机,也需要发展新机型。

鉴于三军的需求有很大的共同点,都需要发展对地攻击、近距离火力支援型飞机,美国国防部决定上马"联合打击战斗机"(JSF)项目,三军联合

401

研制，JSF 分为空军的 F-35A/常规起降型、美国海军的 F-35C/航母舰载型、海军陆战队和英国海空军的 F-35B/垂直短距起降型 3 个机型。另外，美国海军陆战队还提出发展 EF-35 电子战飞机。美国防部要求该机要在同一条生产线上制造，使用航母舰载型和垂直短距起降型使用相同的发动机，并尽可能多地使用通用部件。此外，所有的 JSF 还必须使用同一种通用的支援和维护系统。

美国国防部对 JSF 提出的总设计目标有以下几点：①生存能力。控制雷达和红外特征，适应未来战场威胁，装备电子干扰装置。②作战能力。不仅可以搭载现役的各种武器，还必须能够搭载、使用以后研制的机载武器，为此，需要配备相应的传感器。③维修性。减少对后勤支援的依赖。增加出动架次率，特别是要从作战初期就能提供强大的战斗力。④经济可承受性。将开发、制造、使用费用控制在各军种可接受的范围以内。

美国国防部对 JSF（现在的 F-35 战斗机）提出的任务要求是 70%用于对地攻击，30%用于空战。当时的技术性能指标是：巡航速度为 740km/h，盘旋过载可达 6.0g；从马赫数 0.8 加速到马赫数 1.2 所需时间少于 41s；最大飞行速度为马赫数 2.0。

按计划各型号飞机的试飞时间分别是 F-35A 在 2005 年 10 月、F-35B 在 2006 年初、F-35C 在 2006 年末。预计服役时间分别是 F-35B 在 2010 年首先服役、F-35A 在 2010 年、F-35C 在 2012 年，但 3 型机都不同程度地拖延了交付日期。

在概念演示验证阶段，美国国防部提出了 3 点要求：一是飞机的通用性和模块化；二是短距起飞垂直降落和空中悬停的转换；三是进行海军型飞机的着舰试验。由于 JSF 是为多国四军种研制的，因此，需要对其经济可承受性、技术先进性、设计的特色进行验证。为了下一阶段的系统开发、制造演示验证，需要确定面向多军种的系统概念。同时，为了控制价格，需要拟制监督、管理程序。

美国空军计划用 F-35A 取代 F-16 战斗机 执行制空和战术武器投放任务，接替 A-10 攻击机执行近距空中支援任务。在未来的"高低搭配"中，JSF 属低档机，高档机是替代 F-15 的 F/A-22 战斗机。同时，美国空军希望 JSF 像 A-10 攻击机一样具有顽强的生存能力，但不是依靠厚重装甲，而是依靠先进的技术手段，因此，JSF 必须具有隐身和远距离发射导弹的能力。而且 JSF 的续航力应超过 A-10 攻击机。

美国海军准备用 F-35C 将接替 F/A-18C/D 战斗攻击机的制空和纵深攻击任务（图 10-55）。在 2010 年以后（因计划拖延，F-35C 战斗机只能等到 2020 年以后才能形成全面的作战能力），航母舰载机联队的作战飞机只保留两型，

JSF 的主要任务是与 F/A-18E/F 战斗攻击机一同承担制空和攻击的双重任务。由于要在航母上拦阻降落，因此，在结构强度上与 F-35A 战斗机有较大不同。为了增强在航母上高速着舰时的可操纵性，需要增加主翼和水平、垂直稳定翼的尺寸。为了解决因翼展加大造成在航母上停放的不便，需要采用了折叠机翼。为了解决机翼面积增加使飞机在起降时对机体本身作用力加大的问题，对起落架和机身等相关的部位需要进行加固处理。舰载型的着舰进场速度要求为 250～263km/h，允许的最大着舰重量为 18750kg。F-35C 型挂载副油箱时的航程应为 F/A-18C 战斗攻击机的 2 倍（实际上并未达到这一要求）。

图 10-55　美国海军装备的 F-35C 战斗机

美国海军陆战队要求 F-35B 战斗机具备短距起飞垂直降落能力，在作战中执行近距遮断、对敌滩头阵地火力打击和战场攻击等任务。该机必须具有 F/A-18C/D 的航程、载弹量以及优异的超声速飞行性能，并集隐身、短距起飞垂直降落和超音速飞行于一身。F-35B 型在 F-35A 型的机身上加装了升力风扇，并在飞机背部布置了进气口，使其具备短距起飞垂直降落的功能（图 10-56 和图 10-57）。海军陆战队还要求该机能带 2270kg 的武器垂直降落，余油可保证 5min 悬停或 5min 地面滑跑的需要。

图 10-56　正在进行陆上试验的 F-35B 战斗机（升力风扇舱盖处于打开状态）

图 10-57　F-35B 的发动机和升力风扇

据美国海军称，美国海军航母舰载机联队编入 F/A-18E/F 战斗机后，其作战能力较以前提高了 1.7 倍，JSF 的海军型 F-35C 加入现役后，作战能力将提高 4 倍，而且它是 21 世纪前半叶最大的战斗机研发项目。

按照美国海军当时的构想，F/A-18E/F "超大黄蜂"战斗攻击机是新一代舰载机服役前的过渡机型，所谓新一代舰载机是指 F-35C "联合攻击战斗机"，由前面提到的联合先进打击技术（JAST）计划演变而来。该机吸取了 F-22 成本不断高涨的教训，被定位为低成本的武器系统，因为美国深刻感到，单纯依靠高性能且高价格的战斗机组成战斗机部队，在财政上难以承受。F-35 项目不仅是美国各军种联合研制的，而且还是多国参与的跨国合作项目。目的是多国联合、共同出资，摊薄 JSF 项目的成本。

此前，美国各军种的作战飞机都是单独立项、分别研制、制造。冷战后，美国国防部对采办政策进行了较大的调整，在发展 JSF 时采取的策略是，先研制一个基本型，然后根据军种的不同要求衍生出多个型号，并试图通过联合研制降低研究、开发费用。但在实际操作过程中，节约研发经费的想法并未能实现，最终只能寄希望于各国增加采办数量，以压低制造成本，进而控制单机的价格。目前的情况是多个国家在压减采购数量。

其实，历史上美国海军利用岸基飞机改装舰载机的成功案例远低于自主研制舰载机的案例。因为舰载机在许多方面的要求高于岸基飞机，通过改进满足要求通常是付出牺牲性能的代价。例如，在舰上弹射起飞拦阻着舰，至少要对起落架和机身结构进行加固，为满足着舰和复飞的要求，舰载机要以较高的速度着舰，这与岸基飞机要以低速降落的要求截然相反。带弹着舰也是一个硬指标，过去的舰载机只能少量重量较轻的空空带弹着舰，现在一枚导弹的价格动辄几十万美元，像海湾战争那样未能投放的炸弹都在着舰前投到海里是一笔难以承受的浪费。

二、发展过程

在联合研制策略的指导下，1993 年，美国国防部提出"联合先进打击技术飞机"计划，将原来各军种独立进行的发展计划合并、统一管理。1994 年，将"通用可承受轻型战斗机"（CALF）计划的研究概念吸纳到 JAST 计划之中，并决定向各大飞机制造厂商发标，从中选择两家进行比较飞行试验。

1995 年，美国国防部出台"第一阶段联合暂时需求文件"（JIRD I），明确了 JSF 的作战需求、外形尺寸、速度及隐身性能参数。截止到 1996 年 6 月，共有 3 个企业集团投标，提交了各自的方案，这 3 家企业分别是波音、洛克希德·马丁和麦克唐纳·道格拉斯公司。

1996 年 11 月，波音公司采用全新三角翼构型设计的方案和洛克希德·马丁公司利用研制 F/A-22 的成熟技术经验设计的方案胜出，分别得到了概念验证样机的发展编号，即 X-32 和 X-35。从此，两家公司进入全尺寸概念演示验证机的设计、开发、制造和飞行试验阶段。

1997 年，"第二阶段联合暂时需求文件"（JIRD Ⅱ）确定了飞机的成本限额和通用维护性要求。文件要求参与计划的发展商必须制定出 JSF 的通用维护计划，同时必须为 JSF 研制"安全预测管理系统"，使之能够监控并预测机载设备及零部件的当前状况，并允许通过适当降低性能的方式来提高飞机的安全性。同时，文件中还提出了"集成维护"的概念，通过减少维护层次，以减轻后勤保障的压力，最终降低全寿命期费用。

1998 年，"第三阶段联合暂时需求文件"（JIRD Ⅲ）公布，文件涉及的重点是机载电子设备和传感器系统，包括机载部分和机外可以遥控的传感器。文件强调，机载电子系统的设计与美军一体化 C^4I 系统的发展必须同步。

1999 年 5 月，美国国家财务署公布的评估报告显示，参与竞争的两家公司均未达到足够的技术成熟度，尚无法进入工程制造与发展阶段（EMD）。其中，洛克希德·马丁公司在概念验证阶段的支出超过预算 1.47 亿美元，波音公司的情况也大同小异。

1999 年 9 月，在美国军方敲定"作战需求文件草案"之后，参与计划的两家公司分别对各自参与工程制造与发展阶段（EMD）竞标的最终方案进行了修改。

2000 年 3 月，美国国防部正式颁布了《作战需求书》，并允许参与竞争的两家公司对各自的方案进行微调后，再开始进行竞标。2000 年 9 月 18 日，波音公司的 X-32 常规起降型样机首次飞行，同年 10 月 24 日，洛克希德·马丁公司的样机第一次升空。两家公司的第 2 号样机，分别于 2001 年 3 月和 2000 年 12 月开始飞行试验。

2001 年 10 月，美国国防部宣布洛克希德·马丁公司在竞争中获胜，这意味着概念演示验证阶段结束，JSF 项目进入系统开发与演示验证（SDD，原来的 EMD）阶段。在本阶段，由厂家生产 22 架 F-35 飞机，其中飞行试验样机 14 架，结构试验样机 7 架，信号特征（隐身试验）样机 1 架。14 架飞行试验样机包括 5 架 F-35A、4 架 F-35B、5 架 F-35C。在 SDD 阶段，各种型号的飞机要飞行 5700 架次，累计约 10185h。就已经公布的项目来看，F-35 需要完成的试验包括实弹射击、风洞试验、飞行性能、单机行动、编队飞行、模拟仿真，以及在航母上的适应性等。

2000 年 12 月到 2001 年 3 月，F-35C 样机共飞行 73 次，累计 58h，陆上模

拟着舰试验252次（图10-58和图10-59）。在一系列的飞行试验中，F-35C样机的最大飞行速度为马赫数1.22，最大过载4.8g，最大升限10363m，最大飞行仰角20°。通过252次的模拟着舰试验证明该机非常适合在航母上使用，并显示了极高的可操作性和极强的发动机推力。

图 10-58　F-35C 陆上起降试验

图 10-59　F-35C 在陆地上进行电磁弹射起飞试验

2003年3月，完成了初步设计审查（PDR），军方和承包商对F-35项目中的每一个系统进行了审查。2003年12月22日，JSF进行了全尺寸样机的内部武器舱中装挂武器试验。来自美国空军、海军和海军陆战队的军械人员在样机武器舱中装挂了各种武器的模型，并向F-35的设计小组提供装挂过程的评价。验证的目的是确保F-35的武器舱能适应内部挂载的各种武器和地勤人员能轻而易举地装挂各种武器。2004年春季将进入下一个主要的项目里程碑——关键设计评审（CDR）。

2004年11月，美国国防部批准了F-35B的减重设计修改方案，通过修改气动布局和提高推进系统的效率、减少阻力的多种方法，飞机实现减重1224kg，基本满足以前提出的性能要求。主要改进措施：通过优化设计达到减重目的；改变设备的布置位置，减少管道和电缆长度，或是改变部件的组合方式；改进进气口效率和喷流，增加发动机推力，以抵消超重的影响；机头起落架改为双开门，减少侧风效应；减小垂尾面积；减小武器舱；采用体积更小的电池；增加燃料携载量等。

2005年8月，BAE系统公司宣布，F-35电子战系统在加利福尼亚洲中国湖海军空中武器站的试验场成功完成首次飞行试验。F-35的电子战系统是飞行员获得态势感知信息的主要来源，可增强飞机对潜在威胁的识别、监控、分析和反应能力。F-35的电子战系统由BAE系统公司信息和电子战系统分部负责研制，其体系结构和技术主要基于美国空军F/A-22"猛禽"多用途战斗机的电子战系统。

2006年是F-35战斗机项目的关键年份。在这一年中，该项目经过了几个关键里程碑，其中包括关键设计评审和年底的首飞。F-35的四大关键机载传感器系统，即诺斯罗普·格鲁曼公司的AN/APG-81有源相控阵雷达和光电分布式孔径系统（EO DAS）、英国航宇系统公司的综合电子战系统及洛克希德·马丁公司的光电瞄准系统（EOTS）都在这一年开始飞行试验。

2008年3月，GAO的一份报告透露该项目将比原预算多耗资380亿美元，进度将落后12~27个月。F-35研制所需资金由一个以美国为主导的国际财团提供。根据计划美国将装备2400架F-35战斗机，这批飞机在整个寿命周期内的采购及维护费用将超过9500亿美元。美国以外的其他盟国预计将采购2000~3500架F-35战斗机。

2010年3月，美国空军部长唐利称，F-35A将在2015年年底形成初始作战能力。同时，海军官员也表示F-35C无法在2014年前形成初始作战能力。经过2011财年预算计划的调整，JSF飞行试验将于2014年秋季结束，试飞报告可能在2015年完成。

2010年11月，美国国防信息中心的一份评估报告透露，F-35A 和 F-35C 将推迟1年，在2017年形成初始作战能力，F-35B将推迟2年，在2014年形成初始作战能力。自2001年以来，F-35项目的费用增加了57%，达550亿美元，研制时间也延长了5年。

三、主要技术特点

F-35联合攻击战斗机机长15.67m，翼展13.11m，最高飞行速度可达马赫数1.6，升限为15200m；具有隐身性能好、武器精度高、作战半径大等特点。全新设计了座舱，更加便于飞行员操纵（图10-60）。它虽是超声速喷气式战斗机，但可以短距离升空，而且为美国海军陆战队、英国皇家空军和海军量身订做的飞机还可以在航母上垂直降落；可全天时、全天候地攻击陆海空的任何目标。该机可像F-117战斗机那样隐身突防，机动性、敏捷性优于F-16战斗机和F/A-18C战斗攻击机，作战半径为1111km。此外，该机配有新型航炮，机内武器舱可携带910kg的联合攻击弹药，在执行任务时，能够利用自身的导航和热成像装置进行搜索，发现并锁定目标后，用联合直接攻击弹药发起攻击，其攻击效能和精度优于F-117战斗机（表10-21）。

图10-60 F-35战斗机的驾驶舱

表 10-21 美国 F-35 战斗机主要性能

性能	型号	F-35A	F-35B	F-35C
外形尺寸	机长/m	15.67	15.58	15.67
	机高/m	4.57	4.57	4.72
	翼展/m	10.67	10.67	13.11，9.1（折叠后）
	机翼面积/m²	42.74	42.74	62.1
重量	空重/kg	13300	14500	15800
	正常起飞重量/t	22.471（空战任务）		
	最大起飞重量/kg	31800	28200	31800
	载油量/kg	8200（机内）	6300（机内）	9000（机内）
发动机	型号	F135-PW-100 涡扇发动机×1	F135-PW-600 涡扇发动机×1 升力风扇×1 横滚姿态控制喷口×2	F135-PW-400 涡轮风扇发动机×1
	重量/kg	1900		1900
	最大推力/kg·f	12701	12701	12701
	加力推力/kg·f	19504	19504	19504
	短距起飞推力/kg·f	无	17281.87	无
	垂直推力/kg·f	无	18643	无
飞行性能	最大速度	马赫数 1.6（高空）		
	巡航速度	马赫数约 0.9		
	航程/km	2222（内部燃油）	1667（内部燃油）	2520（内部燃油）
	作战半径/km	1130	925	大于 1185
	实用升限/m	18288		
	最大使用过载/g	9	7	7.5
隐身性能	前向最小雷达反射截面积/m²	0.1	0.1	0.1
机载雷达	型号	APG-81 有源电扫相控阵雷达		
	T/R 单元数量	约 1200		
	有效跟踪距离/km	160～185（目标 1m² 雷达反射截面积） 240～277（目标 5m² 雷达反射截面积） 286～330（目标 10m² 雷达反射截面积）		
机载武器	机内载弹量/kg	2360	1320	2360
	最大载弹量/kg	8164.67	6803.89	8164.67
	机翼挂架	两翼下共可加装 6 具挂架，总外挂 6800kg 弹药。外挂武器包括：AGM-158 联合空对地防区外导弹（JASSM），"风暴之影"巡航导弹，"哈姆"反辐射导弹，"宝石路"III 系列激光炸弹，AGM-84D-1 "鱼叉"反舰导弹，以及 AIM-9X 近距空空导弹等		
	航炮	GAU-12 型 25mm（F-35A 备弹 180 发，F-35B/C 备弹 220 发）		

注：部分数据参考《世界飞机手册》

（1）具备较好的隐身性能。生存能力是开发JSF的重要条件之一，隐身性能自然成为设计的重点，但一味地追求隐身会使研制费用直线上升，同时不得不牺牲其他一些性能。F-35在设计时强调隐身能力的设计，其雷达反射面积和红外特征十分小。在设计上应用了F/A-22的成熟技术，如机身与座舱平滑过渡、前后翼采用相同角度等。美军方称，F-35战斗机可以规避S-400导弹及其下一代产品的攻击。

F-35战斗机虽然为了保证良好的可维护性，而部分降低了飞机的隐身性能，但其雷达反射面仅为一个高尔夫球大小，这完全可以应付未来25年内可预见的威胁。美军现役战斗机就隐身能力强弱而言，除了空军的F-22战斗机以外，依次为F/A-18E、F-16C、F/A-18C、F-16A、F/A-18A、A-10，而正在研制的F-35战斗机的隐身能力大大优于后面几个机型。据报道，A-10F攻击机的雷达反射面积相当于一个直径几米的金属球，F/A-18和F-16等机型则为篮球到直径约1m的金属球大小。F-35战斗机虽然略逊于F-22和F-117战斗机，但在维护性和隐身性两者之间作出了最佳选择。

（2）一机多型、一机多能。就美国国防部提出的需求来看，JSF兼顾隐身、高机动性、高生存性和低成本等特点。在设计上特别强调通用性，基于"一机多型"的概念，用同一种机体、同一条生产线生产3种型号的JSF战斗机。

JSF属于轻型战斗机，但高技术含量高、综合作战能力强，其机动性能优于F-16、F/A-18等战斗机。挂载武器种类多、数量大，既可以进行空战，也可以实施对地攻击，实现了"一机多能"。

（3）新颖的双动力设计方案。洛克希德·马丁公司充分利用在F/A-22发展过程中积累的设计、制造和维护经验。为降低风险和成本，F-35的气动外形上沿用了F/A-22战斗机的一些成果，更重要的是洛克希德·马丁公司选用了一种较理想的垂直短距起降型飞机的动力方案，使F-35战斗机可采用两侧进气的常规布局。

F-35B具有较大的悬停推动力，减少了高温燃气对跑道地面的侵蚀，避免了从进气道吸入高温废气而影响发动机的效率，同时，由于F-35进气道的开口较小，从而降低了飞机的纵向截面积，有利于实现超声速飞行。在CTOL型和CV型上，不装升力风扇，可转向尾喷管换成轴对称推力矢量喷管，这样机内就能多装一个2270km油箱，航程增加370km，使作战半径达到F/A-18的近2倍。

（4）采用独特的进气道设计。F-35采用了"无附面层隔道超声速进气道"（DSI）设计，洛克希德·马丁公司在进气道的进气口没有设置常规的固定式附面层隔道，而是通过计算机设计了一个三维曲面的凸起块，或称鼓包。这个鼓包起到对气流的压缩作用,并产生一个把附面层气流推离进气道的压力分布。该设计已在一架F-16试验机上进行了飞行试验,证明它直到马赫数2.0时仍很有效。试飞员认为,装了新型DSI进气道以后,发动机的推力特点与原F-16一样,而亚声速的单位剩余功率还比原F-16进气道稍好些,从而证实了去掉附面层隔道的好处。另外,F-35的DSI进气道还采用整体式复合材料结构,直接固定在机身两侧,不仅减轻了结构重量,也减少了零件数量。

(5)应用新型蒙皮材料。F-35的蒙皮上覆盖了一层由洛克希德·马丁公司和3M公司共同研制开发的3M材料。这种新式的"涂层"与常规飞机上所涂覆的材料有很大差异。这种用聚合材料制造的薄层直接覆盖在蒙皮上,所以无需再喷漆。这样做不仅可以节省经费,而且可以减轻飞机因喷漆而增加的重量。仅这一项改革就使每架飞机在全寿命周期内节约300kg涂料。这种新材料已在F-16战斗机上进行了飞行测试,结果表明即便飞行速度达到马赫数1.8,机上的聚合材料依然完好如初。

四、对作战的影响

F-35战斗机是承载美国三军未来30年主要作战任务的装备之一,自然被寄予厚望。前面曾提到该机是为对地攻击而设计的,它将分别与空军的F-22战斗机、海军F/A-18E/F战斗攻击机搭配,完成绝大部分的空中作战任务。

F-35战斗机主要承担3大类10项作战任务:

(1)执行对空防御任务:完成对巡航导弹、飞机的防御任务。打击水面舰艇的任务。

(2)执行战略打击任务:完成压制、摧毁敌战略防空系统(远程导弹和雷达系统)任务;突袭、轰炸高价值目标(包括指控中心、核生化武器库等)任务。

(3)执行战术打击任务:完成压制、摧毁敌战术防空系统(机动或半机动的中程导弹和雷达系统)任务;阻断机动目标(装甲车队、车载导弹发射装置等)或固定目标部队集结、后勤基地等);空中火力支援任务等。

对于美国海军来说,F-35C战斗机将接替F/A-18C/D战斗攻击机的制空和对地攻击任务,以及更老的A-6攻击机所承担的战术武器投放和纵深打击任务。美国海军计划将来F-35C和F/A-18E/F共同承担制空和攻击的双重任务。F-35C战斗机将用做夜间、低空突防的中型轰炸机,这一点同A-6的设计任务一样。但F-35C战斗机还要具有白天攻击的能力,在执行这类任务时,必须利用先进技术减少战斗中的损失。为此,F-35C战斗机将具有隐身和远距离发射导弹的能力。

从作战性能的角度看，F-35C 战斗机是目前世界上作战能力最强的舰载机，主要体现在任务领域广，可执行多种作战任务，攻击能力强，不但可挂载的武器种类多、打击精度高（图 10-61），而且在"黄貂鱼"无人加油机的支持下，F-35C 的作战半径可提高 152%，由原来的 1110km 提高到 1600km。

图 10-61 F-35C 的武器挂载能力

在 F-35C 战斗机尚未形成战斗力前，美国海军针对"反介入/区域拒止"作战需求，结合网络中心战逐步深化的要求，发展了"海军一体化火控-防空"系统，F-35 战斗机在其中承担着传感器的作用。战时，F-35 战斗机凭借其隐身性能，前出编队，尽量靠前部署，利用机载雷达等传感器早期发现敌方发射的反舰导弹和武器搭载平台，并将火控级数据通过 CEC 系统传到网络中，使航母打击群增加了超视距探测能力。在导弹发射后，F-35C 战斗机将承担中继制导的作用，通过数据链将敌方目标的数据实时地传给导弹，以修正其航向。

根据美国海军近年提出的"分布式海上作战"概念，未来，F-35 战斗机将主要承担纵深打击任务，凭借其不易被敌方雷达探测到的特点，在"黄貂鱼"无人加油机的帮助下，深入敌后 1000 多千米打击军事和基础设施等重要的目标（图 10-62）。

F-35 战斗机装备 AN/APG-81 有源电子扫描相控阵雷达。该雷达可以同时进行对空和对面搜索，并且新增电子战模式、导航支援（包括气象模式），可以使用高功率微波破坏敌机的雷达，或干扰来袭的导弹。F-35 的 AN/APG-81 雷达还嵌入了综合射频系统（MIRFS），不仅能够提供雷达的各种工作方式，它还

图 10-62　F-35C 战斗机作战半径大，并且可隐蔽突防

能提供有源干扰、无源接收、电子通信等能力。MIRFS 频带较一般机载 AESA 要宽得多，同时能够以各种不同的脉冲波形工作，保证了雷达信号的低截获概率。与 F-22 的 AN/APG-77 雷达相比，F-35 的 MIRFS 在技术上又有了很大的改进，对地探测能力更强。AN/APG-81 在研制过程中利用一些 AN/APG-77 雷达的经验与某些技术，两个型号的研发时间相差大约 10 年，在此期间的技术进步和技术成熟度的提高都为 AN/APG-77 雷达的研制奠定了基础。F-35 战斗机受到机身小、控制成本的限制，只能装备体积较小的雷达，阵元数量从 1500～2000 个减到 1000 个左右，整体探测能力仅为 AN/APG-77 的 2/3 左右，但大约 170km 的探测距离可以满足主要执行对地攻击任务的 F-35 战斗机的需求。重量和价格降低了约 3/5，制造和维修也比较简单。但由于阵面尺寸较小，阵元数目有所减少，因此对空探测距离有所减小，约为 200km。F-35 的 AESA 雷达在成本和重量上都只是 F-22 的 1/2，它将两个 T/R 模块封装在一起，称为双封装 T/R 模块。雷达系统的预期寿命达 8000h，与飞机的寿命一致。

在执行对地攻击任务方面，F-35 战斗机要强于 F-22 战斗机。目前，F-22 战斗机只能使用 GPS 制导的 GBU-32 炸弹，而 F-35 战斗机可以使用包括 JDAM、"铺路"系列的激光制导炸弹、多型对地/反舰导弹、反辐射导弹在内的几乎所有现役机载武器。在研制过程中，国防部从可选挂的武器清单中删除了一些即将退役的武器。F-35 战斗机之所以具备这些能力，主要得益于机上装备了光电目标指示系统、AN/AAQ-37 光学传感器，兼具空对地目标捕获/目标指示、对空目标的红外搜索跟踪功能，而 F-22 战斗机没有这些装备。

F-35战斗机的电子战系统非常先进，它是由美国 BAE 系统公司信息和电子战系统分部负责研制的。F-35 战斗机电子战系统的核心是在结构上内嵌低可探测性的雷达孔径，可减小雷达反射截面，增强雷达的隐身能力。F-35 战斗机具有良好的雷达警告能力，BAE 系统公司将为 F-35 战斗机研制一种新型数字雷达警告接收器。该警告接收器还具有作战识别能力。F-35 还将安装先进的电子对抗设备，包括光电导弹发射检测传感器、对付射频制导导弹的敷金属条投送器以及对付"当前已知的所有红外威胁"的曳光弹发射器。2003 年 11 月，美国洛克韦尔·柯林斯公司赢得了为 F-35 战斗机开发高级头盔显示器。由于机体周围安装有分布式红外传感器，飞行员通过头盔显示器能够对信号覆盖范围内所有目标实施全天候、全方位监控。

F-35 战斗机在总体尺寸上与 F-16 战斗机类似，而 F-22 战斗机则要大得多，接近于 F-15 战斗机。因此，F-35 战斗机没有 F-22 那样宽敞的内部空间，机内仅有 2 个武器舱，每个武器舱的靠内一侧专门装载空空武器，靠外一侧主要装载空地武器，必要时也可装载空空武器。而 F-22 共有 4 个武器舱，都用于装载空空武器。2 型飞机均有 6 个外挂架（每个机翼下 3 个）。F-35 战斗机的中间 2 个外挂架主要装载空地武器，装载重量各为 910kg，其余 4 个外挂架主要装载空空武器。外挂武器会影响隐身性能。

目前，该机已完成在航母上的起飞、着舰试验，形成了初始作战能力（图 10-63）。

图 10-63　F-35C 战斗机在"尼米兹"号航母进行着舰试验

第十一节 MH-60R/S 舰载直升机

MH-60R/S 是美国海军为了替换 SH-60B/F、CH-46D 等直升机而发展的新型舰载直升机，是目前全球作战能力最强、功能最多的两型直升机。这两型直升机采用双引擎，可全天候及在恶劣天候条件下完成作战任务。按照美国海军的发展计划，目前已经完成了换装工作。这两型直升机分担了过去 6 型直升机的作战任务，MH-60R 直升机主要承担反潜、反舰、情报侦察与监视等任务，MH-60S 直升机承担搜救、运输、水雷战等其他任务。

一、发展背景

此前，美国海军水面舰艇和航母装备的是 SH-60B/F 直升机，均由西科尔斯基公司于 20 世纪 70 年代开始设计、制造，1983 年首飞，SH-60B 直升机从 1984 年开始装备美国海军水面舰艇（图 10-64），替换了 SH-2F "海妖"直升机。美国海军在 SH-60B 的基础上衍生了 SH-60F 直升机（航母专用型），1987 年服役，替换了服役已久的 SH-3H "海王"直升机。为提高战斗搜索和海上搜救能力，美国海军又在 SH-60F 的基础上改装了 HH-60H 搜救/反舰/特战直升机；根据海军陆战队的要求，生产了 VH-60A 直升机。除此之外，美国海军还装备了用于直升机垂直补给和运输的 CH-46D、UH-46D 和 HH-46D、攻击支援和特种作战的 HH-60H、搜索和救援的 HH-1N 和 UH-3H、物资运输和目标回收的 UH-3H、VIP 运送的 VH-3A 和 UH-3H。因型号过多，对作战使用和维修均有不同程度的影响，因而美国海军决定整合多型直升机的功能，大幅压减机型。

图 10-64 美国海军 SH-60B 反潜直升机与"企鹅"反舰导弹

上述直升机多是冷战时期设计、制造的,已不能满足美国海军"由海向陆"战略指导下的近海对陆作战需求,同时有些机型也接近服役期满,需要有新机型替换。因此,美国美海军 1998 年决定整合 SH-60B/F 和 HH-60H 等直升机的任务,推出了 SH-60R 直升机发展计划,使美国海军的舰载直升机能够在未来 20~25 年内保持反潜和反舰优势,并且根据海军战略调整,SH-60R 直升机主要用于沿海作战。后来,SH-60R 项目更名为 MH-60R。

1997 年,美国海军开始在 SH-60R 的基础上改装 MH-60R 直升机(图 10-65),以进一步提高反潜、反舰能力。该机的机身设计吸取了多型直升机的优点,并改为全新生产,当时公布采购数量为 254 架。MH-60R 直升机除了反潜作战任务之外,还十分关注近海水面作战,包括近海的监视临检、海上反恐等,必须能够在通航密集的航道上分辨出商船、中立国船只和具有威胁的海上目标。在复杂的近海完成这种任务,要求非常高,需要更精确的探测识别装备,同时还要改善直升机的海上生存能力,可在没有母舰支持的环境下独立执行任务,识别威胁多种目标,并在符合作战条令要求的情况下,准确攻击敌方军事目标。因而要求 MH-60R 直升机还要具备有效应付敌方小口径武器、便携式舰空导弹威胁的能力。SH-60R 直升机的工程样机于 2001 年 7 月首飞,2005 年,美国海军订购了首批 6 架 MH-60R,2008 年正式上舰。

图 10-65　美国海军 MH-60R 直升机发射"海尔法"反舰导弹

MH-60S 直升机是美国海军根据 1996 年的直升机发展计划,改装的一型补给/作战支援直升机,用于替换多型服役已久的直升机。1998 年 1 月完成首飞,2002 年开始装备部队。

二、改装情况

根据美国海军的计划,发展 MH-60S 和 MH-60R 两型直升机的目的是取代所有 H-60 系列直升机,其中,MH-60S 直升机负责机载反水雷、反舰、战斗搜救、特种作战、补给运输、伤员后送等任务；MH-60R 直升机则负责反潜、反舰、海上监视与海上维和、反恐等任务。任务性质的不同决定了两型直升机采用了不同的设计和改装策略。

如果寻根的话，MH-60R 和 MH-60S 两型直升机属于同宗同根，MH-60R 源于 S-70B 一支，MH-60S 源自 S-70A 一支，同是洛克希德·马丁公司的产品。其中 70B 系列主要装备海军，70A 系列主要装备陆军和空军。

MH-60R 融合了 SH-60B 和 SH-60F 两者的优点，可以根据作战任务的需要，部署到水面舰艇上执行包括反舰/反潜/水面搜救等。

MH-60R 直升机的机身并没有太大的改动，沿袭了 SH-60B 直升机的总体布局和机身。主要改进内容是机载设备，由洛克希德·马丁联邦系统公司负责总成。其中飞行管理系统换成了全新的航电系统，该系统与 MH-60S 的航电系统是通用的，采用了美军军标 1553B 总线，在子系统和设备之间交换数据，任务计算机是 AN/AYK-14，机载雷达换成了 AN/APS-147 多模雷达（MMR）、惯导系统、GPS、信息传输系统（包括通信设备），新增 FLIR 红外探测装置、先进任务计算机，加装了 AN/ALQ-210 电子战干扰装备和 AN/ALQ-142 电子支持措施等；反潜探测装备方面，换装新型 AN/AQS-22F 机载低频吊放声纳、信号处理装置换装了 AN/UYS-2A 增强型模块化处理器和大容量存储设备，保留了 SH-60B 的 25 联装声纳浮标发射器；玻璃化数字座舱内换装了 4 个 BAE 公司提供的 8 英寸×10 英寸多功能液晶彩色显示器（图 10-66）。此外，MH-60R 直升机也可挂载水雷探测装置，具备一定的反水雷作战能力。另外，该机仍保留了 LAMPS Ⅲ Mk2（轻型机载多用途系统），系统的设备有更新，舰机之间的信息交换能力和反潜能力有提升。

图 10-66　MH-60R 驾驶舱内的 4 个液晶显示屏

MH-60S 直升机没有沿用 SH-60B/F 直升机的机身，而是在陆军 UH-60L 直升机的基础上进行改造,但集成了 SH-60B 的动力装置,包括 T-700-GE-401C 发动机、自动旋翼桨叶折叠系统、快速折叠尾挂架、传动系统、耐久性齿轮箱和自动飞行控制计算机等。所以，外观上与 MH-60R 很相似，毕竟这些型号都源自西科尔斯基公司的 S-70 直升机。

MH-60S（图 10-67）采用 UH-60L 直升机机身的好处是有更大的轿厢容积，为便于装卸货物和搭乘人员，采用了双滑门，士兵能够快速上下。左侧还设置了机枪的射击窗口，保留了带有束缚和电线撞击保护的起落架、悬停红外抑制器、自动稳定设备和燃料电池等。在尾锥舱壁和大舱配备了一个新的机舱货物处理系统。

图 10-67　MH-60S 直升机在舰上降落

MH-60S 在改装时增强了机身结构，使外挂货物的重量增加到 9000 磅（1 磅≈0.454kg），虽然该机属于中型直升机，但现在承担着垂直补给等任务，所以增强了货物装载能力和搭载水雷战装备的能力。从增强吊装和装载能力的角度看，MH-60S 采用陆军 UH-60L 的机身是一种明智的选择。

MH-60R 和 MH-60S 虽然来自两个系列，但许多系统和零部件是通用的。两型直升机使用了通用驾驶舱，由洛克希德·马丁系统集成公司的子公司承制。驾驶员和副驾驶并排坐在有装甲保护的座席上，第 3 名机组人员坐在前机舱窗边。航空电子设备包括双飞行管理计算机和音频管理计算机。导航设备包括诺斯罗普·格鲁曼公司立顿子公司的 LN-100G 双嵌入式全球定位系统和惯性导航系统。美国电传公司提供的通信管理系统。

MH-60S 直升机机鼻处没有装备 MH-60R 的 AN/AAS-4 前视红外成像设备，电子战设备的安装位置也不相同。机上的载荷短翼安装位置也有区别，MH-60S 直升机装在滑门上部两侧，而 MH-60R 装在滑门下沿两侧。MH-60S 直升机的尾轮安装在尾梁后端，这是岸基直升机的一个特点，与前轮的距离较远，可保持降落时的稳定性，而 MH-60R 装在轿厢后部，距离较近，是为了适应在舰上着舰的要求，尽可能少地占用甲板面积。

由于要执行多种作战任务，机舱内部采取了灵活的布置方式，MH-60R 在执行反潜任务时，可在左侧加装 LAMPS Ⅲ Mk2 的信号处理装置和 25 联装声纳浮标存储和发射装置，短翼下挂载鱼雷。MH-60S 在执行反舰任务时，可加装导弹系统控制设备和武器军官的座席。执行对海监视、反恐等任务时，可加装机枪等武器；执行搜救任务时，可安装吊装设备。机舱内最多可容纳 6 副担架，用于伤员后送。

三、技术特点

MH-60S 是一型多用途直升机，承担搜索、救援、运输等任务，通过临时加装探雷或灭雷装备可执行反水雷任务。美国航母打击大队一般配置 8 架 MH-60S 直升机，可轮换升空执行反水雷任务。战时有必要还可增派，以对抗普通密度布设的雷场。建制水雷战装备采用模块化设计制造，可根据需要加装和换装反水雷装备，具有很高的灵活性。

一是可根据需要增加水雷战装备。传统的水雷战舰艇航速低，不能随编队渡航、猎扫雷。因此，美国海军近些年来通过在直升机和水面战斗舰艇上加装建制反水雷装备，形成了较强的反水雷作战能力。由于这些装备多为模块化设计，"即插即用"，提高了反水雷作战的灵活性和快捷性，随时发现随时清除。并且，这些系统可由非专业人员操作，它能够以合理的高速度、"轻松地"对水雷进行侦察、探测、分类和排除，在没有传统水雷战舰艇的支援下依然可完成水雷战任务，安全渡航或执行原定作战任务。

二是配备多种猎扫雷装备。为加强水雷作战能力，MH-60S 可挂载多种机载建制水雷装备，包括两型猎雷探测系统、型灭雷装置和一型扫雷装置，MH-60S 每架次能携带其中一个系统执行任务；这些反水雷装备也是濒海作战舰艇反水雷任务包的组成部分。根据美国海军 21 世纪的反水雷作战概念，多种反水雷装备分布在水面舰艇和直升机上，并通过网络连接，协同作战。

AN/AQS-20C 拖曳探雷声纳长 10.5 英尺，宽 15.5 英寸，重 975 磅。系统装备有 4 部声纳系统：1 部侧扫声纳、1 部填隙声纳、1 部前视声纳和 1 部三维搜索声纳。系统同时还装备有条纹管激光雷达，可以对沉底雷清晰成像，从而进行识别。系统可以提供大于 270°的搜索视角，工作深度为 40 英尺。AN/AQS-20A 声纳不仅保留了两侧的侧扫声纳，同时还加装了前视声纳与俯视填隙声纳以及三维搜索声纳，从而克服了 AN/AQS-14 存在的缺点，扫描覆盖率比原有的 AN/AQS-14 系统高 4 倍，只需一次扫描就能同时探测出沉底雷和锚雷。此外，为了快速确定被探测到的目标是否是水雷，降低虚警率，在 AN/AQS-20C 探雷声纳系统（图 10-68）中加装了激光成像设备，或称集成光电识别子系统，提供可容易识别的目标图像，从而使 AN/AQS-20A 声纳的探雷效率明显提高。

图 10-68　AN/AQS-20C 探雷声纳系统

AN/AES-1 机载激光探雷系统（ALMDS）利用蓝绿激光探测、定位、识别沉底雷、锚雷、漂雷，可以探测舰艇前方、两侧的水雷。该系统还可使用声纳和光电传感器，除了提供高精度的定位信息以外，还可以提供水雷和疑似水雷目标的高分辨率图像。ALMDS 系统包括激光雷达系统、惯导/GPS、环控系统、吊舱增压系统、吊舱壳体等 9 个子系统组成，其核心是激光雷达系统。这些系统全部集成在一个长约 2.7m、直径约 0.5m 的吊舱中。其中机载激光雷达系统由激光器、扫描器、具有电子图像增强的高灵敏度摄像机和精确定时脉冲发生器等组成。ALMDS 可以覆盖大面积的海域，与直升机或水面舰艇装备的拖曳式探雷声纳系统配合作业。该系统能够获得高速的区域搜索率，并能在不回收设备的前提下描绘出整个近海面空间区域的图像。

机载快速水雷清除系统（RAMICS）与机载激光探雷系统配合使用，ALMDS 负责探测、识别水雷，RAMICS 主要负责清除漂雷和浅水区的水雷。探雷系统发现并确认水雷后，RAMICS可在数秒内消灭水雷。

RAMICS采用了可重新获得水雷信息的激光成像探测和测距传感器，其对焦更精细。利用全球定位系统，直升机飞抵雷场，重新定位并导向水雷。灭雷具是由尤他州克利尔菲尔德ATK武器系统公司制造的Mk-44"腹蛇"30mm机炮。这种机炮发射超空泡射弹摧毁水面和近水面水雷。普通弹丸的沉降速度较低，无法保证正确的水下弹道。为此，该系统采用了高速超空泡射弹，以100%的概率消灭布深30m内的水雷，备弹25发。

AN/ASQ-235机载灭雷系统（AMNS）与机载激光探雷系统（ALMDS）共用直升机上的控制台，与ASQ-20A探雷声纳共用一个可折叠吊架，用于收放、拖曳系统的吊舱。系统外壳长3.4m、直径394mm，重274kg，水下部分重98.4kg。拖缆长1500m。该系统由中心控制台和声纳吊舱兼发射装置等构成，发射装置用于携带、布放4个一次性灭雷用的小型潜航器。潜航器通过光纤与中心控制台交换数据，利用水下摄像机和声纳系统探测、定位水雷。

AN/ALQ-220机载水下感应扫雷系统（OASIS）用于清扫布设在水深25m浅水区的音响和磁性水雷以及组合型非触发水雷。直升机通过电缆拖曳水下拖体，模拟以40节航速航行的气垫登陆艇所产生的声场和磁场，以引爆水雷。

四、对作战的影响

美国航母打击群的航空联队现在一般编1个海上打击直升机中队（HSM），装备10余架MH-60R反潜直升机，1个海上战斗直升机中队（HSC），装备8架MH-60S直升机。MH-60R直升机是航母打击群反潜作战的主力，通常执行应召反潜任务，也可在航母前方较远距离上进行搜潜，其中部分MH-60R搭载于巡洋舰和驱逐舰，由于阿利·伯克级Ⅰ和Ⅱ型舰只有直升机起降平台，没有机库，所以，部分MH-60R需要在航母上进行维修保养。

反舰作战方面，为对付小型水面舰艇和恐怖分子、海盗的小艇，MH-60R/S直升机的基本武装配置是安装在机舱门挂架上的小口径轻武器，可选装M-60D 7.62mm轻机枪、M-240D 7.62mm轻机枪或GAU-17/A多管机枪；美国海军为MH-60S开发的武装直升机武器系统（AHWS），包括与陆军UH-60L相同的两侧武器挂载短翼（俗称蝙蝠翼），分别挂载4枚"海尔法"反坦克/反舰飞弹，或多联装火箭弹发射装置、机枪吊舱等。机上可装备由BAE公司的自卫小艇，包括洛克希德·马丁公司的任务计算机、AN/ARP-39(V)2雷达警告作战、AN/AAR-47(V)2导弹告警作战、AN/ALQ-144(V)6红外对抗系统、AN/ALE-47诱饵发射装置等；机鼻下方可加装前视红外线。

反潜作战方面，MH-60R直升机搭载于航母、巡洋舰、驱逐舰，执行战术反潜任务。MH-60R 的对潜探测装备有 AN/APS-147 多模雷达、AN/AQS-22 低频吊放声呐等；攻潜武器是 Mk50 或 Mk54 反潜鱼雷。

AN/APS-147 多模声纳支持对潜望镜状态航行潜艇的探测，具有小目标探测功能、图像分辨率高等优势，是 MH-60R 直升机执行反潜、反舰、监视侦察、海上封锁、战斗搜救、后勤支援、战斗毁伤评估、海上火力支援等多种作战任务。雷声公司近期还为 MH-60R 直升机研制了 AN/APS-153 多模雷达，已开始替换 AN/APS-147 雷达，其性能和功能均在后者的基础上有较大提高。

MH-60R 直升机还装备了装备有 AN/AQS-22 低频吊放声纳，雷声公司的 AAS-44 前视红外雷达，对潜探测能力有所提高。AN/AQS-22 可同时满足于深海和浅海探测的需求，与 SH-60F 直升机的 AN/AQS-13F 吊放声纳相比，探测距离扩大了 3～6 倍，并能同时处理吊放声纳与声纳浮标的信号（AN/AQS-13F 不能同时处理）；AN/APS-147 雷达（图 10-69）拥有逆合成孔径雷达技术，分辨率高，号称能有效探测海面上潜望镜之类的小型目标。

图 10-69　安装在机前部的 AN/APS-147 圆形雷达天线罩

在水雷战方面，由于增加了机载建制水雷战功能，使美国航母打击群实现了一体化反水雷作战。所谓一体化是指各作战平台的传感器互通互联、数据融合，可高效利用外部资源、共享雷场态势图像，武器分布在多个平台上、统一指挥。最新版本的 AN/SQQ-89(V)15 综合反潜战系统兼容了水雷战的建制探雷系统和水面舰艇搭载的遥控反水雷系统等，标志着该系统的功能从反潜战拓展到水下战，为指挥官执行水雷探测和规避任务提供了更全面的战场态势情报。

直升机、无人潜航器、一次灭雷潜航器、水面拖曳扫雷具的配合使用，形成了立体多维，信息共享的水雷战能力。美国海军航母编队的各作战平台分别配置用于空中、水面、水下探雷的传感器，并实现了各传感器的信息融合、有人和无人装备的高效协同，所有反水雷装备全部入网，各种装备全部是网络中的一个节点，每个节点既是信息的提供者也是信息的使用者，信息实时更新，各种作战平台共用一张作战图像，清晰标出水雷的类型、位置、深度等信息，实现高度的信息共享。另外，多种反水雷装备配置在不同平台上，改变了过去一对一的猎扫方式，探测、识别、清除水雷不再由一个平台完成，而由网络中最适当的平台完成。发展建制水雷战能力减少了对水雷战舰艇的依赖，同时降低了人员伤亡的风险。配置在各维度的反水雷装备功能各异，通过协同作战，可应对不同类型的水雷。现在，美国海军航母打击群在空中、水面、水下均有相应的探雷系统。灭雷装备配置方面，有可在空中发射超空泡射弹灭雷的，也有在水下利用小型一次性灭雷装置的，还有拖曳感应式扫雷具诱发水雷爆炸的。除了攻击型核潜艇布置在编队前方以外，直升机和驱逐舰密切协同，空中、水面、水下建制反水雷系统相互配合，可显著提高探测、定位和灭雷的效率。借助反水雷战数据库，通过对比多传感器的探测数据，可提高对水下可疑物的识别能力。通过各平台指挥控制系统之间的连通和信息共享，可提高反水雷战的指挥协同效能。

MH-60S 直升机可搭载多型建制载反水雷系统，在编队航渡时可担负开辟航路和快速探灭雷任务。MH-60S 直升机在编队前方 10 海里处折返迂回探雷，可快速清理出一条长 60 海里、宽 900m 的带状海域，并对危及编队航行的水雷进行快速灭雷。两架 MH-60S 和一部远程猎雷系统仅需要 15 天就能清理出这样一块带状海域，30 天就可以清理出一块 30 海里×30 海里的行动海域。

有了建制水雷战装备，提高了快速反应能力。多架 MH-60S 直升机可搭载不同的水雷作战装备，随时可为编队清除前进途中的水雷障碍。并且，这套系统可由非专业人员操作，它能够以合理的高速度、快捷地对水雷进行侦察、探测、分类和排除。ALMDS 系统的激光器向水下发射脉宽 538nm 蓝绿激光束，速率大于每秒 100 次，可以连续工作无需停下来恢复设备（只是直升机的续航力短，工作几小时要返回母舰），没有拖曳水中设备，有很强的灵活性。它利用直升机向前运动收集的图像数据，无需复杂的扫描机制。对布放较浅的水雷，机载灭雷系统可使用超空泡射弹快速予以清除。对沉底雷等，可使用无人潜航器或灭雷具进行排除、引爆。

从 2016 年开始，美国海军研制了 AN/ALQ-248 "先进舷外电子战装备"（AOE）吊舱。AN/ALQ-248 吊舱的有源任务载荷（AMP）采用一种模块化开放式系统架构，使电子战有效载荷能适应不断变化的威胁，可快速部署，在对付来袭导弹时，在水面舰艇舷外制作一个能够提供持续时间更长的假目标，以迷惑导弹的寻的头，使之飞向假目标，是美国海军推出的一种新型软杀伤能力，可为美国航母打击群提供舷外电子监视和电子攻击（EA）能力，该吊舱由 MH-60R 或 MH-60S 直升机搭载，为编队抵御反舰导弹威胁，提供了一种新的手段。AN/ALQ-248 吊舱既可单独使用，也可与 AN/SLQ-32(V)6/7 舰载综合电子战系统协同作战。

在补给/运输方面，MH-60S 直升机具有很强的吊装能力，可挂载 2 个尺寸为 1.02m×1.22m×1.02m 的货盘，每个货盘重 1.6~1.8t，最大外挂载荷超过 4t，对提高垂直补给能力有很大帮助。支援特战作战或运送人员时，除了机组人员以外，还可搭乘 13 名武装士兵。

由此可见，MH-60R 和 MH-60S 两型直升机不仅包揽了过去 6 型直升机的全部任务，而且综合作战能力大幅提高，与其他作战平台和装备协同作战，为航母打击群整体性能的提升发挥了重要作用。

MH-60R/S 技术性能见表 10-22。

表 10-22 MH-60R/S 技术性能

机长/m	19.76，12.60（旋翼和尾梁折叠）
机高/m	5.13
翼展/m	16.36
主旋翼直径/m	9.94
主旋翼桨盘面积/m^2	210.15
尾桨直径/m	3.35
轿厢长/m	15.26
轿厢宽/m	2.36
轿厢容积/m^3	11.6
空重/kg	约 5000，6895（带设备）
反潜任务重量/kg	8055（60R）
最大起飞重量/kg	9277（60S）
有效载荷/kg	1197（内部），4082（外挂）
最大飞行速度/(km/h)	333（60S）
最大平飞速度/(km/h)	296
最大巡逻速度/(km/h)	280（气温 35℃，高度 1200m）
单发巡航速度/(km/h)	195
实用升限/m	3000
悬停升限/m	2330
航程/km	834（60R）
转场航程/km	2222（带油箱）
续航时间	4h45min（时速 200km，60R）

参 考 文 献

[1] Jane's fighting ship2019-2020[M],UK:Jane's HIS.

[2] Anti-Submarine Warfare Concept of Operations for the21st Century[R]. http://www.doc88.com/p-1186072359973.html.

[3] Naval Operations Concept 2010. http://www.docin.com/p-315151966.html.

[4] Dmitry Filipoff, Sally DeBoer, Matthew Merighi.Distributed Lethality, 2016. http://cimsec.org/publication-release-distributed-lethality-2016/22848.

[5] AN/APG-79AESA.https://www.raytheonintelligenceandspace.com/capabilities/products/apg79aesa.

[6] Navy upgrades Growler Electronic Attack,https://defensesystenm.com,2017.4.19.

[7] RAND,A Methodology for Estimating the Effect of Aircraft Carrier Operational Cycles on the Maintenance Industrial Base[R],2007.

[8] 侯建军. 美国海军武器装备手册[M]. 北京:解放军出版社,2000.

[9] 总装备部电子信息基础部. 世界在轨卫星图册[M]. 北京:国防工业出版社,2014.

[10] 总装备部电子信息基础部. 美军信息系统概览[M]. 北京:国防工业出版社,2014.

[11] 刘永辉. 国外航空母舰作战指挥[M]. 北京:军事科学出版社,2007.

[12] 侯建军. E-2D 先进鹰眼预警机——网络中心战的核心节点.全景透视国外航空母舰一[M].北京:海潮出版社,2015.

[13] 侯建军. 美国海军航母使用与保障规程. 全景透视国外航空母舰二[M]. 北京:海潮出版社,2015.

[14] 大卫·伯杰. 部队设计 2030 [R],2020.3.https://news.usni.org/2020/03/26/document-marine-corps-force-design-2030.

[15] 装备研究所. 美军电磁机动战装备概述. http://www.zgcjm.org/newsInfo?id=1488.

[16] 詹姆斯·F. 阿莫斯上将. 美国海军陆战队顶层概念:什么是 21 世纪远征部队[R]. 知远战略与防务研究所译,2014.https://mil.sohu.com/20141031/n405657520.shtml.

[17] 刘卓明. 国外海军两栖攻击舰[M]. 北京:海潮出版社,2011.

[18] 中国电子科学研究院管理研究中心.武器与装备研究选编[G].国际防务科技丛书.2015.5(15).

[19] 肖昌美,等. 国外水面舰艇鱼雷防御系统发展现状及趋势[J]. 鱼雷技术,2014(4):150-156.

[20] 李大喜,陈士涛,张航,等.EA-18G 作战能力及对抗策略分析.科技导报[J],2019(4):101-106.

[21] 毕玉泉,陈小飞. 美军航母航空保障装备维修保障的特点及启示[J]. 设备管理与维修,2016(10):104-106.